“十二五”职业教育国家规划教材
经全国职业教育教材审定委员会审定
普通高等教育“十一五”国家级规划教材
2008年度普通高等教育国家精品教材

机械制造基础

第3版

主　编　孙学强
副主编　钱建辉　段维华
参　编　宋新书　陈长生　雷兴碧
　　　　张蔚波　邹志强　李云霞　徐冬梅
主　审　朱正心

机械工业出版社

本书是“十二五”职业教育国家规划教材，经全国职业教育教材审定委员会审定。本书分五篇共15章，主要包括金属材料的力学性能、金属与合金的晶体结构、金属与合金的结晶、铁碳合金、碳素钢与钢的热处理、合金钢及其热处理、铸铁及其热处理、有色金属及其合金、非金属材料、铸造、锻压、焊接与材料切割、金属切削加工基础、机械零件材料的选用与加工工艺分析，以及特种加工及数控加工等内容。

为便于教学，各章均编写了教学目标、重点、难点和小结。教学目标中将学生对所学知识掌握的程度分为了解、理解、熟悉、掌握；小结则对重点、难点内容进行了总结，以指导学生在课后进一步自学。

本书以培养技术应用型人才为目标，注重培养学生应用所学理论知识分析和解决实际工程技术问题的能力。

本书可作为应用型本科院校、职业本科院校、高职高专院校机械类、近机类各专业的教学用书，也可供电视大学、业余大学有关专业使用，并可供有关工程技术人员参考。

本书配有电子课件和习题解答，使用本书作为教材的老师可以登录机械工业出版社教育服务网 www. empedu. com 注册后下载。咨询邮箱：cmp-gaozhi@ sina. com，咨询电话 010-88379375。

图书在版编目（CIP）数据

机械制造基础/孙学强主编. —3版. —北京：机械工业出版社，2016. 5 (2025. 2 重印)

“十二五”职业教育国家规划教材　经全国职业教育教材审定委员会审定　普通高等教育“十一五”国家级规划教材　2008年度普通高等教育国家精品教材

ISBN 978-7-111-53501-0

Ⅰ.①机…　Ⅱ.①孙…　Ⅲ.①机械制造-高等职业教育-教材　Ⅳ.①TH

中国版本图书馆 CIP 数据核字（2016）第076284号

机械工业出版社（北京市百万庄大街22号　邮政编码100037）
策划编辑：王海峰　责任编辑：王英杰　王海峰
责任校对：黄兴伟　封面设计：鞠　杨
责任印制：单爱军

北京虎彩文化传播有限公司印刷
2025年2月第3版第24次印刷
184mm×260mm · 18印张 · 443千字
标准书号：ISBN 978-7-111-53501-0
定价：48.00元

电话服务	网络服务
客服电话：010-88361066	机　工　官　网：www. cmpbook. com
010-88379833	机　工　官　博：weibo. com/cmp1952
010-68326294	金　书　网：www. golden-book. com
封底无防伪标均为盗版	机工教育服务网：www. cmpedu. com

第3版前言

本书为“十二五”职业教育国家规划教材，经全国职业教育教材审定委员会审定。本书第2版为普通高等教育“十一五”国家级规划教材。按照教育部《关于开展“十二五”职业教育国家规划教材选题立项工作的通知》要求，本次修订以学生的学习心理分析为依据，把学生作为学习的中心，按照学生的认知准备、认知方式以及学科的内在逻辑选择教材内容，把能力中心课程范型作为教材修订的基本模式。以能力为基础，将形成某项能力所需的知识、技能、态度等课程内容要素按能力本身的结构方式进行组织。能力中心课程范型强调培养职业岗位能力或工作技术能力的实用性和针对性，注重把与能力目标相关性较强的知识、技能等放在课程之中，形成模块化教学。

本书分为五篇，分别为金属材料的性能及其结构、钢铁材料及热处理方法、有色金属和非金属材料及应用、机械零件毛坯的制造技术、机械加工技术基础。

本书各章的结构可分为教学目标、重点、难点、正文、小结和习题等。

本书所包含的内容，既是机械制造大类专业重要的专业基础，又是生产实践中可独立应用的生产技术，因此，从专业教学标准和职业岗位的需求出发，在各教学内容的深度和广度方面选择更为合理的平衡点：一是易于保证课程本身的教学质量，二是为后续课程的教学提供必需的技术基础。

使用本书的教师可根据专业要求和课时数选择需要的模块或章节组织教学。

本书共十五章。第一章、第二章和第三章由孙学强、邹志强编写；第四章和第五章由孙学强、雷兴碧编写；第六章、第九章和第十四章由钱建辉、段维华编写；第七章和第十章由陈长生编写；第十一章和第十二章由宋新书、李云霞编写；第八章和第十三章由张蔚波、徐冬梅编写；第十五章和各章的教学目标、重点、难点和小结由孙学强编写。

本书由昆明学院孙学强任主编并负责修订工作，邢台职业技术学院钱建辉、昆明学院段维华任副主编。本书由湖南工程学院朱正心任主审。

本书的电子课件由昆明学院孙学强、段维华编制，习题答案由孙学强、段维华、李云霞组织提供。有需要的教师可向机械工业出版社索取，也可向昆明学院孙学强老师索取。孙学强老师的电子邮箱是：2549597745@qq.com。

本书的修订得到了机械工业出版社的大力帮助和指导，并得到了参编学校领导的支持，参考并引用了一些参考文献的内容和插图，编者在此向他们表示衷心的感谢。

本书自2001年出版以来，承蒙读者厚爱，共发行了30余万册，且被教育部评为“2008年度普通高等教育国家精品教材”。培养技术应用型人才是教育教学改革一项艰巨的系统工程，教材建设更是意义重大。由于编者水平有限，虽几经修订，本书难免仍有漏误及不当之处，欢迎同仁和读者批评指正。

编　者

目 录

第四篇　机械零件毛坯的制造技术

第五篇　机械加工技术基础

第一篇　金属材料的性能及其结构

第一章　金属材料的力学性能

教学目标：通过学习，学生应掌握金属材料的力学性能指标及其测试方法，以及各个指标的物理意义。在设计机械零件和选择材料时要根据零件的工作环境，零件所承受的载荷情况，重点考虑某些力学性能指标。

本章重点：金属材料的力学性能指标及其测试方法。

本章难点：力学性能指标的物理意义。

在机械制造、交通运输、国防工业、石油化工和日常生活等各个领域，使用着大量的金属材料，这些由金属材料制成的零、部件，在工作过程中都要承受外力（或称载荷）作用。载荷作用的结果将引起零、部件形状和尺寸的改变，这种改变称为变形。由于所加载荷的大小、速度和形式的不同，所引起金属变形的方式也不同。常见的变形方式有拉伸、压缩、弯曲、扭转、剪切等。金属材料在各种不同形式的载荷作用下所表现出来的特性叫作力学性能，通常用试验来测定。常用的试验方法有拉伸试验、硬度试验、冲击试验等。**金属材料力学性能的主要指标有强度、塑性、硬度、冲击韧度等。**

第一节　强度和塑性

若载荷的大小不变或变动很慢，则称为静载荷。金属材料的强度、塑性是在静载荷作用下测定的。

一、强度

所谓强度，是指金属材料在静载荷作用下抵抗变形和断裂的能力。由于所受载荷的形式不同，金属材料的强度可分为抗拉强度、抗压强度、抗弯强度、抗扭强度、抗剪强度等，各种强度之间有一定的联系。一般情况下多以抗拉强度作为判别金属材料强度高低的指标。

抗拉强度是通过拉伸试验测定的。拉伸试验的方法是用静拉伸力对标准试样进行轴向拉伸，同时连续测量力和相应的伸长，直至断裂。根据测得的数据，即可求出有关的力学性能。

1. 拉伸试样

为了使金属材料的力学性能指标在测试时能排除因试样形状、尺寸的不同而造成的影响，并便于分析比较，试验时应先将被测金属材料制成标准试样。图 1-1 所示为圆形拉伸试样。

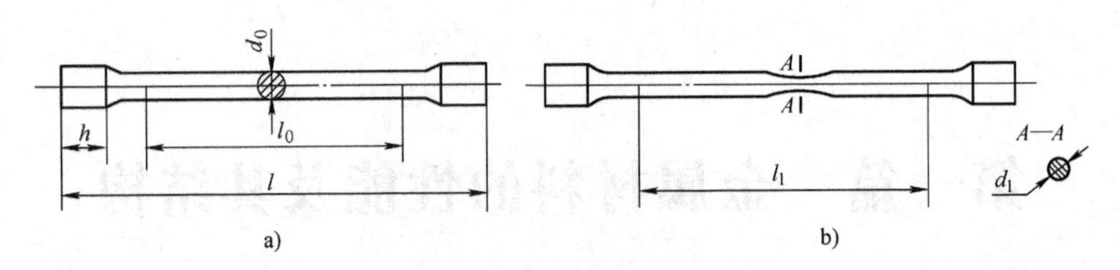

图 1-1 圆形拉伸试样

a）拉伸前 b）拉断后

图中，d_0 为试样的直径，l_0 为标距长度。根据标距长度与直径之间的关系，试样可分为长试样（$l_0=10d_0$）和短试样（$l_0=5d_0$）两种。

2. 力－伸长曲线

拉伸试验中记录的拉伸力与伸长的关系曲线叫作力－伸长曲线，也称拉伸图。图1-2是低碳钢的力－伸长曲线。图中纵坐标表示力 F，单位为 N；横坐标表示绝对伸长 Δl，单位为 mm。

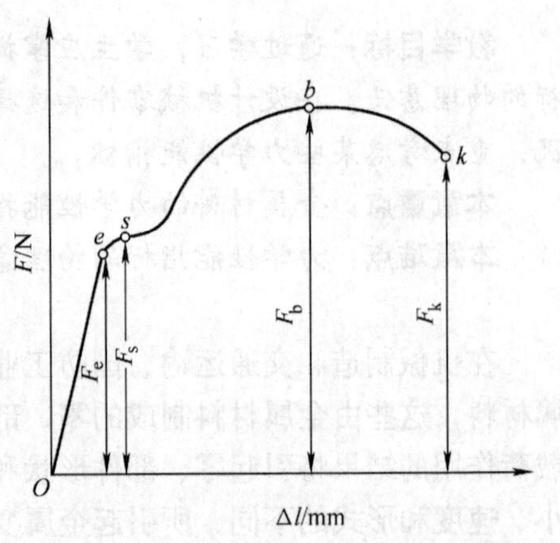

图 1-2 低碳钢的力－伸长曲线

由图可见，低碳钢在拉伸过程中，其载荷与变形关系有以下几个阶段：

当载荷不超过 F_e 时，拉伸曲线 Oe 为直线，即试样的伸长量与载荷成正比。如果卸除载荷，试样仍能恢复到原来的尺寸，即试样的变形完全消失。**这种随载荷消失而消失的变形叫弹性变形**。这一阶段属于弹性变形阶段。

当载荷超过 F_e 后，试样将进一步伸长，此时若卸除载荷，弹性变形消失，而另一部分变形却不能消失，即试样不能恢复到原来的尺寸。**这种载荷消失后仍继续保留的变形叫塑性变形。**

当载荷达到 F_s 时，拉伸曲线出现了水平或锯齿形线段，这表明在载荷基本不变的情况下，试样却继续变形，这种现象称为“屈服”。引起试样屈服的载荷称为屈服载荷。

当载荷超过 F_s 后，试样的伸长量与载荷以曲线关系上升，但曲线的斜率比 Oe 段的斜率小，即载荷的增加量不大，而试样的伸长量却很大。当载荷继续增加到某一最大值 F_b 时，试样的局部截面缩小，产生所谓的“缩颈”现象。由于试样局部截面的逐渐缩小，故载荷也逐渐降低，当达到拉伸曲线上 k 点时，试样随即断裂。F_k 为试样断裂时的载荷。

在试样产生缩颈以前，由载荷所引起试样的伸长，基本上是沿着整个试样标距长度内发生的，属于均匀变形；缩颈后，试样的伸长主要发生在颈部的一段长度内，属于集中变形。

3. 强度指标

强度指标是用应力值来表示的。根据力学原理，试样受到载荷作用时，则内部产生大小与载荷相等而方向相反的抗力（即内力）。单位截面积上的内力，称为应力，用符号 σ 表示。

从拉伸曲线分析得出，有三个载荷值比较重要：一个是弹性变形范围内的最大载荷 F_e，第二个是最小屈服载荷 F_s，另一个是最大载荷 F_b，通过这三个载荷值，可以得出金属材料的三个主要强度指标。

（1）弹性极限。弹性极限是金属材料能保持弹性变形的最大应力，用σ_e表示。

$$\sigma_e = \frac{F_e}{S_0}$$

式中　F_e——弹性变形范围内的最大载荷（N）；

S_0——试样原始横截面积（mm^2）。

（2）屈服强度。屈服强度是使材料产生屈服现象时的应力，用σ_s表示。

$$\sigma_s = \frac{F_s}{S_0}$$

式中　F_s——使材料产生屈服时的载荷（N）；

S_0——试样的原始横截面积（mm^2）。

对于低塑性材料或脆性材料，由于屈服现象不明显，因此这类材料的屈服强度常以产生一定的微量塑性变形（一般用变形量为试样长度的0.2%表示）的应力来表示，用$\sigma_{0.2}$表示，即

$$\sigma_{0.2} = \frac{F_{0.2}}{S_0}$$

式中　$F_{0.2}$——塑性变形量为试样长度的0.2%时的载荷（N）；

S_0——试样原始横截面积（mm^2）。

（3）抗拉强度。试样断裂前能够承受的最大应力，称为抗拉强度，用σ_b表示。

$$\sigma_b = \frac{F_b}{S_0}$$

式中　F_b——试样断裂前所能承受的最大载荷（N）；

S_0——试样的原始横截面积（mm^2）。

低碳钢的屈服强度σ_s约为240MPa，抗拉强度σ_b约为400MPa。

工程上所用的金属材料，不仅希望具有较高的σ_s，还希望具有一定的屈强比（σ_s/σ_b）。屈强比越小，结构零件的可靠性越高，万一超载也能由于塑性变形而使金属的强度提高，不致于立即断裂。但如果屈强比太小，则材料强度的有效利用率就会太低。

二、塑性

金属发生塑性变形但不破坏的能力称为塑性。在拉伸时它们分别为伸长率和断面收缩率。

1. 伸长率

伸长率是指试样拉断后的标距伸长量与原始标距的百分比，用符号δ表示，即

$$\delta = \frac{\Delta l}{l_0} \times 100\% = \frac{l_1 - l_0}{l_0} \times 100\%$$

式中　l_0——试样的原始标距长度（mm）；

l_1——试样拉断后的标距长度（mm）。

2. 断面收缩率

断面收缩率是指试样拉断处横截面积的缩减量与原始横截面积的百分比，用符号ψ表

示，即

$$\psi = \frac{\Delta S}{S_0} \times 100\% = \frac{S_0 - S_1}{S_0} \times 100\%$$

式中 S_0——试样原始横截面积（mm^2）；

S_1——试样断裂处的横截面积（mm^2）。

必须说明，伸长率的大小与试样的尺寸有关。试样长短不同，测得的伸长率是不同的。长、短试样的伸长率分别用δ_{10}和δ_5表示，习惯上，δ_{10}也常写成δ。对于同一材料而言，短试样所测得的伸长率（δ_5）要比长试样测得的伸长率（δ_{10}）大一些，两者不能直接进行比较。

δ和ψ是材料的重要性能指标。它们的数值越大，材料的塑性就越好。金属材料的塑性好坏，对零件的加工和使用有十分重要的意义。例如，低碳钢的塑性较好，故可以进行压力加工；普通铸铁的塑性差，因而不能进行压力加工，只能进行铸造。同时，由于材料具有一定的塑性，故能够保证材料不致因稍有超载而突然断裂，这就增加了材料使用的安全可靠性。

第二节 硬　度

硬度是衡量金属材料软硬程度的指标，是指金属抵抗局部弹性变形、塑性变形、压痕或划痕的能力。它是金属材料的重要性能之一，也是检验工、模具和机械零件质量的一项重要指标。由于测定硬度的试验设备比较简单，操作方便、迅速，又属无损检验，故在生产上和科研中应用都十分广泛。测定硬度的方法比较多，其中常用的硬度测定法是压入法，它用一定的静载荷（压力）把压头压在金属表面上，然后通过测定压痕的面积或深度来确定其硬度。常用的硬度试验方法有布氏硬度、洛氏硬度和维氏硬度三种。

一、布氏硬度

布氏硬度的测定原理是用规定的试验力F，把直径为D的硬质合金球压入被测金属表面，保持一定时间后卸除载荷，在放大镜下测量被测试金属表面的压痕直径d，由此计算压痕的球缺面积S，然后再求出压痕的单位面积所承受的平均压力（F/S），以此作为被测试金属的布氏硬度值，如图1-3所示。

$$布氏硬度 = \frac{F}{S} = 0.102\frac{2F}{\pi D(D - \sqrt{D^2 - d^2})}$$

式中 D——球体直径（mm）；

F——试验力（N）；

d——压痕平均直径（mm）。

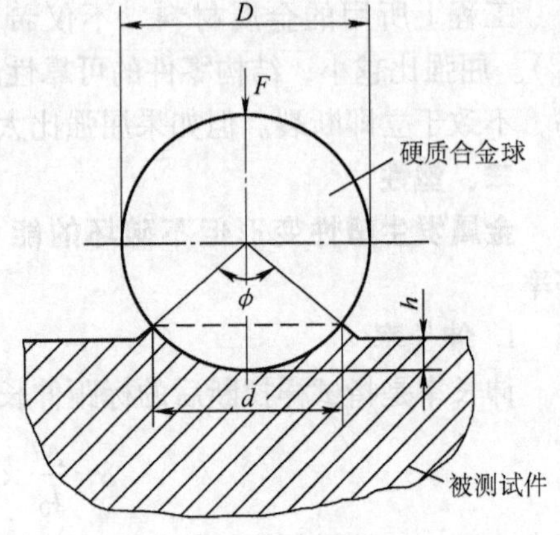

图1-3 布氏硬度试验原理

布氏硬度用符号HBW表示，习惯上只写明硬度的数值而不标出单位。一般硬度符号HBW前面的数值为硬度值，符号后面的数值表示试验条件的指标，依次为球体直径、试验力大小及试验力保持时间（10～15s时不标注）。例如：600HBW1/30/20表示用直径为1mm的硬质合金球，在294N（30kgf）的试验力作用下保持20s，测得的布氏硬度值为600。

在进行布氏硬度试验时，应根据被测试金属材料的种类和试样厚度，选择不同大小的球体直径 D、试验载荷 F 和载荷保持时间。按 GB/T 231.1—2009 规定，球体直径有10mm、5mm、2.5mm 和 1mm 四种；试验力（单位 kgf⊖）与球体直径平方的比值（F/D^2）有30、15、10、5、2.5 和 1 共 6 种（可根据金属材料的种类和布氏硬度范围，按表 1-1 选定 $0.102F/D^2$）；试验力的保持时间为 10～15s。对于要求试验力保持较长时间的材料，试验力保持时间允许误差为±2s。

表 1-1　布氏硬度试验的 F/D^2 值的选定

材　　料	布氏硬度 HBW	F/D^2
钢、镍基合金、钛合金		30
铸铁①	<140	10
	≥140	30
铜及铜合金	<35	5
	35～200	10
	>200	30
轻金属及其合金	<35	2.5
	35～80	5、10 或 15
	>80	10、15
铅、锡		1

① 对于铸铁试验，压头的名义直径应为 2.5mm、5mm 或 10mm。

当试验力 F 与球体直径 D 选定时，硬度值只与压痕直径 d 有关。d 越大，则布氏硬度值越小；反之，d 越小，则硬度值越大。实际测量时，用刻度放大镜测出压痕直径 d，然后根据 d 值查表，即可求出所测的硬度值。

布氏硬度试验法因压痕面积较大，能反映出较大范围内被测金属的平均硬度，故试验结果较精确。但因压痕较大，所以不宜用于测试成品或薄片金属的硬度。

二、洛氏硬度

当材料的硬度较高或试样过小时，需要用洛氏硬度计进行硬度测试。

洛氏硬度试验，是用顶角为120°的金刚石圆锥或直径为1.5875mm（1/16in）的淬火钢球或硬质合金球作压头，在初试验力 F_0 及总试验力 F（初试验力 F_0 与主试验力 F_1 之和）分别作用下压入金属表面，然后卸除主试验力 F_1，在初试验力 F_0 下测定残余压入深度，用深度的大小来表示材料的洛氏硬度值，并规定每压入 0.002mm 为一个硬度单位。洛氏硬度试验原理如图 1-4 所示。图中 0－0 为金刚石圆锥压头没有和试样接触时的位

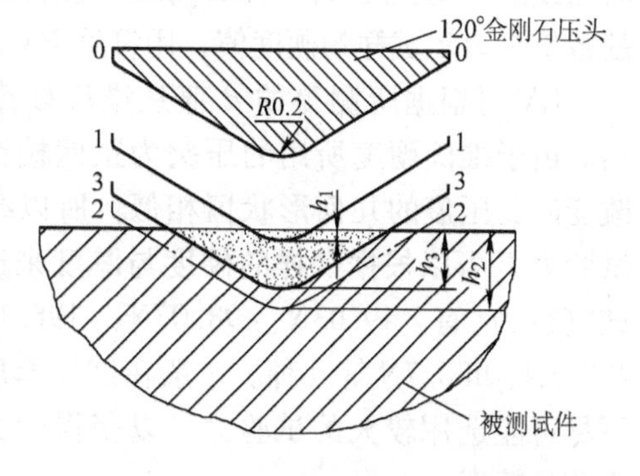

图 1-4　洛氏硬度试验原理

⊖ kgf 为非法定计量单位，此处暂保留，1kgf = 9.8N。

置，1－1为压头在初试验力（100N）作用下，压头压入深度为h_1时的位置；2－2为在总试验力作用下，压头压入深度为h_2时的位置；3－3为卸除主试验力保留初试验力后压头的位置h_3。这样，压痕的深度$h = h_3 - h_1$，洛氏硬度的计算公式为

$$洛氏硬度 = N - \frac{h}{0.002}$$

式中 h——压痕深度；

N——给定标尺的数值，A、C标尺为100；B标尺为130。

材料越硬，h便越小，而所测得的洛氏硬度值越大。

淬火钢球压头适用于退火件、有色金属等较软材料的硬度测定；金刚石压头适用于淬火钢等较硬材料的硬度测定。洛氏硬度所加载荷根据被测材料本身硬度不同而作不同规定，组成不同的洛氏硬度标尺，其中最常用的是A、B、C三种标尺，其试验规范见表1-2（GB/T 230.1—2009）。

表1-2 洛氏硬度试验规范

标尺	硬度符号	所用压头	总试验力/N	适用范围HR①	应用举例
A	HRA	金刚石圆锥	588.4	20～88	碳化物、硬质合金、淬火工具钢、浅层表面硬化钢等
B	HRB	ϕ1.5875mm球	980.7	20～100	软钢、铜合金、铝合金、可锻铸铁
C	HRC	金钢石圆锥	1471.0	20～70	淬火钢、调质钢、深层表面硬化钢

① HRA、HRC所用刻度盘满刻度为100，HRB为130。

洛氏硬度试验的优点是操作迅速、简便，可从表盘上直接读出硬度值，不必查表或计算，而且压痕小，可测量较薄工件的硬度。其缺点是精确性较差，硬度值重复性差，通常需要在材料的不同部位测试数次，取其平均值来代表材料的硬度。

三、维氏硬度

维氏硬度的测定原理基本上和布氏硬度相同，也是以单位压痕面积的力作为硬度值计量。所不同的是所用压头为锥面夹角为136°的金刚石正四棱锥体，如图1-5所示。试验时用规定的试验力F，在试样表面上压出一个正方形锥面压痕，测量压痕对角线的平均长度d，借以计算压痕的面积S，以F/S的数值来表示试样的硬度值，用符号HV表示。

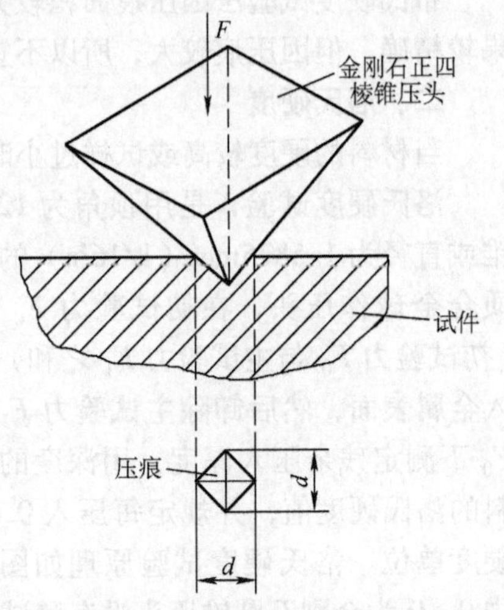

图1-5 维氏硬度试验原理

HV可根据所测得的d值从维氏硬度表中直接查出。由于维氏硬度所用的压头为正四棱锥，当试验力改变时，压痕的几何形状恒相似，所以维氏硬度所用试验力F可以根据试样的硬度与厚度来选择。常用的试验力有49.03N、98.07N、196.1N、294.2N、490.3N、980.7N等几种。一般在试样厚度允许的情况下尽可能选用较大的试验力，以获得较大的压痕，提高测量精度。

维氏硬度标注时，在符号HV前面标出硬度值，在HV后面的数值依次表示试验力值和

试验力保持时间（保持时间为 10～15s 时不标出）。例如：640HV30 表示在试验力为 294.2N 下，保持 10～15s 测得的维氏硬度为 640；640HV30/20 表示在试验力为 294.2N 下，保持 20s 测得的维氏硬度值为 640。

在实际测量时，用装在机体上的测量显微镜，测出压痕投影的两对角线的平均长度 d，然后根据 d 的大小查表（GB/T 4340.4—2009），即可求得所测的硬度。

维氏硬度可测软、硬金属，尤其是极薄零件和渗碳层、渗氮层的硬度，它测得的压痕轮廓清晰，数值较准确。但是其硬度值需要测量压痕对角线，然后经计算或查表才能获得，效率不如洛氏硬度试验高，所以不宜用于成批零件的常规检验。

由于各种硬度试验的条件不同，因此相互间没有理论的换算关系。但根据试验结果，可获得粗略换算公式如下：

当硬度为 200～600HBW 时　　HRC≈1/10HBW

当硬度小于 450HBW 时　　HBW≈HV

也可以参考表 1-3 所列的各种硬度对照值。

表 1-3　洛氏硬度 HRC 与其他硬度换算表

洛氏硬度		布氏硬度 HBW	维氏硬度	强度（近似值）	洛氏硬度		布氏硬度 HBW	维氏硬度	强度（近似值）
HRC	HRA	10/3000	HV	σ_b/MPa	HRC	HRA	10/3000	HV	σ_b/MPa
65	83.6	—	798	—	36	(68.5)	331	339	1140
64	83.1	—	774	—	35	(68.0)	322	329	1115
63	82.6	—	751	—	34	(67.5)	314	321	1085
62	82.1	—	730	—	33	(67.0)	306	312	1060
61	81.5	—	708	—	32	(66.4)	298	304	1030
60	81.0	—	687	2675	31	(65.9)	291	296	1005
59	80.5	—	666	2555	30	(65.4)	284	289	985
58	80.0	—	645	2435	29	(64.9)	277	281	960
57	79.5	—	625	2315	28	(64.4)	270	274	935
56	78.9	—	605	2210	27	(63.8)	263	267	915
55	78.4	538	587	2115	26	(63.3)	257	260	895
54	77.9	526	659	2030	25	(62.8)	251	254	875
53	77.4	515	551	1945	24	(62.3)	246	247	845
52	76.9	503	535	1875	23	(61.7)	240	241	825
51	76.3	492	520	1805	22	(61.2)	235	235	805
50	75.8	480	504	1745	21	(60.7)	230	229	795
49	75.3	469	489	1685	20	(60.2)	225	224	775
48	74.8	457	457	1635	(19)	(59.7)	221	218	755
47	74.2	445	461	1580	(18)	(59.1)	216	213	740
46	73.7	433	448	1530	(17)	(58.6)	212	208	725
45	73.2	422	435	1480	(16)	(58.1)	208	203	710
44	72.7	411	432	1440	(15)	(57.6)	204	198	690
43	72.2	400	411	1390	(14)	(57.1)	200	193	675
42	71.7	390	400	1350	(13)	(56.5)	196	189	660
41	71.1	379	389	1310	(12)	(56.0)	192	184	645
40	70.6	369	378	1275	(11)	(55.5)	188	180	625
39	70.1	359	368	1235	(10)	(55.0)	185	176	615
38	(69.6)	349	358	1200	(9)	(54.5)	181	172	600
37	(69.0)	340	348	1170	(8)	(53.9)	177	168	590

第三节 冲击韧度

许多机械零件在工作中，往往要受到冲击载荷的作用，如活塞销、锤杆、冲模、锻模、凿岩机零件等。制造这些零件的材料，其性能不能单纯用静载荷作用下的指标来衡量，而必须考虑材料抵抗冲击载荷的能力。冲击载荷是指加载速度很快而作用时间很短的突发性载荷。

金属材料在冲击载荷作用下，抵抗破坏的能力称为冲击韧度。为了评定金属材料的冲击韧度，需要进行一次冲击试验。冲击试验是一种动载荷试验，它包括冲击弯曲、冲击拉伸、冲击扭转等几种试验方法。目前常用一次摆锤冲击弯曲试验来测定金属材料的韧度，其试验原理如图1-6所示。

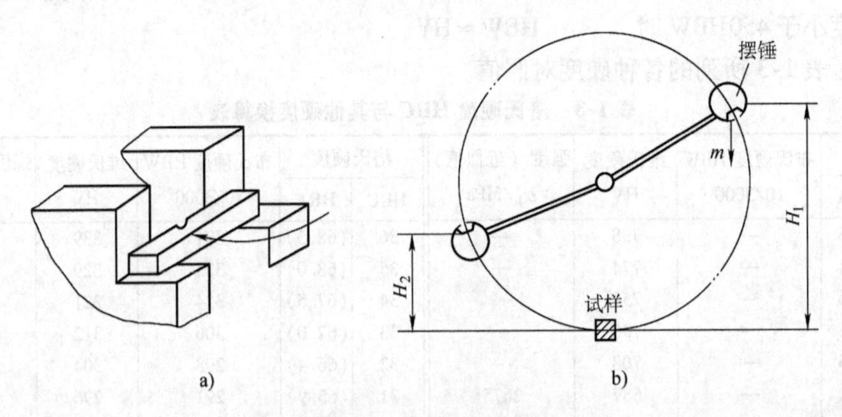

图1-6 冲击试验原理

a）试样安装位置 b）冲击示意图

试验时，把按规定制作的标准冲击试样的缺口（脆性材料不开缺口）背向摆锤方向放在冲击试验机上（图1-6a），将摆锤（质量为m）扬起到规定高度H_1，然后自由落下，将试样冲断。由于惯性，摆锤冲断试样后会继续上升到某一高度H_2。根据功能原理可知：摆锤冲断试样所消耗的功为$A_K=mg\ (H_1-H_2)$。A_K称作冲击吸收功，可从冲击试验机上直接读出，单位为焦耳（J）。用试样缺口处的横截面积S去除A_K所得的商即为该材料的冲击韧度值，用符号a_K表示，单位为焦耳/厘米^2（J/cm^2），即

$$a_K=\frac{A_K}{S}$$

试样缺口有U形和V形两种，冲击韧度值分别以a_{KU}和a_{KV}表示。

a_{KV}值越大，材料的冲击韧度越好，断口处则会发生较大的塑性变形，断口呈灰色纤维状；a_{KV}值越小，材料的冲击韧度越差，断口处无明显的塑性变形，断口具有金属光泽而较为平整。

一般来说，强度、塑性两者均好的材料，a_{KV}值也高。材料的冲击韧度除了取决于其化学成分和显微组织外，还与加载速度、温度、试样的表面质量（如缺口、表面粗糙度等）、材料的冶金质量等有关。加载速度越快，温度越低，表面及冶金质量越差，则a_{KV}值越低。

在一次冲断条件下测得的冲击韧度值a_{KV}，对于判别材料抵抗大能量冲击能力，有一定

的意义。而绝大多数机件在工作中所承受的多是小能量多次冲击，机件在使用过程中承受这种冲击有上万次或数万次。对于材料承受多次冲击的问题，如果冲击能量低、冲击周次较多时，材料的冲击韧度主要取决于材料的强度，材料的强度高则冲击韧度较好；如果冲击能量高时，则主要取决于材料的塑性，材料的塑性越高则冲击韧度越大。因此冲击韧度值 a_{KV} 一般可作设计和选材的参考。

第四节　疲劳强度

有许多零件（如齿轮、弹簧等）是在交变应力（指大小和方向随时间作用期性变化）下工作的，零件工作时所承受的应力通常都低于材料的屈服强度。**零件在这种交变载荷作用下经过长时间工作也会发生破坏，通常这种破坏现象叫作金属的疲劳断裂。**

金属的疲劳断裂是在交变载荷作用下，经过一定的循环周次之后突然出现的。图 1-7 是某材料的疲劳曲线，横坐标表示循环周次，纵坐标表示交变应力。从该曲线可以看出，材料承受的交变应力越大，疲劳破坏前能循环工作的周次越少；当循环交变应力减少到某一数值时，曲线接近水平，即表示当应力低于此值时，材料可经受无数次应力循环而不破坏。我们把材料在无数次交变载荷作用下而不破坏的最大应力值称为疲劳强度。通常光滑试样在对称弯曲循环载荷作用下的疲劳强度用 σ_{-1} 表示。**对钢材来说，当循环次数 N 达到 10^7 周次时，曲线便出现水平线，所以我们把经受 10^7 周次或更多周次而不破坏的最大应力定为疲劳强度**。对于有色金属，一般则需规定应力循环次数在 10^8 或更多周次，才能确定其疲劳强度。

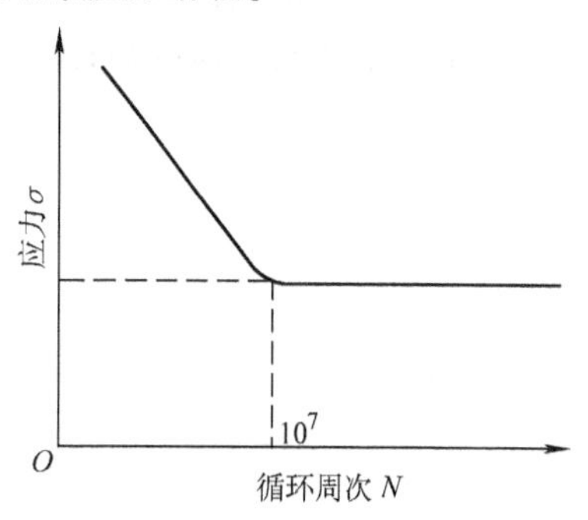

图 1-7　金属的疲劳曲线

影响疲劳强度的因素很多，其中主要有循环应力、温度、材料的化学成分及显微组织、表面质量和残余应力等。

应该注意：上述力学性能指标，都是用小尺寸的光滑试样或标准试样，在规定性质的载荷作用下测得的。实践证明，它们不能直接代表材料制成零件后的性能。因为实际零件尺寸往往很大，尺寸增大后，材料中出现的缺陷（如孔洞、夹杂物、表面损伤等）的可能性也增大；而且零件在实际工作中所受的载荷往往是复杂的，零件的形状、表面粗糙度值等也与试样差异很大，这些将在以后课程中讨论。

小　　结

金属材料的力学性能是指材料在不同形式的载荷作用下所表现出来的特性。由于载荷的形式不同，材料可表现出不同的力学性能，如强度、塑性、硬度、韧度和疲劳强度等。

强度是指金属材料在静载荷作用下抵抗变形和断裂的能力；通常以抗拉强度作为判别材料强度高低的指标。通过静拉伸试验可测得强度和塑性。硬度也是在静载荷作用下测试的，常用的有布氏硬度和洛氏硬度。冲击韧度在一次冲击载荷下测试。疲劳强度是在交变应力作用下测试。

金属材料的各种力学性能之间有一定的联系。一般提高金属的强度和硬度，往往会降低其塑性和韧度；反之，若提高塑性和韧度，则会削弱其强度。

习　题

1-1　什么是金属的力学性能？根据载荷形式的不同，力学性能主要包括哪些指标？

1-2　什么是强度？什么是塑性？衡量这两种性能的指标有哪些？各用什么符号表示？

1-3　低碳钢做成的 $d_0=10\text{mm}$ 的圆形短试样经拉伸试验，得到如下数据：

$F_s=21100\text{N}$，$F_b=34500\text{N}$，$l_1=65\text{mm}$，$d_0=6\text{mm}$。试求低碳钢的 σ_s、σ_b、δ_5、ψ。

1-4　什么是硬度？HBW、HRA、HRB、HRC 各代表什么方法测出的硬度？

1-5　下列硬度要求和写法是否正确？

HBW150　HRC40N　HR00　HRB10　478HV　HRA79　474HBW

1-6　什么是冲击韧度？A_K 和 a_{KV} 各代表什么？

1-7　什么是疲劳现象？什么是疲劳强度？

1-8　用标准试样测得的金属材料的力学性能能否直接代表该材料制成零件的力学性能？为什么？

第二章　金属与合金的晶体结构

教学目标：通过学习，学生应了解和掌握金属与合金的晶体结构、晶体缺陷以及合金的相结构，为以后的学习奠定基础。

本章重点：合金及其相结构，实际金属的晶体结构。

本章难点：固溶体及金属化合物。

一切元素的原子都是由带正电荷的原子核及带负电荷的电子所组成的。金属原子结构的特点是它的最外层只有数量很少的电子，一般只有1~2个，并且这些外层电子因与原子核的结合力较弱而容易变成自由电子。金属原子失去外层电子后，只剩下带正电荷的原子部分，即金属正离子。这些正离子与自由电子相互作用，使金属原子有规则地结合起来。这种结合方式称为金属键。**金属的性能是由它的内部组织结构决定的，因此了解金属的内部组织结构，对掌握金属材料的性能是非常重要的。**

第一节　纯金属的晶体结构

一、晶体结构的基本知识

1. 晶体与非晶体

固态物质按其原子（或分子）的聚集状态不同分为两大类，即晶体与非晶体。在自然界中，除少数固态物质（如松香、普通玻璃、沥青等）是非晶体外，绝大多数固态无机物都是晶体。**晶体是指原子具有规则排列的物质，而非晶体其内部原子不具有规则排列。**对两者进行比较可以看出，晶体具有如下三大特征：

（1）在晶体中，原子（或分子）在三维空间作有规则的周期性的重复排列，因此晶体一般具有规则的外形。

（2）从液态转变成晶态固体（晶体）的转变是在一定温度下进行的，即晶体具有固定的熔点（如铁为1538℃、铝为660℃）。

（3）沿着一个晶体的不同方向所测得的性能不相同，出现或大或小的差异，即晶体具有各向异性。

常见固态金属都是晶体。金属晶体除了具有上述晶体所共有的特征外，还具有金属光泽、良好的导电性、导热性和塑性，尤其是金属晶体还具有正的电阻温度系数，这是金属晶体与非金属晶体的根本区别。

2. 晶格和晶胞

既然金属都是晶体，为了研究金属原子（或离子）在空间排列的情况，我们要做一些假设。首先，将金属原子（或离子）视为一个个“静止的刚性小球”，这样，金属晶体即是由这些小球按一定的规律在空间紧紧地排列而成的，如图2-1所示。

如果将这些“原子小球”看成是一个个点，这样的点则代表着原子振动的中心，再把这些点用假想的直线连接起来，这样，金属原子在空间的排列就可以用一抽象化的模型——空间格子表示。这种空间格子称为晶格，如图2-2所示，图中的每个点称为结点。

如果我们从晶格中取出一个完全能代表晶格特征的最小的几何单元（即晶胞），如正六面体，这样，可以认为晶格是由晶胞在空间重复堆积而成的。晶胞中原子排列的规律完全能代表整个晶格中原子排列的规律。晶胞中各棱边的长度分别以 a、b、c 表示，其大小用 Å（$1Å = 10^{-8}cm$）度量；各棱边之间的夹角用 α、β、γ 表示。a、b、c 和 α、β、γ 称为晶格常数，如图2-3所示。

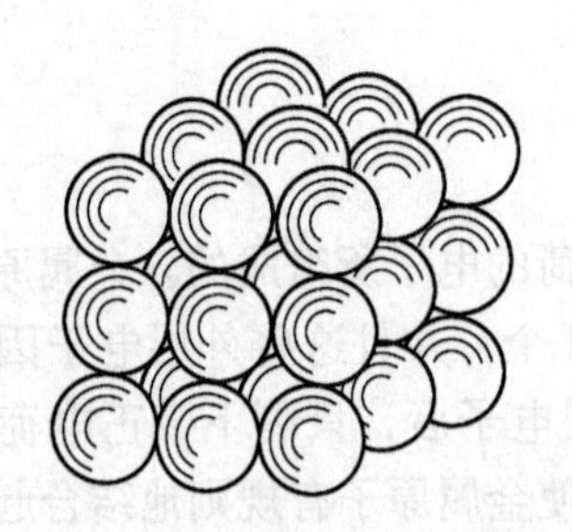

图2-1 晶体中原子的排列模型

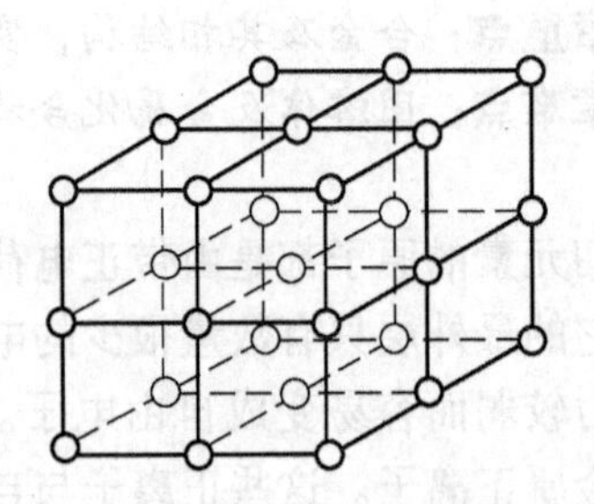

图2-2 金属的晶格

二、金属中常见的晶格类型

在已知的80余种金属元素中，除少数十几种金属具有复杂的晶体结构外，大多数金属都具有比较简单的晶体结构。最常见的金属晶格有三种类型。

1. 体心立方晶格

体心立方晶格的晶胞是一个立方体，即 $a=b=c$，$\alpha=\beta=\gamma=90°$。在立方体的八个顶角上各有一个原子，另外在立方体的中心还有一个原子，如图2-4所示。

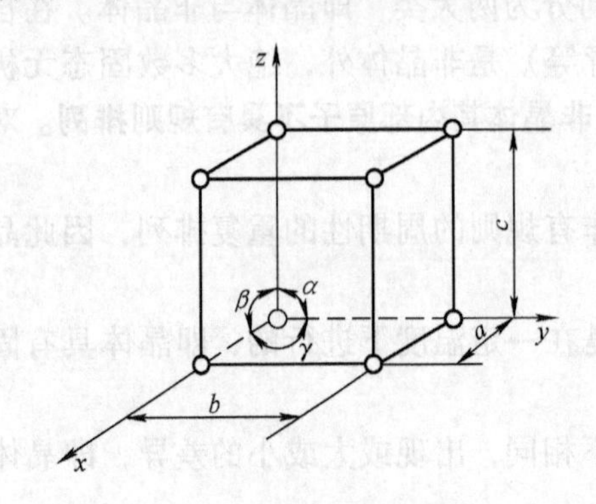

图2-3 晶胞及晶格常数

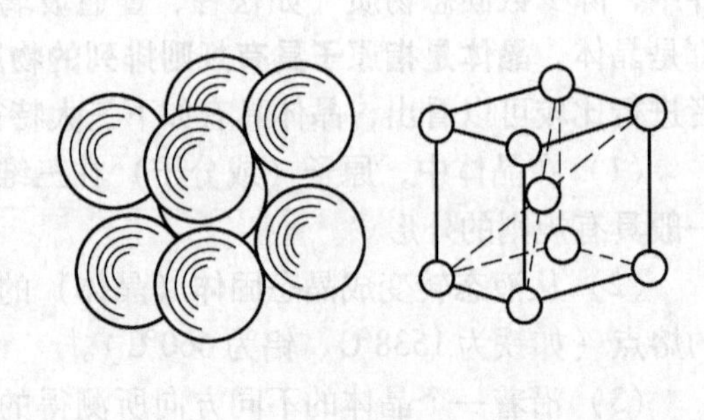

图2-4 体心立方晶胞

具有体心立方晶格的金属有铬、钨、钼、钒及 α 铁等。

2. 面心立方晶格

面心立方晶格的晶胞也是一个立方体，在立方体的八个顶角上各有一个原子，同时在立方体的六个面的中心又各有一个原子，如图2-5所示。

具有这种晶格的金属有铜、铝、银、金、镍、γ 铁等。

3. 密排六方晶格

密排六方晶格的晶胞是一个正六棱柱体，在柱体的12个顶角上各有一个原子，上下底面的中心也各有一个原子，同时，在晶胞内部还有三个呈品字形排列的原子，如图 2-6 所示。

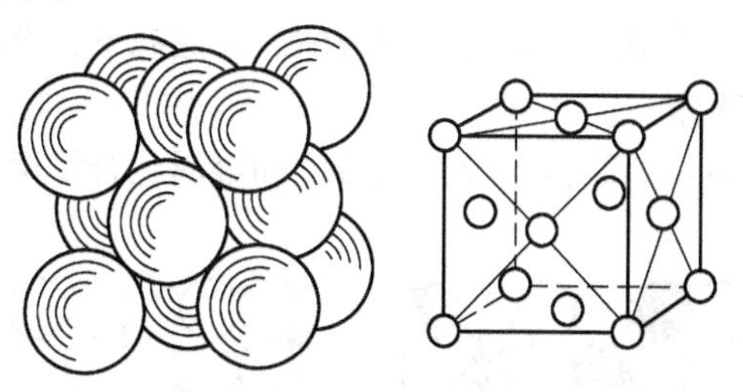

图 2-5　面心立方晶胞

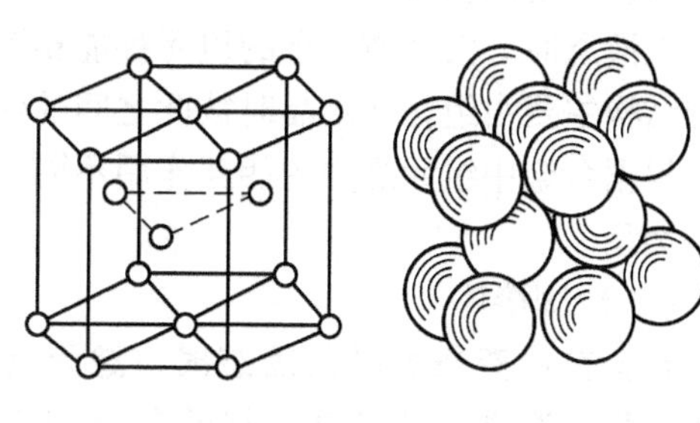

图 2-6　密排六方晶胞

具有这种晶格的金属有铍、镁、锌、钛等。

第二节　合金的晶体结构

纯金属虽然具有较高的导电性、导热性与良好的塑性等特点，但是几乎各种纯金属的强度、硬度、耐磨性等力学性能都比较差，因而不适宜制作对力学性能要求较高的各种机械零件和工模具等；其次，纯金属的种类有限，而且很多纯金属冶炼困难，价格昂贵。因此，只靠纯金属根本无法满足人们对金属材料的多品种和高性能要求，故生产中大量使用的是合金。

一、合金的基本概念

1. 合金

所谓合金，就是由两种或两种以上的金属元素，或金属元素与非金属元素组成的具有金属特性的物质。例如，钢是由铁和碳组成的合金；普通黄铜是由铜和锌组成的合金。

合金除具有金属的基本特性外，还具有优良的力学性能及某些特殊的物理和化学性能，如高强度、强磁性、耐热性及耐蚀性等。组成合金的各元素的含量，能在很大范围内变化，可借此来调节合金的性能，以满足工业上所提出的各种不同的性能要求。

2. 组元

组成合金的独立的、最基本的单元称为组元，简称元。合金的组元通常是纯元素，但也可以是在所研究的范围内既不分解也不发生任何反应的稳定化合物。例如，普通黄铜的组元是铜和锌；铁碳合金中的 Fe_3C 也可以视为一个组元。根据合金组元数目的多少，合金可分为二元合金、三元合金和多元合金。

3. 合金系

由二个或二个以上的组元按不同的含量配制的一系列不同成分的合金，称为一个合金系，简称系。如 Cu－Zn 系、Pb－Sn 系、Fe－C 系等。

4. 相

合金中凡是结构、成分和性能相同并且与其他部分有界面分开的均匀组成部分称为相。液态物质称为液相，固态物质称为固相。在固态下，物质可以是单相的，也可以是多相的。

另外，我们后面将要提到“组织”这个名词，这是一个与“相”最易混淆的概念。**所谓组织，是指用肉眼或借助显微镜观察到的具有某种形态特征的合金组成物**。实质上它是一种或多种相按一定的方式相互结合所构成的整体的总称。它直接决定着合金的性能。

二、合金的相结构

在液态时，大多数合金的组元都能相互溶解，形成一个均匀的液溶体。在固态下，合金的相结构主要由组元在结晶时彼此之间的作用而决定。

根据合金中组元之间的相互作用不同，合金中相的结构可分为固溶体和金属化合物两种基本类型。

（一）固溶体

合金在由液态结晶为固态时，组元间会互相溶解，形成一种在某一组元晶格中包含有其他组元的新相，这种新相称为固溶体。晶格与固溶体相同的组元称为固溶体的溶剂，其他组元称为溶质。

根据溶质原子在溶剂晶格结点所占据的位置，可将固溶体分为置换固溶体和间隙固溶体两种基本类型，如图2-7所示。

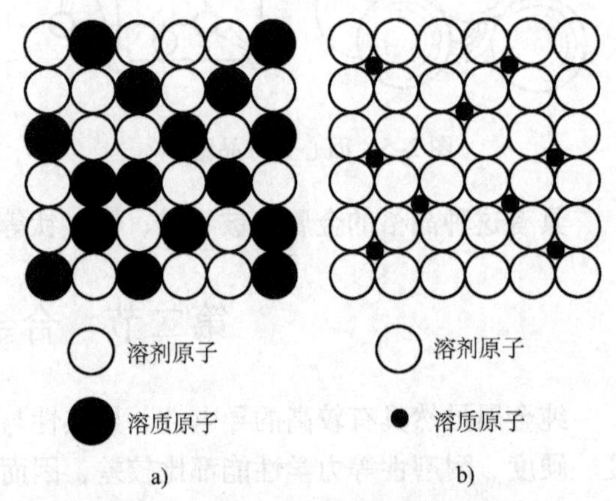

图2-7 固溶体的两种基本类型
a）置换固溶体 b）间隙固溶体

1. 置换固溶体

溶质原子占据了部分溶剂晶格的结点位置而形成的固溶体称置换固溶体（见图2-7a）。

当溶质原子与溶剂原子半径相接近时，溶质原子不能处于溶剂晶格的间隙中，而只能占据溶剂晶格的结点位置，保持溶剂晶格不变，但引起了晶格常数的改变。根据固溶体中溶质原子的溶解情况，置换固溶体又可分为有限固溶体和无限固溶体。若溶质原子在溶剂中的溶解量受到限制，只能部分占据溶剂晶格的结点位置，则称为有限固溶体；若两组元可以按任意比例相互溶解，即溶质原子能无限制地占据溶剂晶格的结点，则形成无限固溶体。溶质原子在溶剂中的溶解量（称为固溶度）与组元的晶格类型、原子半径以及组元在周期表中的位置有关。如果二组元的晶格类型相同、原子半径相近、在周期表中的位置相邻或相近，二者便可能形成无限固溶体，否则只能形成有限固溶体。在有限固溶体中，固溶度与温度有密切的关系。一般来说，随着温度升高，固溶度增大；反之，则降低。因此，在高温下固溶度已达到饱和的有限固溶体，当它从高温冷却到低温时，由于其固溶度的降低，通常使固溶体发生分解，而析出其他结构的产物。这对某些材料的热处理具有十分重要的意义。

2. 间隙固溶体

溶质原子分布在溶剂晶格的间隙中形成的固溶体，叫作间隙固溶体（见图2-7b）。

由于溶剂晶格的间隙很小，所以只有溶质原子与溶剂原子半径之比较小时（小于0.59）才能形成间隙固溶体。一般组成间隙固溶体的溶质元素都是一些原子半径很小的非金属元素，如H、N、B、C、O等。而溶剂元素则多为过渡族金属元素。由于溶剂晶格中的间隙总是有限的，所以间隙固溶体都是有限固溶体。另外，固溶体的固溶度还取决于溶剂的晶格类型。因为，当溶剂晶格类型不同时，晶格中的间隙大小和数量也不相同，其固溶度也就不同。

由于溶质原子溶入溶剂晶格后引起晶格畸变，使其塑性变形的抗力增大，因而使得合金

的强度、硬度升高，这种现象称为固溶强化。通常，当材料的强度、硬度提高时，其塑性和韧性有下降的趋势，但只要其固溶度控制得当，塑性和韧性仍可保持良好。因此，固溶体合金常具有比较好的综合力学性能。另外，固溶体内晶格的畸变还会使固溶体合金某些物理性能发生变化，如降低导电性、导热性等。如果是单相固溶体合金，则在电解质中不会像两相合金那样构成微电池，故单相固溶体合金的耐蚀性较高，某些不锈钢就是利用了这一原理。

（二）金属化合物

在合金相中，各组元的原子按一定的比例相互作用生成的晶格类型和性能完全不同于任一组元，并且有一定金属性质的新相，称为金属化合物。例如，钢中渗碳体（Fe_3C）是铁原子和碳原子所组成的金属化合物，它具有如图2-8所示的复杂晶格结构。碳原子构成一斜方晶格（$a \neq b \neq c$，$\alpha = \beta = \gamma = 90°$），在每个碳原子周围都有六个铁原子构成八面体，每个铁原子为两个八面体所共有，在 Fe_3C 中 Fe 与 C 原子的比例为

$$\frac{\text{Fe 原子数}}{\text{C 原子数}} = \frac{\frac{1}{2} \times 6}{1} = \frac{3}{1}$$

因而可用 Fe_3C 这一化学式表示。

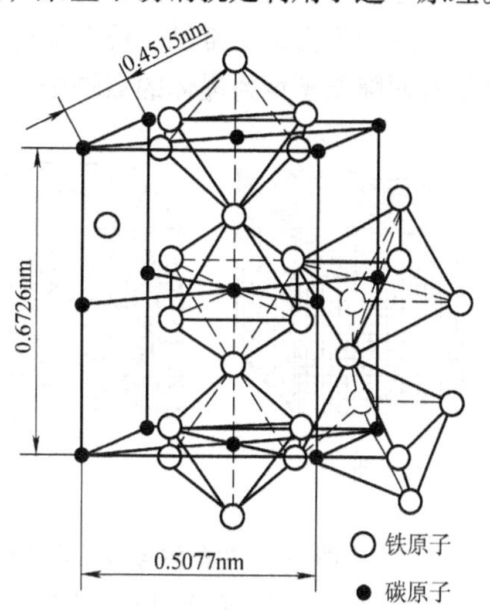

图2-8　Fe_3C 的晶体结构

金属化合物的熔点较高，性能硬而脆。当合金中出现金属化合物时，通常能提高合金的强度、硬度和耐磨性，但会降低塑性和韧性。**金属化合物是各类合金钢、硬质合金和许多有色金属的重要组成相，常作为强化相来发挥作用。**

实际合金的组织可能是由单一的固溶体或金属化合物组成的，也可能是由几种成分和性能不同的固溶体，或固溶体与金属化合物所组成的。

第三节　实际金属的晶体结构

前面所讨论的晶体结构都是指理想单晶体的构造情况，而实际金属几乎都是多晶体材料（金属单晶体目前只能采用特殊的方法才能得到），实际金属晶体构造与理想晶体还有较大的差异。

一、实际金属的多晶体结构

单晶体是指具有一致结晶位向的晶体（图2-9a），表现出各向异性。而实际的金属都是由许多结晶位向不同的单晶体组成的聚合体，称为多晶体，如图2-9b所示。每一个小的单晶体叫作晶粒。晶粒与晶粒之间的界面叫作晶界。

由于多晶体中各个晶粒的内部构造是相同的，只是排列的位向不同，而各个方向上原子分布的密度大致平均，故多晶体表现出各向同性，也叫“伪无向性”。

二、金属的晶体缺陷

在实际金属中，晶体内部由于结晶条件或加工等方面的影响，使原子排列规则受到破坏，表现出原子排列的不完整性，称它为晶体缺陷。按照缺陷的几何特征，一般分为以下

三类：

1. 空位和间隙原子

在晶体中，原子并非像我们前面所假设的那样静止不动，而是在其平衡位置上作热振动，当温度升高时，原子振幅增大，有可能脱离其平衡位置，这样，在晶格中便出现了空的结点，这种空着的晶格结点称为晶格空位。与此同时，又有可能在个别晶格空隙处出现多余原子。这种不占据正常晶格位置而处在晶格空隙中的原子，称为间隙原子，如图2-10所示。**空位和间隙原子均为晶体的点缺陷**。另外，晶体中存在的杂质原子也是一种点缺陷。

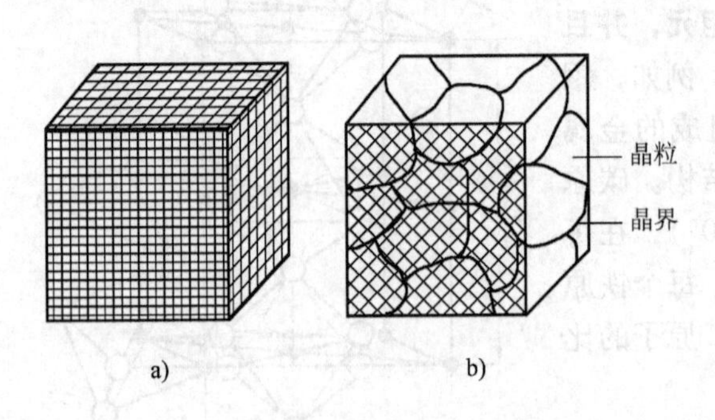

图2-9　单晶体与多晶体结构

a）单晶体　b）多晶体

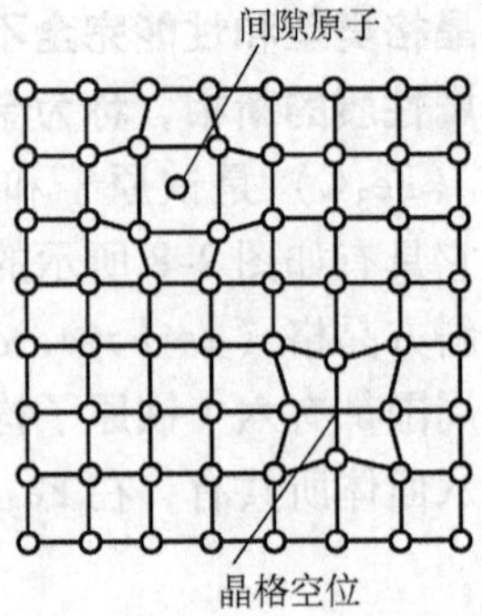

间隙原子

晶格空位

图2-10　晶格空位和间隙原子

点缺陷的附近会产生晶格畸变，产生应力场。点缺陷在晶体中是不断地运动着的，这是产生扩散的原因。

2. 位错

所谓位错，是晶体中某处有一列或若干列原子发生有规律的错排现象。刃型位错是金属晶体中最常见且最简单的位错。

当晶体中有一个原子平面中断在晶体内部时，这个原子平面就像一把刀插在一个完整的晶体内，原子平面中断处的边缘（称为位错线）就像刀刃，这种位错称为刃型位错，如图2-11所示。由于原子的错排，在位错线周围引起了晶格畸变，从而产生了应力场。

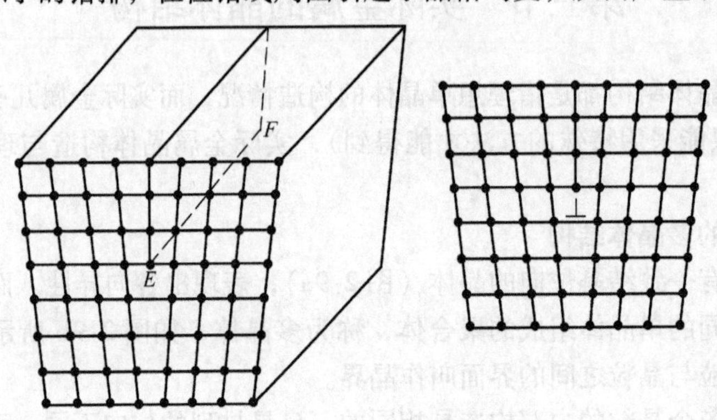

图2-11　刃型位错示意图

位错理论对研究金属的塑性变形机理、分析金属材料的力学性能等有着重要的作用。

3. 晶界和亚晶界

多晶体中，晶粒之间存在着晶界。晶界上原子的排列是不规则的，并受到相邻晶粒位向的影响而取折衷位置，如图 2-12 所示。

由于晶界处原子排列结构的特点，使晶界表现出与晶内不同的特征，如：晶界处能量高，易被腐蚀，熔点也比晶内低，晶界处杂质多，阻碍位错的运动，便金属不易发生塑性变形（常温下，细晶粒金属的强度比粗晶粒金属高）等。

亚晶界实际上是由一系列刃型位错所形成的小角度晶界，如图 2-13 所示。由于亚晶界处原子排列同样要产生晶格畸变，因而亚晶界对金属性能有着与晶界相似的影响。例如，在晶粒大小一定时，亚晶界结构越细，金属的屈服强度就越高。

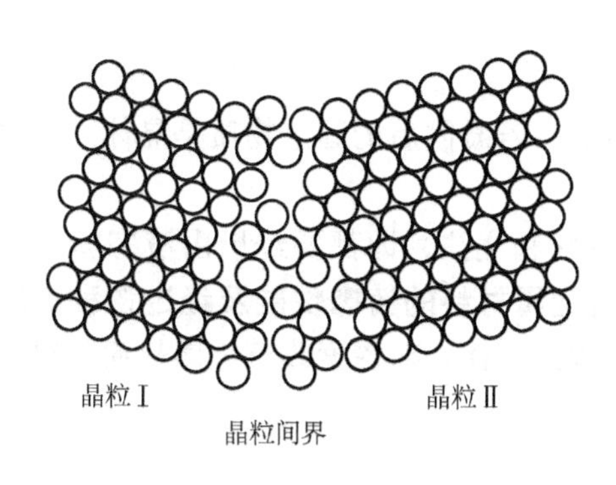

图 2-12　晶界结构示意图

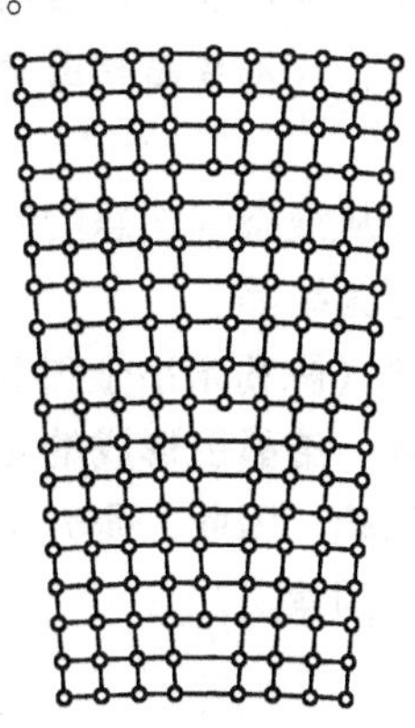

图 2-13　亚晶界结构示意图

小　结

纯金属常见的晶格结构主要为体心立方、面心立方和密排六方三种类型。

合金中的相结构可分为固溶体和金属化合物两种基本类型。

固溶体根据溶质原子在溶剂晶格结点所占据的位置，分为置换固溶体和间隙固溶体。由于溶质原子溶入溶剂晶格后引起晶格畸变，使其塑性变形的抗力增大，因而使得合金的强度、硬度升高，这种现象称为固溶强化。

金属化合物的熔点高，性能硬而脆，是各类合金钢、硬质合金和有色金属的重要组成相，常作为强化相来发挥作用。

实际金属的晶体结构都存在着晶体缺陷，按晶格缺陷的几何特征可将其分为三类：空位和间隙原子（点缺陷）、位错（线缺陷）、晶界和亚晶界（面缺陷）。

习　题

2-1　什么是晶体？晶体的主要性能是什么？

2-2　解释下列概念：晶格、晶胞、晶格常数、晶粒、晶界、合金、组元、相、合金系。

2-3　试绘示意图说明什么是单晶体，什么是多晶体。

2-4　金属晶格的基本类型有哪几种？试绘示意图说明它们的原子排列。

2-5　实际金属有哪些晶体缺陷？这些缺陷对性能有何影响？

2-6　什么是固溶体？绘图说明固溶体的种类。

2-7　什么是固溶强化？

2-8　金属化合物的主要性能和特点是什么？以 Fe_3C 为例说明之。

第三章　金属与合金的结晶

教学目标：通过学习，学生应熟悉纯金属和合金的结晶过程及其组织特点。

本章重点：二元合金的结晶过程；二元共晶相图分析。

本章难点：二元共晶相图分析。

一切物质从液态到固态的转变过程，统称为凝固。若凝固后的固态物质是晶体，则这种凝固过程又称为结晶。

金属材料（除粉末冶金材料外）都需要经过冶炼和浇注，即都要经历由液态转变成固态的结晶过程。**结晶后形成的组织（铸态组织）对金属材料的铸态性能及经过各种加工后的性能都有影响**。因此，研究金属和合金的结晶过程及规律，对探索改善金属材料的组织和性能具有重要的意义。

第一节　纯金属的结晶

一、纯金属的冷却曲线和过冷现象

纯金属都有一个固定的熔点（或结晶温度），因此纯金属的结晶是在一个恒定的温度下进行的。如果我们用热分析方法来测量液态金属的温度随时间变化的规律，便可以得到如图 3-1 所示的冷却曲线。从曲线上可以看出，液态金属随着冷却时间的增加，由于它的热量向外散失，温度将不断降低。当冷却到某一温度时，冷却时间虽然增长，但温度并不下降，在曲线上出现了一个平台，这个平台所对应的温度就是纯金属进行结晶的温度。曲线出现平台的原因，是由于金属结晶过程中会释放出结晶潜热，补偿了金属向外界散失的热量，使其温度不随冷却时间的增长而下降，直到金属结晶终了后，温度又重新下降。

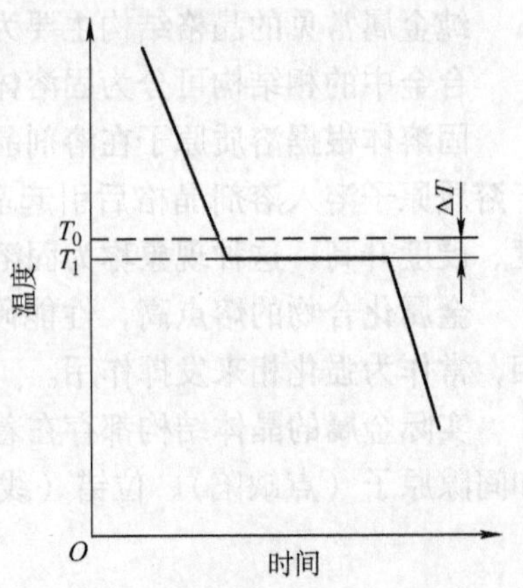

图 3-1　纯金属结晶时的冷却曲线

纯金属液体在无限缓慢的冷却条件下（即平衡条件下）结晶的温度，称为理论结晶温度，用 T_0 表示。在实际生产中，金属由液态结晶为固态时，冷却速度都是相当快的，金属总是在理论结晶温度以下的某一温度才开始结晶，此时的结晶温度称为实际结晶温度，用 T_1 表示。**实际结晶温度低于理论结晶温度的现象，称为过冷现象**。理论结晶温度与实际结晶温度的差值，称为过冷度，用 ΔT 表示，即 $\Delta T = T_0 - T_1$。

金属结晶时的过冷度不是一个恒定值。液体金属的冷却速度越快，实际结晶温度就越低，即过冷度越大。实践证明，金属总是在一定的过冷度下结晶的，所以过冷是金属结晶的必要条件。

二、纯金属的结晶过程

纯金属的结晶过程是在冷却曲线上平台所经历的时间内发生的，实质上是金属原子由不规则排列过渡到规则排列而形成晶体的过程。这一过程不可能在一瞬间完成，它必须经过一个由小到大，由局部到整体的发展过程。

实验证明，液态金属中总是存在着许多类似于晶体中原子有规则排列的小集团。在理论结晶温度以上，这些小集团是不稳定的，时聚时散，此起彼伏。当低于理论结晶温度时，这些小集团的一部分就稳定下来形成微小晶体而成为结晶核心。**这种最先形成的、作为结晶核心的微小晶体称为晶核。**随着时间的推移，已形成的晶核不断长大，同时，液态金属中又会不断地形成新的晶核并不断长大，直到液态金属全部消失，晶体彼此接触为止，如图 3-2 所示。

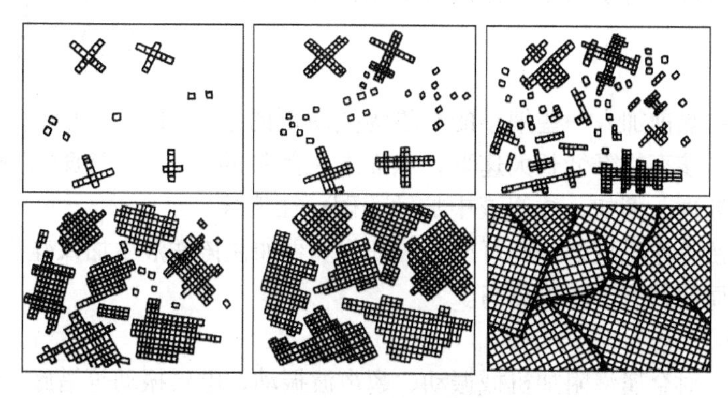

图 3-2　纯金属结晶过程示意图

由前述可知，**纯金属的结晶规律为：在一定的温度下结晶，需要过冷，结晶时有潜热放出，结晶的过程是不断形成晶核和晶核不断长大的过程。**

晶核的形成有两种方式：一种为自发形核，即如前所述的，液态金属在过冷条件下，由其原子自己规则排列而形成晶核；另一种为非自发形核，即依靠液态金属中某些现成的固态质点作为结晶核心进行结晶的方式。非自发形核在金属结晶过程中起着非常重要的作用。

结晶时由每一个晶核长成的晶体就是一个晶粒。因此，**固态金属是由许多晶核长大并形成晶粒后嵌镶为一体而组成的多晶体。**晶粒是构成金属晶体的最小单位，晶粒与晶粒之间的接触面叫晶界。由于晶界处比晶粒内部凝固得晚，故金属中的低熔点杂质往往聚集在晶界上，从而使晶界处的性能不同于晶粒内部。

三、金属结晶后的晶粒大小

晶粒大小是金属组织的重要标志之一。金属晶粒大小可用单位体积内的晶粒数目来表示，数目越多，晶粒越细小。但为了测量方便，常以单位截面上晶粒数目或晶粒的平均直径来表示。金属的晶粒大小对金属的力学性能有重要影响。一般来说，**在常温下，细晶粒金属比粗晶粒金属具有较高的强度、硬度、塑性和韧性。因此，细化晶粒是使金属强韧化的有效途径。**

通过分析结晶过程可知，金属的结晶过程是不断形成晶核和晶核不断长大的过程，所以金属结晶后的晶粒大小取决于结晶时的形核率 N（单位时间、单位体积内所形成的晶核数目）和晶核的长大速率 G（单位时间内晶核向周围长大的平均线速度）。凡是能促进形核率 N、抑制长大速率 G 的因素，都能细化晶粒；反之，将使晶粒粗化。工业生产中常采用以下方法细化晶粒：

1. 增加过冷度

液态金属结晶时的形核率 N、长大速率 G 与过冷度 ΔT 之间的关系如图 3-3 所示。金属结晶时，如图中实线部分所示，形核率 N 和长大速率 G 都随过冷度 ΔT 的增大而增加，但是 N 的增加比 G 的增加要快。因此，**增加过冷度总能使晶粒细化。**

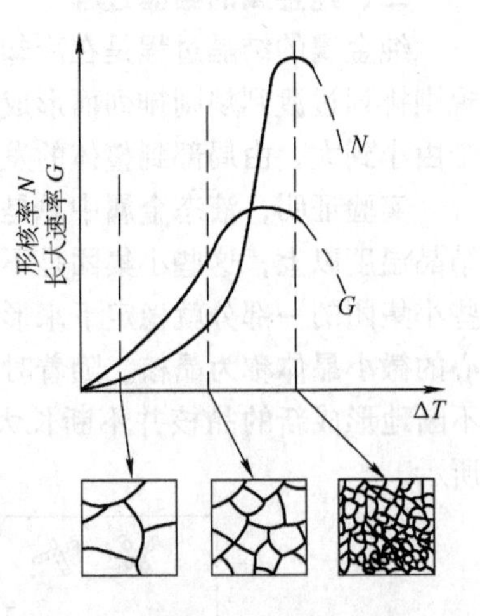

图 3-3 形核率和长大速率与过冷度的关系示意图

增加过冷度，就是要提高金属凝固时的冷却速度。实际生产中常采用金属型铸造来提高冷却速度。这种方法只适用于中、小型铸件，对于大型铸件则需要用其他方法来细化晶粒。

2. 变质处理

在液态金属结晶前加入一些细小的被称为变质剂的某种物质，以增加形核率或降低长大速率，从而细化晶粒的方法，称为变质处理。例如，往铝液中加钛、硼；往钢液中加入钛、锆、铝等作脱氧剂，都可使晶粒细化。再如往铸铁液中加入硅铁、硅钙合金，能使石墨变细，从而使其力学性能提高。

3. 附加振动

金属结晶时，对金属液附加机械振动、超声波振动、电磁振动等措施，使生长中的枝晶破碎，而破碎的枝晶尖端又可起晶核作用，增加了形核率 N，故附加振动也能细化晶粒。

4. 降低浇注速度

在慢速浇注时，液态金属不是在静止状态下进行结晶，而在结晶的前沿先形成的晶粒可能被流动的金属液冲击碎化而成为新的晶核，增加了形核率 N，故降低浇注速度也可达到细化晶粒的目的。

四、金属的同素异构转变

大多数金属在结晶完了之后晶格类型不再变化，但有些金属如铁、锰、钛、钴等在结晶成固态后继续冷却时，其晶格类型还会发生一定的变化。

金属在固态下随温度的改变，由一种晶格类型转变为另一种晶格类型的变化，称为金属的同素异构转变。由同素异构转变所得到的不同晶格类型的晶体，称为同素异构体。同一金属的同素异构体按其稳定存在的温度，由低温到高温依次用希腊字母 α、β、γ、δ 等表示。

铁是典型的具有同素异构转变特性的金属。图 3-4 为纯铁的冷却曲线，它表示了纯铁的结晶和同素异构转变的过程。由图可见，液态纯铁在 1538℃进行结晶，得到具有体心立方晶格的 δ－Fe，继续冷却到 1394℃时发生同素异构转变，δ－Fe 转变为面心立方晶格的 γ－Fe，再继续冷却到 912℃时又发生同素异构转变，γ－Fe 转变为体心立方晶格的 α－Fe。再继续冷却到室温，晶格类型不再发生变化。这些转变可以用下式表示：

$$\underset{(\text{体心立方晶格})}{\delta-\text{Fe}} \xrightleftharpoons{1394℃} \underset{(\text{面心立方晶格})}{\gamma-\text{Fe}} \xrightleftharpoons{912℃} \underset{(\text{体心立方晶格})}{\alpha-\text{Fe}}$$

金属的同素异构转变是通过原子的重新排列来完成的，实质上是一个重结晶过程。因此它遵循液态金属结晶的一般规律：有一定的转变温度；转变时需要过冷；有潜热放出；转变过程也是通过形核和晶核长大来完成的。但由于金属的同素异构转变是在固态下发生的，故又具有其本身的特点：①同素异构转变过冷度较大。一般液态金属结晶时的过冷度比较小（几摄氏度到几十摄氏度），固态转变的过冷度较大（可达几百摄氏度），这是因为固态下原子扩散比在液态中困难，转变容易滞后。②同素异构转变容易产生较大的内应力。由于晶格类型不同，原子排列方式不同，晶格类型的变化会引起金属体积的变化，例如γ-Fe转变为α-Fe时，铁的体积膨胀约为1%，从而产生较大的内应力。这也是钢在淬火时引起应力、导致工件变形和开裂的重要因素。

此外，纯铁在770℃时发生磁性转变，在此温度以下，纯铁具有铁磁性，在770℃以上则失去铁磁性。磁性转变时无晶格类型变化。

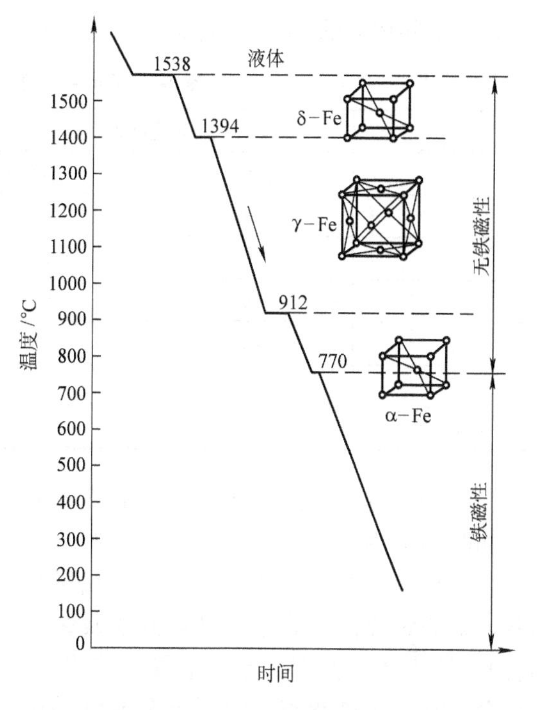

图3-4　纯铁的冷却曲线

同素异构转变是金属的一个重要性能。**凡是具有同素异构转变的金属及其合金，都可以用热处理的方法改变其性能。**

第二节　合金的结晶

合金的结晶过程与纯金属遵循着相同的结晶基本规律，也是在过冷条件下通过形成晶核和晶核长大来完成的。但由于合金成分中包含有两个以上的组元，使其结晶过程和组织比纯金属要复杂得多：一是纯金属的结晶过程是在恒温下进行的，而合金的结晶却不一定在恒温下进行；二是纯金属在结晶过程中只有一个液相和一个固相，而合金在结晶过程中，在不同的温度范围内会存有不同数量的相，且各相的成分有时也会变化；三是同一合金系，因成分不同，其组织也不同，即便是同一成分的合金，其组织也会随温度的不同而发生变化。为了研究合金的结晶过程特点和组织变化规律，需要应用合金相图这一重要工具。

一、二元合金相图的基本知识

合金相图是表示在平衡条件下，合金的成分、温度与组织之间关系的简明图表，又称为合金平衡图或合金状态图。利用合金相图，可以了解合金系中不同成分的合金在不同温度时的组织状态，以及当温度改变时可能发生哪些转变等。因此，**相图是研究合金的重要工具，且对金属的加工及热处理具有重要意义。**

二元合金相图的建立是通过实验方法建立起来的。目前测绘相图的方法很多，有热分析法、磁性分析法、膨胀法、显微分析法等，其中最常用的是热分析法。下面以Cu-Ni二元合金相图的绘制为例，说明用热分析法建立相图的方法和步骤。

（1）配制一系列成分不同的Cu-Ni合金。配制的合金越多，测得的相图越准确，我们选定六种不同成分的 Cu－Ni 合金，见表 3-1。

表 3-1 Cu－Ni 合金的成分和临界点

合金编号	合金化学成分		合金的临界点	
	w_{Cu}（%）	w_{Ni}（%）	开始结晶温度/℃	结晶终了温度/℃
①	100	0	1083	1083
②	80	20	1175	1130
③	60	40	1260	1195
④	40	60	1340	1270
⑤	20	80	1410	1360
⑥	0	100	1455	1455

（2）用热分析法测出所配合金的冷却曲线，如图 3-5a 所示。

（3）由冷却曲线上的折点与水平线段找出各合金的临界点（合金的结晶开始及终了温度），见表 3-1 所列。与纯金属不同的是，一般合金有两个临界点，说明合金的结晶过程是在一个温度范围内进行的。

（4）将以上找出的临界点画到以温度为纵坐标、合金成分为横坐标的坐标图中相应合金的成分线上，然后连接各相同意义的临界点，所得的线称为相界线。这样就获得了 Cu－Ni 合金相图，如图 3-5b 所示。

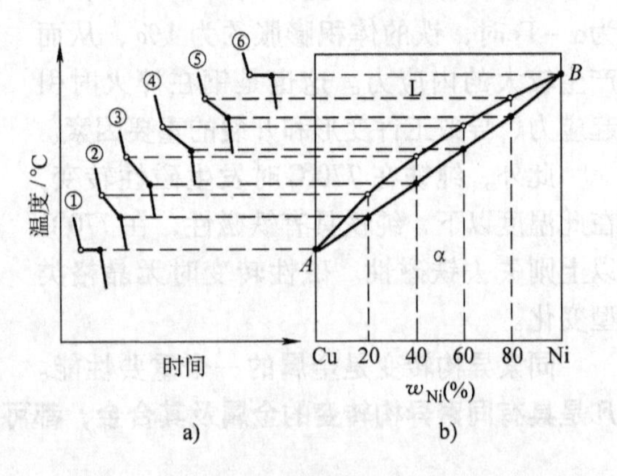

图 3-5 用热分析法测定 Cu－Ni 合金相图
a）冷却曲线 b）相图

相图上的每个点、线、区均有一定的物理意义。例如相图中的 *A*、*B* 点分别为铜和镍的熔点。连接起来的曲线将相图分为三个区。开始结晶温度点的连线为液相线，该线以上为液相区，所有成分的 Cu－Ni 合金均处于液态。结晶终了温度点连线为固相线，该线以下为固相区，所有成分的 Cu－Ni 合金均处于固态。两曲线之间为液、固两相共存的两相区。两相区的存在说明，Cu－Ni 合金的结晶是在一个温度范围内进行的。

目前，通过实验已测定了许多二元合金相图，其形式大多比较复杂，但都可看成是由若干个基本相图所组成。

二、二元合金的结晶过程

二元合金相图的基本类型有匀晶相图、共晶相图、包晶相图和共析相图等。下面我们分别利用匀晶相图和共晶相图分析合金的结晶过程。

（一）二元匀晶相图

凡是两组元在液态和固态下均能无限互溶，即在固态下能形成无限固溶体时，此二元合金相图属于匀晶相图。具有这类相图的合金系有 Cu－Ni、Cu－Au、Au－Ag、Fe－Cr、W－Mo等。

1. 相图分析

现以 Cu－Ni 合金相图为例进行分析。图 3-6a 所示为 Cu－Ni 合金相图。图中 *A* 点为纯铜的熔点（1083℃）；B 点为纯镍的熔点（1455℃）；$\widehat{AB}$为液相线，在此线以上，合金为液相 L；$\underset{\smile}{AB}$为固相线，在此线以下，合金处于固相，为 Cu 与 Ni 组成的无限固溶体，用 α 表示；$\widehat{AB}$线与$\underset{\smile}{AB}$线之间为液相 L 和固相 α 两相共存区，即 L + α。

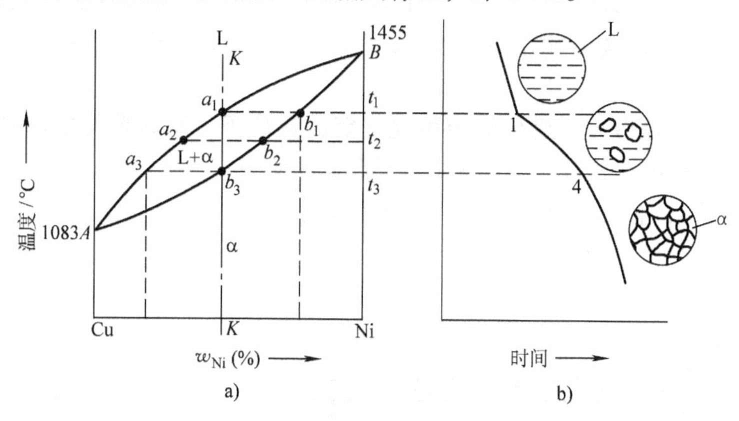

图 3-6　Cu－Ni 合金相图及合金的结晶过程

a）Cu－Ni 合金相图　b）合金结晶过程

2. 合金的结晶过程分析

铜和镍二组元在固态下能完全互相溶解，并能以任何比例形成单相 α 固溶体。因此，无论什么成分的 Cu－Ni 合金，其平衡结晶过程都是相似的。现以 w_{Ni} = 40% 的 Cu－Ni 合金为例，分析其平衡结晶过程及其组织，如图 3-6b 所示。

该合金的成分垂线与相图上的$\widehat{AB}$、$\underset{\smile}{AB}$线分别相交于 a_1、b_3 两点。当合金由液态以缓慢的冷却速度冷至 t_1 温度（即成分垂线上 a_1 点温度）时，开始从液相中结晶出 α 相。随着温度继续下降，α 相的量不断增加，剩余液相的量不断减少，同时液相和固相的成分也将通过原子的扩散不断改变。在 t_1 温度时，液、固两相的成分分别为 a_1、b_1 点在横坐标上的投影。当缓冷至 t_2 温度时，液、固两相的成分分别为 a_2、b_2 点在横坐标上的投影。当缓冷至 t_3 温度时，液、固两相的成分分别为 a_3、b_3 点在横坐标上的投影。总之，合金在整个冷却过程中，随着温度的降低，液相成分沿液相线由 a_1 变至 a_3，而 α 相的成分沿固相线由 b_1 变至 b_3。结晶终了时，获得与原合金成分相同的 α 固溶体。

由以上分析可知，固溶体合金的结晶过程与纯金属不同：合金是在一定温度范围内结晶的，随着温度降低，固相的量不断增多，液相的量不断减少。同时，**液相的成分沿液相线变化，固相的成分沿固相线变化**。

3. 枝晶偏析

固溶体合金在结晶过程中，只有在极其缓慢的冷却、原子能充分扩散的条件下，固相的成分才能沿固相线均匀地变化，最终获得与原合金成分相同的均匀的 α 固溶体。但在实际生产中，冷却速度比较快，而且固态下原子扩散又很困难，致使固溶体内部的原子扩散来不及充分进行，结果在每个晶粒内，先结晶的固溶体内含高熔点组元（如 Cu－Ni 合金中的 Ni）较多，后结晶的固溶体内含低熔点组元（如 Cu－Ni 合金中的 Cu）较多。这种在一个晶粒内部化学成分不均匀的现象，叫枝晶偏析。

枝晶偏析会严重影响合金的力学性能和耐蚀性，故应设法消除。生产上一般将铸件加热

到固相线以下100~200℃的温度，保温较长时间，然后缓慢冷却，使原子充分扩散，从而达到成分均匀的目的。这种处理方法称为均匀化退火。

（二）二元共晶相图

凡是两组元在液态无限互溶，在固态下有限溶解，并发生共晶转变时，此二元合金的相图属于共晶相图。具有这类相图的合金系有 Pb－Sn、Pb－Sb、Al－Si、Zn－Sn、Cu－Ag 等。

所谓共晶转变，是指一定成分的液相在一定的温度下，同时结晶出两种不同固相的转变。由共晶转变获得的两相混合物称为共晶组织或共晶体。

下面以 Pb－Sn 合金相图（见图 3-7）为例进行分析。

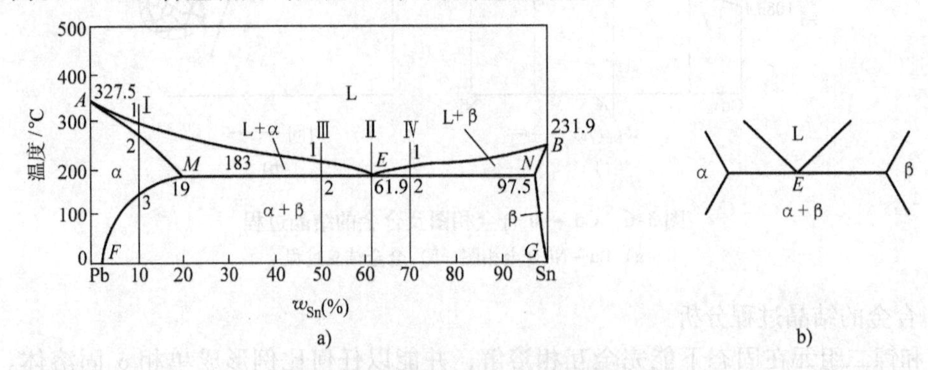

图 3-7 Pb－Sn 系相图和共晶线特征

a）Pb－Sn 相图 b）共晶线特征

1. 相图分析

图 3-7a 中，*A* 点为 Pb 的熔点（327.5℃），*B* 点为 Sn 的熔点（231.9℃）；*AEB* 线为液相线，*AMENB* 线为固相线。L、α、β 是 Pb－Sn 合金系的三个基本相，其中 α 相是 Sn 溶于 Pb 中形成的有限固溶体，*MF* 线为 Sn 在 Pb 中的溶解度曲线；β 是 Pb 溶于 Sn 中形成的有限固溶体，*NG* 线是 Pb 在 Sn 中的溶解度曲线。

相图中的三个两相区是 L＋α、L＋β、α＋β。

MEN 线为三相平衡线，又称共晶线。共晶温度为 183℃，在该温度下，*E* 点成分的液相同时结晶出两种不同的固相 α_M 和 β_N，其反应式为

$$L_E \xrightleftharpoons{183℃} \alpha_M + \beta_N$$

E 点称为共晶点，温度为 183℃，Sn 的质量分数为 61.9%。成分在 *E* 点的合金称为共晶合金，*E* 点对应的温度称为共晶温度。成分在 *ME* 之间的合金称为亚共晶合金，成分在 *EN* 之间的合金称为过共晶合金。

2. 典型合金的结晶过程分析

现以图 3-7a 中所给出的四个典型合金为例，分析其结晶过程和显微组织。

（1）w_{Sn}＜19% 的合金（以图 3-7a 中的合金Ⅰ为例）。由图 3-7a 可以看出，合金Ⅰ从液相缓慢冷却到 1 点时，从液相中开始结晶出 α 固溶体，直到温度降低到 2 点时，合金结晶完毕，全部转变为单相 α 固溶体。这一结晶过程与具有匀晶相图形式的合金结晶过程相同。温度在 2 点至 3 点之间，α 固溶体不发生任何变化。当温度冷却到 3 点以下时，Sn 在 α 固溶体中呈过饱和状态，因此多余的 Sn 就以 β 固溶体的形式从 α 固溶体中析出。随着温度的

继续降低，β 固溶体的量不断增多，而 α 和 β 相中 Pb、Sn 的相对含量将分别沿着 *MF* 和 *NG* 线变化。这种由 α 固溶体中析出的 β 固溶体，称为次生 β 固溶体，用 β_{II} 表示。以区别于从液相中直接结晶出来的 β 固溶体。该合金的最后平衡组织为 $\alpha+\beta_{\mathrm{II}}$，其中 β_{II} 晶体经常分布在 α 晶粒的晶界上，有时也在 α 晶粒内析出。当温度继续下降，α 相的固溶度减小，β_{II} 的量有所增加。合金 I 的冷却曲线及平衡结晶过程示意图如图 3-8 所示。

（2）共晶合金（$w_{\mathrm{Sn}}=61.9\%$，图 3-7a 中的合金 Ⅱ）。该合金从液态缓慢冷却到 183℃时，液相中则同时结晶出 α 和 β 两种固溶体，即发生共晶转变：$L_E \xrightleftharpoons{183℃} \alpha_M+\beta_N$，直至所有液相全部转变为止。继续冷却时，α 和 β 两种固溶体的溶解度分别沿各自的溶解度曲线 *MF*、*GN* 线变化，故从 α 和 β 中将分别析出 β_{II} 和 α_{II}。β_{II} 和 α_{II} 都相应地同共晶 α、β 连在一起，且数量较少，不改变共晶组织的基本形貌，室温织织仍可视为 α + β。该合金的冷却曲线及平衡结晶过程如图 3-9 所示。

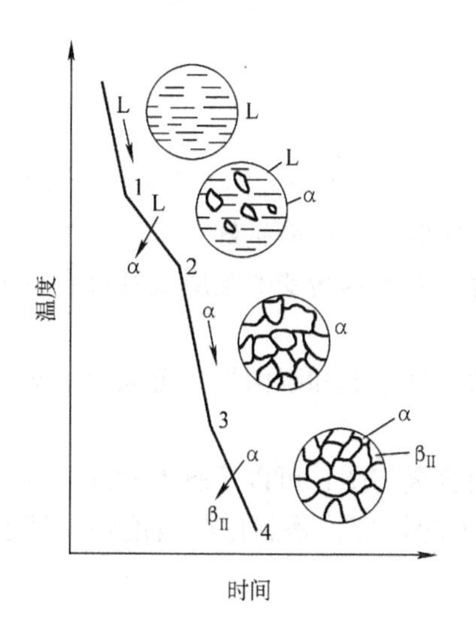

图 3-8　合金 I 的冷却曲线及平衡结晶示意图

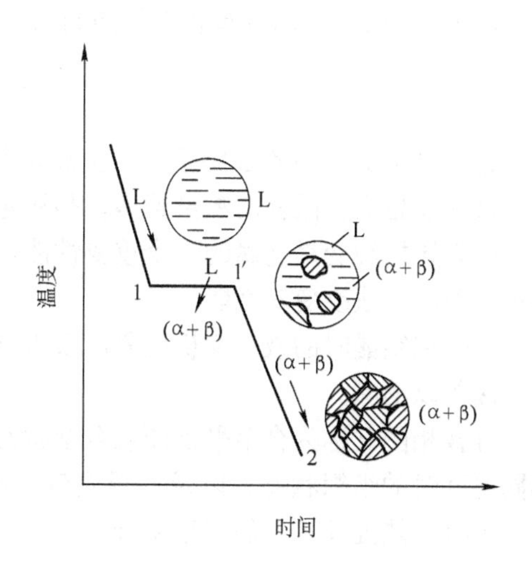

图 3-9　合金 Ⅱ 的冷却曲线及平衡结晶过程示意图

（3）亚共晶合金（$19\% \leqslant w_{\mathrm{Sn}}<61.9\%$）。以图 3-7a 中的合金 Ⅲ 为例进行分析。当合金在 1 点温度以上时为液相，缓慢冷却到 1 点温度时，开始从液相中结晶出 α 固溶体。温度在 1～2 点，随温度的不断降低，α 固溶体的量不断增多，其成分不断沿 *AM* 线变化；剩余液相的量不断减少，其成分不断沿 *AE* 线变化。温度降到 2 点时，剩余液相的成分达到共晶点成分，在共晶温度（183℃）下发生共晶转变，同时结晶出 α + β 共晶体，直到液相全部消失为止，此时，合金的组织由先结晶出来的 α 固溶体（称为先共晶相或初晶）和共晶体 α + β 组成。继续冷却到 2 点温度以下时，α、β 的溶解度分别沿 *MF*、*NG* 线变化，故分别要从 α 和 β 中析出 β_{II} 和 α_{II} 两种次生相。如前所述，共晶体中的次生相可以不予考虑，而只考虑从初晶 α 中析出的 β_{II}。所以亚共晶合金 Ⅲ 的室温组织为初晶 α、次生 β_{II} 和共晶体α + β。图3-10为合金 Ⅲ 的冷却曲线及平衡结晶过程示意图。

所有 Pb – Sn 亚共晶合金的结晶过程与合金 Ⅲ 相似，其显微组织均由初晶 α、次生 β_{II} 和共晶体 α + β 组成。所不同的是，合金成分越接近共晶成分，组织中共晶体 α + β 的量越多，而初晶α的量越少。

(4) 过共晶合金（$61.9\% < w_{Sn} \leqslant 97.5\%$）。过共晶合金的平衡结晶过程及组织与亚共晶成分的合金相类似，所不同的是先结晶出来的固相是β固溶体，结晶后的显微组织为初晶β、次生α_{II}和共晶体α+β组成。

从以上的分析可以看出，不同成分的Pb-Sn合金，平衡结晶后的室温组织是不同的。除了锡含量在相图上F点以左和G点以右的合金在室温时的组织分别为单相α固溶体和β固溶体外，其他成分的Pb-Sn合金的组织尽管不同，但室温时都是由α和β两个相构成的，只是不同组织中α、β的分布状态不同而已。

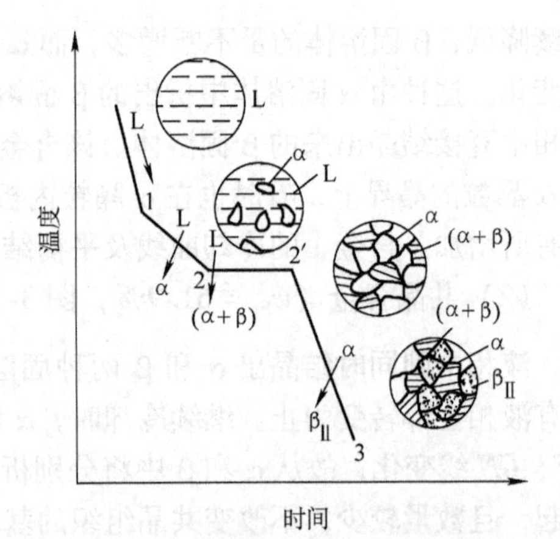

图3-10 合金Ⅲ的冷却曲线及平衡结晶过程示意图

小 结

过冷是金属结晶的必要条件，金属的结晶过程包括形核和长大两个阶段。冷却速度越快，过冷度越大，晶核的数量越多，晶粒越细小，金属的力学性能越好。

同素异构转变是金属的一个重要性能。凡是具有同素异构转变的金属及其合金，都可以用热处理的方法改变其性能。

合金在结晶时的枝晶偏析现象严重影响了合金的力学性能和耐蚀性，可采用加热并保温的方法予以消除。

合金相图又称为合金平衡图或合金状态图。利用合金相图，可以了解不同成分的合金在不同温度时的组织状态，以及当温度改变时可能发生的转变，是制订金属冶炼、铸造、锻压、焊接，热处理工艺的理论基础。

习 题

3-1 解释下列名词：

结晶 过冷现象 过冷度 变质处理 晶核 同素异构转变 枝晶偏析 共晶转变

3-2 晶粒大小对金属的力学性能有何影响？生产中有哪些细化晶粒的方法？

3-3 如果其他条件相同，试比较下列铸造条件下，铸件晶粒的大小：

(1) 金属型铸造与砂型铸造。

(2) 高温浇注与低温浇注。

(3) 浇注时采用振动与不采用振动。

(4) 厚大铸件的表面部分与中心部分。

3-4 试分析比较纯金属、共晶体、固溶体三者在结晶过程和显微组织上的异同之处。

3-5 金属的同素异构转变与液态金属结晶有何异同之处？

3-6 根据Pb-Sn相图，分析$w_{Sn}=40\%$和$w_{Sn}=80\%$的两种Pb-Sn合金的结晶过程及室温下的组织。

第四章　铁碳合金

教学目标：通过学习，学生应了解铁碳合金的基本相；熟记铁碳合金相图，包括相图中主要的点、线、区；理解典型铁碳合金的结晶过程，掌握铁碳合金的成分、组织和性能的变化规律，并具有基本的分析和应用能力。

本章重点：铁碳合金相图及其主要特点和主要特性线；典型铁碳合金的结晶过程；铁碳合金的成分、组织和性能的变化规律。

本章难点：典型铁碳合金的结晶过程。

铁碳合金是以铁和碳为基本组元组成的合金，是钢和铸铁的统称。由于钢铁材料具有优良的力学性能和工艺性能，因此在现代工业中成为应用最广泛的金属材料。

第一节　铁碳合金的基本相

铁碳合金在液态时，铁与碳可以无限互溶。在固态时，铁与碳的结合方式是：当碳含量较少时，碳溶入铁的晶格形成固溶体；当碳含量较多时，碳可以与铁形成 Fe_3C、Fe_2C、FeC 等一系列化合物。Fe_3C 中碳的质量分数为6.69%，碳的质量分数超过6.69%的 Fe_2C、FeC，因性能太脆无实用价值，故铁碳合金通常仅研究 $w_C \leqslant 6.69\%$ 的那部分合金，又称 $Fe-Fe_3C$ 合金。

铁碳合金在固态下的基本相分为固溶体与金属化合物两类。属于固溶体的基本相有铁素体和奥氏体，属于金属化合物的基本相有渗碳体。

一、铁素体（F）

碳溶入 $\alpha-Fe$ 中的间隙固溶体称为铁素体，用 F 表示。它保持 $\alpha-Fe$ 的体心立方晶格。由于体心立方晶格间隙分散，间隙直径很小，故碳在 $\alpha-Fe$ 中的溶解度很小，在727℃时最大溶解度为0.0218%，随着温度下降，溶解度逐渐减小，在600℃时约为0.0057%，所以铁素体室温时的力学性能与工业纯铁接近，其强度和硬度较低，塑性、韧性良好。

铁素体的显微组织与纯铁相同，呈明亮白色等轴多边形晶粒，如图4-1所示。

铁素体在770℃以下具有铁磁性，770℃以上失去铁磁性。

二、奥氏体（A）

碳溶入 $\gamma-Fe$ 中的间隙固溶体称为奥氏体，用 A 表示。它仍保持 $\gamma-Fe$ 的面心立方晶格。虽然它的晶格致密度高于 $\alpha-Fe$，但由于其晶格间隙集中，间隙直径要比 $\alpha-Fe$ 大，所以碳在 $\gamma-Fe$ 中的溶解度相对较高，在1148℃时其最大溶解度达2.11%，随着温度下降，溶解度逐渐减小，在727℃时为0.77%。奥氏体的存在温度较高（727～1495℃），是铁碳合金一个重要的高温相。奥氏体的力学性能与其溶碳量及晶粒的大小有关。一般来说，**奥氏体的硬度为170～220HBW，$\delta=40\%\sim50\%$，具有良好的塑性和低的变形抗力，易于承受压力加工，所以生产中常将钢材加热到奥氏体状态进行压力加工。**

高温下，奥氏体的显微组织也为明亮的多边形晶粒，但晶界较平直，晶粒内常有孪晶出现，如图4-2所示。

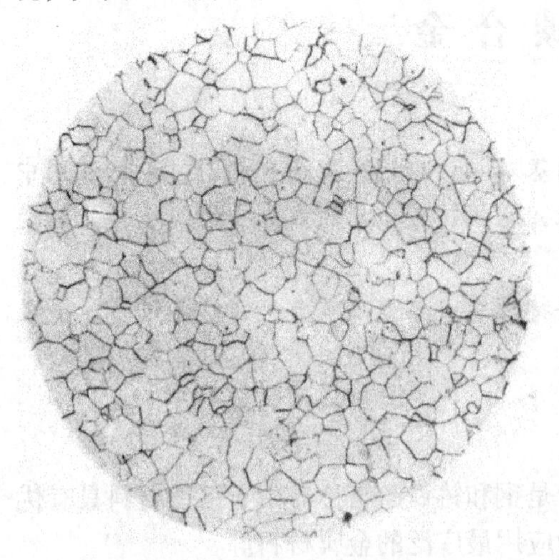

图4-1 工业纯铁的显微组织

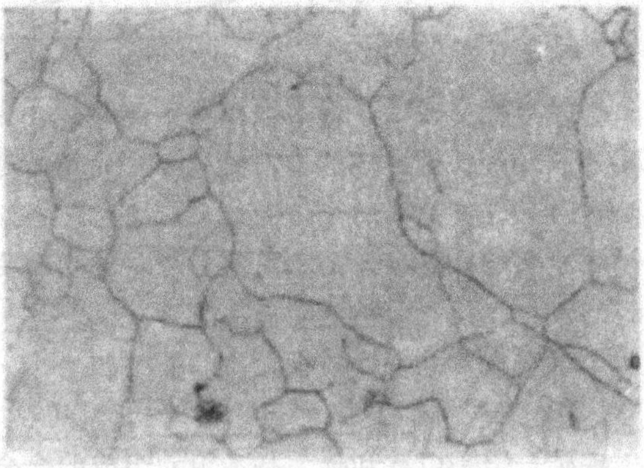

图4-2 奥氏体的显微组织

奥氏体为非铁磁性相。

三、渗碳体（Fe_3C）

铁与碳组成的金属化合物称为渗碳体，用 Fe_3C 表示。 渗碳体中 $w_C=6.69\%$，熔点为1227℃，它具有复杂的晶体结构，如图2-8所示。

渗碳体性能硬而脆，硬度很高（约800HBW），塑性几乎为零，是铁碳合金的重要强化相。 渗碳体在铁碳合金中的形态可呈片状、粒状、网状、板条状。它的数量和形态对铁碳合金的力学性能有很大影响。通常，渗碳体越细小，并均匀地分布在固溶体基体中，合金的力学性能越好；反之，若渗碳体越粗大或呈网状分布，则脆性越大。

渗碳体是在一般冷却条件下形成的，属于一种亚稳定化合物，在一定条件下会全部或部分地分解为铁和石墨（称石墨化），即

$$Fe_3C \longrightarrow 3Fe + C\ (石墨)$$

石墨化对铁碳合金中铸铁的组织有很大的影响（见第七章）。

渗碳体不发生同素异构转变，但有磁性转变，在230℃以下具有弱磁性，230℃以上失去磁性。

第二节 Fe－Fe_3C 相图

Fe－Fe_3C 相图是表示在缓慢冷却（加热）条件下（即平衡状态），不同成分的钢和铸铁在不同温度下所具有的组织或状态的一种图形。 它清楚地反映了铁碳合金的成分、组织、性能之间的关系，是研究钢和铸铁及其加工处理（铸、锻、焊、热处理等加工工艺）的重要理论基础。图4-3相图中的符号是国际通用的，各临界点的数据则由于测试条件不同而略有差异。图中左上角部分由于实际应用较少，故可将相图简化为图4-4。

一、Fe－Fe_3C 相图分析

为了便于理解，利用前面二元合金相图的知识，可将图4-4分解成上下两部分来进行分

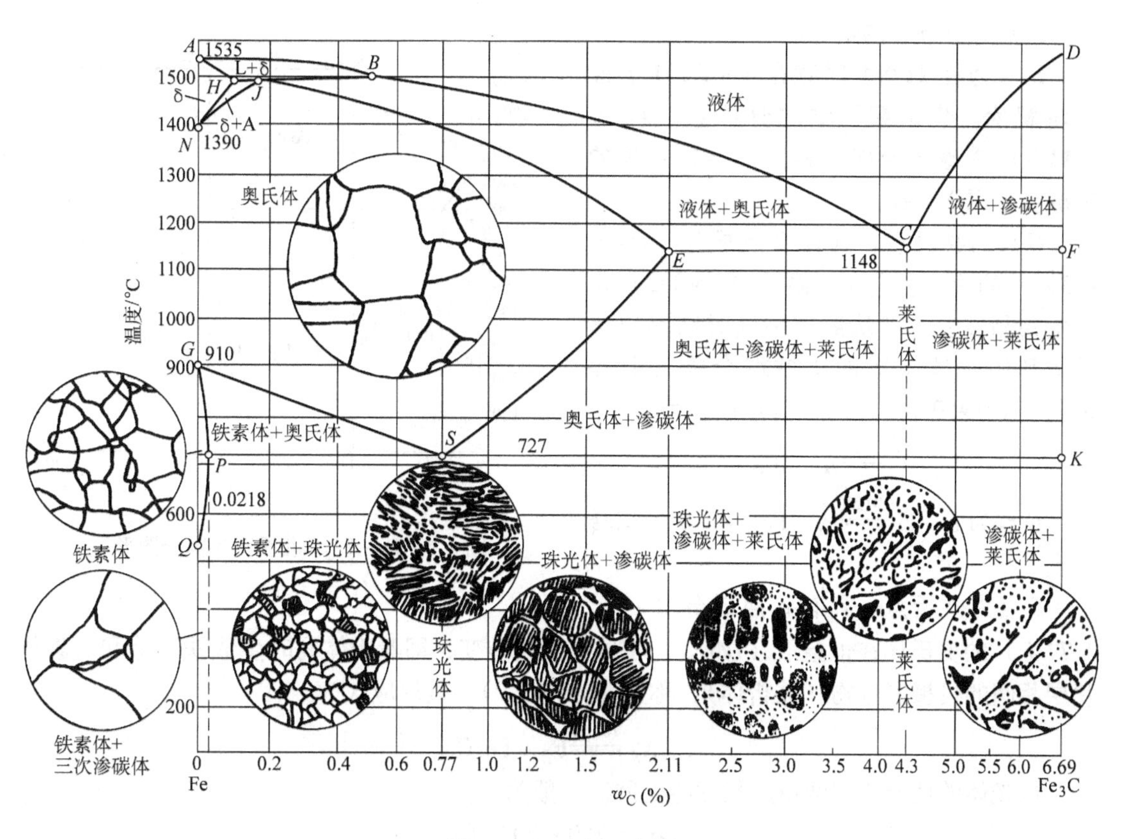

图 4-3　Fe－Fe_3C 相图

析。如图 4-5、图 4-6 所示。

图 4-5 上半部图形是一个简单的二元共晶相图，合金由液态变为固态的一次结晶。

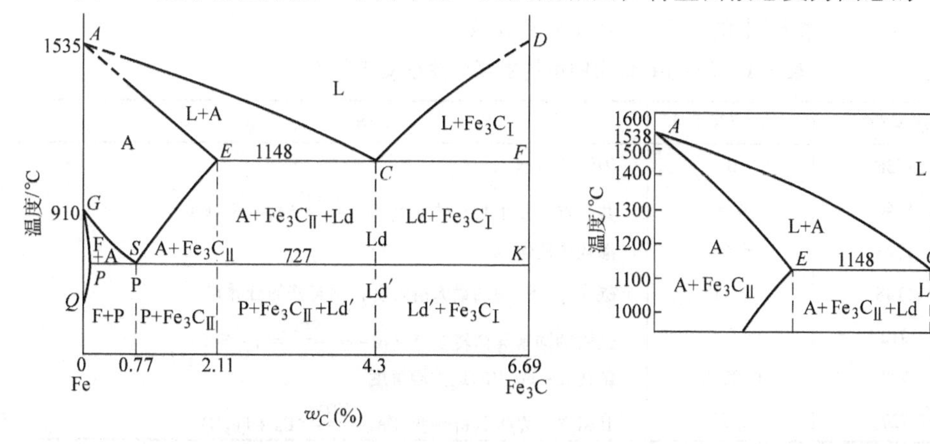

图 4-4　简化 Fe－Fe_3C 相图

图 4-5　Fe－Fe_3C 相图上半部分图形

图 4-6 的下半部分图形也与二元共晶相图相似，只不过合金的相变是在固态下进行的。

（一）主要特性点

A 点为纯铁的熔点。

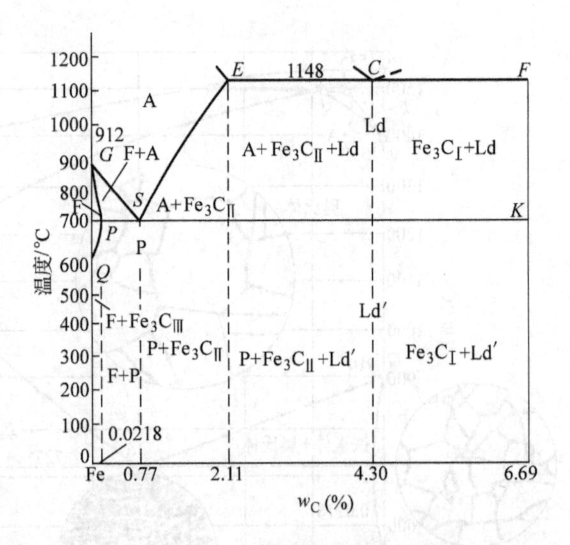

图4-6　Fe－Fe_3C 相图下半部分图形

D 点为渗碳体的熔点。

***E* 点为在1148℃时碳在 γ－Fe 中的最大溶解度，也是钢和铁的分界点，w_C < 2.11%的铁碳合金属于钢，w_C > 2.11%的铁碳合金属于生铁。**

C 点为共晶点。具有 *C* 点成分（w_C = 4.3%）的液态合金在恒温下（1148℃）将发生共晶转变，即从液相中同时结晶出奥氏体和渗碳体组成的机械混合物（共晶体），称为莱氏体（Ld）。其反应式为

$$L_C \xrightleftharpoons{1148℃} A_E + Fe_3C$$

G 点为 $\alpha - Fe \xrightleftharpoons{912℃} \gamma - Fe$ 的同素异构转变点。

S 点为共析点。具有 *S* 点成分（w_C = 0.77%）的奥氏体在恒温下（727℃）将发生共析转变，即奥氏体同时生成铁素体和渗碳体片层相间的机械混合物（共析体），称为珠光体（P）。其反应式为

$$A_S \xrightleftharpoons{727℃} F_P + Fe_3C$$

珠光体的性能介于两组成相性能之间。一般为

$$\sigma_b = 750 \sim 900MPa$$
$$\delta = 20\% \sim 25\%$$
$$a_K = 30 \sim 40J/cm^2$$
$$硬度\quad 180 \sim 280HBW$$

表4-1为 Fe－Fe_3C 相图中的主要特性点及其含义。

表4-1　Fe－Fe_3C 相图中的主要特性点及其含义

特性点	温度/℃	w_C（%）	含　义
A	1538	0	纯铁的熔点
C	1148	4.3	共晶点。发生共晶转变（$L_C \xrightleftharpoons{1148℃} A_E + Fe_3C$）
D	1227	6.69	渗碳体的熔点
E	1148	2.11	碳在 γ－Fe 中的最大溶解度；钢与铁的分界点
G	912	0	纯铁的同素异构转变点（$\alpha - Fe \xrightleftharpoons{912℃} \gamma - Fe$）
P	727	0.0218	碳在 α－Fe 中的最大溶解度
S	727	0.77	共析点。发生共析转变（$A_S \xrightleftharpoons{727℃} F_P + Fe_3C$）

（二）主要特性线

ACD 线为液相线。在此线以上合金处于液体状态，即液相（L）。w_C <4.3%的合金冷却到 *AC* 线温度时开始结晶出奥氏体（A），w_C >4.3%的合金冷却到 *CD* 线温度时开始结晶出渗碳体，称为一次渗碳体，用 $Fe_3C_Ⅰ$ 表示。

AECF 线为固相线。在此线以下，合金完成结晶，全部变为固体状态。

AE 线是合金完成结晶，全部转变为奥氏体的温度线。

ECF 线叫共晶线，是一条水平恒温线。液态合金冷却到共晶线温度（1148℃）时，将发生共晶转变而生成莱氏体（Ld）。$w_C = 2.11\% \sim 6.69\%$ 的铁碳合金结晶时均会发生共晶转变。

ES 线是碳在奥氏体中的溶解度曲线，通常称为 A_{cm} 线。碳在奥氏体中的最大溶解度是 *E* 点（$w_C = 2.11\%$）。随着温度的降低，碳在奥氏体中的溶解度减小，将由奥氏体中析出二次渗碳体，用 Fe_3C_{II} 表示，以区别直接从液相中结晶出来的 Fe_3C_I。

GS 线是奥氏体冷却时开始向铁素体转变的温度线，通常称为 A_3 线。

PSK 线叫共析线，通常称为 A_1 线。奥氏体冷却到共析线温度（727℃）时，将发生共析转变生成珠光体（P），$w_C > 0.0218\%$ 的铁碳合金均会发生共析转变。

PQ 线是碳在铁素体中的溶解度曲线。碳在铁素体中最大的溶解度是 *P* 点（$w_C = 0.0218\%$）。随着温度的降低，铁素体中的碳含量将沿着此线逐渐减少，600℃时铁素体中的溶碳量为 0.0057%，从 727℃冷却到室温的过程中，铁素体内多余的碳将以渗碳体的形式析出，称为三次渗碳体，用 Fe_3C_{III} 表示。由于其数量很少，对钢的影响不大，故可忽略。

表 4-2 列出了 $Fe - Fe_3C$ 相图中主要特性线及其含义。

表 4-2　$Fe - Fe_3C$ 相图中的主要特性线及其含义

特性线	含　义
ACD	液相线，合金温度在此线以上时处于液态
AECF	固相线，合金在此线温度结晶终了，处于固态
ECF	共晶线，液态合金在此线上发生共晶转变：$L_C \longrightarrow A_E + Fe_3C$
PSK	共析线，常称 A_1 线。奥氏体在此线上发生共析转变：$A_S \longrightarrow F_P + Fe_3C$
ES	碳在奥氏体中的溶解度曲线，常称 A_{cm} 线
GS	奥氏体转变为铁素体的开始线，常称 A_3 线

注：表中各特性线的含义，均是指合金在缓慢冷却过程中的相变。若是加热过程，则相反。

（三）$Fe - Fe_3C$ 相图中铁碳合金的分类

$Fe - Fe_3C$ 相图中，不同成分的铁碳合金具有不同的显微组织和性能。通常，**根据相图中 *P* 点和 *E* 点，可将铁碳合金分为三大类：工业纯铁、碳钢和白口铸铁。**

1. 工业纯铁

成分为 *P* 点左面（$w_C < 0.0218\%$）的铁碳合金，其室温组织为铁素体。

2. 碳钢

成分为 *P* 点与 *E* 点之间（$w_C = 0.0218\% \sim 2.11\%$）的铁碳合金。其特点是高温固态组织为塑性很好的奥氏体，因而可进行压力加工。根据相图中 *S* 点，碳钢又可分为以下三类：

（1）共析钢。成分为 *S* 点（$w_C = 0.77\%$）的合金，室温组织为珠光体。

（2）亚共析钢。成分为 *S* 点左面（$w_C = 0.0218\% \sim 0.77\%$）的合金，室温组织为珠光体 + 铁素体。

（3）过共析钢。成分为 *S* 点右面（$w_C = 0.77\% \sim 2.11\%$）的合金，室温组织为珠光体 + 二次渗碳体。

3. 白口铸铁

成分为E点右面（w_C=2.11%～6.69%）的铁碳合金，其特点是液态结晶时都发生共晶转变，因而与钢相比有较好的铸造性能。但高温组织中性能硬脆的渗碳体含量很多，故不能进行压力加工。根据相图上的C点，白口铸铁又可分为以下三类：

（1）共晶白口铸铁。成分为C点（w_C=4.3%）的合金，室温组织为低温莱氏体。

（2）亚共晶白口铸铁。成分为C点左面（w_C=2.11%～4.3%）的合金，室温组织为低温莱氏体＋珠光体＋二次渗碳体。

（3）过共晶白口铸铁。成分为C点右面（w_C=4.3%～6.69%）的合金，室温组织为低温莱氏体＋一次渗碳体。

二、典型铁碳合金的结晶过程分析

为了进一步认识、理解$Fe-Fe_3C$相图，现以碳钢和白口铸铁的几种典型合金为例，分析其结晶过程及在室温下的显微组织。

（一）共析钢

图4-7中合金Ⅰ为共析钢，其结晶过程如图4-8所示。当合金温度在1点以上时，合金处于液态。当合金缓冷到液相线温度1点时，开始从液相中结晶出奥氏体，1～2点为液相不断结晶的过程。随着温度的下降，奥氏体量不断增加，其成分沿固相线AE变化，剩余液相不断减少，其成分沿液相线AC变化。到2点温度时结晶完毕，全部转变为与原合金成分相同的奥氏体。2～3点奥氏体组织不变，当冷却到3点（S点）时，奥氏体发生共析转变，即 $A \xrightarrow{727℃} (F+Fe_3C)$，形成F与$Fe_3C$层片相间的机械混合物，即珠光体。从3点继续冷却时将从铁素体中析出$Fe_3C_Ⅲ$，但量很少，对组织没有明显影响，可以忽略。所以共析钢缓冷到室温的组织为珠光体。

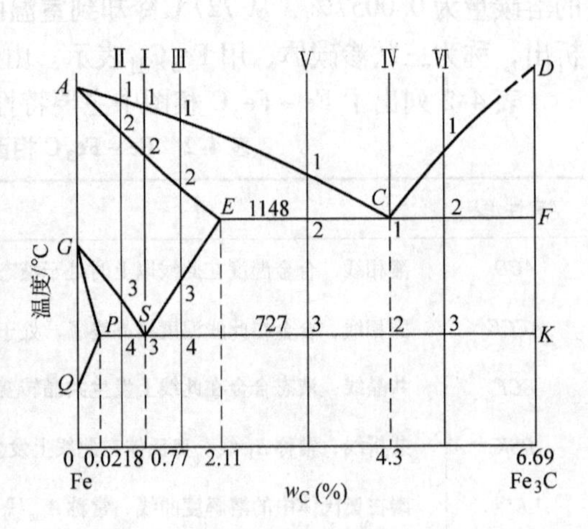

图4-7 典型铁碳合金结晶过程分析

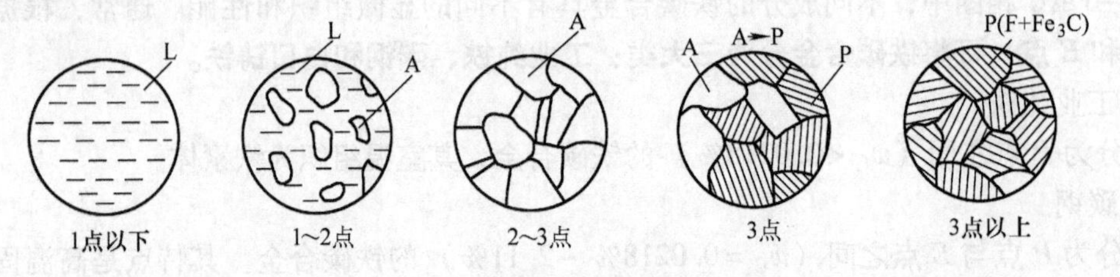

图4-8 共析钢结晶过程示意图

图4-9为共析钢（珠光体）的显微组织，图中黑色层片为渗碳体，白色基体为铁素体。

（二）亚共析钢

图4-7中合金Ⅱ为亚共析钢，其结晶过程如图4-10所示。亚共析钢在1点到3点温度间的结晶过程与共析钢相似。当合金冷却到3点温度时，开始从奥氏体中析出铁素体，称为

先共析铁素体。随着温度下降，铁素体量不断增加，其成分沿 *GP* 线改变。由于铁素体的溶碳能力很弱，迫使碳向剩余的奥氏体内转移，使奥氏体的含碳量沿 *GS* 线不断增加。当冷却到与共析线 *PSK* 相交的 4 点温度（727℃）时，剩余奥氏体的成分正好为共析成分（$w_C = 0.77\%$），因此剩余奥氏体发生共析转变形成珠光体。继续冷却，将从铁素体中析出三次渗碳体（$Fe_3C_{Ⅲ}$），同样可以忽略不计。因此，亚共析钢的室温组织为铁素体 + 珠光体。

图 4-9 共析钢（珠光体）的显微组织

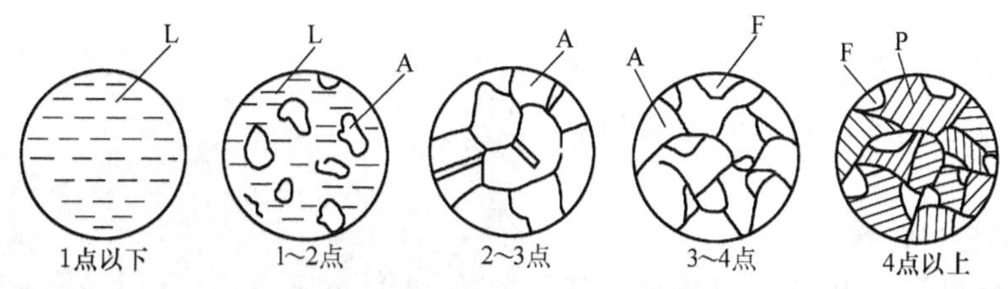

图 4-10 亚共析钢结晶过程示意图

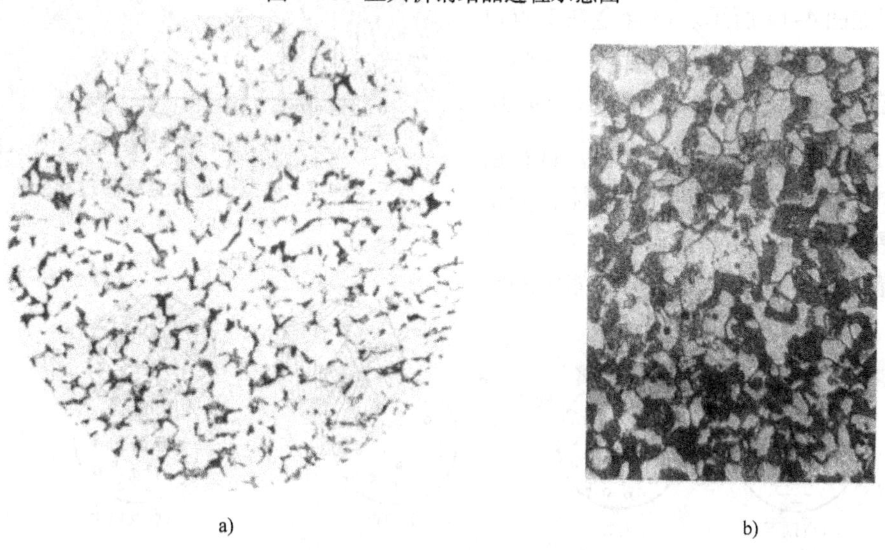

a) b)

图 4-11 不同碳含量亚共析钢的显微组织

a）$w_C = 0.2\%$（100×） b）$w_C = 0.45\%$（250×）

所有亚共析钢的结晶过程都相似，它们在室温下的显微组织都是铁素体和珠光体。但是，随着含碳量的增加，组织中铁素体的数量减少，珠光体的数量增加，如图 4-11 所示。图中白亮部分为铁素体，黑色部分为珠光体，这是因为放大倍数较低，无法分辨层片，故呈黑色。

（三）过共析钢

图 4-7 中合金Ⅲ为过共析钢，其结晶过程如图 4-12 所示。过共析钢在 1 点到 3 点温度

间的结晶过程也与共析钢相似。当合金冷却到3点温度时，由于奥氏体中的溶碳量达到饱和而开始从奥氏体的晶界处析出$Fe_3C_{Ⅱ}$。在3～4点，随着温度的下降，$Fe_3C_{Ⅱ}$量不断增加，剩余奥氏体的成分沿*ES*线变化。缓冷到4点（727℃）时，剩余奥氏体的成分正好为共析成分，因此就发生共析转变形成珠光体。4点以下至室温，合金组织基本不变。所以过共析钢的室温组织为珠光体＋二次渗碳体，其中$Fe_3C_{Ⅱ}$沿珠光体晶界呈网状分布，如图4-13所示，图中白色网状部分为$Fe_3C_{Ⅱ}$。

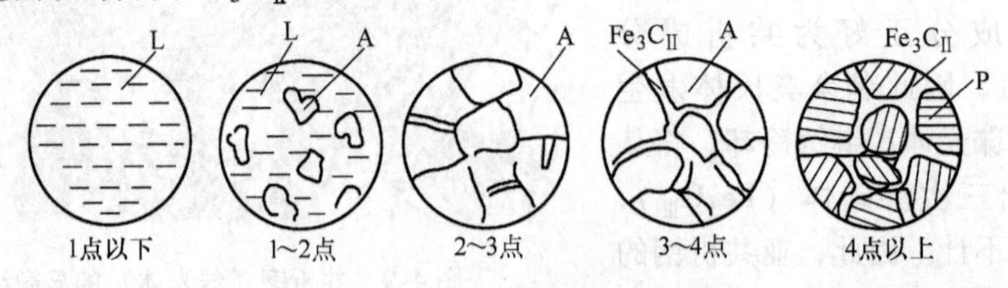

图4-12 过共析钢结晶过程示意图

在过共析钢中，含碳量越多，其显微组织中的$Fe_3C_{Ⅱ}$也越多，而珠光体量相对减少。

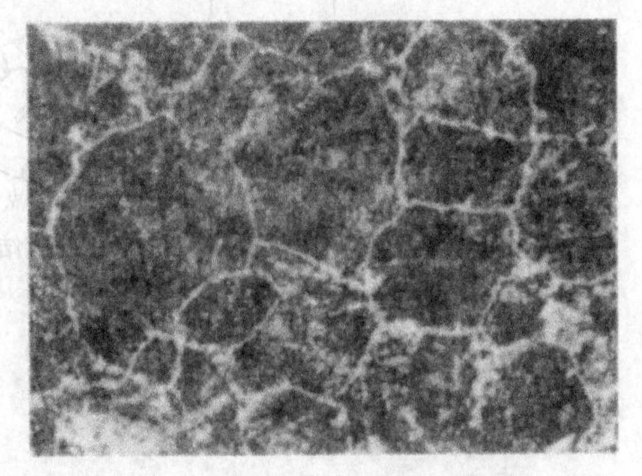

图4-13 过共析钢（$w_C=1.2\%$）的显微组织 （500×）

（四）共晶白口铸铁

图4-7中合金Ⅳ为共晶白口铸铁，其结晶过程如图4-14所示。该合金在1点以上为液态，缓冷到1点（共晶点1148℃）时，液态合金发生共晶转变，即$L_C \xrightarrow{1148℃} (A_E+Fe_3C)$形成莱氏体。这种由共晶转变结晶出的奥氏体和渗碳体，分别称为共晶奥氏体和共晶渗碳体。在1～2点，随着温度的下降，碳在奥氏体中的溶

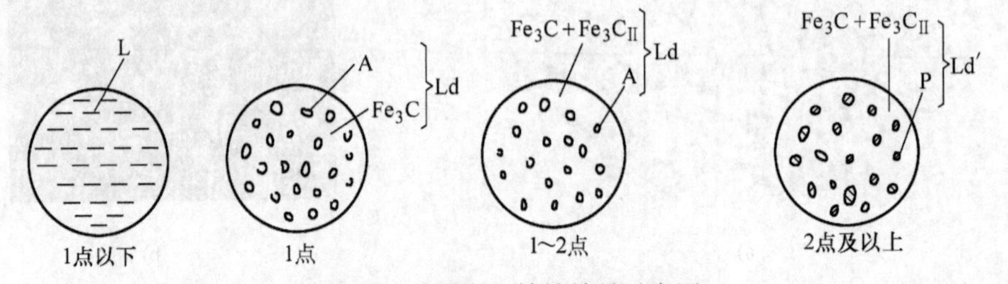

图4-14 共晶白口铸铁结晶示意图

解度沿*ES*线变化而不断降低，故从奥氏体中不断析出二次渗碳体。当温度降至2点（727℃）时，共晶奥氏体的成分达到共析成分（$w_C=0.77\%$），发生共析转变形成珠光体。从2点冷至室温组织是由珠光体、二次渗碳体和共晶渗碳体组成的莱氏体组织。为了区别，把在共析温度以上的莱氏体（$A+Fe_3C_{Ⅱ}+Fe_3C$）称为高温莱氏体，用符号Ld表示；而在共析温度以下的莱氏体（$P+Fe_3C_{Ⅱ}+Fe_3C$）称为低温莱氏体，用符号Ld′表示。图4-15为共晶白口铸铁的显微组织。图中黑色部分为珠光体，白色基体为渗碳体（其中二次渗碳体和共晶渗碳体连在一起而难以分辨）。

（五）亚共晶白口铸铁

图4-7中合金Ⅴ为亚共晶白口铸铁，其结晶过程如图4-16所示。该合金从高温缓冷到与液相线相交的1点温度时，液态合金中开始结晶出初生奥氏体（又叫先共晶奥氏体）。在1~2点，随着温度下降，奥氏体量不断增多，液相逐渐减少。奥氏体成分沿*AE*线变化，液相成分沿*AC*线变化，当冷却到与共晶线相交的2点（1148℃）时，奥氏体的成分为w_C = 2.11%，剩余液相成分正好是共晶成分（w_C = 4.3%），此时，液态合金发生共晶转变形成莱氏体，共晶转变后合金的组织为初生奥氏体+莱氏体。在2~3点，随着温度的下降，奥氏体中不断析出Fe_3C_{II}，奥氏体的碳含量沿着*ES*线不断减少。当缓冷到3点温度（727℃）时，奥氏体的成分均达到共析成分（w_C = 0.77%），故发生共析转变，形成珠光体。从3点冷至室温，组织不再发生变化。因此，亚共晶白口铸铁的室温组织为珠光体+二次渗碳体+低温莱氏体，如图4-17所示。所有亚共晶白口铸铁的结晶过程和组织均相似，只是碳含量越高（越接近共晶成分），室温组织中低温莱氏体量越多，珠光体量相对减少。

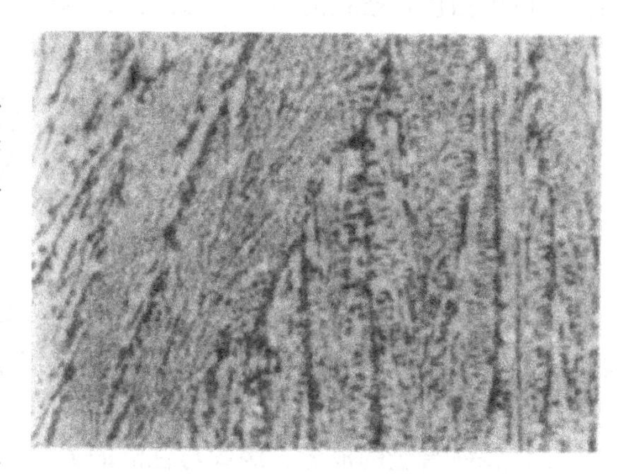

图4-15　共晶白口铸铁显微组织（100×）

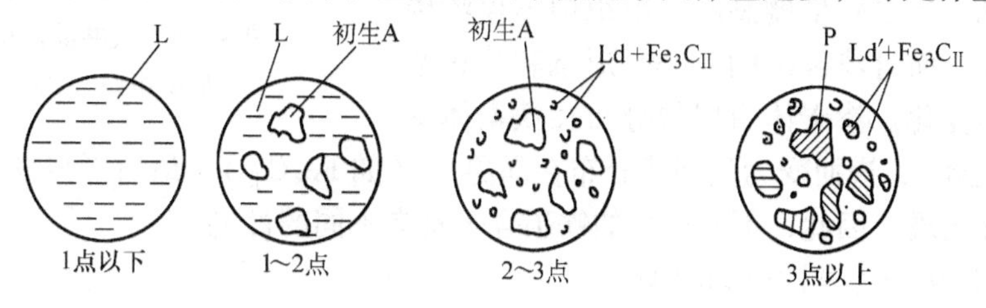

图4-16　亚共晶白口铸铁的结晶示意图

（六）过共晶白口铸铁

图4-7中合金Ⅵ为过共晶白口铸铁，其结晶过程见图4-18。该合金冷却到与液相线相交的1点温度时，液态合金中开始结晶出一次渗碳体（Fe_3C_I）。在1~2点，随着温度下降，一次渗碳体量不断增多，剩余液相量不断减少，其成分沿着*DC*线改变。当冷却到与共晶线相交的2点温度（1148℃）时，剩余液相成分正好为共晶成分（w_C = 4.3%）而发生共晶转变，形成莱氏体。共晶转变后的组织为一次渗碳体+莱氏体。在2~3点冷却时，奥氏体中同样要析出二次渗碳体，并在3点的温度（727℃）时，奥氏体发生共析转变而形成珠光体。因此过共晶白口铸铁的室温组织为一次渗碳体+低温莱氏体，如图4-19

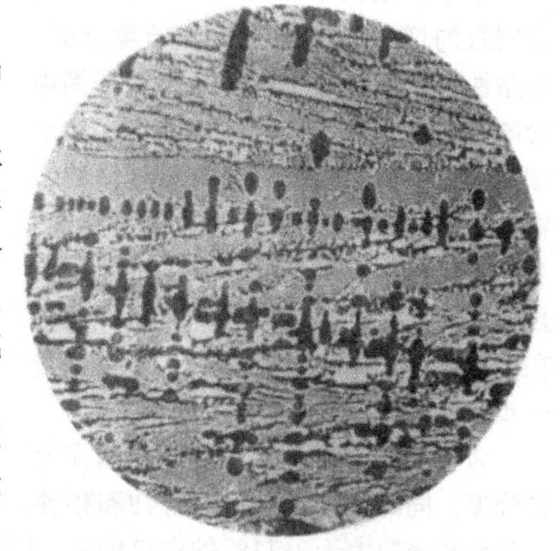

图4-17　亚共晶白口铸铁的显微组织（100×）

所示。图中白色长条状的为一次渗碳体，基体为低温莱氏体。

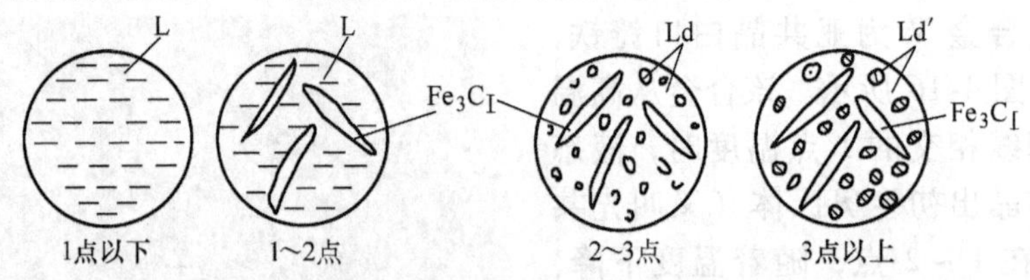

图4-18 过共晶白口铸铁的结晶示意图

所有过共晶白口铸铁的结晶过程和组织均相似，只是合金成分越接近共晶成分，室温组织中低温莱氏体量越多，一次渗碳体量越少。

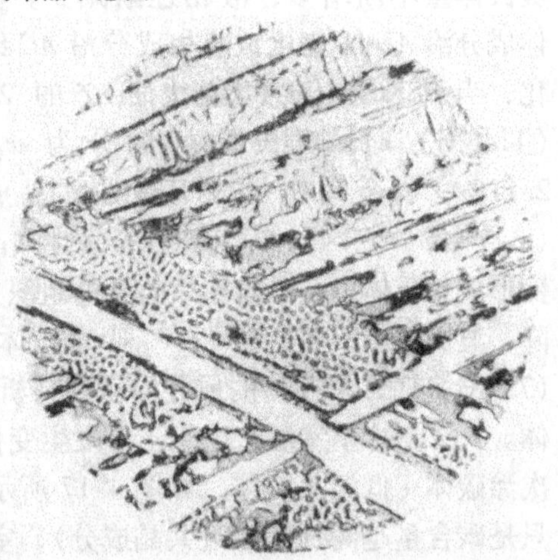

图4-19 过共晶白口铸铁显微组织（100×）

三、铁碳合金的成分、组织与性能的关系

（一）含碳量与平衡组织间的关系

由上述分析可知，不同种类的铁碳合金其室温组织是不同的。随着含碳量的增加，铁碳合金的室温组织变化顺序为

$$\boxed{F} \longrightarrow \boxed{F+P} \longrightarrow \boxed{P} \longrightarrow \boxed{P+Fe_3C_{II}} \longrightarrow \boxed{P+Fe_3C_{II}+Ld'} \longrightarrow \boxed{Ld'} \longrightarrow \boxed{Ld'+Fe_3C_I}$$

由此可知，当含碳量增高时，组织中不仅渗碳体的数量增加，而且渗碳体的大小、形态和分布情况也随着发生变化。渗碳体由层状分布在铁素体基体内（如珠光体），进而变为呈网状分布在晶界上（如 Fe_3C_{II}），最后形成莱氏体时，渗碳体已作为基体出现。因此，不同成分的铁碳合金具有不同的性能。

（二）含碳量与力学性能间的关系

含碳量对碳钢力学性能的影响如图4-20所示。**当钢中 $w_C<0.9\%$ 时，随着含碳量的增加，钢的强度、硬度上升，而塑性、韧性降低。这是因为随着钢中含碳量的增加，组织中作为强化相的渗碳体数量增多的缘故。钢中渗碳体的数量越多，分布越均匀，钢的强度越高。**当钢中 $w_C>0.9\%$ 时，由于渗碳体呈明显的网状分布于晶界处或以粗大片状存在于基体中，不仅使钢的塑性、韧性进一步降低，而且强度也明显下降。

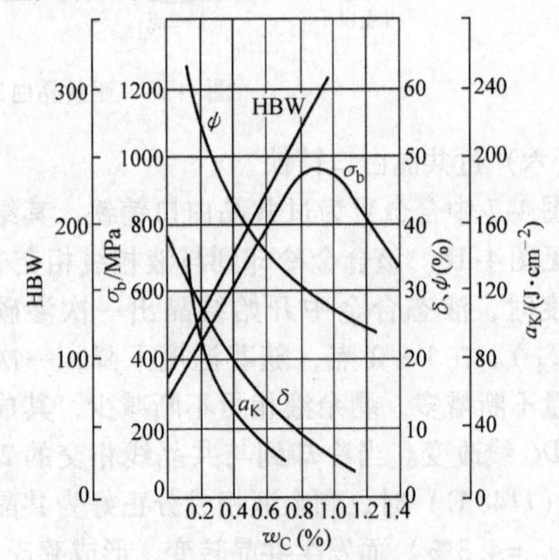

图4-20 含碳量对碳钢力学性能的影响

为了保证工业上使用的钢具有足够的强度，同时又具有一定的塑性和韧性，钢中碳的质量分数一般都不超过1.3%~1.4%；碳的质量分数大于2.11%的白口铸铁，因组织中存在大量的渗碳体，既硬又脆，难以切削加工，故在一般机械制造工业中应用较少。

四、$Fe-Fe_3C$ 相图的应用

（一）作为选用钢铁材料的依据

$Fe-Fe_3C$ 相图较直观地反映了铁碳合金的组织随成分和温度变化的规律，这就为钢铁材料的选用提供了依据。如**各种型钢及桥梁、车辆、船舶、各种建筑结构等，都需要强度较高、塑性及韧性好、焊接性能好的材料，故应选用碳含量较低的钢材；各种机器零件需要强度、塑性、韧性等综合性能较好的材料，应选用碳含量适中的钢；各类工具、刃具、量具、模具要求硬度高、耐磨性好的材料，则可选用碳含量较高的钢**。纯铁的强度低，不宜用作工程材料，常用的是它的合金。白口铸铁硬度高、脆性大，不能锻造和切削加工，但铸造性能好，耐磨性高，适于制造不受冲击、要求耐磨、形状复杂的工件，如轧辊、球磨机的磨球、犁铧、拔丝模等。

（二）在铸造生产上的应用

根据 $Fe-Fe_3C$ 相图的液相线，可以找出不同成分的铁碳合金的熔点，从而确定合金的熔化浇注温度（温度一般在液相线以上 50～100℃）。**从 $Fe-Fe_3C$ 相图中还可以看出，靠近共晶成分的铁碳合金不仅熔点低，而且结晶温度区间也较小，故具有良好的铸造性能。因此，生产上总是将铸铁的成分选在共晶成分附近。**

（三）在锻压工艺方面的应用

根据 $Fe-Fe_3C$ 相图，可以选择钢材的锻造或热轧温度范围。**通常锻、轧温度选在单相奥氏体区内，这是因为钢处于奥氏体状态时，强度较低，塑性较好，便于成形加工。**一般始锻（或始轧）温度控制在固相线以下 100～200℃范围内，温度不宜太高，以免钢材氧化严重；终锻（或终轧）温度取决于钢材成分，一般亚共析钢控制在稍高于 *GS* 线，过共析钢控制在稍高于 *PSK* 线，温度不能太低，以免钢材塑性变差，导致产生裂纹。

（四）在热处理方面的应用

$Fe-Fe_3C$ 相图对于制订热处理工艺有着特别重要的意义。各种热处理工艺的加热温度都是依据 $Fe-Fe_3C$ 相图选定的，这将在第五章中详细介绍。必须指出，虽然 $Fe-Fe_3C$ 相图得到了广泛应用，但仍有一定的局限性。例如，$Fe-Fe_3C$ 相图不能说明快速加热或冷却时铁碳合金组织的变化规律；又如，通常使用的铁碳合金中，除含有 Fe、C 两种元素外，尚有其他多种杂质或合金元素，这些都会对 $Fe-Fe_3C$ 相图产生影响，故应予以考虑。

小　　结

具有工业应用价值的金属材料几乎都是合金。

本章重点分析了铁碳合金相图，即 $Fe-Fe_3C$ 相图。相图中的主要相变线有液相线 *ACD*，固相线 *AECF*，共晶线 *ECF*，共析线 *PSK*，溶解度曲线 *ES* 和 *PQ* 等。主要的相变点有共晶点 *C*，碳的质量分数为 4.3%，共析点 *S*，碳的质量分数为 0.77%。

随着碳的质量分数增加，铁碳合金的室温组织变化顺序为

$$F \rightarrow F+P \rightarrow P \rightarrow P+Fe_3C_{II} \rightarrow P+Fe_3C_{II}+Ld' \rightarrow Ld' \rightarrow Ld'+Fe_3C_{I}$$

合金的性能取决于合金的化学成分和它的显微组织，而相图是一个合金系中的各个合金的显微组织随温度变化的规律图。因此，相图可作为选择金属材料的使用性能和工艺性能的依据。

习 题

4-1 什么叫铁素体、奥氏体、渗碳体、珠光体和莱氏体？试从碳含量、相组成、晶体结构等方面分析其特点。

4-2 什么是共晶转变、共析转变？

4-3 说明一次渗碳体和二次渗碳体的区别是什么。

4-4 根据 $Fe-Fe_3C$ 相图分析 $w_C=0.45\%$ 和 $w_C=1\%$ 的碳素钢从液态缓冷至室温的组织转变过程及室温组织。

4-5 根据 $Fe-Fe_3C$ 相图，分析下列现象：

（1）$w_C=1.2\%$ 的钢比 $w_C=0.45\%$ 的钢硬度高。

（2）$w_C=1.2\%$ 的钢比 $w_C=0.8\%$ 的钢强度低。

（3）低温莱氏体硬度高、脆性大。

（4）碳钢进行热锻、热轧时，都要加热到奥氏体区。

4-6 仓库内存放的两种同规格钢材，其碳含量分别为 $w_C=0.45\%$，$w_C=0.8\%$，因管理不当混合在一起，试提出两种以上方法加以鉴别。

4-7 根据 $Fe-Fe_3C$ 相图，说明下列现象产生的原因。

（1）低温莱氏体（Ld'）比珠光体（P）塑性差。

（2）加热到1100℃，$w_C=0.4\%$ 的钢能进行锻造，$w_C=4\%$ 的铸铁不能锻造。

（3）钳工锯切高碳成分（$w_C\geqslant0.77\%$）的钢材比锯切低碳成分（$w_C\leqslant0.2\%$）的钢材费力，锯条容易磨损。

（4）钢适宜锻压加工成形，而铸铁适宜铸造成形。

（5）钢铆钉一般用低碳钢制成。

第二篇　钢铁材料及热处理方法

第五章　碳素钢与钢的热处理

教学目标：通过学习，学生应掌握碳钢的分类、牌号和应用；掌握钢在加热和冷却过程中组织转变的基本规律，能熟练应用钢的等温转变曲线和连续转变曲线来分析实际问题。掌握退火、正火、淬火、回火等热处理工艺的工艺参数、适用钢材、各阶段的组织特征及热处理目的。掌握钢的表面热处理和化学热处理等热处理工艺方法、适用钢材和目的。了解热处理新技术及热处理零件的结构工艺性。

本章重点：碳钢的分类和应用；钢在加热和冷却过程中组织转变的基本规律；各种热处理工艺方法、适用钢材及其热处理目的。

本章难点：钢在加热和冷却过程中组织转变的基本规律。

第一节　碳　素　钢

碳素钢（简称碳钢）是 w_C <2.11%而且以碳为主要合金元素的铁碳合金。由于其价格低廉，冶炼方便，工艺性能良好，并且在一般情况下能满足使用性能的要求，因而在机械制造、建筑、交通运输及其他工业部门中得到了广泛的应用。

一、常存杂质元素对碳钢性能的影响

碳钢中，碳是决定钢性能的主要元素。但是，钢中还含有少量的锰、硅、硫、磷等常见杂质元素，它们对钢的性能也有一定影响。

（一）锰的影响

锰是炼钢时加入锰铁脱氧而残留在钢中的。锰的脱氧能力较好，能清除钢中的FeO，降低钢的脆性；锰还能与硫形成MnS，以减轻硫的有害作用。所以，锰是一种有益元素，但作为杂质存在时，其质量分数一般小于0.8%，对钢的性能影响不大。

（二）硅的影响

硅是炼钢时加入硅铁脱氧而残留在钢中的。硅的脱氧能力比锰强，在室温下硅能溶入铁素体，提高钢的强度和硬度。因此，硅也是有益元素，但作为杂质存在时，其质量分数一般小于0.4%，对钢的性能影响不大。

（三）硫的影响

硫是炼钢时由矿石和燃料带入钢中的。硫在钢中与铁形成化合物FeS，FeS与铁则形成低熔点（985℃）的共晶体分布在奥氏体晶界上。当钢材加热到1100～1200℃进行锻压加工时，晶界上的共晶体已熔化，造成钢材在锻压加工过程中开裂，这种现象称为“热脆”。钢中加入锰，可以形成高熔点（1620℃）的MnS，MnS呈粒状分布在晶粒内，且在高温下有一定塑性，从而能避免热脆现象发生。因此，**硫是有害元素，其质量分数一般应严格控制在0.03%以下。**

（四）磷的影响

磷是炼钢时由矿石带入钢中的。磷可全部溶于铁素体，产生强烈的固溶强化，使钢的强度、硬度增加，但塑性韧性显著降低。这种脆化现象在低温时更为严重，故称为“冷脆”。磷在结晶时还容易偏析，从而在局部发生冷脆。因此，**磷也是有害元素，其质量分数必须严格控制在0.035%以下。**

但是，在硫、磷含量较多时，由于脆性较大，切屑易于脆断而形成断裂切屑，从而改善钢的切削加工性。这是硫、磷有利的一面。

二、碳钢的分类

碳钢的分类方法很多，常用的分类方法有以下几种：

（一）按钢中碳的质量分数分类

（1）低碳钢。$w_C \leqslant 0.25\%$。

（2）中碳钢。$0.25\% < w_C \leqslant 0.60\%$。

（3）高碳钢。$w_C > 0.6\%$。

（二）按钢的冶金质量分类

根据钢中有害杂质硫、磷含量多少可分为：

（1）普通质量钢。$w_S \leqslant 0.050\%$，$w_P \leqslant 0.045\%$。

（2）优质钢。$w_S \leqslant 0.030\%$，$w_P \leqslant 0.035\%$。

（3）高级优质钢。$w_S \leqslant 0.020\%$，$w_P \leqslant 0.030\%$。

（4）特级质量钢。$w_S < 0.015\%$，$w_P < 0.025\%$。

（三）按用途分类

（1）碳素结构钢。主要用于制造各种工程构件（桥梁、船舶、建筑构件等）和机器零件（齿轮、轴、螺钉、螺栓、连杆等）。这类钢一般属于低碳钢和中碳钢。

（2）碳素工具钢。主要用于制造各种刃具、量具、模具等。这类钢一般属于高碳钢。

三、碳钢的牌号及其应用

（一）碳素结构钢

这类碳钢中碳的质量分数一般在0.06%～0.38%范围内，钢中有害杂质相对较多，但价格便宜，大多用于要求不高的机械零件和一般工程构件。通常轧制成钢板或各种型材（圆钢、方钢、工字钢、角钢、钢筋等）供应。

碳素结构钢的牌号表示方法是由屈服强度的字母Q、屈服强度数值、质量等级符号、脱氧方法四个部分按顺序组成。例如Q235AF表示碳素结构钢中屈服强度为235MPa的A级沸腾钢。

表5-1为碳素结构钢的牌号、主要成分、力学性能及用途。

由表5-1可看出：Q195、Q215、Q235为低碳钢，Q275为中碳钢，其中Q235因碳的质量分数及力学性能居中，故最为常用。碳素结构钢的屈服强度 σ_s 与伸长率 δ_5 均与钢材厚度有关，这是由于碳素结构钢一般都在热轧空冷状态供应，钢材厚度越小，冷却速度越大，得到的晶粒越细，故其 σ_s、δ_5 越高。中碳钢也可通过热处理进一步提高强度、硬度。

（二）优质碳素结构钢

这类钢因有害杂质较少，其强度、塑性、韧性均比碳素结构钢好，主要用于制造较重要的机械零件。

优质碳素结构钢的牌号用两位数字表示，如 08、10、45 等，数字表示钢中平均碳质量分数的万倍。如上述牌号分别表示其平均碳的质量分数为 0.08%、0.1%、0.45%。

优质碳素结构钢按其含锰量的不同，分为普通含锰量（w_{Mn} = 0.25% ~ 0.8%）和较高含锰量（w_{Mn} = 0.7% ~ 1.2%）两组。含锰量较高的一组在牌号数字后面加“Mn”字。若是沸腾钢，则在牌号数字后面加“F”字，如 15Mn、30Mn、45Mn、65Mn、08F、10F 等。

表 5-2 为常用优质碳素结构钢的牌号、主要成分、力学性能及用途。

（三）碳素工具钢

碳素工具钢因含碳量比较高（w_C = 0.65% ~ 1.35%），硫、磷杂质含量较少，经淬火、低温回火后硬度比较高，耐磨性好，但塑性较低，主要用于制造各种低速切削刀具、量具和模具。

碳素工具钢按质量可分为优质和高级优质两类。为了不与优质碳素结构钢的牌号发生混淆，碳素工具钢的牌号由代号“T”（“碳”字汉语拼音首字母）后加数字组成。数字表示钢中平均碳质量分数的千倍。如 T8 钢，表示平均碳的质量分数为 0.8% 的优质碳素工具钢。若是高级优质碳素工具钢，则在牌号末尾加字母“A”，如 T12A，表示平均碳的质量分数为 1.2% 的高级优质碳素工具钢。

表 5-3 为碳素工具钢的牌号、主要成分、性能及用途。

（四）铸造碳钢

生产中有许多形状复杂、力学性能要求高的机械零件难以用锻压或切削加工的方法制造，通常采用铸造碳钢制造。由于铸造技术的进步，精密铸造的发展，铸钢件在组织、性能、精度等方面都已接近锻钢件，可在不经切削加工或只需少量切削加工后使用，能大量节约钢材和成本，因此铸造碳钢得到了广泛应用。

铸钢中碳的质量分数一般为 0.15% ~ 0.6%。碳含量过高，则钢的塑性差，且铸造时易产生裂纹。**铸造碳钢的最大缺点是熔化温度高、流动性差、收缩率大，而且在铸态时晶粒粗大。因此，铸钢件均需进行热处理。**

铸造碳钢的牌号是用铸钢两字的汉语拼音的首字母“ZG”后面加两组数字组成，第一组数字代表屈服强度值，第二组数字代表抗拉强度值。例如 ZG270 - 500 表示屈服强度为 270MPa、抗拉强度为 500MPa 的铸造碳钢。

常用铸造碳钢的牌号、主要成分、力学性能及用途见表 5-4。

表5-1 碳素结构钢的牌号、主要成分、力学性能及用途

牌号	质量等级	化学成分				脱氧方法	拉伸试验									主要用途
		w_C（%）	w_{Mn}（%）	w_S（%）	w_P（%）		σ_s/MPa 钢材厚度（直径）/mm				σ_b/MPa	δ_5（%） 钢材厚度（直径）/mm				
		不大于					≤16	>16~40	>40~60	>60~100		≤16	>16~40	>40~60	>60~100	
							不小于									
Q195		0.12	0.50	0.040	0.035	F、Z	(195)	(185)			315~390	33	32			用于制作铁丝、钉子、铆钉、垫块、钢管、屋面板及轻负荷的冲压件
Q215	A	0.15	1.2	0.050	0.045	F、Z	215	205	195	185	335~410	31	30	29	28	
	B			0.045												
Q235	A	0.22	1.4	0.050	0.045	F、Z	235	225	215	205	375~460	26	25	24	23	应用最广。用于制作薄板、中板、钢筋、各种型材、一般工程构件、受力不大的机器零件，如小轴、拉杆、螺栓、连杆等
	B	0.20		0.045												
	C	0.17		0.040	0.040	Z										
	D			0.035	0.035	TZ										
Q275		0.20	1.50	0.050	0.045	b、Z	275	265	255	245	490~610	20	19	18	17	可用于制作承受中等载荷的普通零件，如链轮、拉杆、心轴、键、齿轮、传动轴等

注：1. 表中数据摘自GB/T 700—2006《碳素结构钢》。

2. 表中符号：Q—屈服强度，“屈”字汉语拼音首字母；F—沸腾钢；b—半镇静钢；Z—镇静钢；TZ—特殊镇静钢。在牌号中，Z、TZ符号予以省略。

表 5-2 常用优质碳素结构钢的牌号、主要成分、力学性能及用途

牌号	主要成分			力学性能							用途举例
	w_C (%)	w_{Si} (%)	w_{Mn} (%)	$\frac{\sigma_b}{MPa}$	$\frac{\sigma_s}{MPa}$	δ_5 (%)	ψ (%)	$\frac{a_K}{J/cm^2}$	HBW 热轧	HBW 退火	
				不小于					不大于		
08F	0.05～0.11	≤0.03	0.25～0.50	295	175	35	60		131		用于制造强度要求不高，而需经受大变形的冲压件、焊接件。如外壳、盖、罩、固定挡板等
08	0.05～0.12	0.17～0.37	0.35～0.65	325	195	33	60		131		用于制造受力不大的焊接件、冲压件、锻件和心部强度要求不高的渗碳件。如角片、支臂、帽盖、垫圈、锁片、销钉、小轴等。退火后可作电磁铁或电磁吸盘等磁性零件
10	0.07～0.14	0.17～0.37	0.35～0.65	335	205	31	55		137		
15	0.12～0.19	0.17～0.37	0.35～0.65	375	225	27	55		143		主要用作低负荷、形状简单的渗碳、碳氮共渗零件，如小轴、小模数齿轮、仿形样板、套筒、摩擦片等，也可用作受力不大但要求韧性较好的零件，如螺栓、起重钩、法兰盘等
20	0.17～0.24	0.17～0.37	0.35～0.65	410	245	25	55		156		
30	0.27～0.35	0.17～0.37	0.50～0.80	490	295	21	50	63	179		用作截面较小、受力较大的机械零件，如螺钉、丝杆、转轴、曲轴、齿轮等。30 钢也适于制作冷顶锻零件和焊接件，但 35 钢一般不作焊接件
35	0.32～0.40	0.17～0.37	0.50～0.80	530	315	20	45	55	197		
40	0.37～0.45	0.17～0.37	0.50～0.80	570	335	19	45	47	217	187	用于制作承受负荷较大的小截面调质件和应力较小的大型正火零件以及对心部强度要求不高的表面淬火件，如曲轴、传动轴、连杆、链轮、齿轮、齿条、蜗杆、辊子等
45	0.42～0.50	0.17～0.37	0.50～0.80	600	355	16	40	39	229	197	
50	0.47～0.55	0.17～0.37	0.50～0.80	630	375	14	40	31	241	207	用作要求较高强度和耐磨性或弹性、动载荷及冲击载荷不大的零件，如齿轮、连杆、轧辊、机床主轴、曲轴、犁铧、轮圈、弹簧等
55	0.52～0.60	0.17～0.37	0.50～0.80	645	380	13	35		255	217	
65	0.62～0.70	0.17～0.37	0.50～0.80	695	410	10	30		255	229	主要在淬火、中温回火状态下使用。用作要求较高弹性或耐磨性的零件，如气门弹簧、弹簧垫圈、U形卡、轧辊、轴、凸轮及钢丝绳等
65Mn	0.62～0.70	0.17～0.37	0.90～1.20	735	430	9	30		285	229	
70	0.67～0.75	0.17～0.37	0.50～0.80	715	420	9	30		269	229	用作截面不大、承受载荷不太大的各种弹性零件和耐磨零件，如各种板簧、螺旋弹簧、轧辊、凸轮、钢轨等
75	0.72～0.80	0.17～0.37	0.50～0.80	1080	880	7	30		285	241	

注：1. 表中数据摘自 GB/T 699—1999《优质碳素结构钢》。

2. 锰含量较高的各个钢（15Mn～70Mn），其性能和用途与相应钢号的钢基本相同，但淬透性稍好，可制作截面稍大或要求强度稍高的零件。

表5-3 碳素工具钢的牌号、主要成分、性能及用途

牌号	主要成分		退火后硬度HBW不大于	淬火温度/℃及冷却剂	淬火后硬度HRC不小于	用途举例
	w_C(%)	w_{Mn}(%)				
T7 T7A	0.65~0.74	≤0.40	187	800~820 水	62	用于承受冲击、要求韧性较好，但切削性能不太高的工具，如凿子、冲头、手锤、剪刀、木工工具、简单胶木模
T8 T8A	0.75~0.84			780~800 水		用于承受冲击、要求硬度较高和耐磨性好的工具，如简单的模具、冲头、切削软金属刀具、木工铣刀、斧、圆锯片等
T8Mn T8MnA	0.8~0.9	0.40~0.60				同上。因含Mn量高，淬透性较好，可制造断面较大的工具等
T9 T9A	0.85~0.94	≤0.40	192			用于要求韧性较好、硬度较高的工具，如冲头、凿岩工具、木工工具等
T10 T10A	0.95~1.04		197			用于不受剧烈冲击、有一定韧性及锋利刃口的各种工具，如车刀、刨刀、冲头、钻头、锥、手锯条、小尺寸冲模等
T11 T11A	1.05~1.14		207	760~780 水		同上。还可做刻锉刀的凿子、钻岩石的钻头等
T12 T12A	1.15~1.24					用于不受冲击，要求高硬度、高耐磨的工具，如锉刀、刮刀、丝锥、精车刀、铰刀、锯片、量规等
T13 T13A	1.25~1.35		217			同上。用于要求更耐磨的工具，如剃刀、刻字刀、拉丝工具等

注：1. 淬火后硬度不是指用途举例中各种工具的硬度，而是指碳素工具钢材料在淬火后，未回火的最低硬度。

2. 表中数据摘自GB/T 1299—2014《工模具钢》。

表5-4 铸造碳钢的牌号、主要成分、性能及用途

牌号	主要化学成分			室温力学性能					用途举例
	w_C(%)	w_{Si}(%)	w_{Mn}(%)	$\frac{\sigma_s(\sigma_{0.2})}{MPa}$	$\frac{\sigma_b}{MPa}$	δ(%)	ψ(%)	$\frac{a_K}{J/cm^2}$	
	不大于			不小于					
ZG200-400	0.20	0.60	0.80	200	400	25	40	6	用于受力不大、要求韧性较好的各种机械零件，如机座、变速箱壳等
ZG230-450	0.30	0.60	0.90	230	450	22	32	4.5	用于受力不大，要求韧性较好的各种机械零件，如砧座、外壳、轴承盖、底板、阀体、犁柱等
ZG270-500	0.40	0.60	0.90	270	500	18	25	3.5	用途广泛。常用作轧钢机机架、轴承座、连杆、箱体、曲拐、缸体等
ZG310-570	0.50	0.60	0.90	310	570	15	21	3	用于受力较大的耐磨零件，如大齿轮、齿轮圈、制动轮、辊子、棘轮等
ZG340-640	0.60	0.60	0.90	340	640	10	18	2	用于承受重载荷、要求耐磨的零件，如起重机齿轮、轧辊、棘轮、联轴器等

注：1. 各牌号的铸造碳钢，其化学成分中，w_P、w_S均不大于0.04%。

2. 表中数据摘自GB/T 11352—2009《一般工程用铸造碳钢件》。

3. 表列性能适用于厚度为100mm以下的铸件。

第二节 热处理的概念与分类

钢的热处理是指钢在固态下，采用适当方式进行加热、保温和冷却，以改变钢的内部组织结构，从而获得所需性能的一种工艺方法。这种工艺方法通常可用工艺曲线表示，如图5-1所示。

通过适当的热处理，可以充分发挥钢材的潜力，显著提高钢的力学性能，延长零件的使用寿命；还可以消除铸、锻、焊等热加工工艺造成的各种缺陷，为后续工序作好组织准备。因此，热处理在机械制造工业中占有十分重要的地位。

根据热处理加热和冷却方式的不同，热处理大致分类如下：

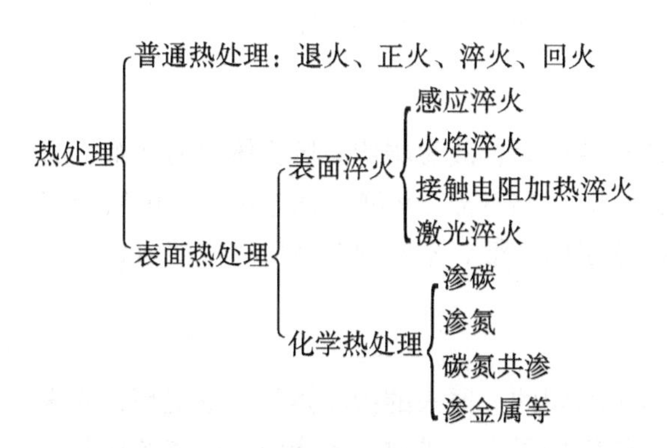

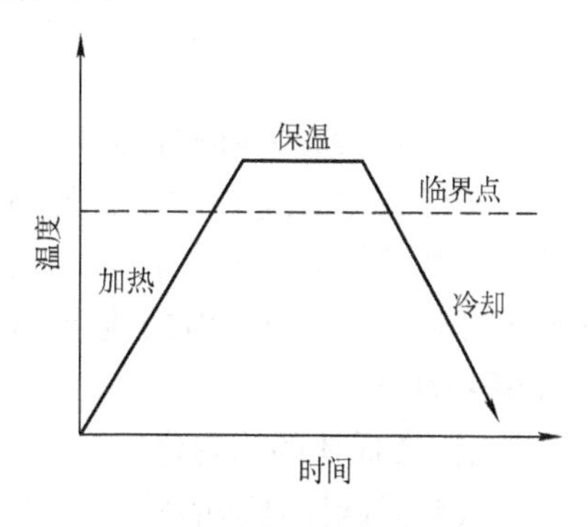

图 5-1 热处理工艺曲线

第三节 钢在加热时的组织转变

根据 Fe－Fe_3C 相图，钢必须加热到相应的临界点（A_1、A_3、A_{cm}）以上，才能实现钢的奥氏体化。Fe－Fe_3C 相图中的平衡临界点是在缓慢加热和冷却条件下得到的。在实际生产中，加热速度和冷却速度都比较快，因此组织转变大多有不同程度的滞后现象产生，即加热和冷却速度越快，实际相变温度偏离平衡临界点的程度越大。为了区别实际加热和冷却时的临界点，一般将加热时的临界点用 Ac_1、Ac_3、Ac_{cm}来表示；冷却时的临界点用 Ar_1、Ar_3、Ar_{cm}来表示，如图 5-2 所示。

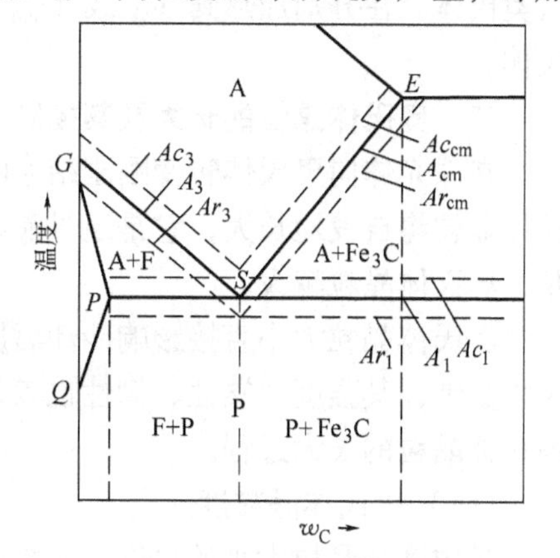

图 5-2 加热与冷却的 Fe－Fe_3C 相图上各临界点的位置

一、钢的奥氏体化

下面以共析钢为例来说明钢的奥氏体化过程。由 Fe－Fe_3C 相图可知，共析钢的室温组织是珠光体。珠光体是由铁素体和渗碳体两相组成的机械混合物。当加热到 Ac_1 以上时，珠光体将向奥氏体转变，其转变过程是通过形核和长大来完成的，如图 5-3 所示。

（一）奥氏体晶核的形成和长大

通常奥氏体的晶核是在铁素体和渗碳体的相界面上优先形成。因为相界面上的原子排列紊乱，处于不稳定状态，容易获得形成奥氏体所需的能量和碳浓度，故为奥氏体的形核提供了有利条件。

奥氏体晶核形成后便逐渐长大。它是通过铁、碳原子的扩散，使晶核邻近的铁素体晶格改组为奥氏体的面心立方晶格，而邻近的渗碳体不断向奥氏体中溶解来完成的。

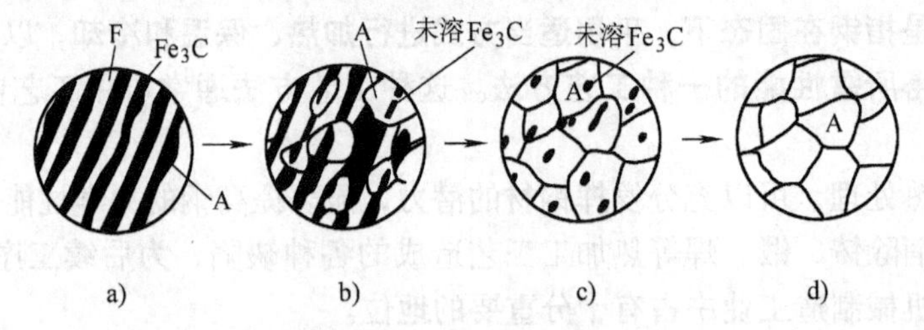

图5-3 共析钢的奥氏体化过程示意图

a）奥氏体形核 b）奥氏体长大 c）残余 Fe_3C 溶解 d）奥氏体的均匀化

（二）残余渗碳体的溶解

由于渗碳体的晶体结构和碳含量都与奥氏体相差很大，故渗碳体向奥氏体中的溶解，必然落后于铁素体的晶格改组。即在铁素体全部消失后，仍有部分渗碳体尚未溶解。随着保温时间的延长，这部分未溶的残余渗碳体将通过碳原子的扩散，不断地向奥氏体中溶解，直到全部消失为止。

（三）奥氏体的均匀化

当残余渗碳体全部溶解时，奥氏体的成分是不均匀的。原来的渗碳体处碳浓度高，原来的铁素体处碳浓度低。只有继续延长保温时间，使碳原子充分扩散，才能使奥氏体的成分渐趋均匀化。由此可知，**热处理加热后保温的目的，一是为了使工件热透，组织转变完全；二是为了获得成分均匀的奥氏体，以便冷却后得到良好的组织与性能。**

亚共析钢和过共析钢加热时奥氏体的形成过程，基本上与共析钢相同。在 A_1 以下，亚共析钢组织为铁素体+珠光体，过共析钢组织为渗碳体+珠光体，所以奥氏体化要分两步完成：第一步，珠光体转变为奥氏体（Ac_1 以上），第二步，铁素体转变为奥氏体或渗碳体溶入奥氏体。在分别加热到 Ac_3 或 Ac_{cm} 以上，保温一定时间后，方能获得成分均匀的单相奥氏体。

二、奥氏体晶粒的长大及其控制

在珠光体向奥氏体转变刚刚结束时，奥氏体晶粒是比较细小的。若继续加热或保温，奥氏体晶粒将自发地长大，它是通过晶粒间的相互吞并来完成的。加热温度越高，保温时间越长，奥氏体晶粒越大。

奥氏体晶粒大小直接影响冷却后所得到的组织和性能。奥氏体的晶粒越细，冷却后的组织也越细，其强度、塑性、韧性也较好。因此，为获得大小合适的奥氏体晶粒，就需要研究奥氏体晶粒的长大过程。

（一）奥氏体晶粒度

晶粒度是晶粒大小的尺度。晶粒度的评定应按照国家标准 GB/T 6394—2002《金属平均晶粒度测定法》进行。一般认为，1～4 级为粗晶粒度，5～8 级为细晶粒度，8 级以上为超细晶粒度。

奥氏体晶粒度可分为以下三种：

1. 起始晶粒度

起始晶粒度是指珠光体刚转变为奥氏体时的晶粒度。这时的晶粒非常细小。

2. 实际晶粒度

实际晶粒度是指在某一具体热处理或热加工条件下，实际获得的奥氏体晶粒度。它直接影响钢的性能。

3. 本质晶粒度

按原冶金部标准规定，将钢加热到930℃ ± 10℃，保温8h冷却后测得的晶粒度为本质晶粒度。本质晶粒度表示钢在规定条件下奥氏体的长大倾向，并不表示实际晶粒的大小。本质晶粒度为1～4级的钢称为本质粗晶粒钢；本质晶粒度为5～8级的钢称为本质细晶粒钢。图5-4表示这两类钢随着温度升高时，奥氏体晶粒长大的倾向。由图可见，本质细晶粒钢在930～950℃以下加热，晶粒长大倾向较小，适宜进行热处理。

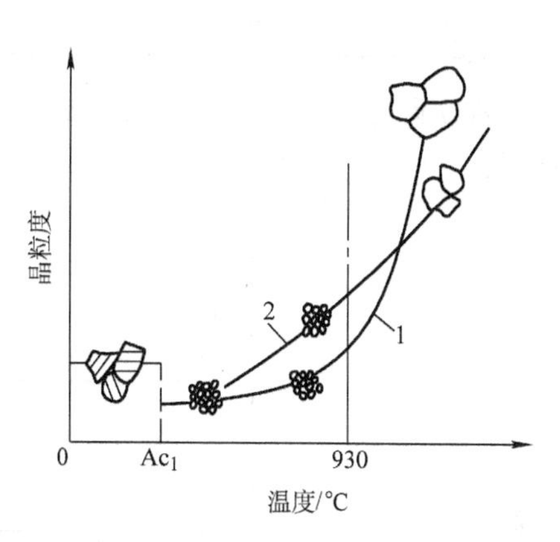

图5-4　两种钢奥氏体晶粒长大倾向示意图

1—本质细晶粒钢　2—本质粗晶粒钢

在工业生产中，一般用铝脱氧的钢多属于本质细晶粒钢；而只用锰铁、硅铁脱氧的钢为本质粗晶粒钢。沸腾钢一般都是粗晶粒钢，而镇静钢一般为细晶粒钢。

（二）奥氏体晶粒度的控制

为了使钢在热处理加热时奥氏体晶粒不粗化，除选用本质细晶粒钢外，还必须制订合理的热处理工艺。

（1）加热温度。加热温度越高，晶粒长大速度越快，奥氏体晶粒就越粗大。因此，为了获得细小的奥氏体晶粒，热处理时必须规定合适的加热温度范围。一般都是将钢加热到临界点以上某一适当温度。

（2）保温时间。钢在加热时，随保温时间的延长，晶粒会不断长大，但晶粒长大的速度随着时间的延长而减小，所以延长保温时间对晶粒长大的影响要比温度小得多。通常保温时间的确定除考虑相变需要外，还要考虑工件表里温度一致。

（3）加热速度。**在相同的加热温度下，加热速度越快，保温时间越短，晶粒越细，所以在生产中常采用快速加热、短时间保温的方法来细化晶粒。如高频、激光、电子束加热淬火等。**

（4）原始组织。热处理前原始组织越细，则奥氏体形核基地越多，形核率越大，获得的奥氏体晶粒越细小。

第四节　钢在冷却时的组织转变

表5-5是45钢经840℃加热奥氏体化后，采用不同速度冷却至室温而获得的力学性能。由表可见，同一种钢在相同的奥氏体化条件下，若采用不同的冷却方法，就可获得不同的组织和性能，即钢热处理后的组织和性能是由冷却过程决定的。因此，奥氏体的冷却过程是钢

热处理的关键工序。

表 5-5 45 钢经 840℃加热后，不同条件冷却后的力学性能

冷却方法	σ_b/MPa	σ_s/MPa	δ（%）	ψ（%）	HRC
随炉冷却	530	272	32.5	49	15~18
空气冷却	670~720	340	15~18	45~50	18~24
水中冷却	1100	720	7~8	12~14	52~60

在实际生产中，常用的冷却方式有两种：一是等温冷却；二是连续冷却，如图 5-5 所示。

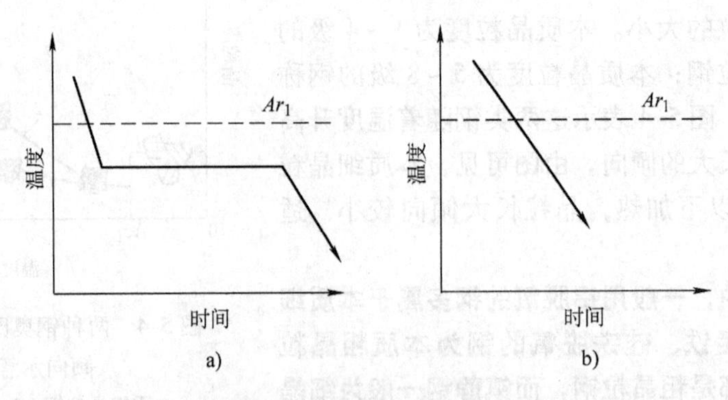

图 5-5 两种冷却方式示意图

a）等温冷却 b）连续冷却

为了了解钢热处理后的组织与性能的变化规律，必须了解奥氏体在冷却过程中的转变规律。下面先介绍奥氏体的等温转变。

一、过冷奥氏体的等温转变

奥氏体在 A_1 以上是稳定相，当冷至 A_1 以下则是不稳定相，有发生转变的倾向。但过冷到 A_1 以下的奥氏体并不立即发生转变，而需经过一定时间后才开始转变。这种在 A_1 温度以下暂时存在的、处于不稳定状态的奥氏体称为过冷奥氏体。

过冷奥氏体在不同温度下的等温转变，将使钢的组织和性能发生明显的变化。而奥氏体等温转变图反映了过冷奥氏体在等温冷却时组织转变的规律。

（一）共析碳钢过冷奥氏体等温转变图的建立

过冷奥氏体发生组织转变时，随着组织的变化，必然引起性能的相应变化。因此，可根据钢的组织与性能（如金相组织、磁性、硬度等）的变化来判断过冷奥氏体在不同温度等温时的转变开始时间和转变终了时间。将不同温度下等温时奥氏体的转变开始时间和转变终了时间绘制在同一温度-时间坐标图中，然后把所有的转变开始点和转变终了点分别连接起来，便可获得过冷奥氏体等温转变图。共析碳钢过冷奥氏体等温转变图建立方法如图 5-6 所示。

（二）共析碳钢过冷奥氏体等温转变图分析

图 5-7 为共析碳钢过冷奥氏体等温转变图。由图可见，曲线形状与英文字母“C”相似，故又常称为“C 曲线”。

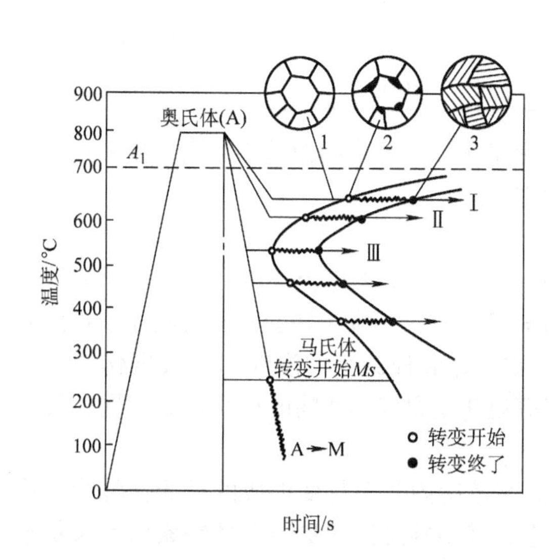

图 5-6　共析碳钢过冷奥氏体等温转变图建立方法

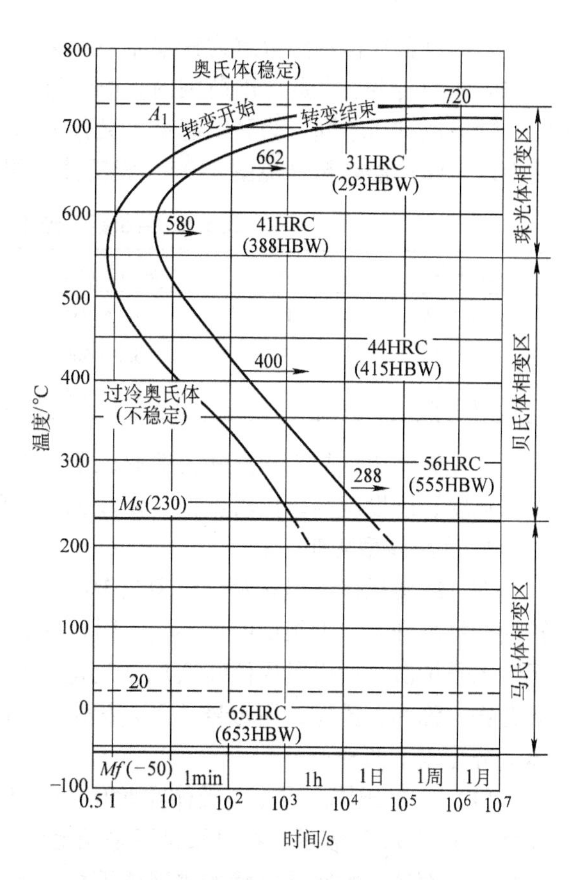

图 5-7　共析碳钢的过冷奥氏体等温转变图

图 5-7 中左边的曲线是由过冷奥氏体在不同温度下的等温转变开始点相连而成的，称为转变开始线，在转变开始线左方是过冷奥氏体区；图中右边的曲线是由过冷奥氏体转变终了点相连而成的，称为转变终了线，在转变终了线右方是转变产物区。在转变开始线和转变终了线之间是过渡区（过冷奥氏体和转变产物共存区），转变正在进行中。

图 5-7 中的下方有两条水平线，*Ms* 是过冷奥氏体向马氏体转变的开始温度，称为上马氏体点，约 230℃；*Mf* 是过冷奥氏体向马氏体转变的终止温度，称为下马氏体点，约 -50℃。*Ms* 与 *Mf* 之间是马氏体转变区，即马氏体与过冷奥氏体的共存区。

由图 5-7 所示的过冷奥氏体等温转变图可知，过冷奥氏体在各个温度等温时，并不立即转变，而要停留一段时间，我们把过冷奥氏体在转变开始前的停留时间（即从纵坐标到转变开始线的距离），称为孕育期。过冷奥氏体在不同温度下的孕育期是不同的，在等温转变图的“鼻尖”处（约 550℃），孕育期最短，这说明过冷奥氏体在此处最不稳定，最容易分解。

（三）过冷奥氏体等温转变产物的组织与性能

共析碳钢的过冷奥氏体在三个不同的温度区间，可发生三种不同的转变：珠光体型转变、贝氏体型转变和马氏体型转变。

1. 珠光体型转变

在 A_1 至等温转变图鼻部（约 550℃）的温度范围内，由于温度较高，碳原子都能充分扩散，所以奥氏体等温分解为铁素体与渗碳体的片层状混合物——珠光体组织，即奥氏体发生珠光体型转变。在此温度范围内，由于过冷度不同，所得到的珠光体型组织的片层厚薄不同，性能也有所不同。为区别起见，又分为珠光体、索氏体和托氏体三种，如表5-6所示，其中珠光体片层较粗（见图4-9），索氏体片层较薄，托氏体片层更薄。

表5-6 共析钢珠光体型转变产物的特性比较

组织名称	符号	形成温度范围/℃	大致片层间距/μm	硬度 HRC
珠光体	P	A_1 ~680	>0.3	<25
索氏体	S	680~600	0.1~0.3	25~35
托氏体	T	600~550	<0.1	35~40

珠光体型组织的力学性能主要取决于片层间距的大小，片层间距越小，则其变形抗力越大，强度、硬度越高，同时塑性、韧性也有所改善。

2. 贝氏体型转变

在过冷奥氏体等温转变图鼻尖至 *Ms* 点（550~230℃）的温度范围内，过冷奥氏体等温转变产物与珠光体型组织明显不同。因转变温度较低，奥氏体发生转变时只有碳原子扩散而无铁原子扩散，所以奥氏体转变成含过饱和碳的铁素体和极细小的渗碳体（或碳化物）的混合物，称为贝氏体，用符号“B”表示。根据等温转变温度和产物的组织形态不同，贝氏体又分为以下两种：

（1）上贝氏体。过冷奥氏体在550~350℃温度范围内等温转变形成的贝氏体称为上贝氏体，用“$B_上$”表示，在显微镜下呈羽毛状形态，其中碳过饱和量不大的铁素体呈条状平行排列，而细小粒状或杆状的渗碳体不均匀地分布在条状铁素体之间，如图5-8所示。

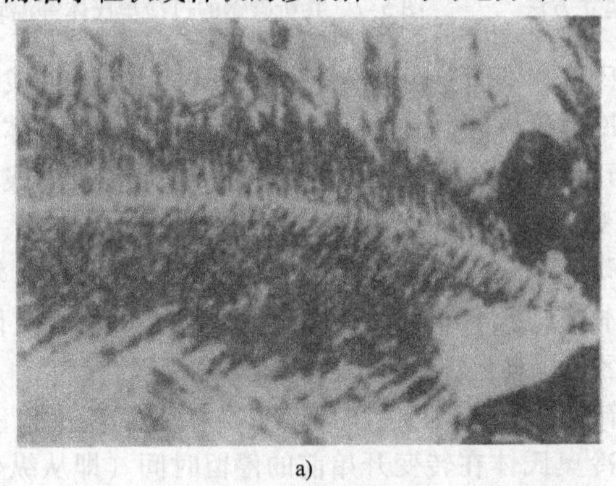
a)

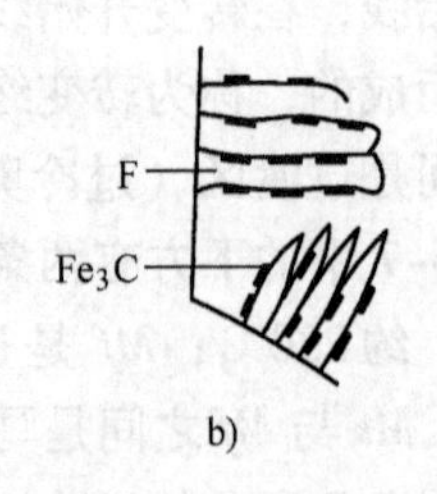

b)

图5-8 上贝氏体（$B_上$）

a）显微组织（羽毛状）（600×） b）形成示意图

（2）下贝氏体。过冷奥氏体在350℃ ~*Ms* 点温度范围内等温转变形成的贝氏体称为下贝氏体，用“$B_下$”表示。在显微镜下，下贝氏体呈黑色针片状形态，其中含过饱和碳的铁素体呈针片状，微细的 ε 碳化物（$Fe_{2.4}C$）均匀而有方向地分布在针片状铁素体的内部，如图5-9所示。

贝氏体的性能主要取决于铁素体条（片）粗细、铁素体中碳的过饱和量和渗碳体（或

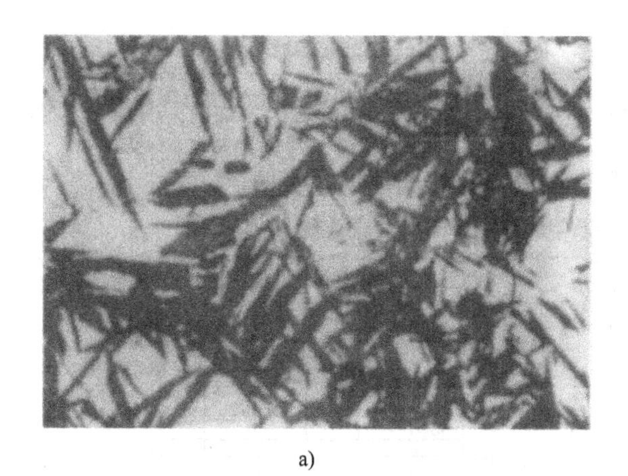

a)

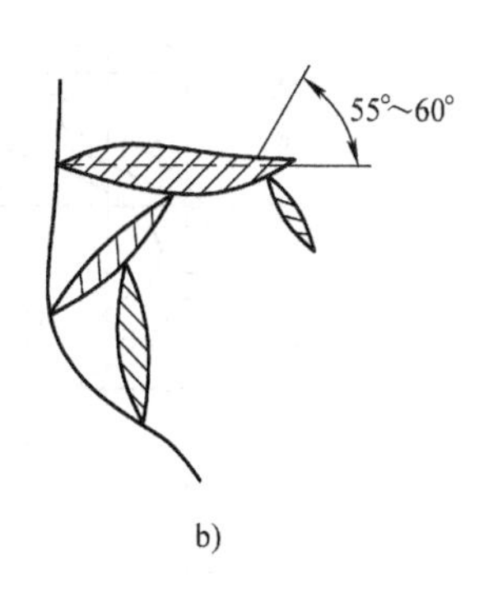

b)

图 5-9 下贝氏体（$B_下$）

a）显微组织（黑色针状）（600×） b）形成示意图

碳化物）的大小、形状和分布。由于上贝氏体中铁素体片较宽，渗碳体较粗大，而且分布在铁素体层片间，故其强度低、塑性差，基本无实用价值。下贝氏体中铁素体针片细小，铁素体中碳的过饱和量大，铁素体针片内碳化物呈高度弥散分布，故其具有较高的硬度、强度和耐磨性，同时塑性、韧性也良好，是生产上（如等温淬火等）希望获得的组织。表 5-7 为贝氏体转变产物的特性比较。

表 5-7 贝氏体转变产物的特性比较

组织名称	符号	形成温度/℃	组织形态	硬度 HRC
上贝氏体	$B_上$	550～350	羽毛状	40～45
下贝氏体	$B_下$	350～230	黑色针状	45～55

3. 马氏体型转变

过冷奥氏体在 *Ms* 温度以下将发生马氏体转变。马氏体转变是在极快的连续冷却过程中发生的，故详细内容将在过冷奥氏体的连续冷却转变中讲解。

（四）亚共析碳钢与过共析碳钢的过冷奥氏体的等温转变

亚共析碳钢、过共析碳钢的奥氏体等温转变图如图 5-10 所示。由图可见，在亚共析钢的奥氏体等温转变图上，多了一条先共析铁素体析出线；在过共析碳钢的奥氏体等温转变图上，多了一条二次渗碳体析出线。由此说明，亚共析钢与过共析钢的过冷奥氏体在珠光体型转变区等温，必先析出先共析相铁素体或渗碳体，而后转变为珠光体型组织。随着转变温度的降低，先共析相的量逐渐减少，当等温温度接近奥氏体等温转变图的鼻部时，先共析相不再析出，而由过冷奥氏体直接转变为极细珠光体型组织。这时珠光体中碳的质量分数必低于（对于亚共析钢）或高于（对于过共析钢）共析成分（$w_C=0.77\%$）。这种非共析成分的共析组织称为伪共析组织。

二、过冷奥氏体的连续冷却转变

（一）连续冷却转变曲线简介

在实际热处理生产中，钢经奥氏体化后，其转变大多是在连续冷却条件下进行的。共析钢的奥氏体连续冷却转变图如图 5-11 所示。从图中可以看出，共析钢的连续冷却图只出现

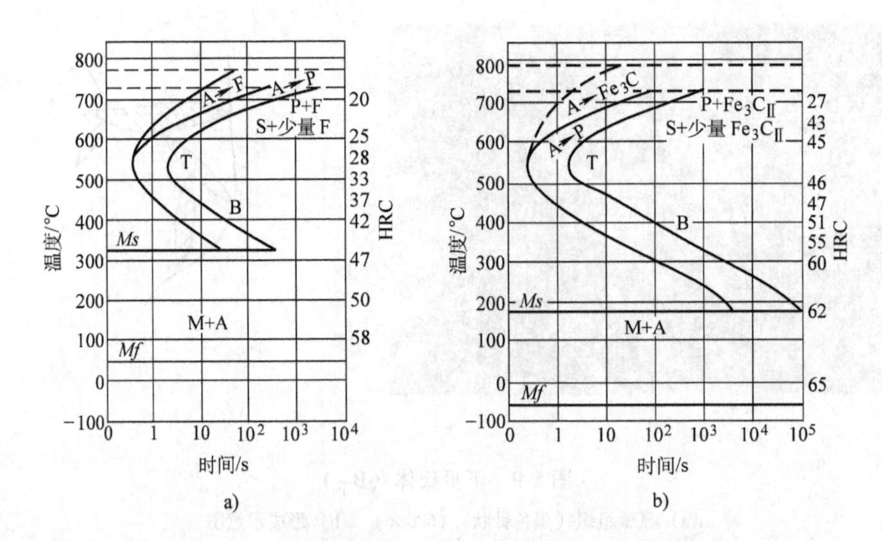

图 5-10 亚共析碳钢、过共析碳钢的奥氏体等温转变图

a）亚共析碳钢的奥氏体等温转变图 b）过共析碳钢的奥氏体等温转变图

珠光体转变区和马氏体转变区，没有贝氏体转变区。这说明共析钢在连续冷却过程中不会形成贝氏体。珠光体转变区由三条线组成，左上边的曲线为珠光体转变开始线，右下边的曲线为珠光体转变终了线，在珠光体转变开始线与转变终了线之间的横线是珠光体转变中止线，即冷却曲线碰到这条线时，过冷奥氏体就停止向珠光体转变，而一直保留到 *Ms* 点以下直接转变为马氏体。图中 *Ms* 线为马氏体转变开始线。*Ms* 线以下为马氏体转变区。

（二）等温转变图在连续冷却转变中的应用

由于过冷奥氏体连续冷却转变图测定比较困难，而且有些钢种连续冷却转变图至今尚未被测出，所以目前生产中常利用过冷奥氏体等温转变图来定性地分析奥氏体在连续冷却中的转变情况，近似地估计转变产物与性能，如图 5-12 所示。图 5-12 中，v_1、v_2、v_3、v_4 分别表示不同速度的冷却曲线。v_1 相当于炉冷，它与奥氏体等温转变图相交的温区在 700 ~ 670℃，可估计过冷奥氏体将转变为珠光体。v_2 相当于在空气中冷却，它与奥氏体等温转变图相交的温度区在 650 ~ 630℃，可估计过冷奥氏体将转变为索氏体。v_3 相当于油冷，它先与奥氏体等温转变图的转变开始线相交于约 600℃，一部分奥氏体转变为托氏体，但未与转变终了线相交，剩余的奥氏体冷却到 *Ms* 以下转变为马氏体，最终获得的产物为托氏体和马氏体的混合组织。v_4 相当于水冷（淬火），与奥氏体等温转变图不相交，直接与 *Ms* 线相交，过冷奥氏体在 *Ms* 线以下转变为马氏体，估计转变后的产物为马氏体 + 残留奥氏体。v_k 与奥氏体等温转变图“鼻尖”相切，表示过冷奥氏体在连续冷却途中不发生转变，而全部过冷到 *Ms* 以下。只发生马氏体转变的最小冷却速度，称为临界冷却速度。与等温转变比较，连续冷却转变获得的组织不均匀，先转变的组织较粗大，后转变的组织较细小。

由上可见，**根据钢的奥氏体等温转变图，可以知道过冷奥氏体在各种不同冷却速度下所经历的转变及组织和性能，确定钢的临界冷却速度，这为正确制订热处理工艺，合理选材提供了重要的理论依据。**

（三）马氏体转变

过冷奥氏体在 *Ms* 至 *Mf* 之间的转变产物为马氏体。由于转变温度低，只有 γ - Fe 向

α－Fe晶格的改组，碳原子已不能进行扩散，故奥氏体中的碳被迫全部过量地溶解在α－Fe晶格中。因此，马氏体实质上是碳在α－Fe中过饱和固溶体，用符号“M”表示。

马氏体的组织形态有板条状和片状两种类型，如图5-13所示。

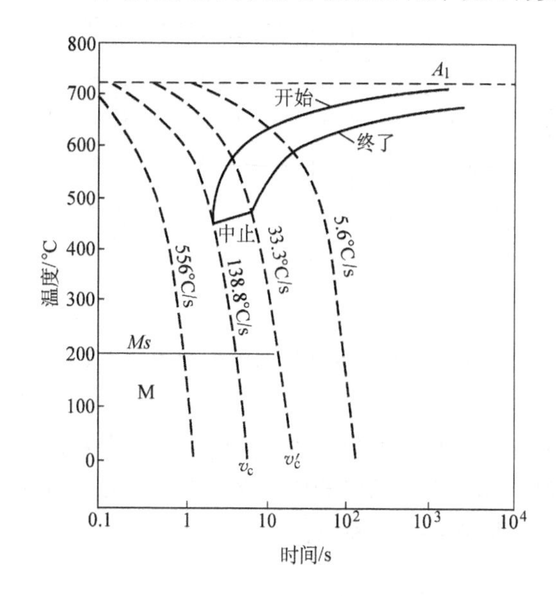

图5-11 共析钢的连续冷却转变图

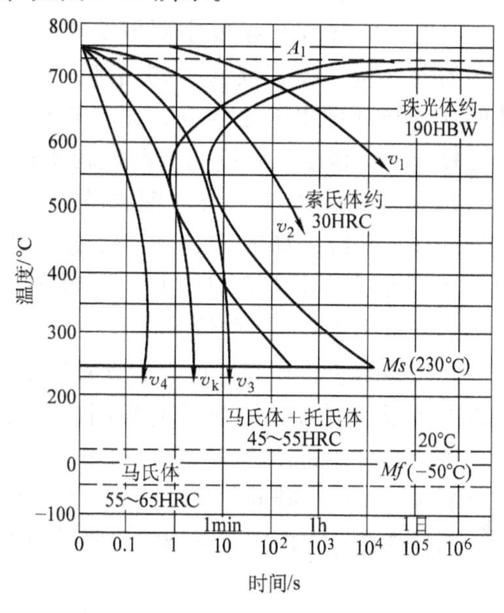

图5-12 在共析钢等温转变图上估计连续冷却转变产物

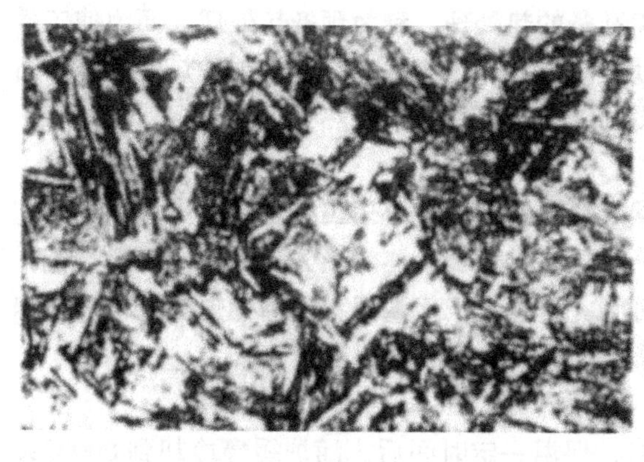

a)

b)

图5-13 马氏体（M）

a）板条状马氏体（800×） b）片状马氏体（400×）

当奥氏体中 w_C <0.2% 的钢淬火后，马氏体的形态基本为板条状，故板条状马氏体又称为低碳马氏体。当 w_C >1% 的钢淬火后，马氏体的形态基本为片状，故片状马氏体又称为高碳马氏体。当奥氏体中的碳含量介于二者之间时，淬火后为两种马氏体的混合组织。

马氏体转变的特点为：马氏体转变是在一定温度范围内（*Ms*～*Mf*）连续冷却中进行的，马氏体的数量随转变温度的下降而不断增多，如果冷却在中途停止，则转变也基本停止；马氏体转变速度极快；由于转变温度低，故转变时没有铁碳原子的扩散；马氏体转变时体积发生膨胀（马氏体的比体积比奥氏体大），因而产生很大的内应力；马氏体转变不能进行到底，即使过冷到 Mf 以下温度，仍有一定量的奥氏体存在，这部分奥氏体称为残留奥氏体。奥氏体的碳含量越高，钢淬火后的残留奥氏体量就越多。

马氏体的强度和硬度主要取决于马氏体中的碳含量。随着碳含量的增加，马氏体的强度与硬度也随之增高，尤其是在碳含量较低时，强度与硬度的增高比较明显。但当钢中 $w_C > 0.6\%$ 时，淬火钢的强度、硬度增高趋于平缓，如图 5-14 所示。这一现象是由于奥氏体中碳含量增加，导致淬火后的残留奥氏体量增多的缘故。

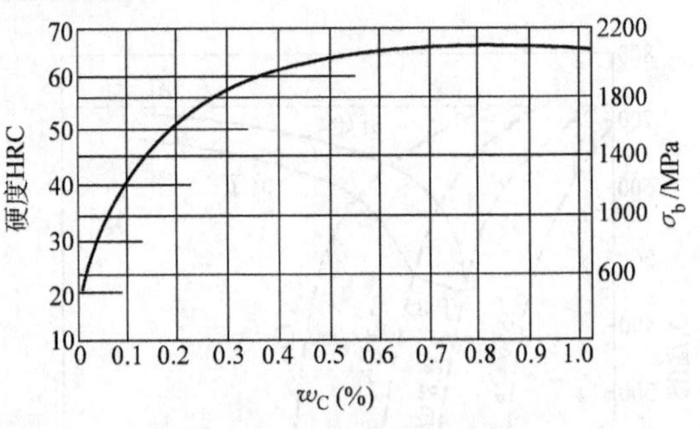

图 5-14 含碳量与淬火钢强度、硬度的关系

马氏体的塑性和韧性也与碳含量有关。低碳的板条状马氏体不仅具有较高的强度与硬度，同时还具有良好的塑性与韧性，即具有良好的综合力学性能，因此在生产中获得了广泛的应用。而高碳的片状马氏体，由于碳的过饱和度大，晶格畸变严重，淬火内应力也较大，而且往往存在内部显微裂纹，所以呈现硬度高而脆性大的特点。

第五节 钢的退火与正火

在生产中，常把热处理分为预备热处理和最终热处理两类。**为消除坯料或半成品的某些缺陷或为后续的切削加工和最终热处理作组织准备的热处理，称为预备热处理。而为使工件获得所要求的使用性能的热处理称为最终热处理。**退火与正火除经常作为预备热处理外，对一般普通铸件、焊接件以及一些性能要求不高的工件也可作为最终热处理。

一、退火

将钢加热到适当温度，保温一定时间，然后缓慢冷却的热处理工艺称为退火。退火工艺的主要特点是缓慢冷却。

根据退火工艺与目的的不同，常将退火分为完全退火、等温退火、球化退火、均匀化退火、去应力退火等。

（一）完全退火

完全退火是将钢加热到 Ac_3 以上 30～50℃，保温一定时间后，随炉缓慢冷却到 600℃以下，再出炉空冷的一种热处理工艺。退火后获得接近于平衡状态的组织：珠光体 + 铁素体。

完全退火的目的是细化晶粒，均匀组织，降低硬度以利于切削加工，并充分消除内应力。它主要用于亚共析成分的碳钢和合金钢的铸件、锻件、焊接件及热轧型材等。完全退火工艺不适用于过共析成分的钢，因为过共析成分的钢加热到 Ac_{cm} 以上缓冷，Fe_3C_{II} 将以网状形式沿奥氏体晶界析出，使钢的韧性显著降低，并有可能使钢在以后的热处理中产生裂纹。

（二）等温退火

完全退火工艺所需时间较长，生产率低。一般奥氏体比较稳定的合金钢和大型碳钢件常采用等温退火，其目的与完全退火相同。

等温退火是将钢加热到 Ac_3 以上 30～50℃（亚共析钢）或 Ac_{cm} 以上 20～40℃（共析钢和过共析钢），保温适当时间后，较快地冷却到 Ar_1 以下某温度，等温一定时间，使奥氏体发生珠光体转变，然后再空冷至室温的退火工艺。它不仅大大缩短了退火时间，而且转变产物较易控制，同时由于工件内外都是处于同一温度下发生组织转变，因此能获得均匀的组织和性能。

（三）球化退火

球化退火是将钢加热到 Ac_1 以上 20～30℃，充分保温后，以缓慢的冷却速度冷至 600℃以下，再出炉空冷的退火工艺。

球化退火工艺的特点是低温短时加热和缓慢冷却，**其目的是使珠光体内的渗碳体及二次渗碳体都呈球状或粒状分布在铁素体基体上，从而消除或改善片状渗碳体的不利影响。**

球化退火工艺主要适用于共析、过共析碳钢及合金工具钢。球化退火后获得的组织为在铁素体基体上均匀分布着球状（粒状）渗碳体，称为球状珠光体组织（见图 5-15）。这种组织硬度低，可加工性良好，淬火时产生变形或开裂倾向小，因此是共析、过共析钢淬火前必需的热处理工艺。对于网状渗碳体比较严重的钢，可在球化退火前先进行一次正火处理，使网状渗碳体破碎，以提高渗碳体的球化效果。

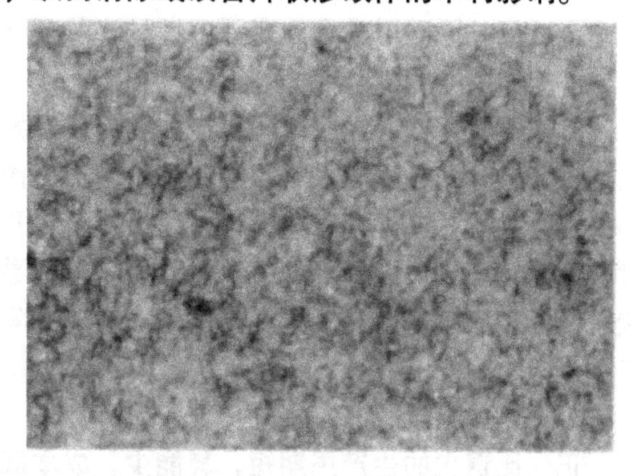

图 5-15　球状珠光体组织（800×）

（四）均匀化退火

均匀化退火是将钢加热至 Ac_3 以上 150～200℃，长时间（10～15h）保温，然后缓慢冷却的退火工艺。**均匀化退火的目的是消除钢中化学成分偏析和组织不均匀的现象。**

均匀化退火耗能很大，烧损严重，成本很高，且使晶粒粗大。所以它**主要用于质量要求高的优质合金钢，特别是高合金钢的钢锭、铸件和锻坯。**为细化晶粒，均匀化退火后应进行一次完全退火或正火。

（五）去应力退火

去应力退火的工艺是将钢加热到 Ac_1 以下某一温度（一般为 500～650℃），保温后缓冷到 200℃，再出炉空冷。**去应力退火的目的是消除工件（铸件、锻件、焊接件、热轧件、冷拉件及切削加工过程中的工件）的残留应力，以稳定工件尺寸，避免在使用过程中或随后加工过程中产生变形或开裂。**

去应力退火过程不发生组织转变，只消除内应力。

二、正火

正火是将钢加热到 Ac_3 或 Ac_{cm} 以上 30～50℃，保温适当的时间后，在静止的空气中冷却的热处理工艺。正火工艺的主要特点是完全奥氏体化和空冷。与退火相比，正火的冷却速度稍快，过冷度较大。因此，正火组织中先共析相的量较少，组织较细，其强度、硬度比退火高一些。

正火可作为力学性能要求不太高的普通结构零件的最终热处理；作为预备热处理，正火可改善低碳钢或低碳合金钢的可加工性；消除或破碎过共析钢中的网状渗碳体，为球化退火

作好组织上的准备。

三、退火与正火的选用

退火与正火的目的基本相同，实际选用时可从以下三方面考虑：

1. 从可加工性考虑

一般认为硬度在170～230HBW范围内的钢材，其可加工性最好。硬度过高难以加工，而且刀具容易磨损。硬度过低，切削时容易“粘刀”，使刀具发热和磨损，而且也降低工件的加工质量。因此，**作为预备热处理，低碳钢正火优于退火，而高碳钢正火后硬度太高，必须采用退火。**图5-16为各种碳钢退火与正火后的大致硬度值，其中阴影部分为可加工性较好的硬度范围。

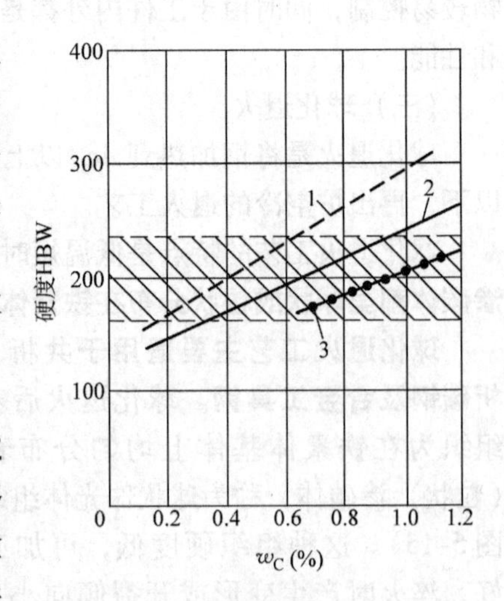

图5-16 碳钢退火与正火的硬度值范围

1—正火 2—退火 3—球化退火

2. 从使用性能上考虑

对于亚共析钢，正火处理比退火具有较好的力学性能。如果零件的性能要求不很高，则可用正火作为最终热处理。对于一些大型、重型零件，当淬火有开裂危险时，则采用正火作为零件的最终热处理；但当零件的形状复杂，正火冷却速度较快也有引起开裂的危险时，则采用退火为宜。

3. 从经济性上考虑

正火比退火的生产周期短，耗能少，成本低，效率高，操作简便。因此，在可能的条件下应优先采用正火。

各种退火与正火的加热温度范围和工艺曲线如图5-17所示。

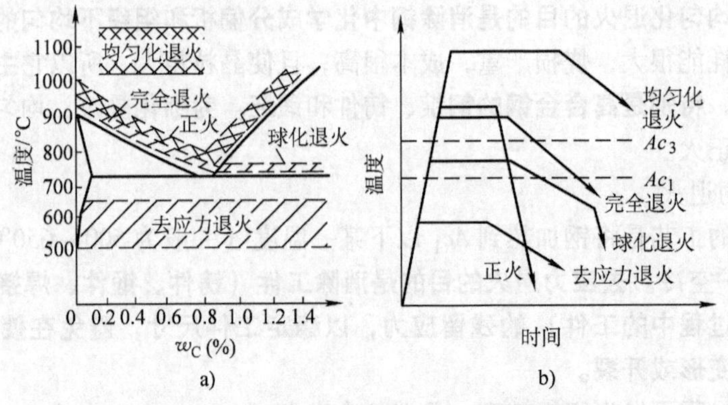

图5-17 各种退火与正火工艺示意图

a）加热温度范围 b）工艺曲线示意图

第六节 钢的淬火

将钢加热到 Ac_3 或 Ac_1 以上某温度，保温一定时间，然后以适当速度冷却而获得马氏体或贝氏体组织的热处理工艺称为淬火。淬火后钢的组织主要由马氏体组成。淬火的目的就是得到马氏体组织，再经回火，使钢得到需要的使用性能，以充分发挥材料的潜力。

一、淬火工艺及方法

（一）淬火工艺

1. 淬火加热温度

钢的化学成分是决定其淬火加热温度的主要因素，因此碳钢的淬火加热温度可根据 $Fe-Fe_3C$ 相图来选择。一般情况下，亚共析钢的淬火加热温度为 Ac_3 以上 30～50℃，共析钢和过共析钢的淬火加热温度为 Ac_1 以上 30～50℃，如图 5-18 中阴影线所示的温度范围。

在这样的温度范围内，奥氏体晶粒较细，淬火后可得到均匀细小的马氏体。如果将亚共析钢的加热温度选择在 Ac_1～Ac_3，则淬火后组织中将出现铁素体，使淬火后达不到预期的硬度，并产生软点。过共析钢加热到 Ac_1 以上，淬火后形成在细小马氏体基体上均匀分布着细小碳化物颗粒的组织，这种组织不仅有利于提高钢的硬度和耐磨性，而且脆性也小。如果将过共析钢加热到 Ac_{cm} 以上，钢中原有的碳化物将全部溶入奥氏体中，淬火后钢中残留奥氏体量增多，使钢的硬度和耐磨性下降，同时由于加热温度过高，导致晶粒粗大，钢的脆性增加，进而加剧淬火变形和开裂的倾向。

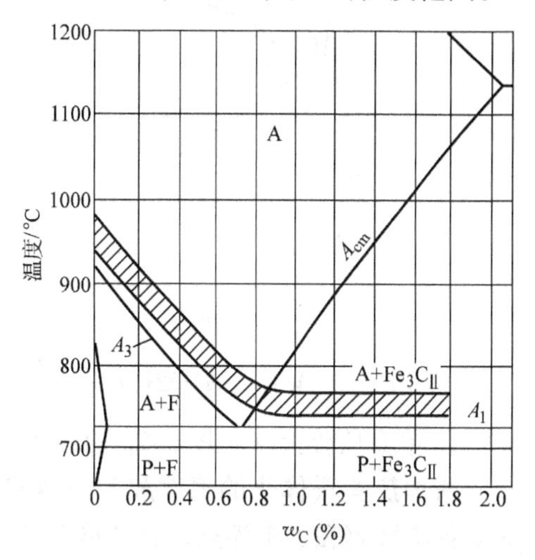

图 5-18 碳钢的淬火加热温度范围

2. 淬火加热时间

淬火的加热时间包括加热升温和保温两部分，通常是根据加热设备与工件的有效厚度具体确定的。

3. 淬火介质

钢淬火获得马氏体的首要条件是：淬火的冷却速度必须大于其临界冷却速度（v_k）。根据奥氏体等温转变图，希望淬火介质具有如图 5-19 所示的理想冷却速度，即在奥氏体等温转变图鼻尖附近温度范围（650～550℃）内快冷，而在此范围以上或以下，应慢冷，特别是在 300～200℃以下发生马氏体转变时，尤其不应快冷，以免产生的热应力和组织应力过大，而导致工件变形和开裂。但是到目前为止，还未找到一种十分理想的冷却介质。

水和油是常用的淬火介质。水在 650～550℃范围内冷却能力大，使用方便，价格便宜，但在 300～200℃的冷却速度仍然很快，给工件造成巨大的内应力，常易造成工件变形和开裂。另外，水的冷却能力受温度影响较大，水温升高，降低了在 650～550℃的冷却能力。在水中加入盐或碱，可增加在 650～550℃范围内的冷却速度，避免工件产生软点，而基本不改变在 300～200℃范围的冷却能力。**因此，水一般用作碳钢件的淬火介质。**

各种矿物油（如全损耗系统用油、变压器油等）的最大优点是在 300～200℃范围内冷却能力低，且冷却能力受油温的影响很小，有利于减少工件的变形。其缺点是在 650～550℃范围内冷却能力低，不利于某些零件的淬硬，易着火，多次使用后会氧化变稠，失去淬火能力。所以**油一般用作合金钢的淬火介质。**

我国在寻找新的淬火介质方面作了不少研究工作，取得了一定的成绩，如用水玻璃溶液、聚乙烯醇水溶液、聚醚水溶液等作淬火介质，在某种程度上克服了水和油的缺点，得到了良好的淬火质量。

（二）淬火方法

由于目前还未找到理想的淬火介质，所以必须在淬火方法上加以研究，以便既能把工件淬硬，又能减小淬火内应力。目前常用的淬火方法有以下几种，如图5-20所示。

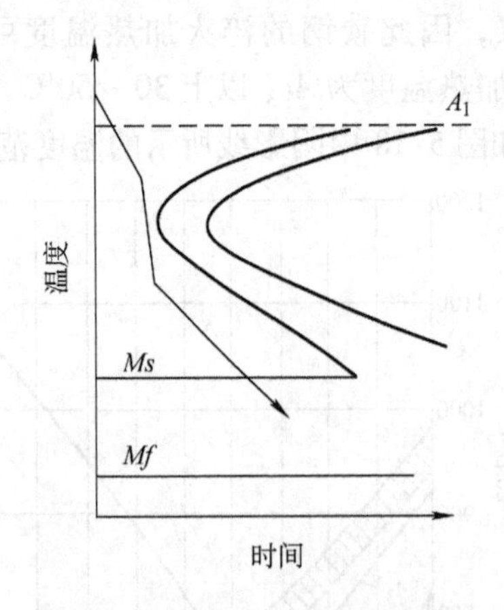

图5-19 钢淬火的理想冷却速度

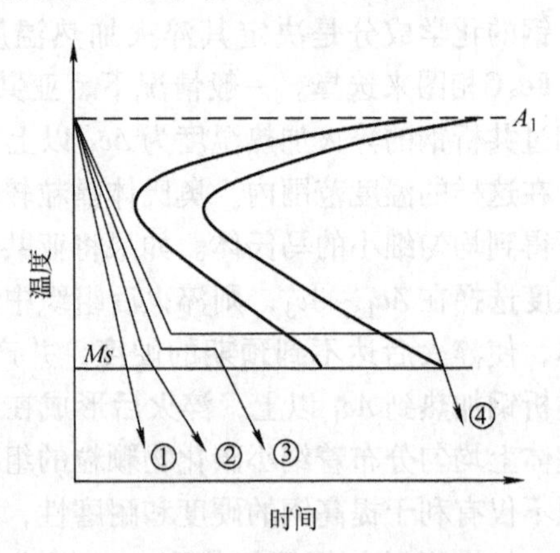

图5-20 常用淬火方法示意图

1. 单介质淬火（见图5-20曲线①）

将加热奥氏体化的钢件放入一种淬火介质中连续冷却至室温的淬火方法称为单介质淬火。如碳素钢在水中淬火，合金钢在油中淬火等。这种方法的优点是操作简单，易实现机械化、自动化；缺点是水淬变形、开裂倾向大，油淬易产生硬度不足或不均。因此它只适用于形状简单的工件或小型工件。

2. 双介质淬火（见图5-20曲线②）

将加热奥氏体化的钢件先浸入冷却能力较强的介质中快速冷却至300℃左右，然后立即转入另一种冷却能力较弱的介质中缓慢冷却的淬火方法，称为双介质淬火。如碳钢先水冷后油冷，合金钢先油冷后空冷等。此方法利用了两种介质的优点，减少了工件的变形和开裂，缺点是操作困难，不易掌握，要求操作技术高。故主要用于形状复杂的工件的淬火工艺。

3. 马氏体分级淬火（见图5-20曲线③）

将加热奥氏体化的钢件先浸入温度在 *Ms* 点附近的恒温液态介质（盐浴或碱浴）中，保温一定时间，待工件内外温度趋于一致后，再取出空冷，以获得马氏体组织的淬火方法，称为马氏体分级淬火。此方法通过在 *Ms* 点附近的保温，使工件的内外温差减小到最小，有效地减小了工件淬火的内应力，降低了工件变形和开裂的倾向。但由于盐浴或碱浴冷却能力较弱，故此方法只适用于尺寸较小、形状复杂或截面不均匀的工件。

4. 贝氏体等温淬火（见图5-20曲线④）

将加热奥氏体化的钢件快速冷却到贝氏体转变温度区间（260～240℃）等温保持，使奥氏体转变为贝氏体的淬火工艺称为贝氏体等温淬火，有时也称等温淬火。贝氏体等温淬火后，得到下贝氏体组织，硬度虽不如马氏体组织高，但是具有较高的强度、硬度、韧性、耐磨性等的良好配合。此方法可显著地减少淬火应力和变形，并能基本上避免工件的淬火开裂，故适用于形状复杂、精度要求较高的小型工件，如模具、成形刀具、小齿轮等。

5. 冷处理

将钢淬火冷却到室温后，继续在一般制冷设备或低温介质中冷却的热处理工艺，称为冷

处理。冷处理的主要目的是减少钢件中的残留奥氏体量，提高硬度和耐磨性，稳定尺寸。因此，冷处理是主要用于重要的精密零件、量具等制造过程中的热处理工艺。

当工件淬火冷却到室温后，继续在液氮或液氮蒸气中冷却的工艺，称为深冷处理。

二、钢的淬透性与淬硬性

（一）钢的淬透性

如前所述，淬火的目的一般是获得马氏体组织。如果工件整个截面都能得到马氏体，说明工件已淬透。但有时工件的表层为马氏体，而心部为非马氏体组织，这是因为工件截面各处的冷却速度是不同的，表面的冷却速度最大，越接近中心，冷却速度越小。凡是冷却速度大于临界冷却速度的这一层，都能得到马氏体，小于临界冷却速度的部分就不能得到马氏体了。

钢的淬透性是指在规定条件下，决定钢材淬硬深度和硬度分布的特性。它是钢材本身具有的属性，反映了钢在淬火时获得马氏体组织的难易程度。

影响淬透性的主要因素是过冷奥氏体的稳定性，即临界冷却速度的大小。**过冷奥氏体越稳定，临界冷却速度越小，则钢的淬透性越好**。因此，凡是增加过冷奥氏体稳定性、降低临界冷却速度的因素，都能提高钢的淬透性。如含有合金元素（Co 除外）的钢，淬透性比碳钢好。这是因为合金元素的加入，增加了过冷奥氏体的稳定性，使临界冷却速度降低的缘故。

钢的淬透性是选择材料和确定热处理工艺的重要依据。若工件淬透了，经回火后，由表及里均可得到较高的力学性能，从而充分发挥材料的潜力；反之，若工件没淬透，经回火后，心部的强韧性则显著低于表面。因此，对于承受较大负荷（特别是受拉力、压力、剪切力）的结构零件，都应选用淬透性较好的钢。当然，并非所有的结构零件均要求表里性能一致。例如，对于承受弯曲和扭转应力的轴类零件，由于表层承受应力大，心部承受应力小，故可选用淬透性低的钢。

此外，对于淬透性好的钢，在淬火冷却时可采用比较缓和的淬火介质，以减小淬火应力，从而减少工件淬火时的变形和开裂倾向。

（二）钢的淬硬性

钢的淬硬性是指钢在理想条件下进行淬火硬化所能达到的最高硬度的能力。淬硬性的高低主要取决于钢中含碳量。钢中含碳量越高，淬硬性越好。必须注意，淬硬性与淬透性是两个不同的概念术语。淬硬性好的钢，其淬透性不一定好；反之，淬透性好的钢，其淬硬性不一定好。如碳素工具钢淬火后的硬度虽然很高（淬硬性好），但淬透性却很低；而某些低碳成分的合金钢，淬火后的硬度虽然不高，但淬透性却很好。

各种钢的淬透性、淬硬性可从有关手册中查出。

三、常见的淬火缺陷及预防

在热处理生产中，由于淬火工艺不当，常会产生下列缺陷。

（一）硬度不足与软点

钢件淬火硬化后，表面硬度偏低的局部小区域称为软点，淬火工件的整体硬度都低于淬火要求的硬度时称为硬度不足。

产生硬度不足或软点的原因有：淬火加热温度过低、淬火介质的冷却能力不够、钢件表面氧化脱碳等。一般情况下，可以采用重新淬火来消除，但在重新淬火前要进行一次退火或正火处理。

（二）淬火变形与开裂

由于淬火冷却时产生的淬火冷却应力使工件的尺寸和形状发生人们所不希望的变化，称为淬火变形。当淬火冷却应力过大而超过了钢的抗拉强度时，在工件上产生裂纹称为淬火开裂。

淬火冷却应力是工件淬火冷却时，由于不同部位的温度差异及组织转变的不同时性所引起的应力。淬火冷却应力在淬火中是不可避免的。为了控制与减小变形，防止开裂，可采用如下措施：

（1）合理选择钢材与正确设计零件结构。对形状复杂、截面变化大的零件应选用淬透性好的合金钢，以便采用比较缓和的淬火介质（如油）进行淬火冷却。在零件结构设计中，必须考虑热处理的工艺要求，如应尽量减小截面尺寸的差异、避免尖角等。

（2）合理地锻造与预备热处理。其目的是改善碳化物的分布，细化晶粒，减少淬火冷却应力。如高碳钢在合理地锻造后进行球化退火，能显著减小淬火变形与开裂倾向。

（3）采用合理的热处理工艺。为了减小淬火变形，应正确选定加热温度与时间，避免奥氏体晶粒粗化。对于形状复杂或用高合金钢制造的工件，应采用一次或多次预热、预冷淬火或等温淬火等，以减小工件的变形。

（4）采用正确的浸入淬火介质的方式。工件浸入淬火介质时，应保证工件各部位尽可能均匀地冷却。如轴类零件应垂直浸入淬火介质，截面厚薄不均匀的零件，应将截面较厚的部位先浸入淬火介质等。

（5）淬火后及时回火。其目的是消除淬火应力，防止淬火件在等待回火期间发生变形和开裂。

第七节 淬火钢的回火

钢件淬硬后，再加热到 Ac_1 点以下某一温度，保温一定时间，然后冷却到室温的热处理工艺称为回火。它是紧接淬火的热处理工序。

淬火钢工件一般不宜直接使用，必须进行回火。回火的主要目的是：①获得工件所需要的性能；②消除淬火冷却应力，降低钢的脆性；③稳定工件组织和尺寸。

一、淬火钢的回火转变

钢淬火后获得的马氏体和残留奥氏体都是不稳定的组织，在回火过程中都会向稳定的铁素体和渗碳体（或碳化物）的两相组织转变。随着回火温度的升高，淬火钢的组织转变分为以下四个阶段。

（一）马氏体的分解（<200℃）

当钢加热到80～200℃时，其内部原子活动能力有所增加，马氏体开始分解，马氏体中的碳以ε碳化物（$Fe_{2.4}C$）形式析出，使过饱和程度降低，同时晶格畸变程度也减弱，淬火内应力有所降低。

这一阶段的回火组织是由饱和的α固溶体和与其共格相联系的ε碳化物组成，称为回火马氏体。由于组织中的α固溶体仍然是过饱和固溶体，而且ε碳化物极为细小，弥散度极高，所以在这一阶段钢仍保持高的硬度和耐磨性。又由于淬火内应力有所降低，故钢的塑性、韧性有所提高。

（二）残留奥氏体的转变（200～300℃）

当钢加热到200℃以上时，在马氏体继续分解的同时，残留奥氏体也开始转变，一般分解为下贝氏体，其组织结构与回火马氏体相同。到300℃，残留奥氏体的分解基本结束。这一阶段的回火组织仍为回火马氏体。虽然马氏体的继续分解会降低钢的硬度，但由于较软的残留奥氏体转变为较硬的下贝氏体组织，故钢的硬度并没有明显降低。同时淬火应力进一步减小，钢的塑性、韧性进一步提高。

（三）渗碳体的形成（300～400℃）

当钢加热到300℃以上时，因碳原子的扩散能力增加，过饱和的固溶体很快转变为铁素体。同时亚稳定的ε碳化物也逐渐转变为稳定的渗碳体，并与母相失去共格联系，此阶段到400℃时基本结束，所以形成的组织是由尚未再结晶（仍保持马氏体形态）的铁素体和高度弥散分布的细粒状渗碳体组成的混合物，称为回火托氏体。此时钢的硬度继续下降，内应力基本消除，塑性、韧性进一步提高。

（四）渗碳体的聚集长大和铁素体的再结晶（>400℃）

回火温度达到400℃以上时，渗碳体将逐渐聚集长大，形成较大的粒状渗碳体，其弥散度也不断减小。同时，温度升至500～600℃时，铁素体开始再结晶，失去原来板条状或片状形态而成为多边形晶粒。此时组织是由多边形晶粒的铁素体和粒状渗碳体组成的混合物，称为回火索氏体。回火索氏体具有良好的综合力学性能。

如果温度继续升高至650℃以上接近A_1时，渗碳体颗粒更粗大。此时钢的组织由多边形晶粒的铁素体和较大粒状渗碳体组成，称为回火珠光体。

图5-21为40钢回火后的力学性能与回火温度的关系曲线。

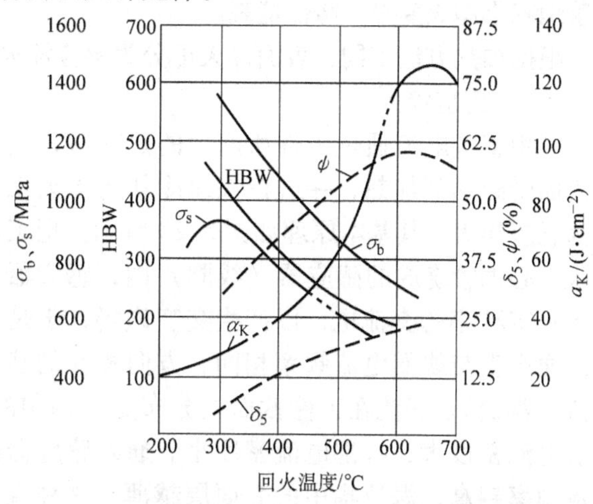

图5-21 40钢回火后力学性能与回火温度的关系

二、回火的种类及应用

回火时决定钢的组织和性能的主要因素是回火温度。根据钢件所要求的力学性能和回火的温度范围，工业上一般将回火分为以下三种。

（一）低温回火（<250℃）

低温回火所得到的组织为回火马氏体。其目的是保持淬火后的高硬度（一般为58～64HRC）和高耐磨性，降低淬火应力和脆性，提高塑性和韧性。因此，**低温回火主要用于各种高碳钢工具、模具、滚动轴承以及渗碳件等要求硬而耐磨零件。**

（二）中温回火（350～500℃）

中温回火后得到的组织为回火托氏体。这种组织具有较高的弹性极限和屈服强度，屈强比（σ_s/σ_b）也高，一般可达0.7以上，同时又有一定的韧性、塑性和中等硬度（一般为35～45HRC）。因此，**中温回火主要用于处理各种弹性元件及热锻模等。**

（三）高温回火（500～650℃）

高温回火后得到的组织为回火索氏体。其力学性能优良，在保持高强度的同时，具有良好的塑性和韧性，硬度一般为200～330HBW。**生产上常把淬火与高温回火相结合的热处理工艺，称为“调质”。调质处理广泛用于重要的结构零件，特别是在交变载荷下工作的连杆、连杆螺栓、齿轮、轴类等零件。**

必须指出，钢经正火后或调质后的硬度值很相近，但重要的结构零件一般都进行调质处理。这是因为钢经调质处理后得到回火索氏体组织，其中渗碳体呈粒状，而正火得到的索氏体呈层片状，因此，经调质处理后的钢不仅其强度较高，塑性、韧性也显著超过正火状态。表5-8为45钢（ϕ20～ϕ40mm）经调质处理与正火后的力学性能比较。

表5-8 45钢经调质与正火后的力学性能比较

热处理工艺	σ_b/MPa	δ（%）	a_K/(J/cm)	HBW	组　织
正　火	700～800	12～20	50～80	163～220	细片状珠光体＋铁素体
调　质	750～850	20～25	80～120	210～250	回火索氏体

第八节　钢的表面热处理

一、钢的表面淬火

表面淬火是指仅对工件表层进行淬火的工艺，其目的是只对工件一定深度的表层进行淬火强化，而心部基本上保持原来的（退火、正火或调质状态）组织和性能。**表面淬火可使工件获得表层硬而耐磨、心部仍保持良好韧性的性能。同时由于表面淬火是局部加热，故能显著地减小淬火变形，降低能耗。**

根据加热方法不同，表面淬火可分为感应淬火、火焰淬火等。

（一）感应淬火

利用感应电流通过工件所产生的热效应，使工件表面受到局部加热，并进行快速冷却的淬火工艺称为感应淬火。其基本原理如图5-22所示。把工件放入空心铜管绕成的感应器（线圈）内，感应器中通入一定频率的交流电，以产生交变磁场，于是工件内便产生与线圈电流频率相同、方向相反的感应电流（涡流）。涡流在工件截面上分布是不均匀的，表层电流密度大，心部电流密度小。通入感应器的电流频率越高，涡流集中的表面层越薄，这种现象称为趋肤效应。由工件表面涡流产生的电阻热使工件表层迅速被加热到淬火温度（心部的温度仍接近室温），然后立即喷水快速冷却，就达到了表面淬火的目的。

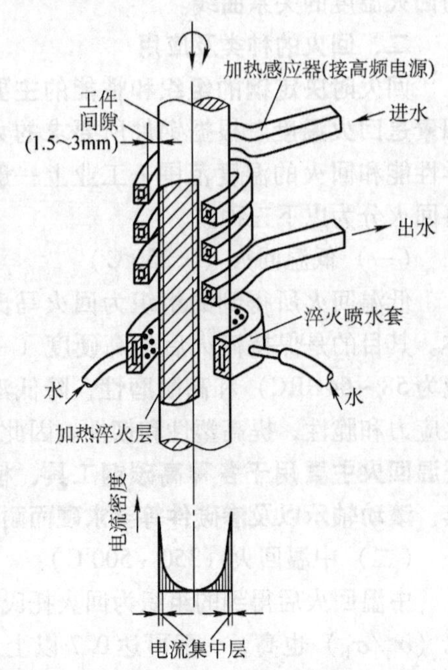

图5-22　感应淬火示意图

由于通入感应器的电流频率越高，感应涡流的趋肤效应就会越强烈，因此**感应淬火的淬硬层深度主要取决于电流频率，频率越高则淬硬层越浅。**生产中常用感应淬火的电流频率与淬硬层深度的关系如表5-9所示。

表5-9 常用感应淬火的电流频率、淬硬层深度及应用

类 别	常用频率/Hz	淬硬层深度/mm	应用举例
高频感应淬火	200～300kHz	0.5～2	用于要求淬硬层较薄的中、小型零件，如小模数齿轮、小轴等
中频感应淬火	2500～8000	2～10	用于承受较大载荷和磨损的零件，如大模数齿轮、尺寸较大的凸轮等
工频感应淬火	50	>10～15	用于要求淬硬层深的大型零件和钢材的穿透加热，如轧辊、火车车轮等
超音频感应淬火	20～40kHz	2.5～3.5	用于模数为3～6的齿轮、花键轴、链轮等要求淬硬层沿轮廓分布的零件

感应淬火的特点是：①加热速度快。零件由室温加热到淬火温度，仅需要几秒到几十秒的时间。②淬火质量好。由于加热迅速，时间短，使奥氏体晶粒细小均匀，淬火后表层可获得极细的马氏体，硬度比普通淬火高2～3HRC，而且在淬硬的表面层存在有很大的残留压应力，有效地提高了零件的疲劳强度。③淬硬层深度易于控制，淬火操作易实现机械化和自动化，但设备费用较高，维修调整较难，故不宜用于单件生产。

感应淬火主要用于中碳钢或中碳低合金钢，也可用于高碳工具钢和铸铁。零件在表面淬火前一般先进行正火或调质处理，表面淬火后需进行低温回火，以减少淬火应力和降低脆性。

（二）火焰淬火

火焰淬火是应用氧－乙炔（或其他可燃气体）火焰，对零件表面进行加热，随之快速冷却的工艺方法。其淬硬层深度一般为2～6mm。火焰淬火的优点是设备简单，成本低，使用方便灵活。但生产效率低，淬火质量较难控制。因此，**火焰淬火只适用于单件、小批量生产或用于中碳钢、中碳合金钢制造的大型工件，如大齿轮、轴等的表面淬火。**

（三）激光淬火

激光淬火是以高密度能量激光作为能源，对工件表面扫描照射，使工件表层迅速加热并使其自冷硬化的淬火工艺。目前生产中大都使用CO_2气体激光器，它的功率可达10～15kW以上，效率高，并能长时间连续工作。通过控制激光入射功率密度、照射时间及照射方式，即可达到不同的淬硬层深度、硬度、组织及其他性能要求。

激光淬火的优点是：①加热速度快，加热到相变温度以上仅需要百分之几秒。②淬火不用冷却介质，而是靠工件自身的热传导自冷淬火。③光斑小，能量集中，可控性好，可对形状复杂的零件进行选择加热淬火，而不影响邻近部位的组织和质量，如利用激光可对不通孔底部、深孔内壁进行表面淬火，这些部位用其他淬火方法则是很困难的；④能细化晶粒，显著提高表面硬度和耐磨性：淬火后，几乎无变形，且表面质量好。

（四）接触电阻加热淬火

接触电阻加热淬火是借助与工件接触的电极（用高导电材料制成的滚轮）通电后，因接触电阻而加热工件表面随之快速冷却的淬火工艺。接触电阻加热淬火，可以显著提高工件表面的耐磨性、抗摩擦能力，而且设备及工艺成本低，工件变形小，工艺简单，不需回火。因此，被广泛应用于机床导轨、气缸套等形状简单的工件。

（五）电子束淬火

电子束淬火是利用电子枪发射的成束电子轰击工件表面，使之急速加热，而后自冷淬火的热处理方法。它在很大程度上克服了激光热处理的缺点，保持了其优点，尤其对零件深小狭沟处的淬火更为有利，不会引起烧伤。与激光热处理不同的是，电子束表面淬火是在真空室中进行的，没有氧化，淬火质量高，基本不变形，不需再进行表面加工就可以直接使用。

电子束表面淬火的最大特点是加热速度和冷却速度都很快，在相变过程中，奥氏体化时间很短，能获得超细晶粒组织。电子束淬火后，表面硬度比高频感应加热表面淬火高2～6HRC，如45钢经电子束淬火后硬度可达62.5HRC，最高硬度可达65HRC。

二、钢的化学热处理

化学热处理是将工件置于一定温度的活性介质中保温，使一种或几种元素渗入它的表层，以改变其化学成分、组织和性能的热处理工艺。它与表面淬火相比其特点是，不仅改变了钢件表层的组织，而且表层的化学成分也发生了变化。

化学热处理的种类很多，按渗入元素的不同可分为渗碳、渗氮、碳氮共渗、渗硼、渗金属等。不论哪一种化学热处理，都是通过以下三个基本过程完成的：①分解。介质在一定温度下发生分解，产生渗入元素的活性原子。如［C］、［N］等。②吸收。活性原子被工件表面吸收，也就是活性原子由钢的表面进入铁的晶格而形成固溶体或形成化合物。③扩散。被工件吸收的活性原子由表面向内部扩散，形成一定厚度的扩散层（即渗层）。

目前在机械制造工业中，最常用的化学热处理有以下几种。

（一）钢的渗碳

为了增加钢件表层的碳含量和一定碳浓度梯度，将钢件在渗碳介质中加热并保温，使碳原子渗入表层的化学热处理工艺，称为渗碳。其目的是使低碳的钢件表面获得高碳浓度，在经淬火和回火处理后，提高钢件的表面硬度、耐磨性及疲劳强度，而心部仍保持足够的韧性和塑性。因此，**渗碳主要用于同时受磨损和较大冲击载荷的零件，如齿轮、活塞销、凸轮、轴类等。**

对于渗碳用钢，一般为 $w_C = 0.10\% \sim 0.25\%$ 的低碳钢和低碳合金钢，如15、20、20Cr、20CrMnTi等钢。

根据渗碳介质的不同，渗碳方法可分为固体渗碳、气体渗碳、液体渗碳三种。其中，应用最广的是气体渗碳法。

气体渗碳是将工件在气体渗碳剂中进行渗碳的工艺。图5-23所示为气体渗碳示意图，它是将工件放入密封的加热炉中，加热到900～950℃，并向炉内滴入煤油、丙酮、甲醇等有机液体或直接通入煤气、石油液化气，通过下列反应产生活性碳原子：

$$2CO \rightarrow CO_2 + [C]$$

$$CO_2 + 2H_2 \rightarrow 2H_2O + [C]$$

$$C_nH_{2n} \rightarrow nH_2 + n[C]$$

$$C_nH_{2n+2} \rightarrow (n+1)H_2 + n[C]$$

活性碳原子被工件表面吸收而溶入奥氏体中，并向内部扩散，最后形成一定厚度的渗碳层。渗碳层厚度根据工件的工作条件和具体尺寸来确定。渗碳层太薄时，易引起表面疲劳剥落，太厚则经不起冲击，一般为0.5～2.5mm。渗碳层厚度主要取决于保温时间，一般可按每小时渗入0.20～0.25mm的速度进行估算。

工件经渗碳后，其表面 w_C =0.85% ~1.05%，并从表面至心部逐渐减少，到心部为原来低碳钢的含碳量。因此，低碳钢渗碳缓冷到室温后的组织，由表面向中心依次为：过共析区、共析区、亚共析区（过渡层），中心仍为原来的组织。图 5-24 为 20 钢经渗碳缓冷后的显微组织。

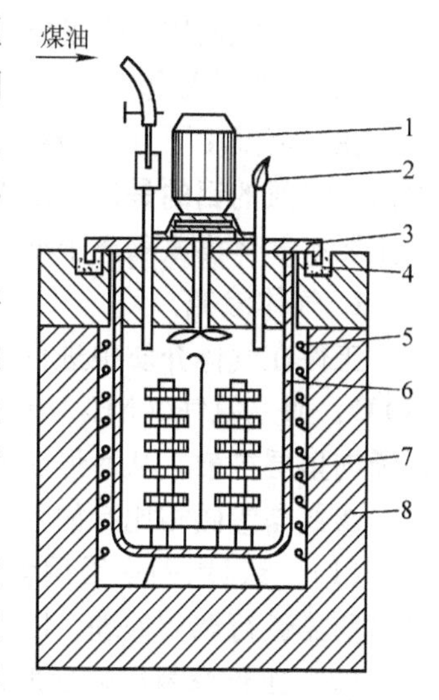

图 5-23　气体渗碳法示意图
1—风扇电动机　2—废气火焰
3—炉盖　4—砂封　5—电阻丝
6—耐热罐　7—工件　8—炉体

由上可见，渗碳只改变工件表面的化学成分。要使渗碳件表层具有高的硬度、高的耐磨性和心部良好韧性相配合的性能，渗碳后必须进行热处理才能达到预期目的。渗碳后的热处理采用淬火加低温回火的热处理工艺。渗碳件的淬火方法有三种。

（1）直接淬火。渗碳后的工件从渗碳温度降至淬火温度（略高于 Ar_3 的 850 ~ 880℃）后直接进行淬火冷却，然后在 180 ~200℃进行低温回火。这种方法经济简便，成本低，但淬火后马氏体较粗，残留奥氏体量也较多，因此这种方法只适用于本质细晶粒钢或性能要求不高的零件。

（2）一次淬火法。即渗碳后的工件先在空气中冷却后，再重新加热到临界温度（830 ~860℃）保温后进行淬火和低温回火。这种方法在工件重新加热时奥氏体晶粒得到了细化，使钢的性能得到提高，适用于比较重要的零件，如高速柴油机的齿轮等。

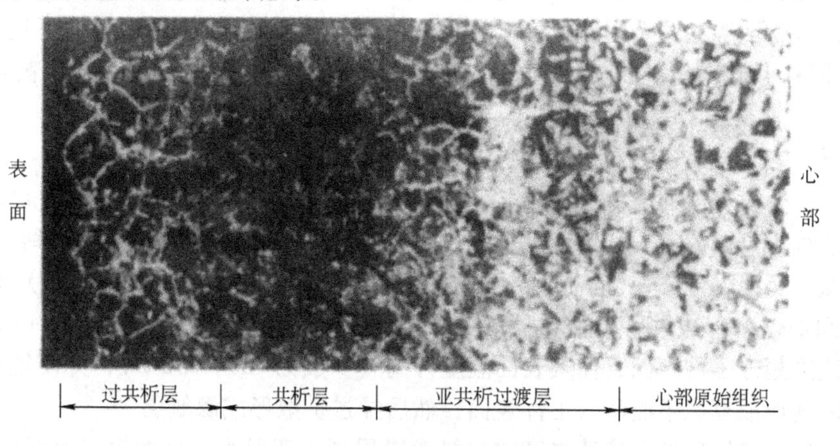

图 5-24　20 钢经渗碳缓冷后的显微组织

（3）二次淬火法。对于力学性能要求很高或本质粗晶粒钢，应采用二次淬火。渗碳后的工件先在空气中冷却后，先加热到 Ac_3 以上某一温度（一般为 850 ~900℃）油淬，使心部组织细化，并消除表层网状渗碳体；然后再加热到 Ac_1 以上某一温度（一般为 750 ~ 800℃）油淬，最后在 180 ~200℃进行低温回火。二次淬火法使工件表层和心部组织被细化，从而获得较好的力学性能。但此法工艺复杂，生产周期长，成本高；而且工件经反复加热冷却后易产生变形和开裂，所以只适用于少数对性能要求特别高的工件。

渗碳件经淬火和低温回火后的最终组织是：表层为回火马氏体 + 粒状碳化物 + 少量残留奥氏体。硬度可达 58 ~64HRC。心部组织决定于钢的淬透性和工件尺寸。对于低碳钢一般为铁素体 + 珠光体，硬度在 10 ~15HRC；对于低碳合金钢一般为低碳回火马氏体或低碳回火马氏体+托氏体+铁素体，强韧性好，硬度约为30~45HRC。

（二）钢的渗氮

在一定温度下（一般在A_1温度以下）使活性氮原子渗入工件表面的化学热处理工艺称渗氮。**渗氮的目的是提高工件的表面硬度、耐磨性、耐蚀性和疲劳强度。**目前常用的渗氮方法主要有气体渗氮和离子渗氮。

1. 气体渗氮

工件在气体介质中进行渗氮称为气体渗氮。它是将工件放入密闭的炉内，加热到500~580℃，通入氨气（NH_3）作为介质，氨分解产生的活性氮离子［N］被工件表面吸收，并逐渐向里层扩散，从而形成渗氮层。一般渗氮层的深度为0.4~0.6mm。

渗氮与渗碳相比有如下特点：

（1）渗氮用钢多采用含有铬、钼、铝等元素的合金钢，典型渗氮钢为38CrMoAlA钢。渗氮前需进行调质处理，以获得均匀的回火索氏体组织。

（2）工件渗氮后表面形成一层坚硬的氮化物，渗氮层硬度高达950~1200HV（相当于68~72HRC），故不再需要经过淬火便具有很高的表面硬度和耐磨性，而且这些性能在600~650℃时仍可维持。

（3）渗氮层的致密性和化学稳定性均很高，因此渗氮工件具有很高的耐蚀性，可防止水、蒸汽、碱性溶液的腐蚀。

（4）渗氮处理温度低，工件变形小。

但是，渗氮处理的生产周期长（需40~70h），成本高，渗氮层薄而脆，不宜承受集中的重载荷，这就使渗氮的应用受到一定限制。因此，渗氮主要用于处理重要和复杂的耐磨、耐腐蚀的零件，如精密丝杠、镗床主轴、汽轮机的阀门、高精度传动齿轮、高速柴油机曲轴等。

2. 离子渗氮

在低于一个大气压的渗氮气体中，利用工件（阴极）和阳极之间产生的辉光放电进行渗氮的工艺称为离子渗氮。其工艺是将工件置于真空炉中，待炉内真空度达到1.33Pa后通入氨气或氮、氢混合气体，待炉压升至70Pa左右时接通电源，在阴极（工件）和阳极（真空炉壁）间加以400~700V直流电压，使炉内气体电离，形成辉光放电。被电离的氮离子以很高的速度轰击工件表面，使其表面温度升高（一般为450~650℃），并使氮离子在阴极夺取电子后还原成氮原子而渗入工件表面，然后经过扩散形成渗氮层。

离子渗氮的渗层韧性和疲劳强度较一般渗氮层高，变形小，且缩短渗氮时间一半以上，对材料的适应性强（碳钢、铸铁和有色金属、合金钢均适用）。目前，离子渗氮的缺点是成本高，测温困难，质量不稳定，对深而小的内孔很难渗氮，故主要用于中小型的精密零件，如齿轮、凸轮、轴类、螺杆等。

（三）钢的碳氮共渗

碳氮共渗就是在一定温度下同时将碳、氮原子渗入工件表层奥氏体中并以渗碳为主的化学热处理工艺，分为液体碳氮共渗（又称“氰化”）和气体碳氮共渗。液体碳氮共渗的介质有毒，污染环境，故很少应用。气体碳氮共渗应用较为广泛，可分为中温气体**碳氮共渗**和低温气体**氮碳共渗**两类。

1. 中温气体碳氮共渗

中温气体碳氮共渗实质上是以渗碳为主的共渗工艺。介质是渗碳和渗氮用的混合气，共渗温度为820～870℃，其渗层表面的$w_C=0.7\%\sim1.0\%$，$w_N=0.15\%$。共渗后经淬火和低温回火后，表层组织为含碳、氮的回火马氏体及呈细小分布的碳氮化合物。与渗氮相比，碳氮共渗不仅加热温度低，工件变形小，生产周期短，而且渗层具有较高的硬度、耐磨性和抗疲劳强度。

中温气体碳氮共渗所用的钢种大多为中、低碳的碳钢或合金钢，常用于处理汽车、机床的各种齿轮、蜗杆、活塞销和轴类零件。

2. 低温气体氮碳共渗

低温气体氮碳共渗实质是以渗氮为主的共渗工艺。常用的共渗介质有氨加醇类液体（甲醇、乙醇）以及尿素、甲酰胺和三乙醇胺等。共渗温度一般为540～570℃，处理时间仅为2～3h，共渗后采用油冷或水冷，以获得N在α－Fe中的过饱和固溶体，在工件表面形成残留压应力，提高疲劳强度。

低温气体氮碳共渗已广泛应用于刀具、模具、量具、曲轴、齿轮、气缸套等耐磨件的处理。但由于渗层太薄，仅有0.01～0.02mm，渗层硬度较低（54～59HRC），故不宜用于重载条件下工作的零件。

三、热处理新技术简介

随着工业和科学技术的飞速发展，热处理技术一方面是对常规热处理方法进行工艺改进，另一方面是在新能源、新工艺方面的突破，从而达到既节约能源，提高经济效益，减少或防止环境污染，又能获得更优异性能的目的。下面简要介绍几种热处理新技术。

（一）形变热处理

形变热处理是将塑性变形与热处理有机结合起来的一种综合工艺。由于此工艺是使工件同时发生形变和相变，因而能获得单一强化方法所不能得到的优异性能（强韧性），另外还能简化工艺，节约能源、设备，减少工件氧化和脱碳，提高经济效益和产品质量。形变热处理有多种方式。下面仅介绍两种简单的形变热处理。

1. 高温形变热处理

高温形变热处理是将工件加热到奥氏体稳定区，保温一定时间后进行塑性变形（锻、轧等），然后立即进行淬火和回火的综合工艺。对于亚共析钢，形变温度大多选在Ac_3以上，而对过共析钢则选在Ac_1以上。这种热处理不仅提高了钢的强度，还大大提高了韧性、塑性和疲劳抗力，减小回火脆性，降低缺口敏感性，而且可以简化工序，节约工时，降低成本。

高温形变热处理适用于各种碳钢及合金钢的调质件及加工余量不大的锻件或轧材，如连杆、曲轴、弹簧、模具、高速钢钻头等。

2. 低温形变热处理

它是将工件加热至奥氏体状态，保温一定时间后，迅速冷至Ar_1点至Ms点之间的某一温度进行形变，然后立即淬火、回火的工艺。此工艺仅使用于珠光体转变区和贝氏体转变区之间（400～500℃）有较长孕育期（过冷奥氏体保持时间较长）的某些合金钢。

低温形变热处理在钢的塑性和韧性不降低或降低不多的情况下，可以显著提高钢的强度和疲劳强度，提高钢的抗磨损和耐回火性的能力。它主要用于要求强度极高的工件，如高速钢刀具、模具、轴承、飞机起落架及重要弹簧等。

（二）磁场淬火

磁场淬火是指将加热好的工件放人磁场中进行淬火的热处理方法。磁场淬火可显著提高钢的强度，强化效果随钢中碳含量的提高而增加。直流磁场淬火时，磁化方向对强化效果有影响，在轴向磁场中淬火时，强化效果甚至略有降低。交流磁场淬火的强化效果比直流磁场淬火高。磁场强度越大，强化效果越好。

磁场淬火在提高钢的强度的同时，仍使钢保持良好的塑性及韧性，还可以降低钢材的缺口敏感性，减小淬火变形，并使零件各部分的性能变得均匀。

（三）真空热处理

真空热处理是指金属工件在真空中进行的热处理方法。其主要优点为：①在真空中加热，升温速度缓慢，因而工件变形小。②化学热处理时渗速快、渗层浓度均匀易控。③节能环保，工作环境好。④因为在高真空中，工件表面的氧化物、油污发生分解，因此工件表面光亮，提高耐磨性、疲劳强度，防止工件表面氧化。缺点是真空中加热速度缓慢，设备复杂昂贵。真空热处理包括真空退火、真空淬火、真空回火和真空化学热处理等。

真空退火主要用于活性金属、耐热金属及不锈钢的退火处理，铜及铜合金的光亮退火，磁性材料的去应力退火等。

真空淬火是指工件在真空中加热后快速冷却的淬火方法。淬火冷却可用气冷（惰性气体或高纯氮气）、油冷（真空淬火油）、水冷，可根据工件材料选择。真空淬火广泛应用于各种高速钢、合金工具钢、不锈钢等的固溶淬火。真空淬火后应进行真空回火。

多种化学热处理（渗碳、渗金属）均可在真空中进行。例如真空渗碳具有渗碳速度快、渗碳时间减少约一半、渗碳均匀、表面无氧化等优点。

第九节 热处理零件的结构工艺性

零件结构形状对热处理工艺性影响很大，它是热处理零件变形、开裂因而导致返修或报废的主要原因之一。因此，在设计淬火零件的结构形状时，应考虑零件的结构形状与热处理工艺性的关系，以避免或减小变形、开裂。

表5-10为淬火件结构设计应遵循的一般原则。

表5-10 淬火件结构设计应遵循的一般原则

设计原则	图例
避免尖角、棱角，以防淬火时产生应力集中而引起开裂	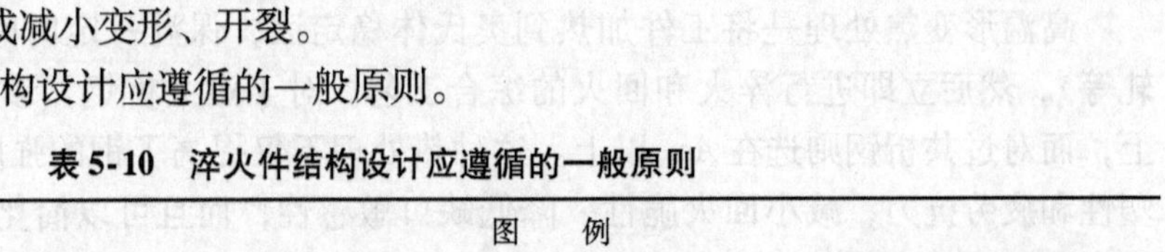 不好 好；不好 好；不好 好
合理安排孔的位置或开设工艺孔，避免厚薄悬殊的断面，以防因冷却不均匀而引起变形	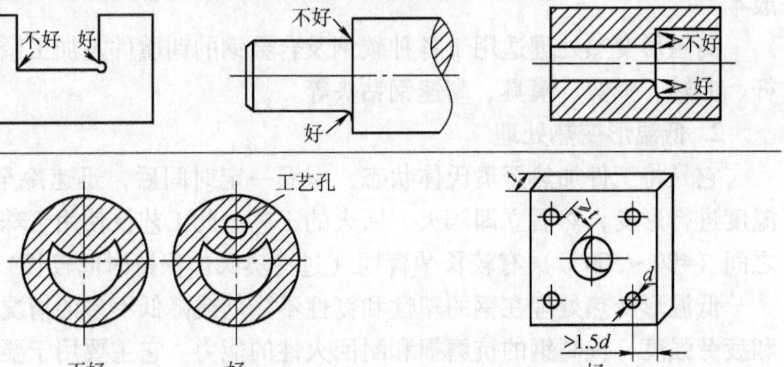 不好；工艺孔 好；d $\geq 1.5d$ 好

（续）

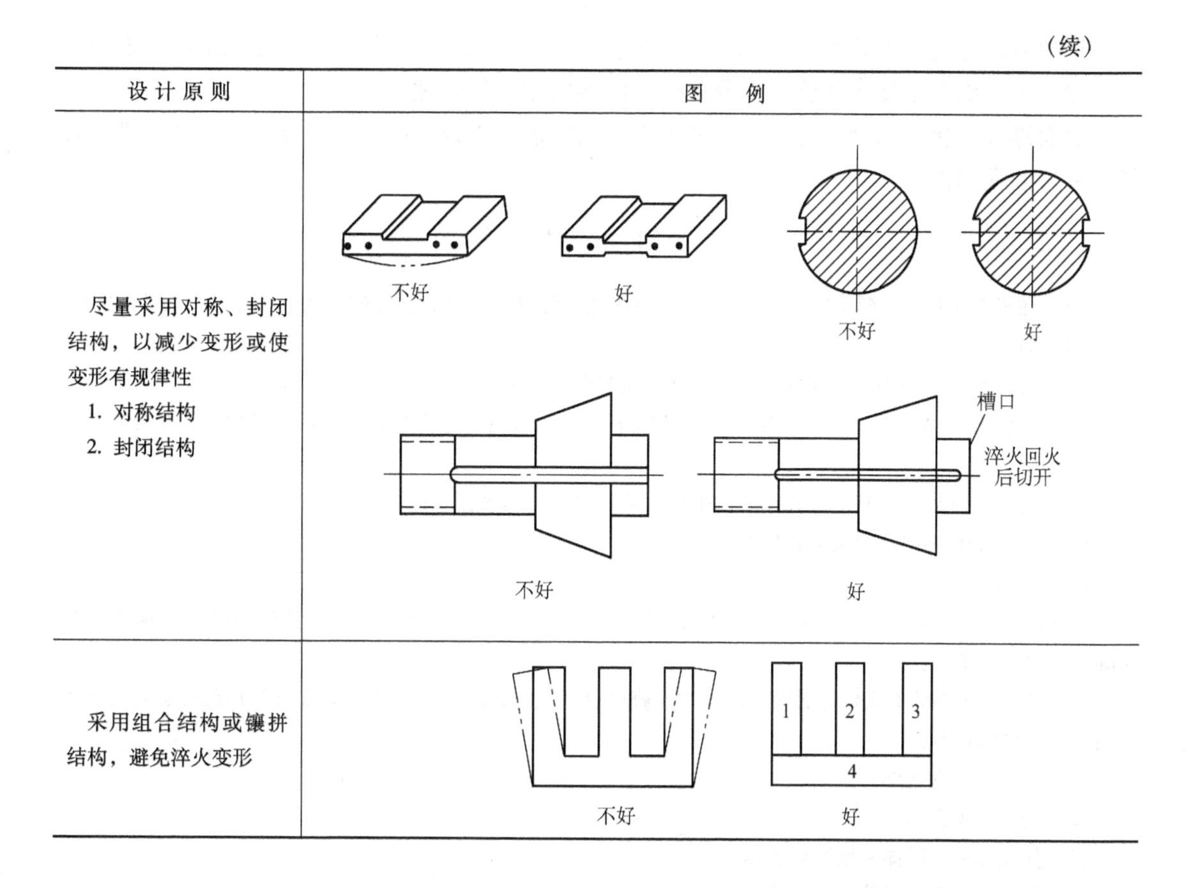

设计原则	图　　例
尽量采用对称、封闭结构，以减少变形或使变形有规律性 1. 对称结构 2. 封闭结构	
采用组合结构或镶拼结构，避免淬火变形	

小　　结

碳素结构钢有害杂质较多，只保证力学性能而不保证化学成分，大多用于制造要求不高的机械零件和一般工程构件；优质碳素结构钢既保证化学成分又保证力学性能，有害杂质较少，主要用于制造较重要的机械零件；碳素工具钢主要用于制造各种低速切削刀具、量具和模具。

钢的热处理是通过加热、保温和冷却来改变钢的内部组织或表面组织，从而获得所需性能的工艺方法。

加热和保温是为了使钢奥氏体化，希望得到细小的奥氏体晶粒。过冷奥氏体在冷却过程中的转变规律有等温转变和连续转变两种方式，转变产物有珠光体组织、贝氏体组织和马氏体组织，每种组织的性能各不相同。

钢的热处理工艺主要有退火、正火、淬火和回火。正火和退火通常作为预备热处理工序，安排在工件铸造或锻造之后，切削粗加工之前，用以消除前一工序所带来的某些缺陷，为以后的加工工序作好组织准备。正火也可作为力学性能要求不太高的普通结构零件的最终热处理。将正火作为最终热处理代替调质处理，可减少工序，节约能源，提高生产效率。淬火加回火是热处理的最后工序。通过淬火可获得马氏体或下贝氏体，淬火后的零件不能直接使用，须根据零件所要求的力学性能选择合适的回火温度进行回火，以降低淬火应力并得到所需的组织。

钢的表面热处理工艺可分为两类：一类是只改变表面组织而不改变化学成分的表面淬火；另一类是同时改变表面化学成分和组织的表面化学热处理。

表面淬火和化学热处理可有效提高零件表面的硬度以及耐磨、耐蚀性能，并使零件心部具有良好的强韧性。

习 题

5-1 在平衡条件下，45钢、T8钢、T12钢的硬度、强度、塑性、韧性哪个大、哪个小？变化规律是什么？原因何在？

5-2 为什么说碳钢中的锰和硅是有益元素，硫和磷是有害元素？

5-3 说明Q235A、10、45、65Mn、T8、T12A各属于什么钢？分析其碳含量及性能特点，并分别举一个应用实例。

5-4 什么是热处理？它由哪几个阶段组成？热处理的目的是什么？

5-5 钢热处理加热后保温的目的是什么？

5-6 解释下列名词：

过冷奥氏体、残留奥氏体、马氏体、下贝氏体、托氏体；淬透性、淬硬性、临界冷却速度、调质处理；实际晶粒度、本质晶粒度。

5-7 画出T8钢的奥氏体等温转变图。为了获得以下组织，应采用什么冷却方法？并在等温转变图上画出冷却曲线示意图。

（1）索氏体+珠光体

（2）全部下贝氏体

（3）托氏体+马氏体+残留奥氏体

（4）托氏体+下贝氏体+马氏体+残留奥氏体

（5）马氏体+残留奥氏体

5-8 钢中碳含量对马氏体硬度有何影响？为什么？

5-9 将T10钢、T12钢同时加热到780℃进行淬火，问：

（1）淬火后各是什么组织？

（2）淬火马氏体的碳含量及硬度是否相同？为什么？

（3）哪一种钢淬火后的耐磨性更好些？为什么？

5-10 马氏体的本质是什么？其组织形态分哪两种？各自的性能特点如何？为什么高碳马氏体硬而脆？

5-11 下面的几种说法是否正确？为什么？

（1）过冷奥氏体的冷却速度越快，钢冷却后的硬度越高。

（2）钢中合金元素越多，则淬火后硬度就越高。

（3）本质细晶粒钢加热后的实际晶粒一定比本质粗晶粒钢的细。

（4）淬火钢回火后的性能主要取决于回火时的冷却速度。

（5）为了改善碳素工具钢的可加工性，其预备热处理应采用完全退火。

（6）淬透性好的钢，其淬硬性也一定好。

5-12 归纳高频感应淬火、气体渗碳、气体渗氮和软氮化的工艺，就处理温度、适用钢材、热处理方法、热处理前后的表面组织、表面耐磨性和应用场合各项列成一表。

5-13 正火与退火的主要区别是什么？生产中应如何选择正火与退火？

5-14 淬火方法有几种？各有何特点？

5-15 同一钢材，当调质后和正火后的硬度相同时，两者在组织上和性能上是否相同？为什么？

5-16　确定下列工件的热处理方法：

（1）用 60 钢丝热成形的弹簧。

（2）用 45 钢制造的轴，心部要求有良好的综合力学性能，轴颈处要求硬而耐磨。

（3）用 T12 钢制造的锉刀，要求硬度为 60～65HRC。

（4）锻造过热的 60 钢锻坯，要求细化晶粒。

5-17　45 钢经调质处理后，硬度为 240HBW，若再进行 180℃回火，能否使其硬度提高？为什么？又 45 钢经淬火、低温回火后，若再进行 560℃回火，能否使其硬度降低？为什么？

5-18　现有一批螺钉，原定由 35 钢制成，要求其头部热处理后硬度为 35～40HRC。现材料中混入了 T10 钢和 10 钢。问由 T10 钢和 10 钢制成的螺钉，若仍按 35 钢热处理（淬火、回火）时，能否达到要求？为什么？

5-19　化学热处理包括哪几个基本过程？常用的化学热处理方法有哪几种？各适用哪些钢材？

5-20　拟用 T12 钢制造锉刀，其工艺路线为：锻造—热处理—机加工—热处理—柄部热处理，试说明各热处理工序的名称、作用，并指出热处理后的大致硬度和显微组织。

5-21　有一凸轮轴，要求表面有高的硬度（＞50HRC），心部具有良好的韧性，原用 45 钢制造，经调质处理后，高频淬火、低温回火可满足要求。现因工厂库存的 45 钢已用完，拟改用 15 钢代替。试问：

（1）改用 15 钢后，若仍按原热处理方法进行处理，能否达到性能要求？为什么？

（2）若用原热处理不能达到性能要求，应采用哪些热处理方法才能达到性能要求？

5-22　根据下列零件的性能要求及技术条件选择热处理工艺方法：

（1）用 45 钢制作的某机床主轴，其轴颈部分和轴承接触要求耐磨，52～56HRC，硬化层深 1mm。

（2）用 45 钢制作的直径为 18mm 的传动轴，要求有良好的综合力学性能，22～25HRC，回火索氏体组织。

（3）用 20CrMnTi 制作的汽车传动齿轮，要求表面高硬度，高耐磨性，硬度 58～63HRC，硬化层深 0.8mm。

（4）用 65Mn 制作的直径为 5mm 的弹簧，要求高弹性，38～40HRC，回火托氏体。

5-23　某一用 45 钢制造的零件，其加工路线如下：备料→锻造→正火→机械粗加工→调质→机械精加工→高频感应淬火加低温回火→磨削。请说明各热处理工序的目的及处理后的组织。

第六章 合金钢及其热处理

教学目标：通过学习，学生应熟悉合金钢的分类和编号方法，了解合金元素在钢中的作用；掌握合金结构钢和合金工具钢的化学成分特点、组织和性能特点、热处理工艺方法；了解特殊性能合金钢的化学成分特点、热处理特点及应用；能根据机械零件的功能来选用合金钢；对于常用典型钢种，要求学生会制订热处理工艺路线和实际应用。

本章重点：合金钢的分类和编号方法；合金结构钢和合金工具钢的性能特点、热处理工艺方法；合金钢的选用。

本章难点：合金钢的组织、性能特点及相应的热处理方法。

第一节 合金钢的分类及编号

碳素钢的价格低廉，容易生产和加工，通过调整其含碳量和经过不同的热处理后，可以获得不同的性能来满足工业生产中的基本要求，因此得到了广泛的应用。但是，碳钢的淬透性差，强度低（尤其是高温强度低），回火稳定性差，而且不具有特殊的物理、化学性能（耐热性、耐蚀性、耐磨性、高磁性等），因此它的使用受到了限制。

合金钢就是为了改善钢的组织和性能，在碳钢的基础上，有目的地加入一些元素而制成的钢，加入的元素称为合金元素。常用的合金元素有锰、铬、镍、硅、钼、钨、钒、钛、锆、钴、铌、铜、铝、硼、稀土（RE）等。根据我国的资源情况，富产的元素有硅、锰、钼、钨、钒、硼及稀土，而铬、镍，特别是钴较为稀缺。**选用合金钢时，应在保证产品质量的前提下，优先考虑我国资源丰富的钢种**。

与碳钢相比，合金钢的性能显著提高，故应用日益广泛。

一、合金钢的分类

合金钢的种类繁多，分类方法有多种，常见的分类方法有如下几种。

（一）按用途分类

（1）合金结构钢。指用于制造各种机械零件和工程结构的钢。主要包括低合金结构钢、合金渗碳钢、合金调质钢、合金弹簧钢、滚动轴承钢等。

（2）合金工具钢。指用于制造各种工具的钢。主要包括合金刃具钢、合金模具钢和合金量具钢等。

（3）特殊性能钢。指具有某种特殊物理或化学性能的钢。主要包括不锈钢、耐热钢、耐磨钢等。

（二）按合金元素的总含量分类

（1）低合金钢。合金元素总含量 $w_{Me}<5\%$。

（2）中合金钢。$w_{Me} \geqslant 5\% \sim 10\%$。

（3）高合金钢。$w_{Me}>10\%$。

（三）按照金相组织分类

合金钢的金相组织随处理方法不同而异。

（1）按照牌号状态或退火组织可分为亚共析钢、共析钢、过共析钢和莱氏体钢。

（2）按照正火组织可分为珠光体钢、马氏体钢、奥氏体钢和铁素体钢等。

二、合金钢的编号

我国的合金钢牌号是按其碳含量、合金元素的种类及含量、质量级别等来编制的。

（一）合金结构钢的编号

合金结构钢的牌号由三部分组成，即“两位数字＋元素符号＋数字”。前面两位数字代表钢中平均碳的质量分数的万倍；元素符号代表钢中含的合金元素，其后面的数字表示该元素平均质量分数的百倍，当其平均质量分数 $w_{Me}<1.5\%$ 时一般只标出元素符号而不标数字，当其 $w_{Me}\geqslant1.5\%$、$\geqslant2.5\%$、$\geqslant3.5\%$…时，则在元素符号后相应地标出2、3、4…。例如60Si2Mn钢，表示平均 $w_C=0.6\%$，平均 $w_{Si}\geqslant1.5\%$，平均 $w_{Mn}<1.5\%$ 的合金结构钢。如为高级优质钢，则在钢号后面加符号“A”。

（二）合金工具钢的编号

合金工具钢牌号的表示方法与合金结构钢相似，区别仅在于碳含量的表示方法不同。当平均 $w_C<1\%$ 时，牌号前面用一位数字表示平均碳的质量分数的千倍，当平均 $w_C\geqslant1\%$，牌号中不标碳含量。如9SiCr钢，表示平均 $w_C=0.9\%$，合金元素Si、Cr的平均质量分数都小于1.5%的合金工具钢；Cr12MoV钢表示平均 $w_C>1\%$，w_{Cr} 约为12%，w_{Mo}、w_V 都小于1.5%的合金工具钢。

高速工具钢不论其碳含量多少，在牌号中都不予标出，但当钢的其他成分相同，仅碳含量不同时，则在碳含量高的牌号前冠以“C”字母，如W6Mo5Cr4V2钢和CW6Mo5Cr4V2钢，前者 $w_C=0.8\%\sim0.9\%$，后者 $w_C=0.95\%\sim1.05\%$，其余成分相同。

（三）特殊性能钢的编号

特殊性能钢的编号的表示方法与合金工具钢的表示方法基本相同，如不锈钢9Cr18表示钢中平均 $w_C=0.9\%$，$w_{Cr}=18\%$，但也有少数例外。不锈钢、耐热钢在碳质量分数较低时，表示方法有所不同，当其平均 $w_C\leqslant0.03\%$ 和 $w_C\leqslant0.08\%$ 时，则在编号前分别冠以“00”及“0”。如0Cr19Ni9钢表示平均 $w_C\leqslant0.08\%$，$w_{Cr}\approx19\%$，$w_{Niz}\approx9\%$ 的不锈钢。

（四）专用钢的编号

专用钢是指某些用于专门用途的钢种。它是以其用途名称的汉语拼音第一个字母来表明此种钢的类型，以数字表明其碳的质量分数；合金元素后的数字表明该元素的大致含量。

例如，滚动轴承钢在编号前加以“G”（“滚”字的汉语拼音首字母），其后为铬（Cr）＋数字，数字表示铬含量平均值的千分之几，碳的含量不标出，其他合金元素的表示方法与合金结构钢相同。例如GCr15SiMn钢，表示平均 $w_{Cr}=1.5\%$，w_{Si} 和 w_{Mn} 都小于1.5%的滚动轴承钢。

第二节 合金元素在钢中的作用

合金元素在钢中的作用是极为复杂的，当钢中含有多种合金元素时更是如此。合金元素加入到钢中后，会使钢的组成相、组织等发生变化，同时对钢在热处理时的加热、冷却和组织转变也产生不同程度的影响，从而使钢的性能发生一系列变化。下面仅简述合金元素的几个最基本的作用。

一、强化铁素体

大多数合金元素都能溶于铁素体，形成合金铁素体。合金元素溶入铁素体后，产生固溶强化作用，使其强度、硬度升高，塑性和韧性下降。图6-1和图6-2为几种合金元素对铁素体硬度和韧性的影响。由图可见，硅、锰能显著提高铁素体的硬度，当$w_{Si}>0.6\%$、$w_{Mn}>1.5\%$时，将强烈地降低其韧性。而铬和镍比较特殊，在适当的含量范围内（$w_{Cr}\leqslant2\%$、$w_{Ni}\leqslant5\%$），不但提高铁素体的硬度，还能提高其韧性。因此，在合金结构钢中，为了获得良好的性能，对铬、镍、硅、锰等合金元素要控制在一定的含量范围内。

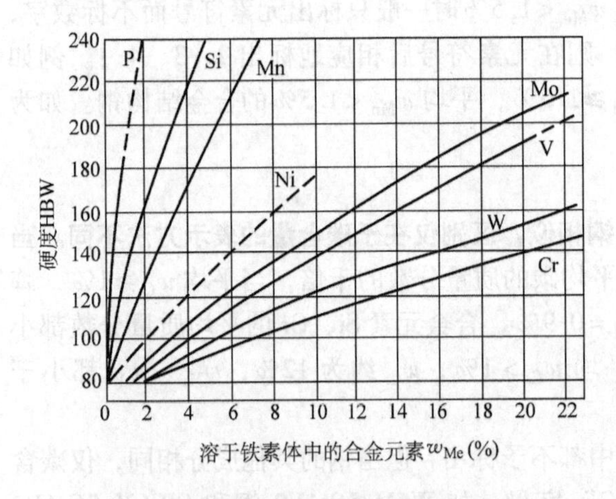

图6-1 合金元素对铁素体硬度的影响

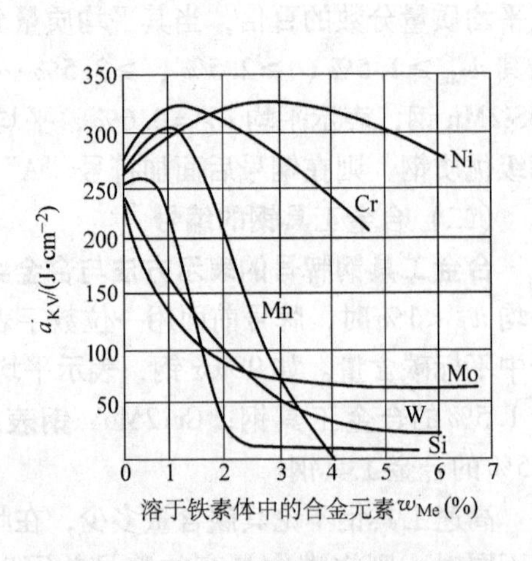

图6-2 合金元素对铁素体韧性的影响

二、形成合金碳化物

合金元素按其与钢中碳的亲和力的大小，可分为碳化物形成元素和非碳化物形成元素两大类。

常见的非碳化物形成元素有镍、钴、铜、硅、铝、氮、硼等。它们不与碳形成碳化物而固溶于铁的晶格中，或形成其他化合物，如氮可在钢中与铁或其他元素形成氮化物。

常见的碳化物形成元素有铁、锰、铬、钼、钨、钒、铌、锆、钛等（按照与碳亲和力由弱到强排列）。通常钒、铌、锆、钛为强碳化物形成元素；锰为弱碳化物形成元素；铬、钼、钨为中强碳化物形成元素。钢中形成的合金碳化物主要有以下两类：

（1）合金渗碳体。它是合金元素溶入渗碳体（置换其中的铁原子）所形成的化合物，如$(Fe、Mn)_3C$、$(Fe、Cr)_3C$等。合金渗碳体与Fe_3C的晶体结构相同，但比Fe_3C略为稳定，硬度也略高，是一般低合金钢中碳化物的主要存在形式。

（2）特殊碳化物。它是中强或强碳化物形成元素与碳形成的化合物，其晶格类型与渗碳体完全不同。

特殊碳化物有两种类型：①具有简单晶格的间隙相碳化物，如WC、VC、TiC、Mo_2C等。②具有复杂晶格的碳化物，如$Cr_{23}C_6$、Fe_3W_3C、Cr_7C_3等。**特殊碳化物，特别是间隙相碳化物，比合金渗碳体具有更高的熔点、硬度与耐磨性，也更稳定，不易分解。**

在碳化物形成元素中，锰一般是大部分溶于铁素体或奥氏体中，而少部分溶于渗碳体中形成合金渗碳体。铬、钼、钨等与碳的亲和力较强，在含量较低时，基本上是与铁一起形成合金渗碳体；含量较高时，可形成特殊碳化物。与碳亲和力很强的元素钒、铌、锆、钛等，几乎都是形成特殊碳化物，只有在碳不足的情况下才溶入固溶体。合金元素与碳的亲和力越强，形成的碳化物越稳定，熔点和硬度也越高，加热时也越难溶入奥氏体中，回火时加热到较高温度才能从马氏体中析出，并且聚集长大也较慢。

合金碳化物的种类、性能和在钢中的分布状态，直接影响钢的性能和热处理时的相变。例如，在钢中存在弥散分布的特殊碳化物时，将显著提高钢的强度、硬度与耐磨性而不降低韧性，这对提高工具钢的使用性能极为有利。

三、阻碍奥氏体晶粒长大

几乎所有的合金元素（除锰外）都有阻碍钢在加热时的奥氏体晶粒长大的作用，但影响程度不同。强碳化物形成元素钒、铌、锆、钛等容易形成特殊碳化物，铝在钢中常以 AlN、Al_2O_3 的细小质点存在，它们都弥散地分布在奥氏体晶界上，由于比较稳定，不易分解溶入奥氏体，从而对奥氏体晶粒长大起机械阻碍作用。因此，合金钢（除锰钢外）在淬火加热时不易过热，有利于获得细马氏体组织，同时也有利于提高加热温度，使奥氏体中溶入更多的合金元素，以改善钢的淬透性和性能。这是合金钢的重要特点之一。

四、提高钢的淬透性

合金元素（除钴外）溶入奥氏体后，都能降低原子扩散速度，增加过冷奥氏体的稳定性，使奥氏体等温转变图位置向右移动（见图 6-3），临界冷却速度减小，从而提高钢的淬透性。

显著提高钢淬透性的元素有钼、锰、铬、镍等，微量的硼（w_B < 0.005%）可明显提高钢的淬透性，特别是多种元素同时加入要比各元素单独加入更为有效。故目前**淬透性好的钢多采用“多元少量”的合金化原则。**

但要注意，若合金元素未溶入奥氏体，将不能增加奥氏体的稳定性，因而也就不能提高钢的淬透性，反而会降低钢的淬透性。

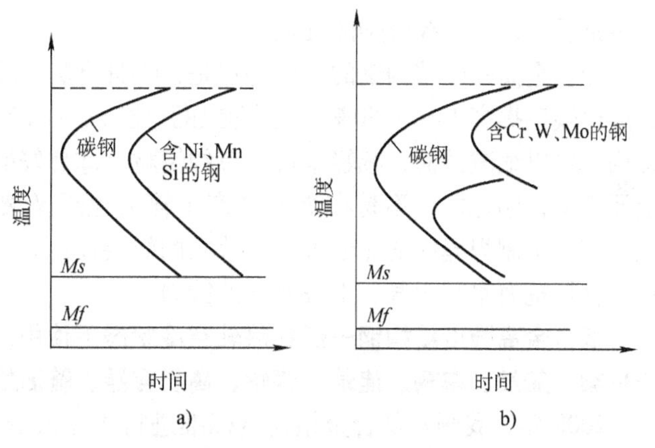

图 6-3 合金元素对 C 曲线的影响

a）非碳化物形成元素 b）碳化物形成元素

由于合金钢的淬透性比碳钢好，因此在淬火条件相同的情况下，合金钢能获得较深的淬硬层，从而可使大截面零件获得较高的、沿截面均匀的力学性能；在获得同样的淬硬层深度的情况下，合金钢可以采用冷却能力较弱的淬火介质（如油），或采用分级淬火、等温淬火，以减少工件的变形和开裂倾向。

五、提高淬火钢的耐回火性

淬火钢在回火时，抵抗软化（强度、硬度下降）的能力，称为耐回火性。淬火钢的回火转变都是依靠原子的扩散进行的。由于合金元素溶入马氏体，使原子扩散速度减慢，因而在回火过程中，马氏体不易分解，残留奥氏体不易转变，碳化物不易析出，析出后也不易聚集长大。这就使淬火钢的强度、硬度下降缓慢，提高了钢抵抗软化的能力，即提高了钢的耐回火性。

合金钢的耐回火性高于碳钢，表明在相同的回火温度下，合金钢比相同碳含量的碳钢具有更高的强度和硬度；在达到相同硬度的情况下，合金钢可以在较高的温度下回火，回火时间也可适当增长，这样可以更加充分地消除内应力，使钢的塑性、韧性更好。

高的耐回火性使钢在较高温度下仍能保持高的硬度和耐磨性。钢在高温（>550℃）下保持高硬度（≥60HRC）的能力叫热硬性。这种性能对工具钢具有重要的意义。

提高钢的耐回火性的元素有钒、钼、钨、锰、硅、镍等。

第三节 合金结构钢及其热处理

合金结构钢是在碳素结构钢的基础上，适当地加入一种或几种合金元素而获得的钢。它用于制造重要的工程结构和机械零件，是用途最广、用量最大的一类合金钢。

根据用途和热处理方法等的不同，常用的合金结构钢有以下几种。

一、低合金高强度结构钢

低合金高强度结构钢的成分特点是低碳（$w_C<0.20\%$）、低合金（一般合金元素总量$w_{Me}<3\%$）以锰为主加元素，并辅加以钒、钛、铌、硅、铜、磷等，有时还加入微量稀土元素。锰、硅的主要作用是强化铁素体；钒、钛、铌等主要是细化晶粒，提高钢的强度、塑性和韧性；少量的铜和磷主要是提高钢的耐蚀性；加入少量稀土元素主要是脱硫去气，消除有害杂质，进一步改善钢的性能。

低合金高强度结构钢的性能特点是：①具有高的屈服强度与良好的塑性和韧性。其屈服强度比碳钢提高30%～50%，尤其是屈强比（σ_s/σ_b）提高得更明显。因此用它来制作金属结构，可以缩减截面，减轻重量，节约钢材。②良好的焊接性。由于这类钢的含碳量低，合金元素少，塑性好，不易在焊缝区产生淬火组织及裂纹，且成分中的碳化物形成元素钒、钛、铌可抑制焊缝区的晶粒长大，故它的焊接性良好。③较好的耐蚀性。加入铜、磷，可提高钢材抵抗海水、大气、土壤腐蚀的能力。

低合金高强度结构钢一般在热轧空冷状态下使用，其组织为铁素体和珠光体，被广泛用于桥梁、船舶、车辆、建筑、锅炉、高压容器、输油输气管道等。

2008年，我国对低合金结构钢标准进行了一次修订，并对其牌号、质量等级作了新的规定。新标准牌号、化学成分、力学性能以及新、旧标准对比见表6-1、表6-2、表6-3（GB/T 1591—2008）

表6-1 低合金高强度结构钢牌号及化学成分（摘自GB/T 1591—2008）

牌号	质量等级	化学成分 w_i（%）										
		C ≤	Mn	Si ≤	P ≤	S ≤	V	Nb	Ti	Al ≥	Cr	Ni
Q345	A	0.20	~1.70	0.50	0.035	0.035	0.15	0.07	0.20	—	0.30	0.50
	B	0.20			0.035	0.035				—		
	C	0.20			0.030	0.030				0.15		
	D	0.18			0.030	0.025				0.15		
	E	0.18			0.025	0.020				0.15		

（续）

牌号	质量等级	化学成分 w_i（%）										
		C ≤	Mn	Si ≤	P ≤	S ≤	V	Nb	Ti	Al ≥	Cr ≤	Ni ≤
Q390	A B C D E	0.20	~1.70	0.50	0.035 0.035 0.030 0.030 0.025	0.035 0.035 0.030 0.025 0.020	0.20	0.07	0.20	— — 0.15 0.15 0.15	0.30	0.50
Q420	A B C D E	0.20	~1.70	0.50	0.035 0.035 0.030 0.030 0.025	0.035 0.035 0.030 0.025 0.020	0.20	0.07	0.20	— — 0.15 0.15 0.15	0.30	0.80
Q460	C D E	0.20	~1.80	0.60	0.030 0.030 0.025	0.030 0.025 0.020	0.20	0.11	0.20	0.015	0.30	0.80
Q500	C D E	0.18	~1.80	0.60	0.030 0.030 0.025	0.030 0.025 0.020	0.12	0.11	0.20	0.015	0.60	0.80
Q550	C D E	0.18	~2.00	0.60	0.030 0.030 0.025	0.030 0.030 0.025	0.12	0.11	0.20	0.015	0.80	0.80

注：1. 型材及棒材 P、S 的质量分数可提高 0.005%，其中 A 级钢上线可为 0.045%。

2. 当细化晶粒元素组合加入时，$w(\mathrm{Nb+V+Ti}) \leqslant 0.22\%$，$w(\mathrm{Mo+Cr}) \leqslant 0.30\%$。

表 6-2　低合金高强度结构钢的力学性能（摘自 GB/T 1591—2008）

牌号	质量等级	厚度（直径）/mm				σ_b/MPa 公称厚度 ~80mm	δ_5/（%） 公称厚度 ~80mm	冲击吸收功 A_{KV}（纵）/J 公称厚度直径、边长 12~150mm				180°弯曲试验 d=弯心直径 a=试样厚度 钢材厚度（直径）/mm	
		≤16	>16~40	>40~63	>63~80			+20℃	0℃	-20℃	-40℃		
		σ_s/MPa 不小于						≥				≤16	>16~100
Q345	A B C D E	345	335	325	315	470~630	19 19 20 20 20	34	34	34	34	$d=2a$	$d=3a$
Q390	A B C D E	390	370	350	330	490~650	19	34	34	34	34	$d=2a$	$d=3a$

（续）

牌号	质量等级	厚度（直径）/mm				σ_b/MPa 公称厚度 ~80mm	δ_5/(%) 公称厚度 ~80mm	冲击吸收功 A_{KV}(纵)/J 公称厚度直径、边长 12~150mm				180°弯曲试验 d=弯心直径 a=试样厚度 钢材厚度（直径）/mm	
		≤16	>16~40	>40~63	>63~80			+20℃	0℃	−20℃	−40℃		
		σ_s/MPa 不小于						≥				≤16	>16~100
Q420	A B C D E	420	400	380	360	520~680	18	34	34	34	34	$d=2a$	$d=3a$
Q460	C D E	460	440	420	400	550~720	17		34	34	34	$d=2a$	$d=3a$

表 6-3 新旧合金高强度结构钢标准牌号对照及用途举例（摘自 GB/T 1591—1994）

新标准	旧标准	用途举例
Q345	12MmV 14MnNb 16Mn 18 Nb 16MnRE	船舶、铁路车辆、桥梁、管道锅炉、压力容器、石油储罐、起重及矿山机械、电站设备厂房钢架等
Q390	16MnNb 15MnV 15MnTi 10MnPNbRE	中高压锅炉汽包、中高压石油化工容器、大型船舶、桥梁、车辆、起重机及其他较高载荷的焊接结构件等
Q420	15MnVN 14MnVTiRE	大型船舶、桥梁、电站设备、起重机械、机车车辆、中压或高锅炉及容器及其大型焊接结构件等
Q460	—	可淬火加回火后用于大型挖掘机、起重运输机械、钻井平台等

二、合金渗碳钢

渗碳钢通常是指经渗碳、淬火、低温回火后使用的钢。它主要用于制造表面承受强烈摩擦和磨损，同时承受动载荷特别是冲击载荷的机器零件。这类零件都要求表面具有高的硬度和耐磨性，心部具有较高的强度和足够的韧性。

根据化学成分特点，渗碳钢可分为碳素渗碳钢和合金渗碳钢。碳素渗碳钢（w_C = 0.10% ~0.20%）由于淬透性低，仅能在表面获得高的硬度，而心部得不到强化，故只适用于较小的渗碳件。

合金渗碳钢的平均 w_C 一般在 0.1% ~0.25%，以保证渗碳件心部有足够高的塑性与韧性。加入镍、锰、硼等合金元素，以提高钢的淬透性，使零件在渗碳淬火后表面和心部都能得到强化。加入钨、钼、钒、钛等碳化物形成元素，主要是为了防止高温渗碳时晶粒长大，起细化晶粒的作用。

合金渗碳钢的性能有如下特点：①渗碳淬火后，渗碳层硬度高，具有优异的耐磨性和接触疲劳强度；②渗碳件心部具有高的韧性和足够高的强度；③具有良好的热处理工艺性能，在高的渗碳温度（900~950℃）下奥氏体晶粒不易长大，淬透性也较好。

合金渗碳钢的热处理，一般是渗碳后直接淬火和低温回火。热处理后渗碳层的组织由回火马氏体＋粒状合金碳化物＋少量残留奥氏体组成，表面硬度一般为 58~64HRC。心部组织与钢的淬透性及工件截面尺寸有关，完全淬透时为低碳回火马氏体，硬度为40～48HRC；多数情况下，是由托氏体+回火马氏体+少量铁素体组成，硬度为25～40HRC。

常用合金渗碳钢的牌号、热处理、性能及用途见表6-4。20CrMnTi是应用最广泛的合金渗碳钢，可用来制造汽车、拖拉机的变速齿轮。为了节约铬，常用20Mn2B或20SiMnVB等钢代替20CrMnTi。

表6-4 常用合金渗碳钢的牌号、热处理、性能及用途

牌号	试样尺寸/mm	热处理/℃				力学性能（不小于）					用途举例
		渗碳	第一次淬火	第二次淬火	回火	σ_b/MPa	σ_s/MPa	δ_5（%）	ψ（%）	A_{KU2}/J	
20Cr	15	930	880水，油	780～820水，油	200	835	540	10	40	47	用于30mm以下、形状复杂而受力不大的渗碳件，如机床齿轮、齿轮轴、活塞销
20MnVB	15	930	860水，油	—	200	1080	585	10	45	55	代替20Cr，也可做锅炉、压力容器、高压管道等
20CrMnTi	15	930	880油	870油	200	1080	850	10	45	55	用于截面在30mm以下，承受高速、中或重载、摩擦的重要渗碳件，如齿轮、凸轮等
20MnVB	15	930	860油	—	200	1080	885	10	45	55	代替20CrMnTi
20Cr2Ni4	15	930	860油	780油	200	1180	1080	10	45	63	用于承受高负荷的重要渗碳件，如大型齿轮和轴类件
18Cr2Ni4WA	15	930	950空气	850空气	200	1180	835	10	45	78	用于大截面的齿轮、传动轴、曲轴、花键轴等

三、合金调质钢

调质钢通常是指经调质处理后使用的钢，一般为中碳的优质碳素结构钢与合金结构钢。它主要用于制造承受多种载荷、受力复杂的零件，如机床主轴、连杆、汽车半轴、重要的螺栓和齿轮等。这类零件都要求具有高的强度和良好的塑性、韧性，即具有良好的综合力学性能。

合金调质钢的平均 w_C 一般在0.25%～0.50%。碳含量过低时，不易淬硬，回火后达不到所需硬度；碳含量过高，则韧性不足。主加元素有铬、镍、锰、硅、硼等，以增加钢的淬透性，同时还强化铁素体。辅加元素有钼、钨、钒、钛等，主要是防止淬火加热产生过热现象，细化晶粒和提高耐回火性，进一步改善钢的性能。因此，合金调质钢具有良好的淬透性、热处理工艺性及良好的综合力学性能。

合金调质钢的最终热处理一般为淬火后高温回火（即调质处理），组织为回火索氏体，具有高的综合力学性能。若零件表层要求有很高的耐磨性，可在调质后再进行表面淬火或化学热处理等。

40Cr钢是典型的合金调质钢，其强度比40钢高20%，并有良好的塑性和淬透性，因此被广泛用于各类机械设备的主轴，汽车半轴、连杆及螺栓、齿轮等。

常用合金调质钢的牌号、热处理、性能及用途见表6-5。

表6-5 常用合金调质钢的牌号、热处理、性能及用途

牌号	试样尺寸/mm	热处理/℃		力学性能（不小于）					用途举例
		淬火	回火	σ_b/MPa	σ_s/MPa	δ_5(%)	ψ(%)	A_{KU2}/J	
40Cr	25	850 油	520 水、油	980	785	9	45	47	作重要调质件，如轴类件，连杆螺栓，汽车转向节、后半轴、齿轮等
40MnB	25	850 油	500 水、油	980	785	10	45	47	代替40Cr
30CrMnSi	25	880 油	520 水、油	1080	885	10	45	39	用于飞机重要件，如起落架、螺栓、对接接头、冷气瓶等
30CrMo	25	880 水、油	540 水、油	930	785	12	50	63	作重要调质件，如大电机轴、锤杆、轧钢曲轴，是40CrNi的代用钢
38CrMoAl	30	940 水、油	640 水、油	980	835	14	50	71	作需渗氮的零件，如镗杆、磨床主轴、精密丝杠、高压阀门、量规等
40CrMnMo	25	850 油	600 水、油	980	785	10	45	63	作受冲击载荷的高强度件，是40CrNiMo钢的代用钢
40CrNiMoA	25	850 油	600 水、油	980	835	12	55	78	作重型机械中高负荷的轴类、直升飞机的旋翼轴、汽轮机轴、齿轮等

四、合金弹簧钢

弹簧钢是指用来制造各种弹簧和弹性元件的钢。弹簧是利用其在工作时产生的弹性变形来吸收能量，以缓和振动和冲击，或依靠弹性储存能量，以驱动机件完成规定的动作。因此，要求弹簧材料具有高的弹性极限，尤其要具有高的屈强比、高的疲劳强度以及足够的塑性和韧性。

合金弹簧钢的平均 w_C 一般在0.45%～0.70%，以保证高的弹性极限与疲劳强度。碳含量过高时，塑性、韧性降低，疲劳强度也下降。加入的合金元素有硅、锰、铬、钒、钨等。硅、锰主要是提高淬透性和屈强比，可使屈强比（σ_s/σ_b）提高到接近于1。但硅易使钢在加热时脱碳，锰使钢易于过热。加入铬、钒、钨等，可减少钢的脱碳和过热倾向，同时也可进一步提高弹性极限和屈强比，钒还能细化晶粒，提高韧性。

弹簧钢根据弹簧尺寸和成形方法的不同，其热处理方法也不同。

（1）热成形弹簧。**当弹簧丝直径或钢板厚度大于10～15mm时，一般采用热成形。**其热处理是在成形后进行淬火和中温回火，获得回火托氏体组织，具有高的弹性极限与疲劳强度，硬度为40～45HRC。

（2）冷成形弹簧。**对于直径小于8～10mm的弹簧，一般采用冷拔钢丝冷卷而成。**若弹簧钢丝是退火状态的，则冷卷成形后还需淬火和中温回火；若弹簧钢丝是沿浴索氏体化处理状态或油淬回火状态，则在冷卷成形后不需再进行淬火和回火处理，只需进行一次200～300℃的去应力退火，以消除内应力，并使弹簧定形。

重要弹簧经热处理后，一般还要进行喷丸处理，使表面强化，并在表面产生残留压应力，以提高弹簧的疲劳强度和寿命。

60Si2Mn钢是应用最广的合金弹簧钢，被广泛用于制造汽车、拖拉机上的板簧、螺旋弹簧以及安全阀用弹簧等。

弹簧钢也可进行淬火及低温回火处理，用以制造高强度的耐磨件，如弹簧夹头、机床主轴等。

常用合金弹簧钢的牌号、热处理、力学性能及用途见表6-6。

表6-6　常用合金弹簧钢的牌号、热处理、力学性能及用途（摘自GB/T 1222—2007）

牌号	热处理		力学性能			用途举例
	淬火/℃	回火/℃	σ_b/MPa	σ_s/MPa	ψ（%）	
60Si2Mn	870 油	480	1275	1180	25	汽车、拖拉机、机车车辆的板簧、螺旋弹簧，安全阀及止回阀用簧，工作温度低于250℃的耐热弹簧，高应力的重要弹簧
60Si2CrA	870 油	420	1765	1570	20	高负荷、耐冲击的重要弹簧，工作温度低于250℃的耐热弹簧
50CrVA	850 油	500	1225	1130	40	大截面（50mm）高应力螺旋弹簧，工作温度低于300℃的耐热弹簧
30W4Cr2VA	1050～1100 油	600	1470	1325	40	制作540℃蒸汽电站用弹簧，锅炉安全阀用弹簧等

五、滚动轴承钢

滚动轴承钢是用来制造滚动轴承的滚动体（滚针、滚柱、滚珠）、内外套圈的专用钢。

滚动轴承在工作时，承受着高而集中的交变载荷；滚动体与内、外套圈之间是点接触或线接触，接触应力极大，还有滚动或滑动摩擦，易使轴承工作表面产生接触疲劳破坏与磨损，因而要求滚动轴承材料具有高的硬度和耐磨性、高的疲劳强度、足够的韧性和一定的耐蚀性。

目前，一般的滚动轴承钢是高碳铬钢，其平均 $w_C = 0.95\% \sim 1.15\%$，以保证轴承钢具有高的强度、硬度和形成足够的碳化物以提高耐磨性。基本合金元素铬的作用是提高淬透性，并形成细小均匀分布的合金渗碳体，以提高钢的硬度、接触疲劳强度和耐磨性。在制造大型轴承时，为了进一步提高淬透性，还向钢中加入硅、锰等合金元素。

滚动轴承钢的热处理主要为球化退火、淬火和低温回火。球化退火为预备热处理，其目的是降低钢的硬度以利于切削加工，并为淬火作好组织上的准备。淬火和低温回火是决定轴承钢性能的最终热处理，获得的组织为极细的回火马氏体、细小而均匀分布的粒状碳化物和少量的残留奥氏体，硬度为61～65HRC。

对于精密轴承零件，为了保证尺寸的稳定性，可在淬火后进行一次冷处理，以减少残留奥氏体的量，然后低温回火、磨削加工，最后再进行一次人工时效，消除磨削产生的内应力，进一步稳定尺寸。

GCr15、GCr15SiMn钢是应用最多的轴承钢。前者用作中、小型滚动轴承，后者用于较大型滚动轴承。常用滚动轴承钢的牌号、成分、热处理及用途见表6-7。

由于滚动轴承钢的成分、性能与工具钢相近，故常用它来制造刀具、量具、冷冲模及性能要求与滚动轴承相似的耐磨零件。

表6-7 常用滚动轴承钢的牌号、成分、热处理及用途

牌号	化学成分					热处理/℃		回火后	用途举例
	w_C(%)	w_{Cr}(%)	w_{Si}(%)	w_{Mn}(%)	$w_{其他}$(%)	淬火	回火	硬度HRC	
GCr9	1.00~1.10	0.90~1.20	0.15~0.35	0.25~0.45		810~820 水、油	150~170	62~66	直径小于20mm的滚动体及轴承内、外圈
GCr9SiMn	1.00~1.10	0.90~1.25	0.45~0.75	0.95~1.25		810~830 水、油	150~160	62~64	直径小于25mm的滚柱，壁厚小于14mm，外径小于250mm的套圈
GCr15	0.95~1.05	1.40~1.65	0.15~0.35	0.25~0.45		820~840 油	150~160	62~64	同GCr9SiMn
GCr15SiMn	0.95~1.05	1.40~1.65	0.45~0.75	0.95~1.25		810~830 油	160~200	61~65	直径小于50mm的滚珠，壁厚大于或等于14mm、外径大于250mm的套圈，ϕ25mm以上的滚柱
GMnMoVRE	0.95~1.05		0.15~0.40	1.10~1.40	V 0.15~0.25 Mo 0.4~0.6 RE0.05~0.1	770~810 油	170±5	≥62	代替GCr15钢用于军工和民用方面的轴承

第四节 合金工具钢及其热处理

碳素工具钢容易加工，价格便宜，但其热硬性差（温度高于200℃时，硬度、耐磨性会显著降低），淬透性低，且容易变形和开裂。因此，**尺寸大、精度高、形状复杂及工作温度较高的工具、模具都采用合金工具钢制造。**

合金工具钢按主要用途分为刃具钢、模具钢和量具钢三大类。但是，各类钢的实际使用界限并非绝对，可以交叉使用。如某些低合金刃具钢也可用于制造冷冲模或量具。

一、合金刃具钢

合金刃具钢主要用来制造刃具，如车刀、铣刀、钻头、丝锥等。对刃具钢的性能要求是：高的硬度和耐磨性，高的热硬性，足够的强度、塑性和韧性。

合金刃具钢又分为低合金刃具钢和高速钢两类。

（一）低合金刃具钢

低合金刃具钢是在碳素工具钢的基础上加入少量合金元素的钢。其 $w_C=0.75\%\sim1.5\%$ 的范围内，以保证钢的淬硬性和形成合金碳化物的需要。加入的合金元素主要有硅、锰、铬、钨、钒等。其中硅、锰、铬的主要作用是提高钢的淬透性，增加钢的强度；钨和钒形成碳化物，细化晶粒并提高钢的硬度、耐磨性和热硬性。因此，低合金工具钢的淬透性比碳素工具钢好，淬火冷却可在油中进行，使变形和开裂倾向减小。但由于合金元素的加入量不大，故钢的热硬性仍不太高，一般工作温度不得高于300℃。

9SiCr是最常用的低合金刃具钢，被广泛用来制造各种薄刃工具，如板牙、丝锥、铰刀等。

低合金刃具钢的热处理与碳素工具钢基本相同。刃具毛坯锻造后的预备热处理采用球化退火，切削加工后的最终热处理采用淬火和低温回火。最终热处理后的组织为细回火马氏体、粒状合金碳化物及少量的残留奥氏体，一般硬度可达60～65HRC。

常用低合金刃具钢的牌号、成分、热处理、硬度及用途见表6-8。

表6-8　常用低合金刃具钢的牌号、成分、热处理、硬度及用途

牌号	化学成分					热处理				用途举例
	w_C(%)	w_{Si}(%)	w_{Mn}(%)	w_{Cr}(%)	$w_{其他}$(%)	淬火		回火		
						温度/℃	HRC（不小于）	温度/℃	HRC	
9Mn2V	0.85～0.95	≤0.40	1.70～2.00		V 0.10～0.25	780～810 油	62	150～200	60～62	丝锥、板牙、铰刀、量规、块规、精密丝杠、磨床主轴
9SiCr	0.85～0.95	1.20～1.60	0.30～0.60	0.95～1.25		820～860 油	62	180～200	60～63	耐磨性高、切削不剧烈的刀具，如板牙、丝锥、钻头、铰刀、齿轮铣刀等
CrWMn	0.90～1.05	≤0.40	0.80～1.10	0.90～1.20	W 1.20～1.60	800～830 油	62	140～160	62～65	要求淬火变形小的刀具，如拉刀、长丝锥、量规、高精度冷冲模等
Cr2	0.95～1.10	≤0.40	≤0.40	1.30～1.65		830～860 油	62	150～170	60～62	低速、切削量小、加工材料不很硬的刀具，测量工具，如样板、冷轧辊
CrW5	1.25～1.50	≤0.30	≤0.30	0.40～0.70	W 4.50～5.50	800～820 水	65	150～160	64～65	低速切削硬金属用的刀具，如车刀、铣刀、刨刀、长丝锥等
9Cr2	0.80～0.95	≤0.40	≤0.40	1.30～1.70		820～850 油	62			主要做冷轧辊、钢印、冲孔凿、尺寸较大的铰刀、木工工具

（二）高速工具钢

用高速工具钢制作的刃具在使用时，能以比低合金刃具钢刀具更高的切削速度进行切削，因而被称为高速工具钢。它的特点是热硬性高达600℃，切削时能长时间保持刃口锋利，故又称为“锋钢”，并且还具有高的强度、硬度和淬透性。淬火时在空气中冷却即可得到马氏体组织，因此，又俗称为“风钢”、“白钢”。

1. 高速工具钢的成分特点

高速工具钢的碳含量较高，w_C在0.75%～1.60%，并含有大量的碳化物形成元素如钨、钼、铬、钒等。高的碳含量是为了在淬火后获得高碳马氏体，并保证形成足够的碳化物，从而保证其高的硬度、高的耐磨性和良好的热硬性。

钨和钼的作用相似（质量分数为1%的钼相当于质量分数为2%的钨），都能提高钢的热硬性。含有大量钨或钼的马氏体具有很高的耐回火性，在500～600℃的回火温度下，因析出微细的特殊碳化物（W_2C、Mo_2C）而产生二次硬化，使钢具有高的热硬性，同时还提高钢的耐磨性。

铬在高速工具钢淬火加热时，几乎全部溶入奥氏体中，增加了奥氏体的稳定性，从而显著提高钢的淬透性和耐回火性。

钒是强碳化物形成元素，其碳化物VC非常稳定，极难溶解，硬度极大（可达83～

85HRC），从而提高钢的硬度和耐磨性。未溶的 VC 能显著阻碍奥氏体长大。

2. 高速工具钢的锻造

高速工具钢铸态组织中含有大量的鱼骨状碳化物（见图 6-4），分布很不均匀，显著降低了钢的力学性能，特别是韧性。而且用热处理方法不能根本改变碳化物的分布状态，只能用反复锻造的方法将碳化物打碎，并使其尽可能均匀分布。锻造比最好大于 10，锻后必须缓冷，以免开裂。

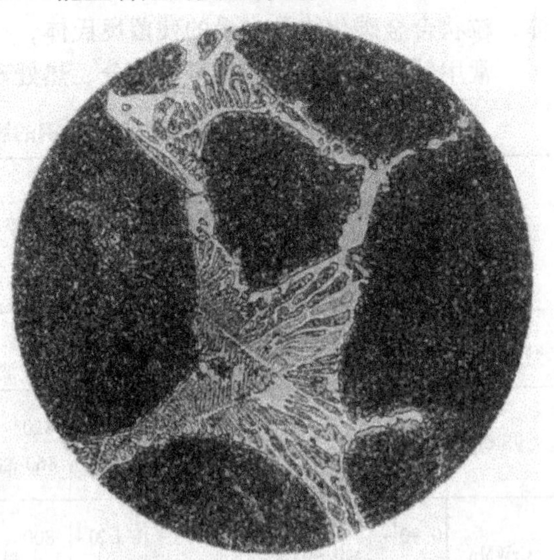

图 6-4 高速钢的铸态组织

3. 高速工具钢的热处理

高速工具钢的热处理包括退火、淬火和回火，其特点是退火温度低，淬火温度高，回火温度高且次数多。

（1）退火。为了消除坯料在锻造时产生的内应力，降低硬度，细化晶粒，为切削加工和淬火作准备，高速钢在锻后必须及时进行球化退火。退火温度为 $Ac_1+30\sim50$℃，退火后的组织为索氏体和粒状合金碳化物，硬度为 207～255HBW。

（2）淬火。高速工具钢只有在正确的淬火及回火后才能获得优良的性能。高速工具钢的淬火加热温度很高（1200～1300℃），目的是使碳化物尽可能多地溶入奥氏体，从而提高淬透性、耐回火性和热硬性。由于高速工具钢的导热性较差，故淬火加热时必须进行一至二次预热。如图6-5所示。高速工具钢淬火后的组织是隐晶马氏体、粒状碳化物及 25% 左右的残留奥氏体，如图 6-6 所示。

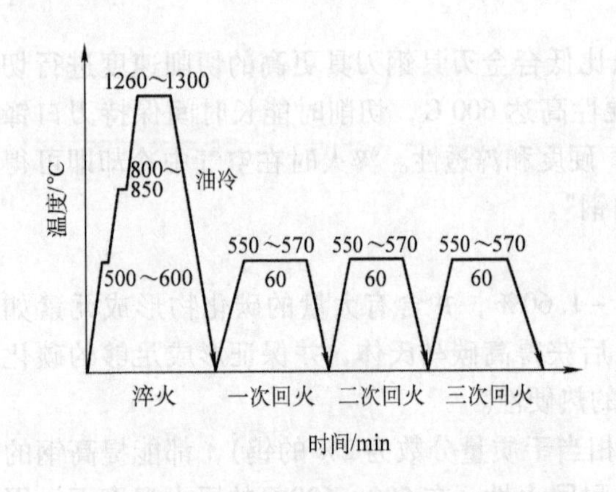

图 6-5 W18Cr4V 钢的淬火、回火工艺曲线

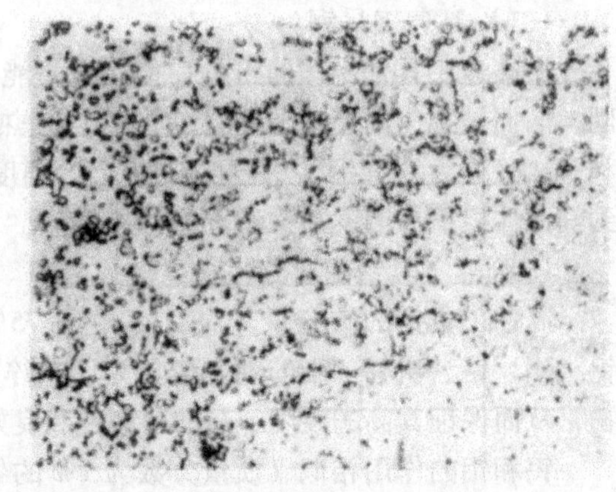

图 6-6 W18Cr4V 钢淬火后的组织（400×）

（3）回火。**高速工具钢淬火后应立即回火，一般在 550～570℃回火三次，每次 1h。**在此温度范围内回火时，钨、钼、钒的碳化物从马氏体和残留奥氏体中析出，呈弥散分布，使钢的硬度明显上升；同时由于残留奥氏体转变成马氏体，也使硬度上升，从而形成二次硬化，保证了钢的高硬度、高耐磨性及热硬性。进行多次回火，其目的是逐步减少残留奥氏体

的量和消除内应力。高速工具钢回火后的组织为回火马氏体、粒状碳化物和少量（体积分数为1%～2%）残留奥氏体，如图6-7所示，硬度可达63～66HRC。

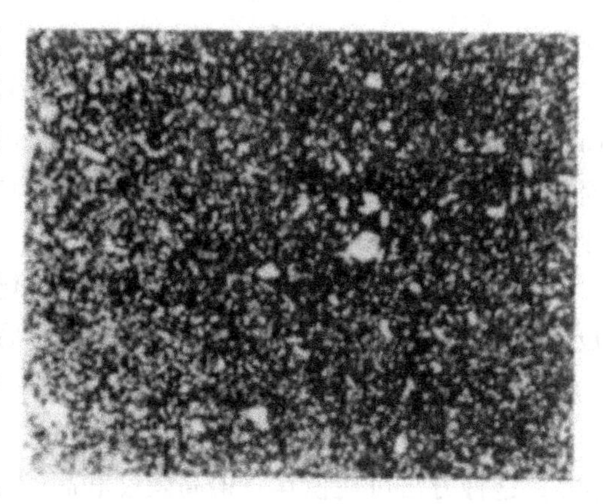

图6-7 W18Cr4V钢淬火回火后的组织（400×）

4. 常用的高速工具钢

高速工具钢的种类很多，应用最多的有W18Cr4V、W6Mo5Cr4V2和W9Mo3Cr4V三种。W18Cr4V是我国发展最早的高速工具钢，其特点是热硬性较高，过热敏感性较小，加工性好。W6Mo5Cr4V2钢是用钼代替一部分钨而发展起来的，其特点是具有良好的热塑性，碳化物分布较均匀，耐磨性和韧性也较好，正在逐步取代W18Cr4V钢。W9Mo3Cr4V钢是近几年发展起来的通用型高速工具钢，具有上述两种钢的共同优点，比W18Cr4V钢的热塑性好，比W6Mo5Cr4V2钢的脱碳倾向小，硬度高，因此得到了越来越广泛的应用。常用高速工具钢的牌号、热处理、硬度及用途见表6-9。

表6-9 常用高速工具钢的牌号、热处理、硬度及用途

牌号	热处理及性能					热硬性HRC不小于	用途
	退火		淬火、回火				
	温度/℃	硬度HBW	淬火温度/℃	回火温度/℃	回火后硬度HRC		
W18Cr4V	860～880	207～255	1260～1285	550～570	63～66	63	制造一般高速切削用车刀、刨刀、钻头、铣刀、铰刀等
W6Mo5Cr4V2	820～840	≤255	1210～1230	540～560	>64	63	制造要求耐磨性和韧性很好配合的高速切削刀具，如丝锥、钻头、滚刀、拉刀等
W6Mo5Cr4V2Al	850～870	≤269	1230～1240	540～560	67～69	65	制造加工合金钢的车刀和成形刀具，也可用于热作模具零件
W9Mo3Cr4V		≤255	1210～1240	540～560	>64		具有W18Cr4V和W6Mo5Cr4V2的共同优点，应用广泛

注：热硬性是将淬火回火试样在600℃加热4次、每次1h的条件下测定的。

二、合金模具钢

根据工作条件的不同，模具钢可分为冷作模具钢和热作模具钢。

（一）冷作模具钢

冷作模具钢用于制造使金属在冷态下产生变形的模具，如冷冲模、冷挤压模、冷镦模、拉丝模等。这些模具在工作中要承受很大的压力、弯曲力、冲击力和强烈的摩擦。因此，冷作模具钢的性能要求与刃具钢相似，要求具有高的硬度（58～62HRC）和耐磨性，足够的强度和韧性，同时要求热处理变形小。

冷作模具钢的化学成分、热处理特点基本上与刃具钢相似。对于小型冷作模具，可用碳素工具钢和低合金刃具钢制造，如T10A、9SiCr、CrWMn、9Mn2V等。其热处理一般也是球化退火、淬火和低温回火。

对于大型模具常用 Cr12 型钢制造。Cr12 型钢是最常用的冷作模具钢，牌号有 Cr12 和 Cr12MoV 等。这类钢的成分特点是高碳高铬（w_C = 1.45% ~ 2.3%、w_{Cr} = 11% ~ 13%），具有高硬度、高强度和极高的耐磨性，并具有极好的淬透性（油淬直径达 200mm），淬火变形小。但淬火后残留奥氏体量较多。

Cr12 型钢属于莱氏体钢，网状共晶碳化物的不均匀分布将使模具变脆。因此，要通过反复锻造来消除碳化物的不均匀性。锻造后应缓冷，然后进行球化退火，以消除锻造内应力、降低硬度，为后续工序做准备。

Cr12 型钢的最终热处理有两种方法：一种是低温淬火和低温回火法（也叫一次硬化法），这种方法可使模具获得高硬度和高耐磨性，淬火变形小，一般承受较大载荷和形状复杂的模具采用此法处理；另一种热处理方法是高温淬火和高温（510 ~ 520℃）多次回火法（也叫二次硬化法），这种方法能使模具获得高的热硬性和耐磨性，但韧性较差，一般承受强烈摩擦，在 400 ~ 450℃条件下工作的模具适用此法。Cr12 型钢经淬火及回火后的组织为回火马氏体、粒状碳化物和少量残留奥氏体。

常用 Cr12 型钢的牌号、热处理、硬度及用途见表 6-10。

表 6-10　常用 Cr12 型钢的牌号、热处理、硬度及用途

钢　　号	退火及硬度		淬火及回火		回火后	用　途　举　例
	温度/℃	硬度 HBW	淬火温度/℃	回火温度/℃	硬度 HRC	
Cr12	850 ~ 870	≤269	950 ~ 980 油	180 ~ 220	60 ~ 62	用于耐磨性能高而不受冲击的模具，如冷冲模冲头、冷切剪刀、钻套、量规、粉末冶金模、拉丝模、车刀、铰刀等
			1050 ~ 1080 油	510 ~ 520（三次）	59 ~ 60	
Cr12MoV	850 ~ 870	≤255	980 ~ 1030 油	160 ~ 180	61 ~ 63	用于截面较大，形状复杂，工作条件繁重的模具，如圆锯、搓丝板、切边模、滚边模、标准工具与量规等
			1080 ~ 1150 油	510 ~ 520（三次）	60 ~ 62	

（二）热作模具钢

热作模具钢用于制造在受热状态下对金属进行变形加工的模具，如热锻模、热挤压模、压铸模等。这类模具在工作中除承受较大的冲击载荷、很大的压力、弯曲力外，还受到炽热金属在模腔中流动所产生的强烈摩擦力，同时还受到反复的加热和冷却。因此，要求热作模具钢应具有高的热硬性和高温耐磨性，良好的综合力学性能，高的热疲劳强度和较好的抗氧化能力，同时还要求具有高的淬透性、导热性。

为了达到上述要求，热作模具钢一般是中碳合金钢，其 w_C = 0.3% ~ 0.6%，以保证钢具有高强度、高韧性、较高的硬度（35 ~ 52HRC）和较高的热疲劳强度。加入的合金元素有锰、铬、镍、钨、钼、钒等，主要是提高钢的淬透性、耐回火性和热硬性，细化晶粒，同时还提高钢的强度和热疲劳强度。

热作模具钢的最终热处理与模具钢的种类和使用条件有关。热锻模具钢的最终热处理与调质钢相似，淬火后高温（550℃左右）回火，以获得回火索氏体 - 回火托氏体组织。热压模具钢的热处理是淬火后在略高于二次硬化峰值的温度（600℃左右）回火 2 ~ 3 次，获得的组织为回火马氏体和粒状碳化物，以保证模具的热硬性。

目前，制作热锻模的典型钢种有 5CrMnMo 和 5CrNiMo 钢；制作热压模的常用钢为 3Cr2W8V 钢。

常用热作模具钢的牌号、热处理、硬度及用途见表 6-11。

表 6-11　常用热作模具钢的牌号、热处理、硬度及用途

钢　号	退　火		淬　火		回　火		用途举例
	温度/℃	硬度 HBW	温度/℃	冷却介质	温度/℃	硬度 HRC	
5CrNiMo	830~860	197~241	830~860	油	530~550	39~43	用于形状复杂、冲击负荷重的各种大、中型锤锻模（边长 > 400mm）
5CrMnMo	820~850	197~241	820~850	油	560~580	35~39	用于中型锤锻模（边长≤30~400mm）
4Cr5MoSiV	840~900	≤235	1000~1010	空气	550	40~54	用于模锻锤锻模、热挤压模具（挤压铝、镁）、塑料模具、高速锤锻模、铝合金压铸模等
3Cr2W8V	860~880	207~255	1075~1125	油	560~660（三次）	44~54	用于热挤压模（挤压铜、钢）、压铸模、热剪切刀
4Cr5W2VSi	840~900	≤229	1030~1050	油或空气	580（二次）	45~50	用于寿命要求高的热锻模、高速锤用模具与冲头、热挤压模具及芯棒、有色金属压铸模等

三、合金量具钢

量具是用来测量和检验零件尺寸的工具，如千分尺、游标卡尺、量块、样板等。量具在使用过程中经常受到磨损和碰撞，因此，要求量具钢必须具备高硬度（62~65HRC）、高耐磨性、高的尺寸稳定性及足够的强度和韧性，同时还要求热处理变形小等。

量具用钢没有专用钢种。对于形状简单、尺寸较小、精度要求不高的量具（如简单卡规、低精度量块等），可用碳素工具钢 T10A、T12A 制造；或用渗碳钢（20、15Cr 等）制造，并经渗碳淬火处理；或用中碳钢（50、60 钢等）制造，并经高频感应淬火处理。精度要求高或形状复杂的量具，一般用合金工具钢或滚动轴承钢（如 9SiCr、Cr2、CrWMn、GCr15 等）制造。

表 6-12 是量具用钢的选用实例及热处理方法，仅供参考。

表 6-12　量具用钢选用实例及热处理方法

量具名称	选用钢号实例	热处理
形状简单、精度不高的量规、塞规等	T10A、T12A、9SiCr	淬火+低温回火
精度不高、耐冲击的卡板、平样板等	15、20、20Cr、15Cr	渗碳+淬火+低温回火
	50、60、65Mn	高频感应淬火
高精度量块等	GCr15、Cr2、CrMn	淬火+低温回火
高精度、形状复杂的量规、量块等	CrWMn	淬火+低温回火

量具的最终热处理主要是淬火和低温回火，目的是获得高硬度和高耐磨性。对于精度要求高的量具，为保证尺寸稳定性，常在淬火后立即进行一次冷处理，以降低组织中的残留奥氏体量。在低温回火后还应进行一次稳定化处理（100~150℃、24~36h），以进一步稳定组织和尺寸，并消除淬火内应力。有时在磨削加工后，还要在 120~150℃ 保温 8h 进行二次

稳定化处理，以消除磨削产生的残留内应力，从而进一步稳定尺寸。

第五节 特殊性能钢及其热处理

特殊性能钢是指具有特殊物理、化学或力学性能的合金钢。其种类很多，在机械制造行业中应用较多的有不锈钢、耐热钢、耐磨钢等。

一、不锈钢

在自然环境或一定工业介质中具有耐蚀性的一类钢，称为不锈钢。按其化学成分的不同，不锈钢分为铬不锈钢、铬镍不锈钢和铬锰不锈钢等。按其组织特征，则可分为马氏体不锈钢、铁素体不锈钢、奥氏体不锈钢等。

（一）马氏体不锈钢

这类钢的 $w_C = 0.1\% \sim 0.4\%$，$w_{Cr} = 12\% \sim 14\%$，属于铬不锈钢，最典型的是 Cr13 型不锈钢。**马氏体不锈钢只在氧化性介质中耐腐蚀，在非氧化性介质中耐蚀性很低，而且随钢中碳含量的增多，其强度、硬度及耐磨性提高，耐蚀性下降。**

这类钢中碳含量较低的 12Cr13、20Cr13 钢，具有良好的抗大气、海水、蒸汽等介质腐蚀的能力，且有较好的塑性和韧性。因此主要用于制造耐腐蚀的结构零件，如汽轮机叶片、水压机阀和医疗器械等。碳含量较高的 30Cr13、30Cr13Mo 钢，热处理后硬度可达 50HRC 左右，强度也较高，因此广泛用于制造防锈的医用手术工具及刃具、不锈钢轴承、弹簧等。

马氏体不锈钢的热处理与结构钢相似。用作高强零件时进行调质处理，如 12Cr13、20Cr13；用作弹性元件时进行淬火和中温回火处理；用作工具和刃具时进行淬火和低温回火处理。

（二）铁素体不锈钢

常用铁素体不锈钢中 $w_C < 0.12\%$，$w_{Cr} = 12\% \sim 30\%$，也属于铬不锈钢，典型钢种是 Cr17 型不锈钢。这类钢由于碳含量降低，铬含量又较高，使钢从室温加热到高温（960～1100℃），其组织始终是单相铁素体。故其耐蚀性（对硝酸、氨水等）和抗氧化性（在 700℃以下）均较好。但其强度低，又不能用热处理强化。因此，主要用于要求较高耐蚀性而受力不大的构件，如化工设备中的容器、管道，食品工厂的设备等。

（三）奥氏体不锈钢

奥氏体不锈钢是应用最广的不锈钢，这类钢是在 Cr18Ni8（简称 18－8）基础上发展起来的，属于铬镍不锈钢。这类钢碳含量很低（$w_C < 0.12\%$），$w_{Cr} = 17\% \sim 19\%$，$w_{Ni} = 8\% \sim 12\%$，有时还向钢中加入钛、铌、钼等，以防晶界腐蚀。

这类钢在室温下为单相奥氏体组织，加热时没有相变发生，故不能用热处理进行强化，只能用加工硬化来提高钢的强度。

这类钢的性能特点是具有很好的塑性、韧性和焊接性，强度、硬度低，无磁性，耐蚀性和耐热性很好，但切削加工性较差，易粘刀和产生加工硬化。因此，这类钢广泛用于在强腐蚀介质（硝酸、磷酸及碱水溶液等）中工作的设备、管道、储槽等，还广泛用于要求无磁性的仪表、仪器元件等。

这类钢的热处理主要采用固溶处理。奥氏体不锈钢在退火状态下是奥氏体和少量的碳化物组织。为了获得单相奥氏体组织，提高钢的耐蚀性，并使钢软化，将钢加热到 1100℃左右，使所有碳化物都溶入奥氏体，然后水淬快冷至室温，即得单相奥氏体组织。这种处理方法称为固溶处理。

对于含钛或铌的钢，在固溶处理后还应进行稳定化处理，以防晶界腐蚀的发生。

常用不锈钢的牌号、成分、热处理、性能及用途见表6-13。

表6-13　常用不锈钢的牌号、成分、热处理、性能及用途（摘自 GB/T 1220—2007）

类别	牌号	化学成分			热处理		力学性能				用途举例
		w_C（%）	w_{Cr}（%）	$w_{其他}$（%）	淬火温度/℃	回火温度/℃	σ_b/MPa	$\sigma_{0.2}$/MPa	ψ（%）	硬度 HBW	
马氏体型	12Cr13	≤0.15	11.50~13.50	—	950~1000 油冷	700~750 快冷	≥540	≥343	≥55	≥159	制作抗弱腐蚀介质并承受冲击的零件，如汽轮机叶片、水压机阀、螺栓、螺母等
	20Cr13	0.16~0.25	12.00~14.00		920~980 油冷	600~750 快冷	≥637	≥441	≥50	≤192	
马氏体型	30Cr13	0.26~0.40	12.00~14.00		920~980 油冷	600~750 快冷	≥735	≥539	≥40	≥217	制作刃具、喷嘴、阀座、阀门、医疗器具等
	32Cr13Mo	0.28~0.35	12.00~14.00	Mo 0.5~1.0	1025~1075 油冷	200~300 快冷				HRC ≥50	制作高温及高耐磨性的热油泵轴、轴承、阀片、弹簧等
铁素体型	10Cr17	≤0.12	16.00~18.00		退火 780~850 空冷或缓冷		≥451	≥206	≥50	≥183	制作建筑内装饰、家庭用具、重油燃烧部件、家用电器部件等
	008Cr30Mo2	≤0.010	28.50~32.00	Mo 1.50~2.50	900~1000 快冷		≥451	≥294	≥45	≥228	耐蚀性很好，用作苛性碱设备及有机酸设备
奥氏体型	06Cr19Ni9	≤0.08	18.0~20.0	Ni 8.0~10.5	1010~1150 快冷		≥520	≥206	≥60	≤187	用于食品设备，一般化工设备、原子能工业
	12Cr18Ni9	≤0.15	17.00~19.00	Ni 8.0~10.0	1010~1150 快冷		≥520	≥206	≥60	≤187	制造建筑用装饰部件及耐有机酸、碱溶液腐蚀的设备零件、管道等
	06Cr19Ni13Mo3	≤0.08	18.00~20.00	Ni 11.00~15.00 Mo 3.0~4.0	1010~1150 快冷		≥520	≥206	≥60	≤187	耐点蚀性好，制造染色设备零件
	022Cr19Ni13Mo3	≤0.03	18.00~20.00	Ni 11.00~15.00 Mo 3.0~4.0	1010~1150 快冷		≥481	≥177	≥60	≤187	制作要求耐晶间腐蚀性好的零件

二、耐热钢

在高温下具有一定的热稳定性和热强性的钢称为耐热钢。按照性能，耐热钢可分为抗氧化钢和热强钢。抗氧化钢在高温下具有较好的抗氧化及抗其他介质腐蚀的性能；热强钢在高温时具有较高的强度和良好的抗氧化、抗腐蚀性能。按照组织类型，耐热钢可分为珠光体耐热钢、铁素体耐热钢、奥氏体耐热钢及马氏体耐热钢等。

（一）珠光体耐热钢

珠光体耐热钢是低合金耐热钢，钢中含的合金元素总量不超过3%～5%（质量分数），故耐热性不高，主要用于工作温度在600℃以下，承受载荷不大的耐热零件，如锅炉钢管、汽轮机转子、耐热紧固件、石油热裂装置等。常用钢号有15CrMo、12CrMoV、35CrMoV等。这类钢一般在正火、回火状态下使用，组织为细珠光体或索氏体＋部分铁素体。

（二）铁素体耐热钢

铁素体耐热钢的碳含量较低（$w_C \leqslant 0.20\%$），铬含量高（$w_{Cr} \geqslant 11\%$），并含有一定量的硅、铝等，以提高钢的抗氧化能力，加入少量的氮，主要是提高钢的强度。故这类钢的抗氧化性能高（铬含量越高，抗氧化性越高），但高温强度仍较低，焊接性较差。因此，主要用于制造工作温度较高、受力不大的构件，如退火炉罩、吊挂、热交换器、喷嘴、渗碳箱等。常用钢号有06Cr13Al、16Cr25N等。主要热处理是退火，其目的是消除钢在冷加工时产生的内应力。

（三）马氏体耐热钢

马氏体耐热钢含有大量的铬，并含有钼、钨、钒等合金元素，以提高钢的再结晶温度和形成稳定的碳化物，加入硅以提高钢的抗氧化能力和强度。故这类钢的抗氧化性、热强性均高，硬度和耐磨性良好，淬透性也很好。因此，这类钢广泛用于制造工作温度在650℃以下、承受较大载荷且要求耐磨的零件，如汽轮机叶片、汽车发动机的排气阀等。常用钢号有13Cr13Mo、42Cr9Si2、15Cr12WMoV等。马氏体耐热钢一般在调质状态下使用，组织为回火索氏体。

（四）奥氏体耐热钢

奥氏体耐热钢与奥氏体不锈钢一样，含有大量的铬和镍，以保证钢的抗氧化性和高温强度，并使组织稳定。加入钛、钼、钨等元素是为了形成弥散分布的碳化物，以进一步提高钢的高温强度。故这类钢的耐热性优于珠光体耐热钢和马氏体耐热钢，并具有很好的冷塑性变形性能和焊接性能，塑性、韧性也较好，但切削加工性较差。因此，这类钢广泛用于汽轮机、燃气轮机、航空、舰艇、电炉等工业部门。如制造加热炉管、炉内传送带、炉内支架、汽轮机叶片、轴、内燃机重负荷排气阀等零件。

常用钢号有06Cr18Ni11Ti、45Cr14Ni14W2Mo等。这类钢与奥氏体不锈钢一样，需经过固溶处理等才能使用。

若零件的工作温度超过700℃，则应考虑选用镍基、铁基、钼基耐热合金及陶瓷合金等。

常用耐热钢的牌号、热处理、性能及用途见表6-14。

三、耐磨钢

耐磨钢是指在强大冲击和挤压条件下才能硬化的高锰钢，其典型钢种是ZGMn13型。它的主要成分为$w_C = 0.9\% \sim 1.45\%$，$w_{Mn} = 11\% \sim 14\%$。这种钢极易产生加工硬化，使切削加工困难。因此，大多数高锰钢零件都是铸造成形的。

高锰钢的铸态组织为奥氏体和粗大的碳化物（沿晶界析出），力学性能低，尤其是韧性和耐磨性低。只有使高锰钢获得单相奥氏体组织，才能使钢在使用时显示出良好的耐磨性和韧性。**使高锰钢获得单相奥氏体组织的方法是“水韧处理”，即将钢加热到1050～1100℃保温，使碳化物全部溶入奥氏体，然后在水中快冷以防止碳化物析出，使钢在室温下获得均匀单一的奥氏体组织**。此时，钢的强度、硬度不高，塑性、韧性很好（$\sigma_b \geqslant 637 \sim 735$MPa，≤229HBW，$a_K \geqslant 147$J/cm^2，$\delta_5 \geqslant 20\% \sim 35\%$）。当高锰钢零件在工作中受到强烈冲击或强大挤压力作用时，表面因塑性变形会产生强烈的加工硬化，而使表面硬度显著提高到500～550HBW，因而获得高的耐磨性，心部仍保持原来的高韧性状态。当旧表面磨损后，新露出的表面又可在冲击和摩擦作用下形成新的耐磨层。因此，这种钢具有很高的耐磨性和抗冲击能力。

表6-14　常用耐热钢的牌号、热处理、性能及用途

类别	牌号	热处理/℃	力学性能					最高使用温度/℃		用途
			σ_b /MPa	$\sigma_{0.2}$ /MPa	δ_5 (%)	ψ (%)	HBW	抗氧化	热强性	
珠光体钢	15CrMo	正火900～950空冷 高回630～700空冷	≥410	≥296	≥22	≥60		<560		用于介质温度<550℃的蒸汽管路、垫圈等
	12CrMoV	正火960～980空冷 高回740～760空冷	≥440	≥225	≥22	≥50		<590		用于介质温度≤570℃的过热器管、导管等
	35CrMoV	淬火900～920油、水 高回600～650空冷	≥1080	≥930	≥10	≥50		<580		用于长期在500～520℃下工作的汽轮机叶轮等
铁素体钢	16Cr25N	退火780～880 快冷	≥520	≥280	≥20	≥40	≤201	<1082		用作1050℃以下炉用构件
	06Cr13Al	退火780～830 空冷或缓冷	≥420	≥180	≥20	≥60	≥183	<900		用作<900℃，受力不大的炉用构件，如退火炉罩等
	10Cr17	退火780～850 空冷或缓冷	≥460	≥210	≥22	≥50	≥183	<900		用作<900℃耐氧化性部件，如散热器、喷嘴等
马氏体钢	13Cr13Mo	淬火970～1020油冷 高回650～750快冷	≥700	≥500	≥20	≥60	≤192	800	500	用于<800℃以下的耐氧化件，<480℃蒸汽用机械部件
	15Cr12WMoV	淬火1000～1050油冷 高回680～700空冷	≥750	≥600	≥15	≥45		750	580	用于<580℃的汽轮机叶片、叶轮、转子、紧固件等
	42Cr9Si2	淬火1020～1040油冷 高回700～780油冷	≥900	≥600	≥19	≥50		800	650	用于<700℃的发动机排气阀、料盘等
	40Cr10Si2Mo	淬火1010～1040油冷 高回720～760空冷	≥900	≥700	≥10	≥35		850	650	同42Cr9Si2

（续）

类别	牌号	热处理/℃	力学性能					最高使用温度/℃		用途
			σ_b /MPa	$\sigma_{0.2}$ /MPa	δ_5 （%）	ψ （%）	HBW	抗氧化	热强性	
奥氏体钢	06Cr18Ni11Nb	980～1150 快冷 固溶处理	≥520	≥205	≥40	≥50	≤187	850	650	用作 400～900℃腐蚀条件下使用的部件、焊接结构件等
	45Cr14Ni14W2Mo	820～850 快冷 退火处理	≥705	≥315	≥20	≥35	≤248	850	750	用于 500～600℃汽轮机零件、重负荷内燃机排气阀
	06Cr25Ni20	1030～1180 快冷 固溶处理	≥520	≥205	≥40	≥50	≥187	1035		用于 <1035℃的炉用材料、汽车净化装置

但是，高锰钢在一般机器零件的工作条件下并不耐磨，因此，高锰钢主要用于制造车辆履带、破碎机颚板、球磨机衬板、挖掘机铲斗、铁路道岔、防弹钢板等。

高锰钢的牌号、成分及适用范围见 GB/T5680—2010。

小　结

为了提高碳素钢的力学性能、工艺性能或某些特殊的物理、化学性能，特意加入合金元素所获得的钢种，称为合金钢。合金元素的加入，改变了钢的组织结构和性能，可以提高钢的淬透性，细化晶粒，防止回火脆性，提高钢的耐回火性，增加韧性，提高钢的耐蚀性或耐热性。合金钢常分为合金结构钢、合金工具钢、特殊性能钢。

合金结构钢用于制造重要的工程结构和机械零件，如齿轮、螺栓、螺杆、轴、弹簧和轴承等。它们的淬透性、强度和韧性优于碳素结构钢，具有较高的硬度、塑性、耐磨性和优良的综合力学性能。

合金工具钢用于制造尺寸较大、形状较复杂的各类刀具、磨具和量具等。它们一般含有较高的碳和合金元素，不但硬度和耐磨性高于碳素工具钢，而且还具有更优良的淬透性、热硬性和耐回火性。

特殊性能钢是指具有特殊物理、化学或力学性能的钢，在机械制造行业应用较多的有不锈钢、耐热钢、耐磨钢等。不锈钢广泛用于化工设备、管道、汽轮机叶片、医用器械等。耐热钢要求在高温下具有一定的抗氧化、抗腐蚀性能，又要求高温强度高。高锰耐磨钢常用于制造在工作中受冲击和压力并要求耐磨的零件。

习　题

6-1　什么是合金元素？按其与碳的作用如何分类？

6-2　合金元素在钢中的基本作用有哪些？

6-3　低合金结构钢的性能有哪些特点？主要用途有哪些？

6-4　合金结构钢按其用途和热处理特点可分为哪几种？试说明它们的碳含量范围及主要用途。

6-5　试比较碳素工具钢、低合金工具钢和高速钢的热硬性，并说明高速钢热硬性高的主要原因。

6-6　高速工具钢经铸造后为什么要反复锻造？为什么选择高的淬火温度和三次 560℃回火的最终热处

理工艺？这种热处理是否为调质处理？

6-7　用 Cr12 钢制造的冷冲模，其最终热处理方法有几种？各适用于什么条件下工作的模具？

6-8　说明下列钢号的类别、用途及最终热处理方法：

Q345、ZGMn13、40Cr、20CrMnTi、60Si2Mn、9CrSi、GCr15、W6Mo5Cr4V2、Cr12MoV、12Cr13、06Cr18Ni11Nb、06Cr13Al、5CrMnMo。

6-9　对量具钢有何要求？量具通常采用何种最终热处理工艺？

6-10　奥氏体不锈钢和耐磨钢的淬火目的与一般合金钢的淬火目的有何不同？

6-11　高锰钢的耐磨机理与一般淬火工具钢的耐磨机理有何不同？它们的应用场合有何不同？

6-12　解释下列现象：

（1）在相同含碳量的情况下，大多数合金钢的热处理加热温度都比碳钢高，保温时间长。

（2）高速钢需经高温淬火和多次回火。

（3）在砂轮上磨各种钢制刀具时，需经常用水冷却。

（4）用 ZGMn13 钢制造的零件，只有在强烈冲击或挤压条件下才耐磨。

第七章　铸铁及其热处理

教学目标：通过学习，学生应熟悉石墨形态与基体组织对铸铁性能的影响；掌握灰铸铁、球墨铸铁的典型牌号、性能特点、热处理工艺和主要用途；了解可锻铸铁、蠕墨铸铁和合金铸铁的牌号、性能及应用。

本章重点：各种铸铁的性能特点、热处理方法和主要用途。

本章难点：石墨形态与基体组织对铸铁性能的影响。

第一节　铸铁的分类

铸铁是指一系列主要由铁、碳和硅组成的合金的总称。在这些合金中，碳含量超过了共晶温度时能保留在奥氏体固溶体中的量。**铸铁与碳钢的主要不同是，铸铁含碳和含硅量较高（一般 $w_C=2.5\%\sim4\%$，$w_{Si}=1\%\sim3\%$），杂质元素锰、硫、磷较多。**为了提高铸铁的力学性能或物理、化学性能，还可加入一定量的合金元素，得到合金铸铁。

铸铁具有优良的铸造性能、切削加工性、耐磨性及减振性，而且熔炼铸铁的工艺与设备简单、成本低廉，因此在工业生产中，它是制造各种铸件最常用的材料。若按重量百分比计算，在各类机械中，铸铁件约占40%~70%，在机床和重型机械中，则可达60%~90%。

根据碳在铸铁中存在形式和形态的不同，铸铁可分为：

（1）白口铸铁。碳除少量溶于铁素体外，其余的碳都以渗碳体的形式存在于铸铁中，其断口呈银白色，故称白口铸铁。这类铸铁硬而脆，很难切削加工，所以很少直接用来制造各种零件。

（2）灰铸铁。碳主要以片状石墨形态存在于铸铁中，断口呈灰色。这类铸铁的力学性能不高，但它的生产工艺简单、价格低廉，而且还具备其他方面的特性，故在工业中应用最广。

（3）球墨铸铁。碳主要以球状石墨的形态存在于铸铁中。这类铸铁的力学性能不仅较灰铸铁高，而且还可以通过热处理进一步提高，所以它在生产中常用作受力大且重要的铸件。

（4）蠕墨铸铁。碳主要以介于片状与球状之间形似蠕虫状的石墨形态存在于铸铁中，性能介于灰铸铁与球墨铸铁之间。它是近年来发展起来的新型铸铁。

（5）可锻铸铁。碳主要以团絮状石墨的形态存在于铸铁中。其力学性能（特别是韧性和塑性）较灰铸铁高，并接近于球墨铸铁。它在薄壁复杂铸铁件中应用较多。

第二节　铸铁的石墨化

一、铸铁的石墨化过程

铸铁组织中石墨的形成过程称为铸铁的石墨化过程。

在铸铁中，碳的存在形式有两种，即化合状态的渗碳体（Fe_3C）和游离状态的石墨

（常用G表示）。其中渗碳体的具体结构与性能已如前述（见第四章）。石墨的晶格形式为简单六方体，如图7-1所示，原子呈层状排列，同一层的原子间距为0.142nm，结合力较强；而层与层之间的面间距为0.340nm，其结合力较弱，易滑移，故石墨的强度、塑性和韧性极低，硬度仅为3～5HBW。

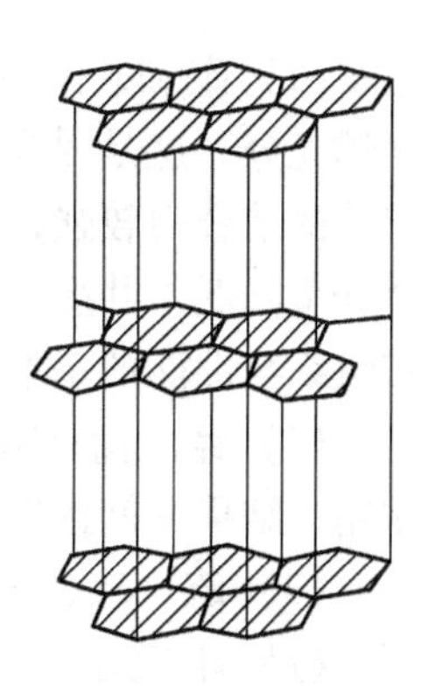
图7-1　石墨的晶体结构

碳在铸铁中以Fe_3C形式存在的规律可用前述的Fe－Fe_3C相图表示，而碳以G形式存在的规律应该用Fe－G石墨相图表示。为了便于比较和应用，习惯上把这两个相图合画在一起，称为铁碳合金双重相图，如图7-2所示。图中实线表示Fe－Fe_3C相图，虚线表示Fe－G相图。

由图可见，虚线位于实线的上方或左上方。这表明Fe－G相图较Fe－Fe_3C相图更稳定。也就是说，石墨比渗碳体具有更高的稳定性。生产实践中通过加热可使渗碳体分解为铁素体和石墨（$Fe_3C \rightarrow 3Fe + C$）。可见渗碳体并不是一种稳定的相，石墨才是一种稳定的相。

铸铁的石墨化可有两种方式：一种是按照Fe－G相图进行，由液态和固态中直接析出石墨；另一种是按照Fe－Fe_3C相图先结晶出渗碳体，随后渗碳体在一定的条件下再分解出石墨。第一种方式下，铸铁的石墨化过程由下面的三个阶段完成。

第一阶段：它包括过共晶液体沿着液相线$C'D'$冷却时析出的一次石墨$G_{Ⅰ}$，以及共晶转变时形成的共晶石墨$G_{共晶}$。后者可表示为

$$L_{C'} \rightarrow A_{E'} + G_{共晶}$$

第二阶段：过饱和奥氏体沿着$E'S'$线冷却时析出的二次石墨$G_{Ⅱ}$。

第三阶段：在共析转变阶段，由奥氏体转变为铁素体和共析石墨$G_{共析}$，其反应式为

$$A_{S'} \rightarrow F_{P'} + G_{共析}$$

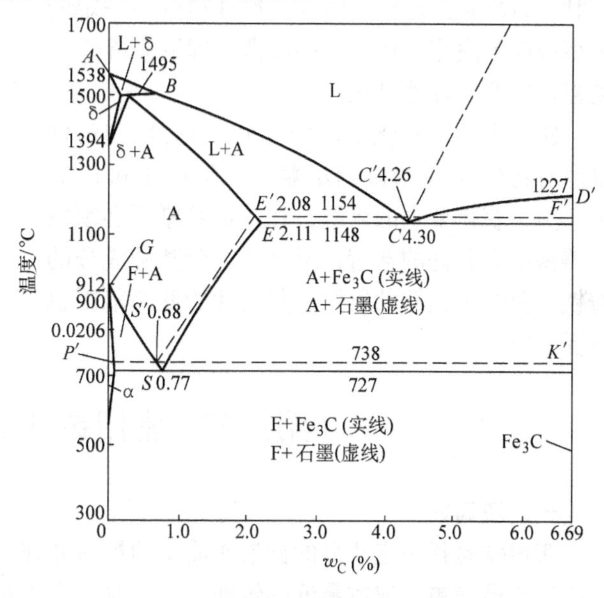

图7-2　铁碳合金双重相图

在第二种方式中，铸铁的石墨化过程也可分为三个阶段。第一阶段的石墨化为一次渗碳体和共晶渗碳体在高温下分解而析出石墨，第二阶段为二次渗碳体分解而析出石墨，第三阶段为共析渗碳体分解而析出石墨。

石墨化的过程是一个原子扩散的过程，不仅需要碳原子的扩散集聚，而且还需要铁原子在碳的集聚处扩散转移。石墨化的温度越低，原子扩散越困难，因而越不易石墨化。显然，铸铁石墨化程度的不同，将获得不同基体的组织。

二、影响石墨化的因素

影响石墨化的因素很多，其中主要是化学成分和冷却速度。

1. 化学成分的影响

（1）碳和硅。碳和硅是强烈促进石墨化的元素，铸铁中碳和硅的含量越高，石墨化程度越充分。这是因为碳含量的增加可使石墨化时晶核的数量增多，所以促进了石墨化；而硅与铁的结合力较强，硅溶于铁中，不仅会削弱铁、碳原子间的结合力，而且还会使共晶点的含碳量降低，共晶温度提高，这都有利于石墨的析出。因此，调整铸铁的碳硅含量，是控制其组织与性能的基本措施之一。

（2）锰。锰是阻止石墨化的元素。但锰与硫能形成硫化锰，减弱了硫对石墨化的阻止作用，结果又间接地起着促进石墨化的作用。因此，铸铁中含锰量要适当。

（3）硫。硫是强烈阻止石墨化的元素。此外硫还降低铁液的流动性和促进铸件热裂，所以硫是有害元素，铸铁中含硫量越低越好。

（4）磷。磷是微弱促进石墨化的元素，同时它能提高铁液的流动性。但磷与铁形成 Fe_3P，会增加铸铁的脆性，所以铸铁中含磷量也应严格控制。

2. 冷却速度的影响

铸铁结晶过程中的冷却速度对石墨化的影响也很大。冷却速度快时，碳原子来不及扩散，石墨化难以充分进行，甚至出现白口铸铁组织；而冷却速度慢时，碳原子有充分时间扩散，有利于石墨化的进行。铸铁的冷却速度在一定的铸型条件下决定于铸件壁的厚薄，即壁厚冷却速度慢，壁薄冷却速度快。

图 7-3 为铸铁化学成分（$w_C + w_{Si}$）和铸件壁厚对铸铁组织的影响示意图。从图中可以看出，为了获得要求的组织，在一定壁厚下必须控制铸铁中碳和硅的含量；反之，对于某种成分的铸铁，要获得预期的组织，其铸件的壁厚范围也应受到限制。

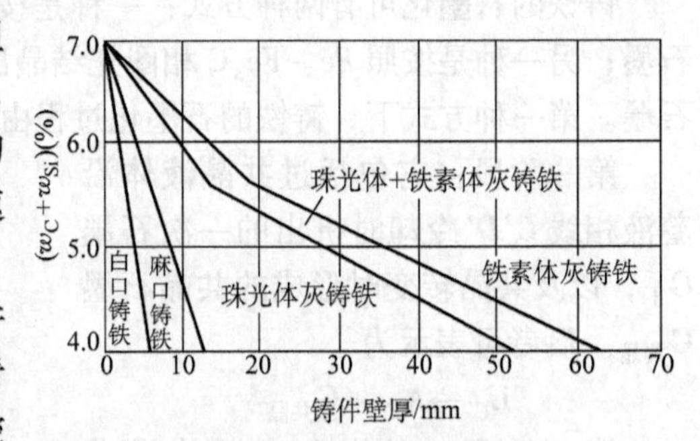

图 7-3 铸铁化学成分和铸件壁厚对铸铁组织的影响

第三节 常用铸铁及其热处理

一、灰铸铁

灰铸铁是指一定成分的铁液作简单的炉前处理，浇注后获得具有片状石墨的铸铁。它是生产工艺最简单、成本最低的铸铁，在工业生产中得到了最广泛的应用。在铸铁总产量中，灰铸铁要占 80% 以上。

1. 灰铸铁的化学成分、组织和性能

（1）灰铸铁的化学成分。灰铸铁的化学成分范围一般为：$w_C = 2.6\% \sim 3.6\%$，$w_{Si} = 1.2\% \sim 3.0\%$，$w_{Mn} = 0.4\% \sim 1.2\%$，$w_P \leq 0.2\%$，$w_S \leq 0.15\%$。一定的碳、硅含量可以确保碳的石墨化，防止出现白口组织。但碳、硅量过高则会使石墨大量析出，对铸铁力学性能不利。锰可消除硫的有害作用，还可调节灰铸铁的基体组织。

（2）灰铸铁的组织。灰铸铁是第一阶段和第二阶段石墨化都能充分进行时形成的铸铁。它的显微组织特征是片状石墨分布在几种不同的基体组织上，如图 7-4 所示。

灰铸铁中的三种不同基体组织是由于第三阶段石墨化程度的不同引起的。在第一阶段和第二阶段石墨化过程充分进行的前提下，如果第三阶段的石墨化过程也充分进行，则获得铁素体基体组织；如果第三阶段石墨化过程仅部分进行，则获得铁素体＋珠光体的基体组织；如果第三阶段石墨化过程完全没有进行，则获得珠光体基体组织。

灰铸铁的组织可看作在钢的基体上分布着片状石墨。

（3）灰铸铁的性能。灰铸铁的力学性能主要决定于基体和石墨的分布状态。由于硅、锰等元素对铁素体的强化作用，因此灰铸铁基体的强度与硬度不低于相应的钢。但石墨的强度、塑性、韧性几乎为零，当它以片状形态分布于基体上时，可以近似地看作为许多裂纹和空隙。它不仅割断了基体的连续性，减小了承受载荷的有效截面，而且在石墨片的尖端处还会产生应力集中，造成脆性断裂。由于片状石墨所产生的这些作用，使灰铸铁基体的力学性能不能充分发挥，从而表现为灰铸铁的抗拉强度很低，塑性、韧性几乎为零。石墨片的数量越多，尺寸越粗大，分布越不均匀，其影响也就越大。

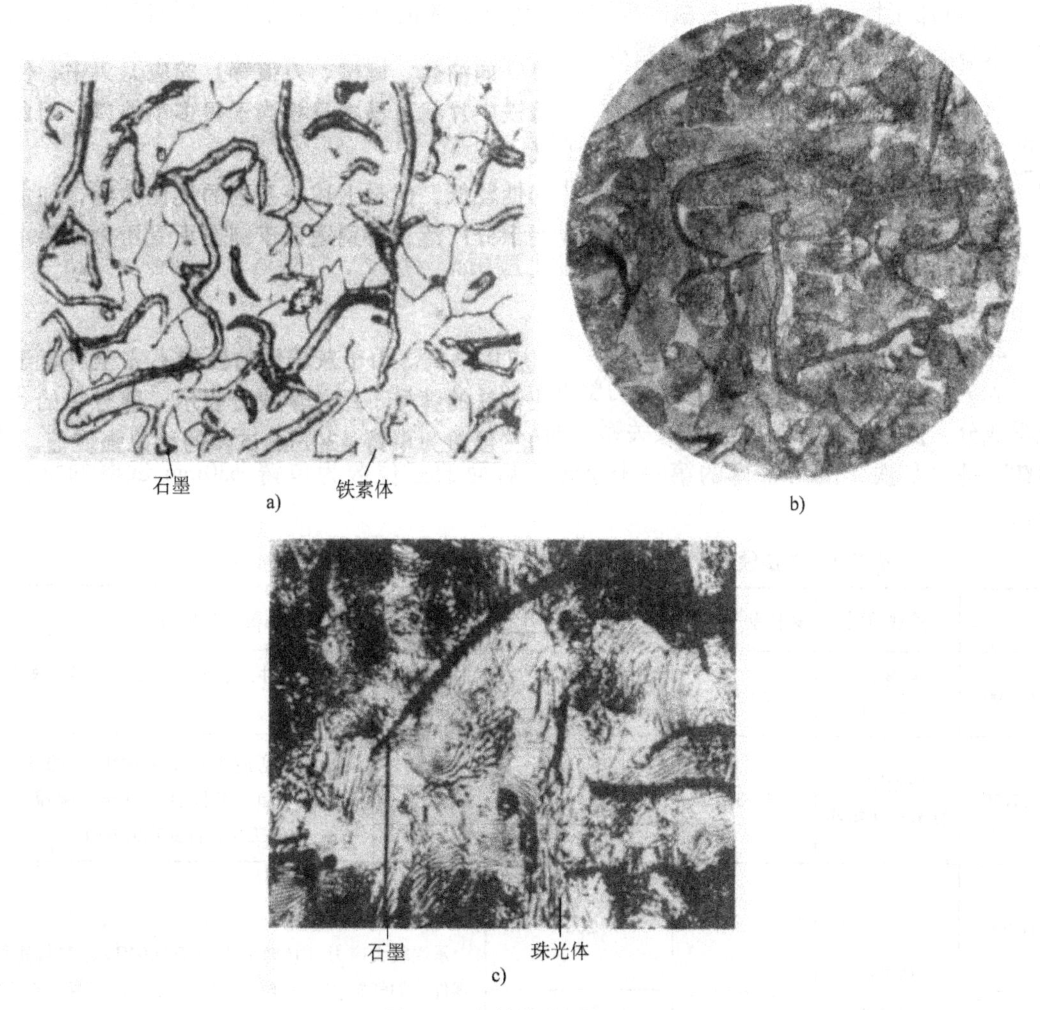

图7-4　灰铸铁的显微组织

a）铁素体灰铸铁　b）铁素体＋珠光体灰铸铁　c）珠光体灰铸铁

由于灰铸铁的抗压强度、硬度与耐磨性主要取决于基体，石墨的存在对其影响不大，故灰铸铁的抗压强度远高于抗拉强度（为3～4倍）。同时，珠光体基体的灰铸铁比其他两种基体的灰铸铁具有较高的强度、硬度与耐磨性。

石墨虽然会降低铸铁的抗拉强度、塑性和韧性，但也正是由于石墨的存在，使铸铁具有一系列其他优良性能。具体表现为：

1）铸造性能优良。由于灰铸铁具有接近于共晶的化学成分，故熔点比钢低，流动性好，而且铸铁在凝固过程中要析出比容较大的石墨，使铸铁的收缩率也较小。这些都会给铸造生产带来好处。

2）减摩性好。灰铸铁中的石墨本身具有润滑作用，而且石墨被磨掉后形成的空隙又能吸附和储存润滑油，保证了油膜的连续性，因此灰铸铁具有较好的减摩性。某些摩擦零件也常用灰铸铁制造。

3）减振性强。由于受振动时石墨能起缓冲作用，阻止振动的传播，并把振动能转变为热能，因此灰铸铁的减振能力比钢大得多。一些受振动的机座、床身常用灰铸铁制造。

4）可加工性良好。由于石墨的存在使得铸铁基体的连续性被割裂，切屑易断裂，同时石墨本身的润滑作用又使刀具磨损减少。

5）缺口敏感性较低。钢常因表面缺口（如油孔、键槽、刀痕等）的应力集中，使力学性能显著降低，故钢的缺口敏感性大。灰铸铁中片状石墨本身相当于很多小缺口，因此就减弱了外加缺口的作用，使其缺口敏感性降低。

因此，尽管灰铸铁抗拉强度、塑性和韧性较低，但是因具有上述一系列的优良性能，加上价格便宜，制造方便，使得灰铸铁在工业上应用十分广泛，特别适合于制造承受压力、要求耐磨和减振的零件。

2. 灰铸铁的牌号和应用

表7-1为灰铸铁的牌号、组织、力学性能及用途举例。由于灰铸铁的性能不完全决定于化学成分，而且与铸态组织有很大关系，所以灰铸铁的牌号不用化学成分表示。牌号中的“HT”是“灰铁”汉语拼音的第一个字母，后面的三位数为单铸 ϕ30mm 试棒的抗拉强度值。

表7-1 灰铸铁的牌号、组织、力学性能及用途（摘自GB/T9439—2010）

牌号	铸铁类别	铸件壁厚/mm	铸件最小抗拉强度 σ_b/MPa	适用范围及举例
HT100	铁素体灰铸铁	5~40	100	低载荷和不重要零件，如盖、外罩、手轮、支架、重锤等
HT150	珠光体+铁素体灰铸铁	5~300	150	承受中等应力（抗弯应力小于100MPa）的零件，如支柱、底座、齿轮箱、工作台、刀架、端盖、阀体、管路附件及一般无工作条件要求的零件
HT200	珠光体灰铸铁	2.5~300	200	承受较大应力（抗弯应力小于300MPa）和较重要零件，如气缸体、齿轮、机座、飞轮、床身、缸套、活塞、刹车轮、联轴器、齿轮箱、轴承座、液压缸等
HT250			250	

（续）

牌　　号	铸铁类别	铸件壁厚/mm	铸件最小抗拉强度 σ_b/MPa	适用范围及举例
HT300	孕育铸铁	10～300	300	承受高弯曲应力（小于500MPa）及抗拉应力的重要零件，如齿轮、凸轮、车床卡盘、剪床和压力机的机身、床身、高压液压缸、滑阀壳体等
HT350			350	

由表可见，**灰铸铁的强度与铸件壁厚大小有关，在同一牌号中，随铸件壁厚的增加，其抗拉强度与硬度则降低**。因此，根据零件的性能要求选择铸铁牌号时，必须考虑壁厚的影响。

表中后面几种强度较高的铸铁均属孕育铸铁。孕育铸铁是碳、硅含量偏低的铁液在浇注前加入少量硅铁或硅钙合金，经孕育处理后获得的铸铁。由于孕育处理提供了大量的、高度弥散的石墨结晶核心，使铸件各部位截面上都获得细珠光体基体上均匀分布细小片状石墨的组织。这不仅提高了灰铸铁的力学性能，而且使铸件各部位截面上的性能也变得均匀一致。因此，孕育铸铁常用作力学性能要求较高，且截面尺寸变化较大的重要铸件。

3. 灰铸铁的热处理

由于灰铸铁组织中存在有片状石墨，导致力学性能降低，而热处理只能改变铸铁的基体组织，不能改变石墨的形态，故通过热处理来提高灰铸铁力学性能的效果不大。通常只进行以下几种热处理：

（1）去应力退火。铸件在浇注后的冷凝过程中，由于厚薄不均，冷却速度不同，常会产生较大的内应力。它不仅削弱了铸件的承载能力，而且在切削加工之后还会因应力的重新分布而引起变形，使铸件失去加工精度。因此，对精度要求较高或大型复杂的铸件，如床身、机架等，在切削加工之前都要进行一次去应力退火，有时甚至在粗加工之后还要再进行一次。

去应力退火通常是将铸件缓慢加热到500～560℃，保温一段时间（每10mm厚度保温1h），然后随炉冷至150～200℃后出炉。此时铸件内应力基本上已消除。这种退火由于经常是在共析温度以下进行长时间的加热，故又称为人工时效。

（2）消除铸件白口，改善切削加工性的退火。铸铁件的表层或某些薄壁处，由于冷却速度较快，很容易出现白口组织，使铸件硬度和脆性增加，不易切削加工，一般采用退火来加以消除。

退火方法是把铸件加热到850～950℃，保温1～3h，使共晶渗碳体发生分解，即进行第一阶段的石墨化，然后又在随炉冷却中进行第二和第三阶段石墨化，析出二次石墨和共析石墨，到400～500℃再出炉空冷。最终形成铁素体或铁素体＋珠光体基体的灰铸铁，从而降低铸件的硬度，改善切削加工性。

（3）表面淬火。为了提高灰铸铁件表面的硬度和耐磨性，可进行表面淬火。其方法有感应淬火、火焰淬火及接触电阻加热淬火。

图7-5为机床导轨面进行接触电阻加热淬火的示意图。利用电极（纯铜滚轮）与工件接触处的电阻热将工件表面迅速加热到淬火温度，操作时将电极以一定的速度移动，于是被

加热的表面会由于工件本身的导热而迅速冷却，达到表面淬火的目的。淬火层深度可达 0.20～0.30mm，组织为极细的马氏体＋片状石墨，硬度可达 59～61HRC，可使导轨的寿命显著提高。

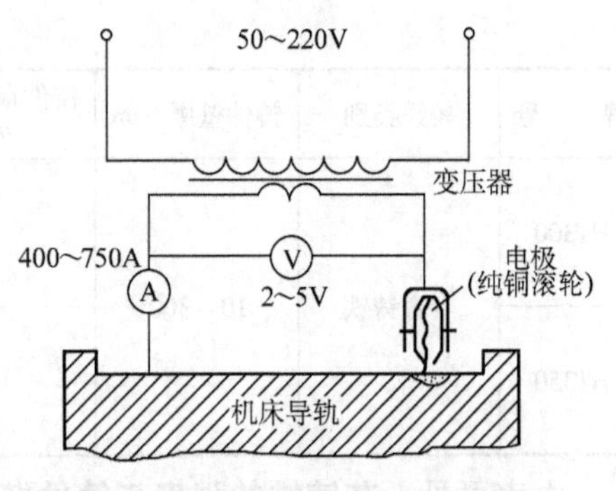

图 7-5 接触电阻加热淬火示意图

二、球墨铸铁

球墨铸铁是指一定成分的铁液在浇注前，经过球化处理和孕育处理，获得具有球状石墨的铸铁。这种铸铁不仅具有灰铸铁的某些优良性能，而且力学性能也较高。因此，我国从 1950 年试制成功以来，其生产和应用得到了迅速发展，现在我国球墨铸铁的年产量已占世界第三位。

球化处理是一种向铁液中加入球化剂，使石墨呈球状结晶的工艺方法。我国目前常用的球化剂有镁、钙及稀土元素等。由于镁和稀土元素都强烈阻止石墨化，浇注后铸件易产生白口，所以球化处理后的铁液要及时进行孕育处理，即向铁液中加入硅铁合金等孕育剂，促进石墨化，并且还使得石墨球细小、圆整，分布均匀，从而提高了球墨铸铁的力学性能。

1. 球墨铸铁的化学成分、组织和性能

（1）球墨铸铁的化学成分。球墨铸铁的化学成分范围一般为：$w_C=3.6\%\sim4.0\%$，$w_{Si}=2.0\%\sim3.2\%$，$w_{Mn}=0.3\%\sim0.8\%$，$w_P<0.1\%$，$w_S<0.07\%$，并含有一定量的稀土与镁。与灰铸铁相比，其特点为碳、硅含量高，锰含量较低，硫、磷含量低，并有一定量的稀土与镁。

（2）球墨铸铁的组织。球墨铸铁的组织特征是球状石墨分布在几种不同的基体上，通过铸造和热处理的控制，生产中常见的有铁素体球墨铸铁、铁素体＋珠光体球墨铸铁、珠光体球墨铸铁和贝氏体球墨铸铁，其显微组织如图 7-6 所示。

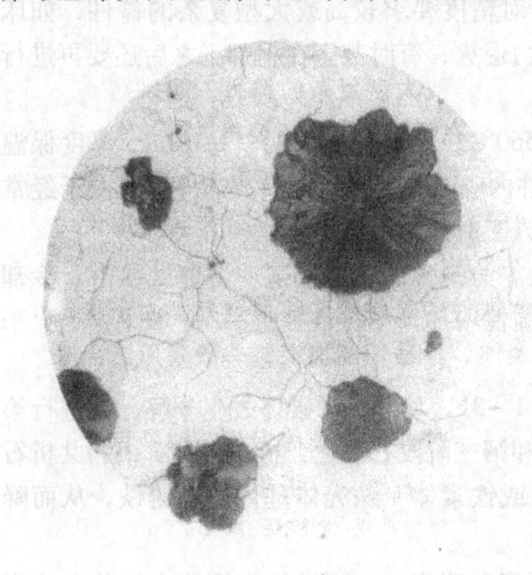
a)

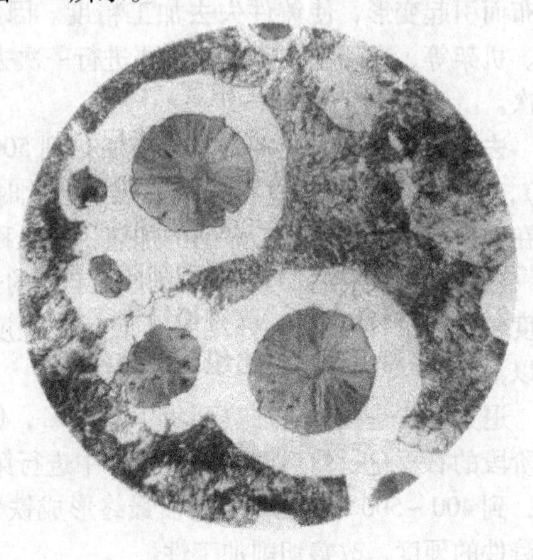
b)

图 7-6 球墨铸铁的显微组织
a）铁素体球墨铸铁 b）铁素体＋珠光体球墨铸铁

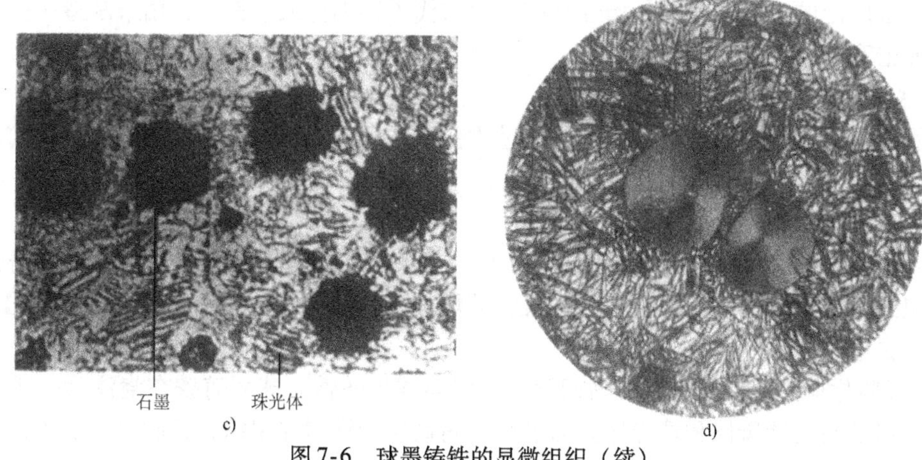

图7-6 球墨铸铁的显微组织（续）

c）珠光体球墨铸铁 d）贝氏体球墨铸铁

（3）球墨铸铁的性能。由于球墨铸铁中的石墨呈球状，使得其对基体的割裂作用和应力集中的作用减至最小，因此基体的强度利用率可达到70%～90%，而灰铸铁基体强度的利用率仅为30%～50%。在铸铁中，球墨铸铁具有最高的力学性能，可与相应组织的铸钢相媲美。但球墨铸铁的塑性、韧性低于钢。

球墨铸铁的力学性能与球状石墨和基体组织有关。石墨球越细小、越圆整、分布越均匀，球墨铸铁的强度、塑性与韧性越好；铁素体基体具有高的塑性和韧性；珠光体基体强度较高，耐磨性较好；热处理后获得的回火马氏体基体硬度最高，但韧性很低；贝氏体基体则具有良好的综合力学性能。

球墨铸铁由于石墨的存在，也使它具有近似于灰铸铁的某些优良性能，如良好的铸造性能、减摩性、可加工性等。但球墨铸铁的白口倾向大，铸件容易产生缩松，其熔炼工艺和铸造工艺都比灰铸铁要求高。

2. 球墨铸铁的牌号和用途

表7-2为我国球墨铸铁的牌号、组织、力学性能及用途举例。牌号中的“QT”是“球铁”二字汉语拼音的第一个字母，后面数字分别是单铸试块时的抗拉强度和伸长率。

表7-2 球墨铸铁的牌号、组织、力学性能及用途（GB/T 1348—2009）

牌号	σ_b/MPa	$\sigma_{0.2}$/MPa	δ（%）	HBW	主要基体组织	用途举例
	不小于					
QT400－18	400	250	18	130～180	铁素体	汽车和拖拉机底盘零件、轮毂、电动机壳、闸瓦、联轴器、泵、阀体、法兰等
QT400－15	400	250	15	130～180	铁素体	
QT450－10	450	310	10	160～210	铁素体	
QT500－7	500	320	7	170～230	铁素体＋珠光体	电动机架、传动轴、、直齿轮、链轮、罩壳、托架、连杆、摇臂、曲柄、离合器片等
QT600－3	600	370	3	190～270	珠光体＋铁素体	
QT700－2	700	420	2	225～305	珠光体	汽车、拖拉机传动齿轮、曲轴、凸轮轴、缸体、缸套、转向节等
QT800－2	800	480	2	245～335	珠光体或回火组织	
QT900－2	900	600	2	280～360	贝氏体或回火马氏体	

注：表中牌号及力学性能均按单铸试块的规定。

球墨铸铁因其力学性能接近于钢，铸造性能和其他一些性能优于钢，因此在机械制造业中已得到了广泛的应用，在部分场合已成功地取代了铸钢件或锻钢件，用来制造一些受力较大、受冲击和耐磨损的铸件。

3. 球墨铸铁的热处理

球墨铸铁的热处理与钢大致相同，通过改变基体组织以获得所需要的性能。目前，球墨铸铁常用的热处理方法有以下几种：

（1）退火

1）去应力退火。目的是去除铸造内应力，消除其有害影响。去应力退火工艺是将铸件缓慢加热到500～620℃，保温2～8h，然后随炉缓冷。对于不进行其他热处理的球墨铸铁，都应进行去应力退火。

2）石墨化退火。目的是获得高韧性的铁素体球墨铸铁。球墨铸铁在浇注后，其铸态组织中常会出现自由渗碳体和珠光体。为了获得高韧性的铁素体组织，并改善可加工性和消除应力，应进行消除渗碳体和珠光体的石墨化退火。

当铸态基体组织中不仅有珠光体而且有自由渗碳体时，应进行高温石墨化退火。其工艺是将铸件加热到900～950℃，保温2～4h，使自由渗碳体石墨化，然后随炉缓冷至600℃，完成第二和第三阶段石墨化，再出炉空冷。

当铸态基体组织为珠光体＋铁素体，而无自由渗碳体存在时，只需进行低温石墨化退火。其工艺是把铸件加热至共析温度范围附近，即720～760℃，保温2～8h，使铸件发生第三阶段石墨化，然后随炉缓冷至600℃，再出炉空冷。

（2）正火。球墨铸铁正火的目的是增加基体组织中珠光体的数量和分散度，从而提高铸件的强度和耐磨性。根据加热温度的不同，正火分高温正火和低温正火两种。

高温正火工艺是把铸件加热至共析温度范围以上，一般为880～920℃，保温1～3h，使基体全部奥氏体化，然后出炉空冷，从而获得珠光体基体。

低温正火工艺是把铸件加热至共析温度范围内，即820～860℃，保温1～4h，使基体部分奥氏体化，然后出炉空冷，获得珠光体＋分散铁素体的基体组织。其强度比高温正火略低，但塑性和韧性较高。

由于正火时冷却速度较快，常会在复杂的铸件中引起较大的内应力，故正火之后应进行一次去应力退火，即重新加热到550～600℃，保温3～4h，然后出炉空冷。

（3）淬火与回火。球墨铸铁通过不同的淬火与回火工艺，可以获得不同的基体组织，以满足使用的要求。

淬火工艺是加热至860～880℃，保温1～4h，油淬，形状简单铸件可采用水淬。淬火后组织为细片状马氏体、球状石墨及少量的残留奥氏体。组织不稳定，内应力很大，强度高，脆性大，应及时回火。根据回火温度的不同，球墨铸铁可采用低温（140～250℃）回火、中温（350～450℃）回火和高温（550～600℃）回火。铸件加热到上述回火温度，保温2～4h后空冷，分别获得回火马氏体、回火托氏体及回火索氏体的基体组织。

球墨铸铁经过调质处理后，获得回火索氏体和球状石墨组织，具有良好的综合力学性能，故常用来制造柴油机曲轴、连杆等重要零件。

等温淬火也是提高球墨铸铁力学性能的方法。将铸件加热至860～900℃，保温后放入280～320℃的盐浴中进行0.5～1.5h的等温处理，获得下贝氏体的基体组织。等温淬火一般用于要求具有高的综合力学性能、良好的耐磨性且外形复杂、热处理易变形开裂的零件，如齿轮、凸轮轴、滚动轴承套圈等。

三、蠕墨铸铁

蠕墨铸铁是一定成分的铁液在浇注前，经蠕化处理和孕育处理，获得具有蠕虫状石墨的铸铁。它兼备灰铸铁和球墨铸铁的某些优点，具有良好的综合性能。

蠕化处理是一种向铁液中加入使石墨呈蠕虫状结晶的蠕化剂的工艺。我国目前常用的蠕化剂主要有稀土镁钛合金、稀土硅铁合金和稀土钙硅铁合金等。孕育处理可减少蠕墨铸铁的白口倾向，延缓蠕化衰退和提供足够的石墨结晶核心，使石墨细小并分布均匀。常用的孕育剂是硅铁等。

1. 蠕墨铸铁的成分、组织和性能

蠕墨铸铁的化学成分与球墨铸铁相似，即高碳、高硅、低硫、低磷，并含有一定量的稀土与镁。主要成分范围如下：$w_C = 3.5\% \sim 3.9\%$，$w_{Si} = 2.1\% \sim 2.8\%$，$w_{Mn} = 0.4\% \sim 0.8\%$，$w_S \leqslant 0.1\%$，$w_P \leqslant 0.1\%$。

蠕墨铸铁组织中石墨的形态介于片状与球状之间，在金相磨片上看到的石墨呈蠕虫状，与灰铸铁的片状石墨不同，蠕虫状石墨片短而厚，端部圆钝。

在铸态下蠕墨铸铁基体中含有较高的铁素体（常有40%～50%或更高），通过加入Cu、Ni、Sn等稳定珠光体元素和正火热处理都可使珠光体数量得到增加。

蠕墨铸铁组织中特有的石墨形态，使得其力学性能介于相同基体组织的灰铸铁和球墨铸铁之间。其强度、韧性、耐磨性等都比灰铸铁高，但由于石墨是相互连接的，其强度和韧性都不如球墨铸铁。

蠕墨铸铁的铸造性能、减振性和导热性都优于球墨铸铁，并接近于灰铸铁。

2. 蠕墨铸铁的牌号和用途

表7-3为我国蠕墨铸铁的牌号、基体组织和力学性能。牌号中的“RuT”是“蠕铁”二字汉语拼音的第一个字母，后面数字是单铸试块时的抗拉强度值。

表7-3　蠕墨铸铁的牌号、基体组织和力学性能（JB/T 4403—2009）

牌　号	σ_b/MPa	$\sigma_{0.2}$/MPa	δ（%）	HBW	蠕化率 VG（%）≥	主要基体组织
	不小于					
RuT420	420	335	0.75	200～280	50	珠光体
RuT380	380	300	0.75	193～274		珠光体
RuT340	340	270	1.0	170～249		珠光体+铁索体
RuT300	300	240	1.5	140～217		铁素体+珠光体
RuT260	260	195	3	121～197		铁素体

蠕墨铸铁由于强度高，铸造性能好，因而可用来制造复杂的大型铸件，如大型柴油机的机体、大型机床的零件等。根据其高的力学性能和高的导热性能相兼备的特点，蠕墨铸铁可制造那些在热交换以及有较大温差下工作的零件，如气缸盖、钢锭模等。蠕墨铸铁还用来代替高强度的灰铸铁，不仅可减少铸件壁厚，而且还能减少熔炼时废钢的使用量。

四、可锻铸铁

可锻铸铁是一种历史悠久的铸铁材料。**它是由一定化学成分的铁液浇注成白口坯件，经可锻化退火而获得的具有团絮状石墨的铸铁。**与灰铸铁相比，可锻铸铁具有较高的力学性能，尤其是塑性和韧性较好。但必须指出，**可锻铸铁实际上是不能锻造的。**

浇注成全白口的铸铁坯件是为了随后的退火中能获得团絮状的石墨。可锻化退火，实际就是铸铁的石墨化。将白口坯件加热至 900～980℃，进行长时间的保温和缓慢冷却（通常需 30h 以上），使组织中的渗碳体分解，得到不同的基体组织和团絮状石墨。

1. 可锻铸铁的成分、组织和性能

可锻铸铁化学成分的确定应保证浇注后能获得完全白口的坯件。因此，其碳、硅含量应取较小值。成分范围一般为：$w_C = 2.2\% \sim 2.8\%$，$w_{Si} = 1.0\% \sim 1.8\%$，$w_{Mn} = 0.3\% \sim 1.2\%$，$w_P < 0.1\%$，$w_S < 0.2\%$。

根据退火工艺的不同，可锻铸铁分黑心可锻铸铁（铁素体可锻铸铁）、珠光体可锻铸铁和白心可锻铸铁三类。目前我国主要生产前两类可锻铸铁。图 7-7 是黑心可锻铸铁的显微组织。由于石墨化是在固态下进行的，各个方向上石墨的长大速度相差不多，故获得的石墨呈团絮状。

可锻铸铁的力学性能优于灰铸铁，并接近于同类基体的球墨铸铁。与球墨铸铁相比，可锻铸铁具有铁液处理简易、质量稳定、废品率低等优点。

2. 可锻铸铁的牌号和用途

表 7-4 为常用黑心可锻铸铁和珠光体可锻铸铁的牌号、力学性能和用途举例。牌号中“KT”是“可铁”二字汉语拼音的第一个字母，其后面的“H”表示黑心可锻铸铁；“Z”表示珠光体可锻铸铁。符号后面的两组数字分别表示其最小的抗拉强度和伸长率。

可锻铸铁主要用于薄壁、复杂小型零件的生产，这样铸造时容易获得全白口的坯件。由于它生产周期长，需要连续退火设备，因此在使用上受到一定限制，有些可锻铸铁零件被球墨铸铁代替。

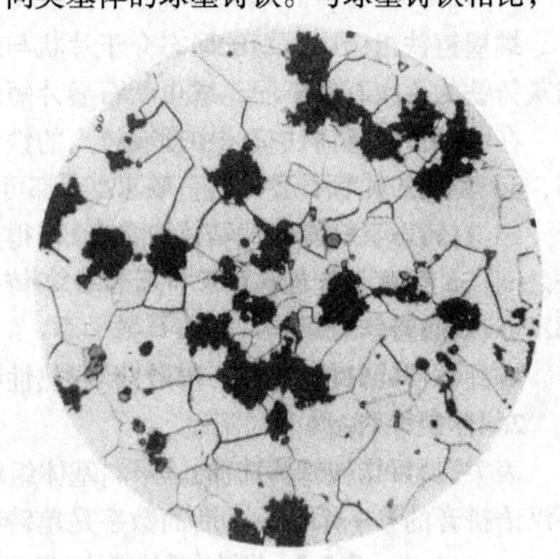

图 7-7 黑心可锻铸铁的显微组织

表 7-4 常用可锻铸铁牌号、力学性能和用途（GB/T 9440—2010）

类别	牌号	试样直径/mm	σ_b/MPa	$\sigma_{0.2}$/MPa	δ（%）	HBW	应用举例
			不小于				
黑心可锻铸铁	KTH300－06	ϕ12	300	—	6	≤150	汽车、拖拉机零件，如前后桥壳、减速器壳、制动器、支架等
	KTH330－08		330	—	8		机床附件，如钩形扳手、螺丝扳手等。农机具零件，如犁刀、犁柱等
	KTH350－10		350	200	10		纺织、建筑零件及各种管接头、中低压阀门等
	KTH370－12		370	—	12		
珠光体可锻铸铁	KTZ450－06	ϕ15	450	270	6	150～200	曲轴、凸轮轴、连杆、齿轮、摇臂、活塞环、轴套、万向接头、棘轮、传动链条等
	KTZ550－04		550	340	4	180～230	
	KTZ650－02		650	430	2	210～260	
	KTZ700－02		700	530	2	240～290	

五、合金铸铁简介

合金铸铁是含有一定量的合金元素的铸铁。这些铸铁具有许多特殊性能，如耐磨性、耐热性、耐蚀性等。与相似条件下使用的合金钢相比，合金铸铁的熔炼方便、成本低廉。

合金铸铁的牌号由类别代号、主要合金元素符号及其名义质量百分数组成，当质量百分数小于1%时，合金元素符号一般不标注。代号部分中，KmTB 表示抗磨白口铸铁；RT 表示耐热铸铁；ST 表示耐蚀铸铁等。

1. 耐磨铸铁

耐磨铸铁分为减摩铸铁和抗磨铸铁两类。

减摩铸铁在有润滑的条件下工作时，具有减小摩擦系数、保持油膜连续、抵抗咬合或擦伤等减摩作用。因此，这类铸铁适合于在有润滑、受黏着磨损条件下工作的零件，如机床的导轨和拖板、发动机缸套和活塞环、各种滑块和轴承等。珠光体灰铸铁的组织符合减摩的要求，其中的铁素体可作为软基相，磨损后形成的沟槽可保持油膜，有利于润滑；而渗碳体为坚硬的强化相，可承受摩擦。同时石墨也起着储油和润滑的作用。加入适量的 Cu、Cr、Mo、P、V、Ti 等合金元素，可形成合金减摩铸铁。由于合金元素细化了组织，形成了高硬度的质点，使得耐磨性得到进一步提高。目前常用的合金减摩铸铁有高磷铸铁、磷铜钛铸铁、铬钼铜铸铁、钒钛铸铁等。

抗磨铸铁在无润滑的干摩擦条件下工作时，具有较高的抗磨作用。因此，这类铸铁适合于在干摩擦、受磨料磨损条件下工作的零件，如轧辊、抛丸机叶片、球磨机磨球、犁铧等。普通白口铸铁是一种抗磨性高的铸铁，但其脆性大，因此常加入适量的 Cr、Mo、Cu、W、Ni、Mn 等合金元素，形成抗磨白口铸铁。它具有一定的韧性和更高的硬度及耐磨性，如 KmTBMn5W3、KmTBW5Cr4 等。此外，含锰量为 $w_{Mn}=5.0\%\sim9.5\%$ 的中锰球墨铸铁，除具有良好的抗磨性外，还具有较好的韧性与强度，适于制造在冲击载荷和磨损条件下工作的零件。

2. 耐热铸铁

耐热铸铁具有良好的耐热性，因此可代替耐热钢制造加热炉炉底板、坩埚、废气管道、热交换器、钢锭模及压铸模等。

普通铸铁在高温条件下长时间工作时，首先会因为氧化性气体侵蚀，表面逐层出现氧化起皮，使铸件的有效断面减小；其次还会由于氧化性气体沿石墨片或裂纹渗入铸铁内部产生氧化以及渗碳体高温分解析出石墨，使铸铁的体积产生不可逆胀大，造成铸件失去精度和产生显微裂纹。为了提高铸铁的耐热性，可加入 Si、Al、Cr 等合金元素，使铸铁表面在高温下能形成致密的氧化膜，使其内部不再继续氧化而被破坏。另外这些元素还可提高铸铁的相变点，促使铸铁获得单相铁素体组织，从而减少了组织转变引起的长大现象。耐热铸铁中的石墨最好呈独立分布、互不相连的球状，以减少氧化性气体沿石墨渗入铸铁内部的通道。

我国耐热铸铁分为硅系、铝系和铬系等，其中硅系耐热铸铁成本低，综合性能好，应用较广，如 RTSi5、RQTSi5 等。

3. 耐蚀铸铁

耐蚀铸铁在腐蚀性介质中工作时具有抗腐蚀的能力。它广泛地应用于化工部门，用来制造管道、阀门、泵类、反应锅及盛储器等。

铸铁提高耐蚀性的途径与不锈耐酸钢基本相同，即加入大量的 Si、Al、Cr、Ni、Cu 等合金元素，建立致密而又完整的保护膜，提高铸铁基体的电极电位，最好获得单相基体加孤立分布的球状石墨组织。此外，铸铁含碳量应尽量低，以减少石墨与基体间的“微电池”作用。

耐蚀铸铁的种类很多，如高硅铸铁、高镍铸铁、高铬铸铁、高铝铸铁等。它们适用的工作环境各不相同，其中高硅耐蚀铸铁应用最为广泛，它们在含氧酸类（如硝酸、硫酸）中均有较好的耐蚀性如 STSi15、STSi11Cu2RE 等。

小　结

铸铁是指碳的质量分数大于 2.11%，一般为 2.5% ~5% 并且含有较多硅、锰、硫、磷等元素的铁碳合金。铸铁具有优良的铸造性能、可加工性、耐磨性和减振性，生产成本较低。与钢相比，抗拉强度、塑性、韧性较低。

灰铸铁（HT）：石墨呈片状，抗拉强度低，塑性、韧性低，抗压强度、硬度主要取决于基体，可进行退火、表面淬火的热处理。适宜制造承受静压力或冲击载荷较小的零件。

球墨铸铁（QT）：石墨呈球状，强度、韧性较高（强度与钢相近，韧性不如钢），热处理与钢大致相同，通过改变基体组织获得所需性能。用于制造受力复杂、性能要求高的重要零件。

可锻铸铁（KTH 或 KTZ）：石墨呈团絮状，强度、塑性和韧性优于灰铸铁，略低于球墨铸铁，用于制造形状复杂，有一定塑性、韧性，承受冲击和振动的薄壁、复杂零件。

蠕墨铸铁（RuT）：石墨呈蠕虫状，性能介于灰铸铁和球墨铸铁之间，强度、韧性、耐磨性比灰铸铁高，强度、韧性不如球墨铸铁，但铸造性能、减振性和导热性优于球墨铸铁。用于制造形状复杂，强度高，承受较大热循环载荷的零件。

习　题

7-1　铸造生产中，为什么铸铁的碳、硅含量低时易形成白口？而同一铸铁件上，为什么其表层或薄壁处易形成白口？

7-2　在铸铁的石墨化过程中，如果第一、第二阶段完全石墨化，而第三阶段分别为完全、部分或未石墨化时，问它们各获得哪种基体组织的铸铁？

7-3　机床的床身、床脚和箱体为什么大都采用灰铸铁铸造？能否用钢板焊接制造？试将两者的使用性和经济性作简要比较。

7-4　有一壁厚为 20 ~30mm 的铸件，要求抗拉强度为 150MPa，应选用何种牌号的灰铸铁制造？

7-5　生产中出现下列不正常现象，应采取什么措施予以防止或改善？

（1）灰铸铁精密床身铸造后即进行切削，在切削加工后发现变形量超差。

（2）灰铸铁件薄壁处出现白口组织，造成切削加工困难。

7-6　现有铸态球墨铸铁曲轴一根，按技术要求，其基体应为珠光体组织，轴颈表层硬度为 50 ~55HRC，试确定其热处理方法。

7-7　列表比较灰铸铁、球墨铸铁、蠕墨铸铁和可锻铸铁在牌号表示、显微组织、生产方法、性能和用途等方面的特点和区别。

7-8　下列说法是否正确？为什么？

（1）采用球化退火可获得球墨铸铁。

（2）可锻铸铁可锻造加工。

（3）白口铸铁硬度高，故可作刀具材料。

（4）灰铸铁不能淬火。

7-9　下列工件宜选用何种合金铸铁制造？

（1）磨床导轨。

（2）高温加热炉底板。

（3）硝酸盛储器。

（4）汽车后桥外壳，要求较高强度、较高塑性和韧性及承受较大冲击载荷，铸件壁较薄。

（5）柴油机曲轴，要求较高强度、耐磨性及一定的韧性，铸件截面较厚。

第三篇　有色金属和非金属材料及应用

第八章　有色金属及其合金

教学目标：通过学习，学生应掌握铝合金时效强化原理和滑动轴承合金的组织特性；熟悉常用铝合金、铜合金、滑动轴承合金的牌号、性能、强化方法及用途；了解粉末冶金方法及硬质合金的类型、牌号及应用。

本章重点：铝合金、铜合金的性能、特点及应用场合；轴承合金、硬质合金的特点及用途。

本章难点：铝合金的热处理。

工业上常用的金属材料中，通常称铁及其合金（钢、铸铁）为黑色金属，其他的非铁金属及其合金则称为有色金属。铝、镁、钛、铜、锡、铅、锌等金属及其合金为常用的有色金属。有色金属的产量及用量虽然不如黑色金属多，但由于它们具有许多良好的特殊性能，而成为现代工业中不可缺少的材料。

第一节　铝及铝合金

一、工业纯铝

纯铝是银白色的轻金属，它密度小（$2.7\times10^3\mathrm{kg/m^3}$），熔点低（660℃），具有良好的导电、导热性（仅次于银、铜）。铝在空气中极易氧化，生成一层致密的三氧化二铝薄膜，它能阻止铝进一步氧化，从而使铝在空气中具有良好的抗蚀能力。铝的塑性高（$\delta=50\%$，$\psi=80\%$），强度、硬度低（$\sigma_b=50\mathrm{MPa}$，25～30HBW），可以进行冷、热压力加工。通过加工硬化，可使其强度提高到 $\sigma_b=150\sim250\mathrm{MPa}$，但塑性降低。

纯铝按纯度分为高纯铝、工业高纯铝（$w_{Al}>99.85\%$）、工业纯铝（$99\%<w_{Al}<99.85\%$）等。纯铝分未压力加工产品（铸造纯铝）和压力加工产品（变形铝）两种。按 GB/T 8063—1994 的规定，铸造纯铝牌号用 Z + 铝元素化学符号 + 铝的最低百分含量表示。例如 ZAl99.5 表示 $w_{Al}=99.5\%$ 的铸造纯铝；变形铝按 GB/T 16474—2011 的规定，其牌号用四位字符体系的方法命名，即用 1×××表示，牌号的最后两位数字表示最低铝百分含量×100（质量分数×100）后小数点后面两位数字，牌号第二位的字母表示原始纯铝的改型情况，如果字母为 A，则表示为原始纯铝。例如，牌号 1A30 的变形铝表示 $w_{Al}=99.30\%$ 的原始纯铝。若为其他字母，则表示为原始纯铝的改型。按 GB/T 3190—2008 的规定，我国变形铝的牌号有 1A50、1A30 等，高纯铝的牌号有 1A99、1A97、1A93、1A90、1A85 等。

工业纯铝的主要用途是制作电线、电缆及强度要求不高的器皿。

二、常用铝合金

纯铝的强度很低，不适于作为结构零件的材料。在纯铝中加入某些合金元素形成铝合金后，可使其力学性能大大提高，而仍保持其密度小、耐腐蚀的优点。若再经过热处理，其强度还可进一步提高。

1. 铝合金的分类及热处理

（1）铝合金的分类。**根据铝合金的成分及生产工艺特点，可将铝合金分为变形铝合金和铸造铝合金两大类。**

铝合金相图的一般类型如图 8-1 所示。成分位于 *D* 点左边的合金，当加热到固溶线以上时，可获得均匀单相的固溶体，其塑性好，易进行锻压，称为变形铝合金。而成分在 *D* 点右边的合金，由于共晶组织的存在，只适于铸造，称为铸造铝合金。

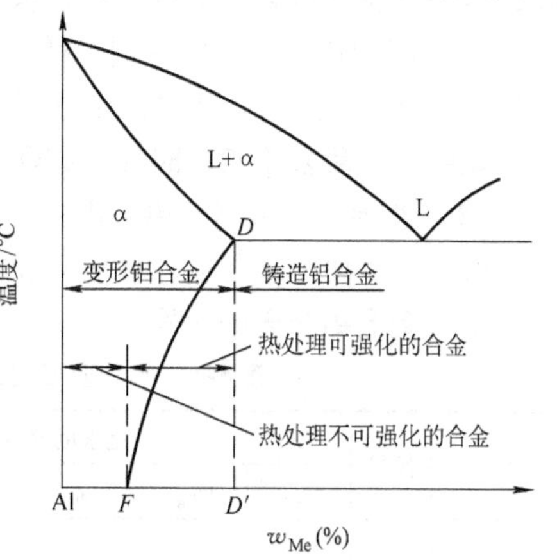

图 8-1 铝合金相图的一般类型

变形铝合金又分为两类。成分在 *F* 点左边的合金，其固溶体的溶解度不随温度而变化，故不能用热处理方法强化，称为不能用热处理强化合金；成分在 *F* 点右边的合金，其固溶体的溶解度随温度而变化，可用热处理方法强化，称为能用热处理强化合金。

（2）铝合金的热处理。铝合金的热处理与钢不同，它是通过固溶－时效处理来改变合金力学性能的。

将能热处理强化的变形铝合金加热到某一温度，保温获得均匀一致的 α 固溶体后，在水中急冷下来，使 α 固溶体来不及发生脱溶反应。这样的热处理工艺称为铝合金的固溶处理。

经过固溶处理的铝合金，在常温下其 α 固溶体处于不稳定的过饱和状态，具有析出第二相，过渡到稳定的非过饱和状态的趋向。由于不稳定固溶体在析出第二相过程中会导致晶格畸变，从而使合金的强度和硬度得到显著提高，而塑性则明显下降。这种力学性能在固溶处理后随时间而发生显著变化的现象称为“时效强化”或“时效”。

在室温下进行的时效称“自然时效”，在加热条件下（100～200℃）进行的时效称“人工时效”。时效温度越高，则时效的过程越快，但强化的效果越差。

图 8-2 为 $w_{Cu}=4\%$ 的铝合金淬火后的自然时效曲线。由图所见，淬火后的几小时内，强度无明显增加，有较好的塑性，这段时间称为孕育期。生产上常利用孕育期进行各种冷变形成形，如铆接、弯曲、矫直、卷边等。

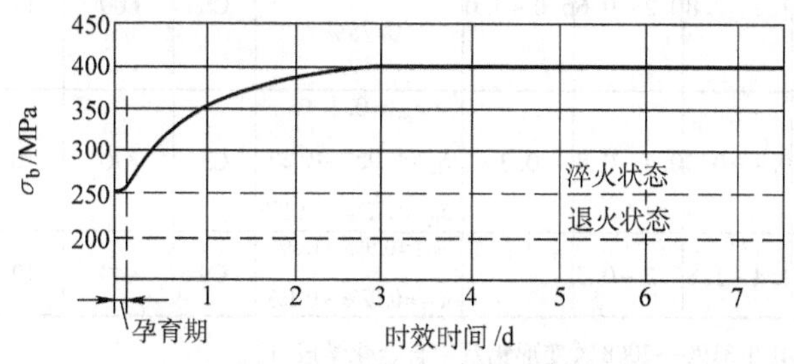

图 8-2 $w_{Cu}=4\%$ 的铝合金自然时效曲线

2. 变形铝合金

变形铝合金可由冶金厂加工成各种型材（板、带、管线等）产品供应。常用的有四种：防锈铝合金、硬铝合金、超硬铝合金和锻造铝合金。

（1）防锈铝。属于热处理不能强化的铝合金。主要有铝－锰系和铝－镁系合金。因其具有适中的强度、良好的塑性和抗蚀性，故称为防锈铝。主要用途是制造油罐、各种容器、防锈蒙皮等。

（2）硬铝。属于铝－铜－镁系和铝－铜－锰系。这类铝合金经淬火和时效处理后可获得相当高的强度，故称为硬铝。由于其耐蚀性差，有些硬铝板材在表面包一层纯铝后使用。硬铝应用广泛，可轧成板材、管材和型材，以制造较高负荷下的铆接与焊接零件。

（3）超硬铝。属于铝－铜－镁－锌系，是在硬铝的基础上再加锌而成，强度高于硬铝，故称为超硬铝。主要用于制造要求重量轻、受力较大的结构零件。

硬铝淬火后多用自然时效；超硬铝淬火后多用人工时效。

（4）锻铝。大多属于铝－铜－镁－硅系。这类合金由于具有优良的锻造工艺性能，故称为锻铝。主要用来制造各种锻件和模锻件。

部分变形铝合金的代号、成分、力学性能及用途见表8-1。

表8-1 部分变形铝合金的代号、成分、力学性能及用途举例

类别		代号	化学成分（%）					材料状态	力学性能			用途举例
			w_{Cu}	w_{Mg}	w_{Mn}	w_{Zn}	其他		σ_b/MPa	δ(%)	HBW	
不能热处理强化的合金	防锈铝	5A05	0.1	4.8~5.5	0.3~0.6	0.2		M	280	20	70	焊接油箱、油管、焊条、铆钉以及中载零件及制品
	防锈铝	3A21	0.2	0.05	1.0~1.6	0.1	w_{Ti}=0.15%	M	130	20	30	焊接油箱、油管、焊条、铆钉以及轻载零件及制品
能热处理强化的合金	硬铝	2A01	2.2~3.0	0.2~0.5	0.2	0.1	w_{Ti}=0.15%	CZ	300	24	70	工作温度不超过100℃的结构用中等强度铆钉
	硬铝	2A11	3.8~4.8	0.4	0.4~0.8	0.3	w_{Ni}=0.10% w_{Ti}=0.15%	CZ	420	15	100	中等强度的结构零件，如骨架、支柱、螺旋桨叶片、局部镦粗零件、螺栓和铆钉
	超硬铝	7A04	1.4~2.0	1.8~2.8	0.2~0.6	5.0~7.0	w_{Cr}=0.1%~0.25%	CS	600	12	150	结构中主要受力件，如飞机大梁、珩架、加强框、起落架
	锻铝	2B50	1.8~2.6	0.4~0.8	0.4~0.8	0.3	w_{Ni}=0.10% w_{Cr}=0.01%~0.2% w_{Ti}=0.02%~0.1%	CS	390	10	100	形状复杂的锻件，如压气机轮和风扇叶轮
	锻铝	2A70	1.9~2.5	1.4~1.8	0.2~0.3		w_{Ni}=0.9%~1.5% w_{Ti}=0.02%~0.1%	CS	440	12	120	可作高温下工作的结构件

注：1. 化学成分摘自GB/T 3190—2008《变形铝及铝合金化学成分》。

2. M—退火，CZ—淬火＋自然时效，CS—淬火＋人工时效。

3. 铸造铝合金

铸造铝合金因其成分接近共晶组织，塑性较差，一般只用于成形铸造。

（1）常用铸造铝合金。按主要合金元素的不同，铸造铝合金可分为铝硅系、铝铜系、铝镁系和铝锌系等四类。铸造铝合金的代号用“ZL”加三位数字表示，其中“ZL”表示“铸铝”；第一位数字表示合金类别：1 为铝硅系，2 为铝铜系，3 为铝镁系，4 为铝锌系；第二、三位数字表示合金的顺序号。铸造铝合金的牌号用“Z + A1 + 主要合金元素化学符号及其质量分数”表示，如 ZAlSi12，表示 $w_{Si}=12\%$ 的铸造铝合金。

1）铝硅系合金（又称硅铝明）是铸造铝合金中牌号最多、应用最广泛的一类。它具有良好的铸造性，可加入铜、镁、锰等元素使合金强化，并通过热处理进一步提高力学性能。这类合金可用作内燃机活塞、气缸体、水冷的气缸头、气缸套、扇风机叶片、形状复杂的薄壁零件及电动机、仪表的外壳等。

2）铝铜系。铝铜合金强度较高，加入镍、锰更可提高耐热性，用于高强度或高温条件下工作的零件。

3）铝镁系。铝镁合金有良好的耐蚀性，可作腐蚀条件下工作的铸件，如氨用泵体、泵盖及海轮配件等。

4）铝锌系。铝锌合金有较高的强度，价格便宜，用于制造医疗器械零件、仪表零件和日用品等。

部分铸造铝合金的代号、牌号、成分、热处理、力学性能及用途见表 8-2。

表 8-2　部分铸造铝合金的代号、牌号、成分、热处理、力学性能及用途

类别	代号	牌号	化学成分（%）					铸造方法	热处理	力学性能			应用举例
			w_{Si}	w_{Cu}	w_{Mg}	其他	w_{Al}			σ_b/MPa	δ(%)	HBW	
铝硅合金	ZL101	ZA1Si7Mg	6.5 ~ 7.5		0.25 ~ 0.45		余量	金属型	淬火 + 不完全时效	202	2	60	形状复杂的零件，如飞机仪器零件、抽水机壳体等
铝铜合金	ZL203	ZAlCu4		4.0 ~ 5.0			余量	砂型	淬火 + 不完全时效	212	3	70	中等载荷、形状较简单的零件，如托架和工作温度不超过 200℃并要求切削加工性能好的小零件
铝镁合金	ZL301	ZAlMg10			9.5 ~ 11.0		余量	砂型	淬火 + 自然时效	280	9	60	在大气或海水中工作的零件，承受大振动载荷、工作温度不超过 150℃的零件，如氨用泵体、船舶配件等
铝锌合金	ZL401	ZAlZn11Si7	6.0 ~ 8.0		0.1 ~ 0.3	w_{Zn} 9.0 ~ 13.0	余量	砂型	人工时效	241	2	80	结构形状复杂的汽车、飞机仪器零件，工作温度不超过 200℃，也可制作日用品

注：1. 表中代号、化学成分、铸造方法、热处理方法和力学性能摘自 GB/T 1173—2013《铸造铝合金》。
2. 不完全时效指时效温度低，或时间短；完全时效指时效温度约 180℃，时间较长。
3. ZL401 的性能是指经过自然时效 20 天或人工时效后的性能。

（2）铝合金的变质处理。铸造铝合金中一般有较多的共晶组织，这种组织很粗大，导致铸件的性能降低。为了提高铸件的性能，往往需要对其进行变质处理。

变质处理是指在合金浇注前，向液态合金中加入占合金的质量分数为 2% ~3% 的变质剂（2/3 的氟化钠和 1/3 的氯化钠的混和物）以细化共晶组织，从而显著提高合金的强度和塑性（强度提高 30% ~40%，伸长率提高 1% ~2%）。

第二节 铜及铜合金

一、工业纯铜

纯铜因其外观呈紫红色而曾称为紫铜。其密度为 $8.93\times10^3\text{kg/m}^3$，熔点为 1083℃，具有良好的塑性、导电性、导热性和耐蚀性，但强度较低（$\sigma_b=200\sim250\text{MPa}$），不宜用于制造结构零件，而广泛用于制造电线、电缆、铜管以及配制铜合金。

我国工业纯铜加工产品的代号有 T1、T2、T3 三种。顺序号越大，纯度越低。T1、T2 主要用来制造导电器材，或配制高级铜合金。T3 主要用来配制普通铜合金。

二、常用铜合金

铜合金按其化学成分分为黄铜、青铜和白铜。

黄铜是指铜和锌为主的合金。普通黄铜是铜锌二元合金；在铜锌合金中加入硅、锡、铝、铅、锰等元素时称为特殊黄铜。青铜原为铜锡合金的旧称，现泛指除黄铜和白铜以外的铜合金。白铜是指铜和镍为主的合金。

1. 黄铜

黄铜的力学性能与锌含量的关系如图 8-3 所示。当 w_{Zn} 增加至 30% ~32% 时，塑性最大；当 $w_{Zn}=39\%\sim40\%$ 时，塑性下降而强度增高；当 $w_{Zn}>45\%$ 以后，其强度和塑性开始急剧下降，在生产中已无实用价值。

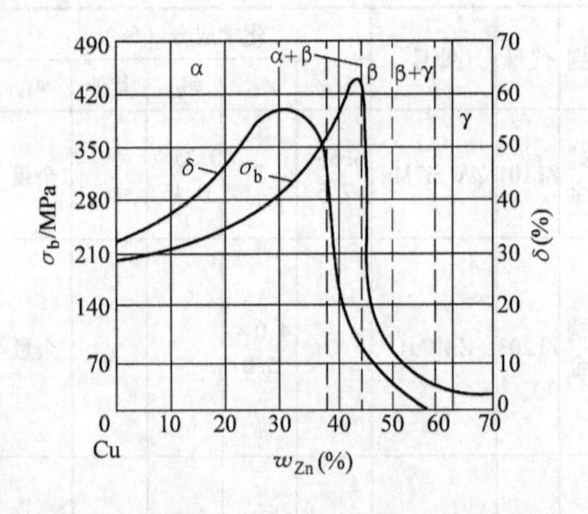

图 8-3 黄铜的力学性能与锌含量的关系（退火）

（1）普通黄铜。普通黄铜的牌号用"H"加数字表示，数字表示铜含量的质量分数。常用的牌号有：

1）H80。色泽美观，可以用来作装饰品，有金色黄铜之称。它有较好的力学性能和冷、热加工性能，耐蚀性好。

2）H70。强度高，塑性好，冷成形性能好，可用深冲压的方法制作弹壳、散热器、垫片等零件，故有弹壳黄铜之称。因其铜与锌之比为 7:3，也称为 7 -3 黄铜。

3）H62。有较高的强度，热状态下塑性良好，切削性能好，易焊接，耐腐蚀，价格较便宜，工业上应用较多，如用作散热器、油管、垫片、螺钉等。

（2）特殊黄铜。这是在铜锌合金中加入硅、锡、铝、铅、锰等元素制成，这些元素的加入都能提高黄铜的强度，依加入合金元素的名称分别称为硅黄铜、锡黄铜、铅黄铜等。

特殊黄铜可分为压力加工与铸造用两种。

1）压力加工黄铜加入的合金元素较少，塑性较高，具有较高的变形能力。其编号方法是：H + 主添加元素符号 + 铜的质量分数 + 主添加元素的质量分数。常用的有铅黄铜

HPb59－1，铝黄铜 HA159－3－2 等。HPb59－1 为含 $w_{Cu}=59\%$，$w_{Pb}=1\%$，其余为锌的黄铜，它有良好的可加工性，常用来制作各种结构零件，如销子、螺钉、螺母、衬套、垫圈等。HA159－3－2 为含 $w_{Cu}=59\%$，$w_{Al}=3\%$，$w_{Ni}=2\%$，其余为锌的黄铜。其耐蚀性较好，用于制作耐腐蚀零件。

2）铸造用黄铜不要求很高的塑性，为提高强度和铸造性能，可加入较多的合金元素。铸造黄铜的牌号的表示方法为：Z（表示“铸”）＋Cu＋Zn 及其含量＋其他元素符号及其含量。例如 ZCuZn16Si4，表示铸造硅黄铜，$w_{Zn}=16\%$，$w_{Si}=4\%$，余量为铜。

部分特殊黄铜的代号（牌号）、化学成分、力学性能及用途列于表 8-3。

表 8-3　部分特殊黄铜的代号（牌号）、化学成分、力学性能及用途

类别		代号（牌号）	主要成分（%）			制品种类或铸造方法	力学性能		用途举例
			w_{Cu}	w_{Zn}	其他		σ_b/MPa	δ（%）	
压力加工黄铜	铅黄铜	HPb59－1	57.0～60.0	余量	w_{Pb} 0.8～1.9	板、带、管、棒、线	400	45	可加工性好，强度高，用于热冲压和切削加工零件
特殊黄铜	锰黄铜	HMn58－2	57.0～60.0	余量	w_{Mn} 1.0～2.0	板、带、棒、线	400	40	耐腐蚀和弱电用零件
铸造黄铜	铸铝黄铜	ZCuZn31Al2	66.0～68.0	余量	w_{Al} 2.0～3.0	砂型铸造、金属型铸造	295 390	12 15	在常温下要求耐蚀性较高的零件，适用于压力铸造
	铸硅黄铜	ZCuZn16Si4	79.0～81.0	余量	w_{Si} 2.5～4.5	砂型铸造、金属型铸造	345 390	15 20	接触海水工作的管配件及水泵叶轮、旋塞等

注：1. 压力加工黄铜的代号、代学成分摘自 GB/T 5231—2012《加工铜及铜合金化学成分和产品形状》。
2. 铸造黄铜摘自 GB/T 1176—2013《铸造铜及铜合金》。

2. 青铜

锡铜合金是人类历史上应用最早的合金，因其呈青黑色而称为青铜。近几十年来，工业上应用了大量的不含锡而是含铝、硅、铅、铍、锰的铜基合金，称无锡青铜，它们与锡青铜统称青铜。

青铜又分为压力加工青铜和铸造青铜。压力加工青铜的牌号以“Q”表示，后跟元素符号，表明为何种青铜，再跟数字依次表示所添加元素的质量分数。铸造青铜的牌号的表示方法为：Z（表示“铸”）＋Cu＋主加元素符号及其质量分数＋其他元素符号及其质量分数。常用青铜的代号（牌号）、成分、力学性能及用途见表 8-4。

表 8-4　常用青铜的代号（牌号）、成分、力学性能及用途

类别		代号（牌号）	主要成分（%）			制品种类	力学性能		用途举例
			w_{Sn}	w_{Cu}	其他		σ_b/MPa	δ（%）	
压力加工青铜	锡青铜	QSn6.5－0.4	6.0～7.0		w_P0.26～0.4	板，带，棒，线	750	9	耐磨及弹性零件
		QSn4－4－2.5	3.0～5.0	余量	w_{Zn}3.0～5.0 w_{Pb}1.5～3.5	板，带	300～350	35～45	轴承和轴套的衬垫等
	铍青铜	QBe2	w_{Be} 1.9～2.2	余量	w_{Ni}0.2～0.5	板，带，棒，线	500	3	重要仪表的弹簧、齿轮等

（续）

类别		代号（牌号）	主要成分（%）			制品种类	力学性能		用途举例
			w_{Sn}	w_{Cu}	其他		σ_b/MPa	δ（%）	
铸造青铜	铸造锡青铜	ZCuSn10Pb1	9.0～11.5		w_P 0.5～1.0	金属型铸造	310	2	重要的轴瓦、齿轮、连杆和轴套等
	铸造铝青铜	ZCuAl10Fe3	w_{Al} 8.5～11.0	余量	w_{Fe} 2.0～4.0	金属型铸造	540	15	重要用途的耐磨、耐蚀的重型铸件，如轴套、螺母、蜗轮
	铸造铅青铜	ZCuPb30	w_{Pb} 27.0～33.0	余量		金属型铸造			高速双金属轴瓦、减磨零件等

注：1. 压力加工青铜的化学成分摘自 GB/T 5231—2012《加工铜及铜合金化学成分和产品形状》。
2. 铸造青铜化学成分、力学性能摘自 GB/T 1176—2013《铸造铜及铜合金》。

（1）锡青铜。它具有良好的强度、硬度、耐磨性、耐蚀性和铸造性。锡含量对其力学性能的影响如图 8-4 所示。当 $w_{Sn}<(5\%\sim6\%)$时，塑性良好；超过（5%～6%）时，强度增加而塑性急剧下降；当 $w_{Sn}>20\%$时，强度也急剧下降。故工业用锡青铜的 w_{Sn} 均在 3%～14%之间。$w_{Sn}<8\%$的锡青铜为压力加工锡青铜。它具有较好的塑性和适宜的强度，适用于压力加工，可加工成板材、带材等半成品。$w_{Sn}<10\%$的锡青铜塑性差，只适用于铸造。

锡青铜的铸造收缩率是有色金属与合金中最小的（<1%），它适用于铸造形状复杂、壁厚的零件。但其铸造流动性差，易形成分散的微缩孔，不适用于制造要求致密度高和密封性好的铸件。

锡青铜的耐蚀性比纯铜和黄铜都高，耐磨性也很好，多用来制造耐磨零件（如轴瓦、轴套、蜗轮）和与酸、碱蒸气等接触的零件。

（2）铝青铜。实用的铝青铜 w_{Al} 一般在 5%～11%之间。w_{Al} 为 5%～7%时塑性最高，w_{Al} 为 10%时强度最高。

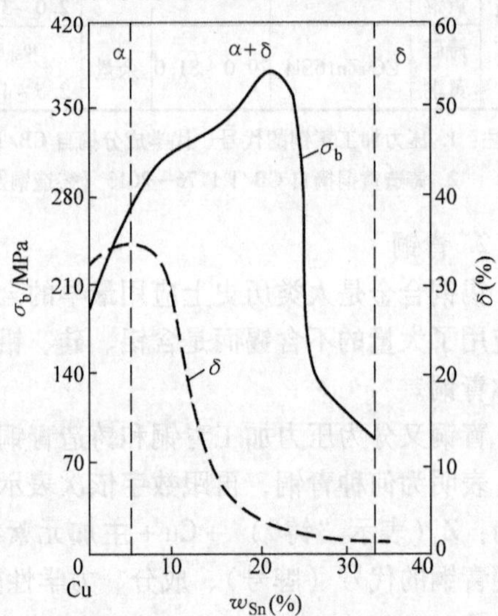

图 8-4　锡青铜的力学性能与锡含量的关系（铸态）

铝青铜不但价格低廉、性能优良，其强度、硬度比黄铜和锡青铜都高，而且耐蚀性、耐磨性也高。铝青铜作为价格昂贵的锡青铜的代用品，常用于铸造承受重载的耐磨、耐蚀零件。

（3）铍青铜和钛青铜。以铍为主添加元素的铜合金称为铍青铜。它的 w_{Be} 在 1.7%～2.5%之间。铍青铜有许多优良的性能：经淬火时效强化后强度可达 $\sigma_b=500\sim550$MPa，硬度为 120HBW，远远超过其他合金；其弹性极限、疲劳强度、耐磨性、耐蚀性、导电性、导热性都很好；此外，还具有耐寒、无磁性及冲击不产生火花等特性。铍青铜主要用来制造各种精密仪器或仪表中的贵重弹簧及弹性元件和耐磨件等。

但铍青铜价格昂贵，工艺复杂，而且有毒，因而限制了它在工业上的应用。在铍青铜中加入钛元素，可减少铍的含量，降低成本，改善工艺。

钛青铜的物理化学性能和力学性能都与铍青铜相似，但它生产工艺简单，无毒，价格便宜，是一种很有前途的新型高强度合金。

3. 白铜

以镍为主要添加元素的铜合金称为白铜。仅有铜、镍组成的二元合金称为普通白铜，含锰的铜镍合金称为锰白铜。

工业上有名的锰铜、康铜、考铜就是具有不同含锰量的锰白铜。锰铜的牌号是BMn3－12；康铜的牌号是BMn40－1.5；考铜的牌号是BMn43－0.5。“BMn”表示锰白铜，后面的数字分别表示镍的平均质量分数和锰的平均质量分数。锰白铜具有极高的电阻率，非常小的电阻温度系数，是制造电工测量仪器、变阻器、热电偶及电热器不可缺少的材料。

第三节　滑动轴承合金

轴承是用来支撑轴进行工作的机械零件。目前机器中所用的轴承主要有滚动轴承和滑动轴承两大类。虽然滚动轴承应用广泛，但滑动轴承具有承压面大，工作平稳，无噪声等优点，故常用于重载、高速的场合，如磨床主轴轴承、连杆轴承、发动机轴承等。

在滑动轴承中，制造轴瓦和轴瓦内衬的合金称为轴承合金。

一、轴承合金的组织特征

1. 对轴承合金的性能要求

滑动轴承由轴承体和轴瓦组成，轴瓦直接与轴径相接触，工作中，轴瓦和轴之间产生强烈的摩擦。因为轴是机器上最重要的零件，价格昂贵，更换困难，所以应尽量使磨损发生在轴瓦上，故轴承合金应具有以下性能：

（1）足够的强度和塑性、韧性，以抵抗冲击和振动。

（2）适当的硬度，既能承受载荷又能减少轴的磨损。

（3）良好的耐磨性（摩擦系数小，并能保存润滑油）和磨合性。

（4）良好的导热性与耐蚀性。

（5）成本低廉，易于制造。

由于降低轴与轴瓦之间的摩擦系数是减少轴磨损的主要因素，为此可选择某种合金，这种合金可以获得较为理想的组织，而满足上述要求。

2. 轴承合金的组织特征

较为理想的组织是软基体上分布有均匀的硬质点，或硬基体上分布有软质点的结构，如图8-5所示。这样，当轴与轴瓦经磨合后，软基体（或软质点）因磨损而下凹，凹坑可储油；而硬质点（或硬基体）则凸起来承受轴的压力。同时软基体（或软质点）还能承受冲击和振动，并起嵌藏外来硬质点的作用，

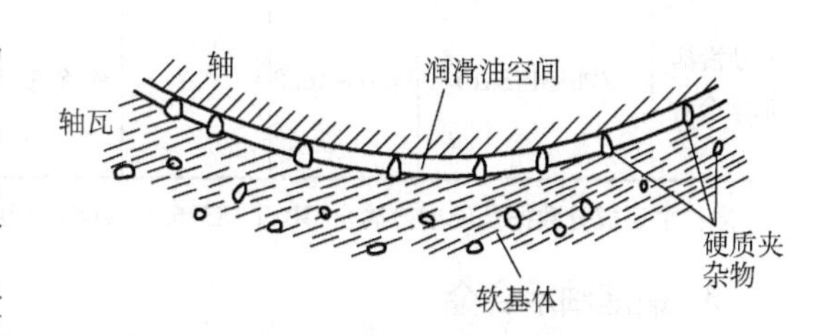

图8-5　轴承合金理想组织示意图

以保证轴不被擦伤。

以锡或铅为基体的轴承合金（也称巴氏合金），是满足上述性能及组织要求的最理想的材料。另外，还有铜基、铝基轴承合金等。

二、常用的轴承合金

1. 锡基轴承合金

它具有适当的硬度和较低的摩擦系数（0.005），软基体具有较好的塑性和韧性，还具有良好的导热性和耐蚀性。它几乎能满足轴承材料的所有要求，可用作承受大负荷、高转速机器设备的轴承，如用于汽轮机、电动机、汽车发动机等。

由于锡是稀缺昂贵的金属，使其应用范围受到限制，而大多代以铅基轴承合金。

2. 铅基轴承合金

它的硬度与锡基合金差不多，但强度、韧性较低，耐蚀性也较差。由于价格较低，常用于制造中等载荷的轴承，如汽车、拖拉机的曲轴轴承，电动机、空压机、减速器的轴承等。

锡基和铅基轴承合金的强度都较低，不能承受大的压力，生产中常用离心浇注法将其镶铸在低碳钢的轴瓦上，形成薄（<0.1mm）而均匀的一层内衬，既可提高轴承的承载能力，又可节约轴承合金材料。这种轴承称为双金属轴承。

锡基、铅基轴承合金牌号表示方法为：Z＋基本元素符号＋主加元素符号与元素质量分数，“Z”为“铸”的汉语拼音首字母。如ZSnSb11Cu6，表示基本元素为Sn即锡基合金，主加元素 $w_{Sb}=11\%$，辅加元素 $w_{Cu}=6\%$，余量为Sn。

常用锡基、铅基轴承合金的牌号、成分、力学性能与用途见表8-5。

表8-5 常用铅基、锡基轴承合金的牌号、成分、力学性能及用途

类别	牌号	主要成分（%）				力学性能			用途举例
		w_{Sb}	w_{Cu}	w_{Pb}	w_{Sn}	σ/MPa	δ(%)	HBW	
1号锡基轴承合金	ZSnSb12Pb10Cu4	11.0～13.0	2.5～5.0	9.0～11.0	余量			29	一般机械的主轴承但不适于高温工作
2号锡基轴承合金	ZSnSb11Cu6	10.0～12.0	5.5～6.5	0.35	余量	90	6	27	用于浇注高速、重载的蒸汽机、涡轮机、柴油机、电动机、机床主轴的轴承、轴瓦
3号锡基轴承合金	ZSnSb8Cu4	7.0～8.0	3.0～4.0	0.35	余量	80	10.6	24	用于一般大机器轴承及轴衬
1号铅基轴承合金	ZPbSb15Sn10	14.0～16.0	0.7	余量	9.0～11.0	78	0.2	24	中速、中载和冲击负荷机械的轴承，如汽车、拖拉机发动机曲轴、连杆轴承

注：主要成分数据及硬度值摘自GB/T 18376.1—2001《硬质合金牌号》。

3. 铜基轴承合金

主要是铅青铜和锡青铜，其代号或牌号表示法参见铸造青铜。

常用的铅青铜牌号如ZCuPb30，表示 $w_{Pb}=30\%$，余量为铜，其显微组织为在铜的硬基体上分布着软的铅颗粒。铅青铜与巴氏合金相比，具有较高的疲劳强度和承载能力，及较高

的导热性和较小的摩擦系数，广泛用于高速、高负荷下工作的轴承，如航空发动机和高速柴油机轴承。由于强度低，也是作为双金属轴承用作轴衬。

锡青铜用来制造中速、重负荷下工作的轴承。锡青铜可直接制成轴瓦。

4. 铝基轴承合金

它的基本元素是铝，主添加元素有锑和锡。常用的有铝锑镁轴承合金和高锡铝基轴承合金两大类。

铝锑镁轴承合金的化学成分为：$w_{Sb}=4\%$，$w_{Mg}=0.3\%\sim0.7\%$，余量为铝。其显微组织为在铝的软基体上分布着硬的质点 AlSb，该合金也是浇注在钢背上做成双金属轴承使用。

高锡铝基轴承合金的化学成分为：$w_{Sn}=20\%$，$w_{Cu}=1\%$，余量为铝。其显微组织为在硬的铝基体上分布着软的球状锡质点，成品一般为钢－铝－高锡铝三层材料轧制而成。其承载能力达3200MPa，滑动线速度高，且其工艺简单、寿命长，可代替巴氏合金、铜基轴承合金和铝锑镁轴承合金。

铝基轴承合金资源丰富，价格低廉，疲劳强度和导热性好，现已广泛用于高速重载荷下工作的轴承。铝基轴承合金的主要缺点是线膨胀系数大，运转时易与轴咬合。又因其本身强度高，使轴易磨损，故需相应提高轴的硬度。

第四节　粉末冶金与硬质合金

粉末冶金材料与硬质合金材料都是采用粉末冶金的方法制成的。

一、粉末冶金

将金属粉末（或掺入部分非金属粉末）放在模具内加压成形，然后烧结而成为金属零件或金属材料的生产方法，称为粉末冶金。其制件中存在一些微小孔隙，是多孔材料。**粉末冶金既是制取用普通冶炼方法难以得到的金属材料的一种特殊冶金工艺，又是制造各种精密机器零件的一种加工方法。**

1. 粉末冶金的生产过程

（1）粉末的制取。根据金属的性质不同，可采用不同的方法制取粉末，有机械粉碎法、还原法、电解法、喷射法等，或几种方法混合使用。

（2）粉末混料。将金属粉末和各种辅助材料按一定的比例配好后，经混料器混合，使各种成分均匀分布。

（3）粉末压制。将混合料装入压模中，在压力机上加压成形。加压成形后，体积缩小，由于原子吸引力和机械咬合，使制件具有一定的强度。

（4）烧结。压制成形后的强度不高，还必须进行烧结。烧结时由于原子间的扩散，使粉末颗粒间的结合力增强，强度也显著提高。

有时将加压成形和烧结两道工序合在一起进行，称为热压法。

烧结后的制品有的可直接使用，有的还需经过整型、浸油、硫化处理、热处理等才能使用。

2. 粉末冶金轴承材料

采用粉末冶金工艺可制作多种减摩材料，用于制作滑动轴承。

（1）含油轴承材料。这是一种利用材料的多孔性浸渗润滑油的减摩材料，由于孔隙中含有大量润滑油（体积分数为10%～30%），故称含油轴承材料，用于制作轴承、衬套等。常用的有铁基和青铜基两种，通常添加的固体润滑剂是石墨。

含油轴承工作时，由于摩擦发热，使轴承膨胀，将润滑油从孔隙中压到工作表面，起到润滑作用。停止工作后轴承冷却，由于毛细作用，大部分润滑油又被吸回孔隙，少部分留在表面，使再次运转时避免发生干摩擦，起到自动润滑的作用。

含油轴承材料的孔隙度通常是18%～25%。孔隙度高则含油多，润滑性能好，但强度低，适宜在低负荷、中速条件下工作；孔隙度低则含油少，强度较高，适宜在中、高负荷条件下工作，若在低速条件下工作，还需补充润滑油才能使用。

含油轴承材料目前已广泛应用于汽车、拖拉机、纺织机械和电动机等的轴承上。

(2) 金属塑料减摩材料。这是一种具有良好综合性能的无油润滑减摩材料。由粉末冶金多孔制品和聚四氟乙烯、二硫化钼（或二硫化钨）等固体润滑剂复合制成。这种材料的特点是不需润滑油，有较宽的工作温度范围（-200～+280℃），能适应高空、高温、低温、振动、冲击等工作条件，还能在真空、水或其他液体中工作。目前被广泛用于航空仪表轴承等方面。

二、硬质合金

硬质合金是以难熔的金属碳化物（碳化钨、碳化钛等）为基体，以钴、镍等金属作粘结剂，用粉末冶金的方法制成的合金材料。

硬质合金的主要用途是制作刀具，特点是具有很高的热硬性，即使温度在1000℃左右，刀具的硬度仍无明显的下降，因而用它制作的刀具，寿命可提高5～8倍，切削速度比高速钢高4～10倍。硬质合金刀具还能加工硬度在50HRC左右的硬质材料及较难加工的奥氏体耐热钢和不锈钢等韧性材料。但是，由于其本身的硬度太高，又比较脆，很难进行机械加工，故经常将其制成一定规格的刀片，镶焊或装夹在刀体上使用。此外，硬质合金还可用于制造模具、量具和耐磨零件。

常用的硬质合金有：

1. 钨钴类硬质合金（YG）

其主要成分为碳化钨（WC）和钴（Co）。这类硬质合金的韧性好，但硬度和耐磨性较差，适用于制作切削铸铁、青铜等脆性材料的刀具。

2. 钨钴钛类硬质合金（YT）

其主要成分为碳化钨（WC）、碳化钛（TiC）和钴（Co）。这类硬质合金的硬度和耐磨性高，但韧性差，加工钢材时刀具表面能形成一层氧化钛薄膜，使切屑不易粘附，适用于制作切削高韧钢材的刀具。

在上述两类硬质合金中，碳化物起坚硬耐磨作用，钴则起粘结作用。含钴越高，强度韧性越高，而硬度、耐磨性降低。因此，含钴量较多的钨钴钛类一般多用作粗加工；而含钴量较少的则用作精加工。

3. 通用类硬质合金（YW）

这类合金也称万能硬质合金。其成分为在钨钴钛类硬质合金中加入碳化钽（TaC）以取代部分碳化钛（TiC），主要用于制作切削高锰钢、不锈钢、耐热钢等难加工材料的刀具。

4. 钢结硬质合金

它是以碳化钛、碳化钨为硬质相，以合金钢（高速工具钢、不锈钢等）作粘结剂，故其特点是可以像钢一样进行锻造、热处理、焊接和切削加工。因此可以用采制成各种形状复杂的刃具、模具及耐磨零件。

常用硬质合金的代号、牌号、成分、性能和用途见表8-6。

表8-6　常用硬质合金的代号、牌号、成分、性能和用途

类别	符号	代号（牌号）	化学成分（%）				物理、力学性能				用途
			w_{WC}	w_{TiC}	w_{TaC}	w_{Co}	密度ρ /(g·cm^{-3})	硬度 HRA	抗弯强度 /GPa	冲击韧度 /(kJ·m^{-2})	
钨钴类合金YG		K01（YG3X）	97			3	14.9～15.3	91	1.03	87.9	铸铁、有色金属及其合金的精加工、半精加工
		K05（YG6）	94			6	14.6～15.0	89.5	1.37	79.6	铸铁、有色金属及其合金的半精加工与粗加工
		K10（YG6X）	93.5		<0.5	6	14.6～15.0	91	1.32	79.6	铸铁、冷硬铸铁高温合金的精加工、半精加工
		K20（YG8）	92			8	14.5～14.9	89	1.47	75.4	铸铁、有色金属及其合金的粗加工，也可用于断续切削
钨钴钛类合金YT	CA	P30（YT5）	85	5		10	12.5～13.2	89.5	1.28	62.8	碳钢、合金钢的粗加工，可用于断续切削
	HC	P20（YT14）	78	14		8	11.2～12.0	90.5	1.18	33.5	碳钢、合金钢连续切削时粗加工、半精加工、精加工，也可用于断续切削时的精加工
	HT	P10（YT15）	79	15		6	11～11.7	91	1.13	33.5	
	HW（可省略）	P01（YT30）	66	30		4	9.3～9.7	92.5	0.883	20.9	碳钢、合金钢的精加工
通用合金YW	CC	M10（YW1）	84～85	6	3～4	6	12.6～13.5	92	1.2		不锈钢、高强度钢与铸铁的粗加工与半精加工
	DP	M20（YW2）	82～83	6	3～4	8	12.4～13.5	91	1.35		不锈钢、高强度钢与铸铁的粗加工与半精加工

注：主要成分数据及硬度值摘自GB/T 18376.1—2001《硬质合金牌号》。

小　结

通常把铁及其合金（钢、铸铁）称为黑色金属，其他的非铁金属及其合金则称为有色金属。与黑色金属相比，有色金属具有许多优良的特殊性能。

铝合金的性能特点：①熔点低、密度小、比强度高；②优良的加工工艺性能；③良好的塑性、导电性和耐蚀性。铝合金分为变形铝合金和铸造铝合金。变形铝合金包括防锈铝合金、硬铝合金和超硬铝合金。

铜合金的性能特点：①良好的加工工艺性能；②极佳的导电性和导热性；③良好的耐蚀性；④色泽美观，具有抗磁性。铜合金按化学成分不同，分为黄铜、青铜和白铜；按生产方式不同，铜合金分为加工铜合金和铸造铜合金。工业上应用较多的是黄铜和青铜。

滑动轴承合金是制造滑动轴承中的轴瓦或内衬的材料，具有在软基体上分布着硬质点或在硬基体上分布着软质点的组织特征。轴承合金按主要成分可分为锡基、铅基、铝基、铜基等几种。

硬质合金是用粉末冶金的方法制成的合金材料，它具有硬度高、耐磨性好、热硬性好、抗压强度高的特点。钨钴类硬质合金（YG）适宜制作切削脆性材料的刀具或冷作模具；钨钴钛类硬质合金（YT）适宜制作切削塑性材料的刀具；通用硬质合金（YW）主要用于制作切削高锰钢、不锈钢、耐热钢等难加工材料的刀具。

习 题

8-1 变形铝合金和铸造铝合金是怎样区分的？热处理能强化铝合金和热处理不能强化铝合金是根据什么确定的？

8-2 试述各种变形铝合金的特性和用途。

8-3 铸造铝合金中哪种系列应用最广泛？用变质处理提高铸造铝合金性能的原理是什么？

8-4 铝合金的强化措施有哪些？铝合金的淬火与钢的淬火有什么不同？

8-5 什么是黄铜？为什么黄铜中锌的质量分数不大于45%？

8-6 什么是锡青铜？它有何性能特点？为什么工业用锡青铜中锡的质量分数为3%～14%？

8-7 轴承合金应具有哪些性能要求？为确保这些性能，轴承合金应具有什么样的理想组织？

8-8 什么叫粉末冶金？试述其特点和应用。

8-9 试述硬质合金的种类、特点和用途。

8-10 指出下列零件应采用所给材料中的哪一种材料？并选定其热处理方法。

零件：车辆缓冲弹簧、机床床身、发动机连杆螺栓、机用大钻头、镗床主轴、自行车车架、车床丝杆螺母、电风扇机壳、粗车铸铁车刀、手工锯条、汽车用轴瓦、汽车变速器齿轮。

材料：20CrMnTi、HT200、38CrMoAl、45钢、ZCuSn10Pb1、40Cr、T12A、ZPbSb16Sn16Cu2、16Mn、W18Cr4V、60Si2Mn、P10、ZL102。

第九章　非金属材料

教学目标：通过学习，学生应了解非金属材料的基本知识，熟悉常用工程塑料、橡胶、工业陶瓷及复合材料的分类、性能特点及应用。

本章重点：塑料、橡胶、胶粘剂的种类、性能及用途；陶瓷材料、复合材料的分类及应用。

本章难点：塑料制品的成形与加工。

长期以来，机械工程材料一直以金属材料为主，其原因是金属材料具有强度高、热稳定性好、导电导热性好等优良性能。但是也存在着密度大、耐蚀性差、电绝缘性不好等缺点，已难以满足现代科学和生产发展的需要。因此，近年来越来越多的非金属材料被应用于工业、农业、国防和科学技术等各个领域，在某些领域中，非金属材料甚至已成为不可替代的材料。

通常，非金属材料是指除金属材料以外的其他一切材料。本章主要介绍有机高分子材料（工程塑料、合成橡胶等）、无机非金属材料（工业陶瓷）和复合材料等。

第一节　高分子材料

一、高分子材料概述

高分子物质分天然和人工合成两大类。天然高分子物质有羊毛、蚕丝、淀粉、蛋白质、天然橡胶等。工程上使用的高分子物质主要是人工合成的各种有机高分子材料。

高分子材料是以高分子化合物为主要组成物的材料。而高分子化合物是指相对分子质量很大（>5000）的化合物。高分子化合物的相对分子质量虽然很大，但它的化学组成并不复杂，它们一般都是由一种或几种简单的低分子化合物重复连接而成。低分子化合物聚合起来形成高分子化合物的过程叫聚合反应。因此，高分子化合物也叫高聚物或聚合物。

在聚合反应中能够聚合成大分子链的低分子化合物叫单体。例如，聚乙烯是由低分子化合物乙烯通过聚合而成的，则乙烯是聚乙烯的单体；丁苯橡胶是由丁二烯和苯乙烯聚合而成的，则丁二烯和苯乙烯就是丁苯橡胶的单体。

由单体聚合为高聚物的方法有加成聚合反应和缩合聚合反应两种。

（1）加成聚合反应。简称加聚反应，它是一种或多种单体经反复多次地相互加成而生成聚合物的反应。由一种单体经加聚而成的高聚物叫均聚物，如聚乙烯、聚丙烯、聚氯乙烯等；而由两种或多种单体同时加聚生成的高聚物叫共聚物，如丁苯橡胶、ABS 塑料等。在加聚反应中没有其他低分子副产物生成，因此加聚反应所得的高聚物具有和单体相同的成分。

（2）缩合聚合反应。简称缩聚反应，它是具有两个或两个以上活泼官能团（如 $-OH$、$=CO$、$-NH_2$ 等）的单体，互相缩合聚合成高聚物，同时有低分子副产物（如 H_2O、NH_3

等）析出的反应。由同一种单体进行的缩聚反应叫均缩聚，其产物叫均缩聚物。如由氨基己酸进行均缩聚生成聚酰胺6（尼龙6）。由两种或多种单体进行的缩聚反应叫共缩聚，其产物叫共缩聚物。如由己二胺和己二酸进行共缩聚生成尼龙66，并有水析出。由于在缩聚反应中有其他低分子副产物析出，故缩聚反应所得的高聚物具有和单体不同的成分。

有机高分子材料按其性能及使用工况，通常可分为塑料、橡胶、胶粘剂等。

二、塑料

（一）塑料的组成

塑料是以有机合成树脂为主要成分，加入适量的添加剂制成的高分子材料。

合成树脂是由低分子化合物经聚合反应而获得的高分子化合物。它受热可软化，在塑料中起粘结作用，其种类、性能及加入量对塑料的性能起着决定性的作用，因此绝大多数塑料就是以所用树脂的名称来命名的。如聚氯乙烯塑料就是以聚氯乙烯树脂为主要成分的。有些树脂可以直接用作塑料，如聚乙烯、聚苯乙烯等。有些合成树脂不能单独用作塑料，必须在其中加入一些添加剂才行，如酚醛树脂、聚氯乙烯等。

加入添加剂的目的是改善或弥补塑料某些性能的不足。添加剂有填充剂、增塑剂、固化剂、稳定剂、润滑剂、着色剂、阻燃剂等。稳定剂主要是提高塑料在受热和光作用时的稳定性，防止老化；填充剂（如铝粉）主要是提高塑料对光的反射能力等。

（二）塑料的分类

塑料的品种很多，按其使用范围可分为通用塑料、工程塑料和耐热塑料三类；按合成树脂的热性能，可分为热塑性塑料和热固性塑料两类。

1. 热塑性塑料

热塑性塑料主要由聚合树脂制成，一般仅加入少量的稳定剂和润滑剂等。这类塑料受热软化，可塑造成形，冷却后变硬，再受热又可软化，冷却再变硬，可多次重复。这类塑料的优点是加工成形简便，力学性能较高。缺点是耐热性和刚性较差。

常用的热塑性塑料有聚乙烯、聚氯乙烯、尼龙、ABS、聚砜、聚苯乙烯等。

2. 热固性塑料

热固性塑料大多是以缩聚树脂为基础，加入多种添加剂制成。这类塑料在一定条件（如加热、加压）下会发生化学反应，经过一定时间即固化为坚硬制品。但是，固化后既不溶于任何溶剂，也不会再熔融（温度过高时则发生分解）和再成形了。这类塑料的优点是耐热性高，受压不易变形等。缺点是力学性能不高，但可加入填充剂来提高强度。

常用的热固性塑料有酚醛塑料、氨基塑料和环氧树脂、有机硅树脂等。

（三）塑料制品的成形与加工

塑料制品的成形是将各种形态（粉状、粒状、液态、糊状或碎料）的塑料制成具有一定形状和尺寸的制品的工艺过程。塑料制品的加工则是指成形后的制品再经后续加工，以达到某些要求的工艺过程。

1. 塑料制品的成形

塑料的成形方法很多，随制品所用塑料的种类、制品的形状和尺寸以及生产批量的不同，其成形工艺也不同。常用的成形方法如下。

（1）注射成形。又称注塑成形，这是热塑性塑料主要的成形方法之一。这种方法是将粒状或粉状的塑料在注射成型机的料筒内加热成为黏流态，然后以较高的压力和速度注入密闭的模具型腔内，经一定时间冷却，开启模具即可取出塑料制品。这种成形方法的自动化程度高，生产速度快，制品尺寸准确，可制造形状复杂、壁厚或带金属嵌件的塑料制品，如各类外壳、电器零件、机械零件等。

（2）压制成形。这是热固性塑料主要的成形方法之一，又分模压法和层压法。模压法是将塑料粉末（或颗粒）放在金属模型中加热和加压，使塑料在一定温度、压力和时间内发生化学反应而固化成形，脱模后获得塑料制品的方法。也可以用浸有树脂的碎布或纤维状塑料模压成形。层压法是用片状骨架填料（如纸、棉布、玻璃布等）浸以树脂，一层层叠放，然后加热、加压，使树脂粘结并固化，以获得塑料制品的方法。这是生产各种增强塑料板、棒和管的主要方法。

（3）挤出成形。又叫挤压成形，它也是热塑性塑料最主要的成形方法之一，是所有加工方法中产量最大的一种成形方法。这种方法是将粉状或粒状塑料，通过料斗送入挤出机料筒内，经加热成黏流态，再靠螺杆的转动将其不断地从机器的型孔中挤出而成制品。这种方法适用于管、棒、板、带等塑料型材的生产，也可用于金属的涂层、电缆包覆层、发泡材料等的生产。

（4）吹塑成形。这种方法是将塑料先加热熔融，然后放入模具内，用压缩空气将其吹胀，使之紧贴模腔内壁成形，冷却后开模即得中空制品。这种方法常用于塑料瓶、罐、管类零件的加工及挤压吹塑薄膜的成形加工，如图9-1所示。

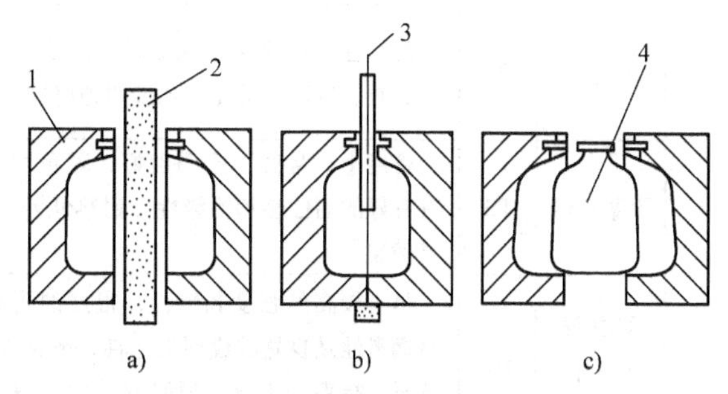

图9-1 塑料制品的吹塑成形

1—模具 2—型坯 3—压缩空气 4—制品

（5）浇注成形。这种方法与金属铸造相似。它是将液态树脂加入添加剂后浇注到模具中，使其固化成为一定形状塑料制品的方法。此法适用于热固性塑料的成形。常用于制造板材、电绝缘器材和装饰品等。

2. 塑料制品的加工

这里所讲的加工系指塑料制品成形后的再加工，主要有切削加工、连接和表面处理等。

（1）切削加工。塑料一般均可采用与金属加工相同的设备和工具进行切削加工。但是由于塑料的导热性差且有弹性，容易引起加工时的发热、变形与加工面粗糙。为保证质量，在切削加工时一般应采取下列措施：①因塑料的强度、硬度低，故刀具的前角与后角应大些，刃口应锋利；②切削时应用风或水充分冷却；③为得到较光洁的表面，应采用较大的切削速度和较小的进给量；④精加工时，为防工件变形，加紧力不宜过大。

加工泡沫塑料，一般可用木工工具和设备，也可用电阻丝通电发热熔割。

（2）塑料的连接。塑料的连接有如金属的焊接，可以将小而简单的构件组合成大而复杂的零件。塑料零件常用的连接方法，除机械连接外，主要有热熔粘接（也称焊接）、溶剂粘接和粘合剂粘接。

热熔粘接很像钢材的气焊，也使用焊枪和焊条。它是用焊枪喷出一定温度的热风，将焊条和焊缝处的塑料加热熔化，待冷却凝固后两塑料件就粘接在一起。大多数热塑性塑料都可以采用热熔粘接。

溶剂粘接是在塑料连接面涂以适当溶剂，如丙酮、二甲苯等，使之溶胀软化，再给以适当压力使两部分贴紧，待溶剂挥发后，即可形成牢固的接头。此法适用于多数热塑性塑料相同品种间的连接。

粘合剂粘接是在两个被粘接表面涂以适当的胶粘剂，如环氧树脂、酚醛树脂等，利用胶层将两部分连接为一体。绝大多数塑料都可以采用此法连接。这也是热固性塑料唯一的粘接方法。

(3) 表面处理。塑料制品的表面处理主要是涂漆和镀金属。涂漆的目的是防止制品老化，提高制品耐化学药品和溶剂的能力。涂漆的方法有刷漆和喷漆。镀金属的目的是使塑料制品具有导电性，提高表面硬度和耐磨性，提高防老化、防潮、防溶剂侵蚀的能力，并使塑料制品具有金属光泽。

(四) 常用的塑料

工程上常用的塑料种类很多。表9-1是常用塑料的类别、名称、符号、性能及用途举例。

表9-1 常用塑料的类别、名称、符号、性能及用途

类别	塑料名称	符号	主要性能	用途举例
热塑性塑料	聚乙烯	PE	耐蚀性和电绝缘性能极好，高压聚乙烯质地柔软、透明，低压聚乙烯质地坚硬、耐磨	高压聚乙烯：制软管、薄膜和塑料瓶；低压聚乙烯：塑料管、板、绳及承载不高的零件，亦可作为耐磨、减摩及防腐蚀涂层
	聚苯乙烯	PS	密度小，常温下透明度好，着色性好，具有良好的耐蚀性和绝缘性。耐热性差，易燃，易脆裂	可用作眼镜等光学零件、车辆灯罩、仪表外壳，化工中的储槽、管道、弯头及日用装饰品等
	聚酰胺（尼龙1010）	PA	具有较高的强度和韧性，很好的耐磨性和自润滑性及良好的成型工艺性，耐蚀性较好，抗霉、抗菌、无毒，但吸水性大，耐热性不高，尺寸稳定性差	制作各种轴承，齿轮、凸轮轴、轴套、泵叶轮、风扇叶片、储油容器、传动带、密封圈、蜗轮、铰链、电缆、电器线圈等
	聚甲醛	POM	具有优良的综合力学性能，尺寸稳定性高，良好的耐磨性和自润滑性，耐老化性也好，吸水性小，使用温度为-50～110℃，但密度较大，耐酸性和阻燃性不太好，遇火易燃	制造减摩、耐磨及传动件，如齿轮、轴承、凸轮轴、制动闸瓦、阀门、仪表、外壳、汽化器、叶片、运输带、线圈骨架等
	ABS塑料（苯乙烯—丁二烯—丙烯腈）	ABS	兼有三组元的共同性能、坚韧、质硬、刚性好，同时具有良好的耐磨、耐热、耐蚀、耐油及尺寸稳定性，可在-40～100℃下长期工作，成形性好	应用广泛。如制造齿轮、轴承、叶轮、管道、容器、设备外壳、把手、仪器和仪表零件、外壳、文体用品、家具、小轿车外壳等
	聚甲基丙烯酸甲脂（有机玻璃）	PMMA	具有优良的透光性、耐候性、耐电弧性，强度高，可耐稀酸、碱，不易老化，易于成形，但表面硬度低，易擦伤，较脆	可用于制造飞机、汽车、仪器仪表和无线电工业中的透明件。如挡风玻璃、光学镜片、电视机屏幕、透明模型、广告牌、装饰品等
	聚砜	PSU	具有优良的耐热、抗蠕变及尺寸稳定性，强度高、弹性模量大，最高使用温度达150～165℃，还有良好的电绝缘性、耐蚀性和可电镀性。缺点是加工性不太好等	可用于制造高强度、耐热、抗蠕变的结构件、耐蚀件和电气绝缘件等，如精密齿轮、凸轮、真空泵叶片、仪器仪表零件、电气线路板、线圈骨架等
热固性塑料	酚醛塑料	PF	采用木屑做填料的酚醛塑料俗称“电木”。有优良的耐热、绝缘性能，化学稳定性、尺寸稳定性和抗蠕变性良好。这类塑料的性能随填料的不同而差异较大	用于制作各种电讯器材和电木制品，如电气绝缘板、电器插头、开关、灯口等，还可用于制造受力较高的刹车片、带轮，仪表中的无声齿轮、轴承等

（续）

类别	塑料名称	符号	主 要 性 能	用 途 举 例
热固性塑料	环氧塑料	EP	强度高、韧性好、良好的化学稳定性、耐热、耐寒，长期使用温度为 -80 ~ 155℃。电绝缘性优良，易成形。缺点是有某些毒性	用于制造塑料模具、精密量具、电器绝缘及印刷线路、灌封与固定电器和电子仪表装置、配制飞机漆、油船漆以及作粘结剂等
	氨基塑料	UF	优良的耐电弧性和电绝缘性，硬度高、耐磨、耐油脂及溶剂，难于自燃，着色性好。其中脲醛塑料，颜色鲜艳，电绝缘性好，又称为“电玉”；三聚氰胺甲醛塑料（密胺塑料）耐热、耐水、耐磨、无毒	主要为塑料粉，用于制造机器零件、绝缘件和装饰件，如仪表外壳、电话机外壳、开关、插座、玩具、餐具、钮扣、门把手等
	有机硅塑料		优良的电绝缘性，尤以高频绝缘性能好，可在 180 ~ 200℃下长期使用。憎水性好，防潮性强。耐辐射、耐臭氧	主要为浇铸料和粉料。其中浇铸料用于电气、电子元件及线圈的灌封与固定。粉料用于压制耐热件、绝缘件

三、橡胶

橡胶也是一种高分子材料，与塑料的不同之处是它在使用温度范围内处于高弹状态，即在较小外力作用下就能产生很大的变形，当外力取消后又能很快恢复原状。同时，橡胶还具有优良的伸缩性和积储能量的能力；有着良好的耐磨性、隔音性和绝缘性。因此，橡胶被广泛用于制造密封件、减振防振件、传动件、轮胎以及绝缘件等。

（一）橡胶的组成

橡胶是以生胶为基础加入适量的配合剂制成的高分子材料。其中生胶按原料来源又分为天然橡胶与合成橡胶。天然橡胶是从热带的橡树中流出的胶乳，经过凝固、干燥、加压等工序制成的片状固体物，其主要成分为异戊二烯。合成橡胶是用化学合成方法制成的，具有与天然橡胶性质相似的高分子材料。合成橡胶的品种很多，如丁苯橡胶、氯丁橡胶、丁腈橡胶、硅橡胶等。橡胶制品的性质主要取决于生胶的性质。

配合剂是为了提高和改善橡胶制品的性能而加入的物质。橡胶配合剂的种类很多，如硫化剂及其促进剂、软化剂、防老化剂、填充剂、发泡剂和着色剂等。

硫化剂的作用类似热固性塑料中的固化剂，它能改变橡胶分子的结构，提高橡胶的力学性能，并使橡胶具有既不溶解，也不熔融的性质，克服橡胶因温度升高而变软发黏的缺点。因此，橡胶制品只有经硫化后才能使用。天然橡胶常以硫磺作硫化剂。

软化剂能增加橡胶的塑性，改善黏附力，并能降低橡胶的硬度和提高耐寒性。常用的软化剂有硬脂酸、精制腊、凡士林及一些油类、酯类。

填充剂的作用是增加橡胶制品的强度和降低成本。常用的填充剂有炭黑、氧化硅、白陶土、氧化锌、氧化镁和滑石粉、硫酸钡等。

（二）常用的橡胶

根据应用范围，橡胶可分为通用橡胶和特种橡胶。常用橡胶的种类、代号、性能特点及用途举例见表 9-2。

表9-2 常用橡胶的种类、代号、性能特点及用途

类别	名称	代号	主要性能特点	使用温度/℃	用途举例
通用橡胶	天然橡胶	NR	综合性能好，耐磨性、抗撕性和加工性良好，电绝缘性好。缺点是耐油和耐溶剂性差，耐臭氧老化性较差	-70~110	用于制造轮胎、胶带、胶管、胶鞋及通用橡胶制品
	丁苯橡胶	SBR	优良的耐磨、耐热和耐老化性，比天然橡胶质地均匀。但加工成形困难，硫化速度慢，弹性稍差	-50~140	用于制造轮胎、胶管、胶带及通用橡胶制品。其中丁苯—10用于耐寒橡胶制品，丁苯—50多用于生产硬质橡胶
	顺丁橡胶	BR	性能与天然橡胶相似，尤以弹性好、耐磨和耐寒著称，易与金属粘合	≤120	用于制造轮胎、耐寒制品、V带、橡胶弹簧等
	氯丁橡胶	CR	力学性能好，耐氧、耐臭氧的老化性能好、耐油、耐溶剂性较好。但密度大、成本高、电绝缘差、较难加工成形	-35~130	用于制造胶管、胶带、电缆粘胶剂、油罐衬里、模压制品及汽车门窗嵌条等
特种橡胶	聚氨酯橡胶	UR	耐磨性、耐油性优良，强度较高。但耐水、酸、碱的性能较差	≤80	用于制作胶辊、实心轮胎及耐磨制品
	硅橡胶		优良的耐高温和低温性能，电绝缘性好，较好的耐臭氧老化性。但强度低、价格高、耐油性不好	-100~300	用于制造耐高温、耐寒制品，耐高温电绝缘制品，以及密封、胶粘、保护材料等
	氟橡胶	FPM	耐高温、耐油、耐高真空性好，耐蚀性高于其他橡胶，抗辐射性能优良，但加工性能差、价格贵	-50~315	用于制造耐蚀制品，如化工衬里、垫圈、高级密封件、高真空橡胶件等

四、胶粘剂

在工程上，借助于一种物质在固体表面产生的粘合力将材料牢固地连接在一起的方法，叫胶接。用以产生粘合力的物质称为胶粘剂（也叫粘合剂）。胶接的特点是：接头处的应力分布均匀，可以减轻结构重量，适应性强，可以粘接各种材料，而且操作简单，成本低。故胶接技术得到了广泛应用。

1. 胶粘剂的组成

胶粘剂也是一种高分子材料。目前应用的胶粘剂多为合成胶粘剂。

合成胶粘剂是一种多组分的、具有优良粘合性能的物质。其组成组分有基料、固化剂、增塑剂、增韧剂、填料、稀释剂、稳定剂等。

（1）基料。基料是胶粘剂的主要而必须的组分，对胶粘剂的性能起主要作用。常用的基料有环氧树脂、酚醛树脂、氯丁橡胶等。

（2）固化剂。固化剂的作用是使胶粘剂固化。其种类和数量根据基料的不同特点和使用要求而定。

（3）增塑剂和增韧剂。它们的作用是改善胶粘剂的塑性和韧性，提高胶接接头的抗剥

离、抗冲击以及耐寒性等。常用的有热塑性树脂、合成橡胶及高沸点的低分子有机液体等。

（4）填料。其作用是提高接头的强度和表面硬度，提高耐热性。通常使用的填料有金属粉末、石棉和玻璃纤维等。

此外还可加入固化促进剂、防老化剂或偶联剂等。

2. 常用胶粘剂

胶粘剂的种类繁多，组成各异，常按基料的化学成分来区分。表9-3列出了部分常用胶粘剂的种类、牌号、性能特点及用途。选用胶粘剂时，应根据被粘材料、受力条件、工作环境及温度等具体情况来合理确定。

表9-3 常用胶粘剂的种类、牌号、性能特点及用途

类别	牌号	主要性能特点	用途
环氧胶粘剂	E—7	耐热性好，密封性好；使用温度：150℃。固化条件：100℃，3h	可胶接金属、玻璃等多种材料
	J—19A	胶接强度和韧性很高，初粘性强，但耐水性较差。使用温度：-60℃～120℃。固化条件：180℃，3h	可胶接金属、玻璃钢、陶瓷、木材等
	914	固化迅速，使用方便，耐水、耐油，胶接力强；耐热性和韧性较差。固化条件：室温下3h	适用于各种材料的快速胶接、固定和修补
酚醛胶粘剂	J—03	胶接强度高，弹性、韧性好、耐疲劳。使用温度：-60～150℃。固化条件：165℃，2h	可胶接金属、玻璃钢、陶瓷等，特别适用于金属蜂窝夹层结构胶接
	JSF—2	胶接强度高、韧性好，耐疲劳，良好的抗老化性。使用温度：-60～60℃。固化条件：150℃，1h	可胶接金属、层压塑料、玻璃、木材、皮革等
聚氨酯胶粘剂	JQ—1	胶膜柔软、耐油，但对水分特别敏感。使用温度低。固化条件：140℃，1h	适用于未硫化的天然橡胶、丁腈橡胶等与金属的胶接
	101（乌利当）	胶膜柔软，绝缘性、耐磨性、耐油性好，有良好的超低温性能；耐热性差，使用温度低。固化条件：室温固化	可胶接金属、塑料、陶瓷、橡胶、皮革和木材等多种材料
瞬干胶	502	黏度小，适应面广。胶膜较脆，不耐水，耐热性和耐溶剂性较差。使用温度：-40～70℃，在室温下接触水汽即瞬间固化	可胶接金属、陶瓷、塑料、橡胶等材料的小面积胶接和固化
厌氧胶	Y150	工艺性好，毒性小，固化后的抗蚀性、耐热性、耐寒性均较好。使用温度；-40～150℃。胶液填入接合面空隙，隔绝空气后1～3天即固化，加入促进剂时，1h即固化	用于防止螺钉松动、轴承的固定、法兰及螺纹接头的密封和防漏，填塞缝隙，也可用于胶接
无机胶粘剂（磷酸氧化铜）		优良的耐热性，长期使用温度为800～1000℃，胶接强度高，较好的低温性能（在-186℃时强度无变化），耐寒性能极好，耐水、耐油性较好。但耐酸、碱性较差，不耐冲击	用于各种刀具（如车刀、铰刀，铣刀）的胶接，小砂轮的粘结，塞规、卡规的粘结，铸件砂眼堵漏，气缸盖裂纹的胶补等

第二节 其他非金属材料

一、陶瓷材料

陶瓷是各种无机非金属材料的通称，它同金属材料、高分子材料一起被称为三大固体工程材料。

（一）陶瓷的基本性能

1. 力学性能

与金属材料相比，陶瓷具有很高的弹性模量和硬度（>1500HV），抗压强度较高。但脆性较大，韧性较低，抗拉强度很低。

2. 热性能

陶瓷材料的熔点高，抗蠕变能力强，具有比金属高得多的耐热性，热硬性可达1000℃以上，热膨胀系数和导热系数小，是优良的绝热材料。但陶瓷的抗急冷急热性能差。

3. 化学性能

陶瓷的组织结构非常稳定，即使在1000℃也不会被氧化，不会被酸、碱、盐和许多熔融的金属（如有色金属银、铜等）侵蚀，不会发生老化。

4. 电性能

陶瓷材料的导电性变化范围很广。大多数陶瓷都是良好的绝缘体。但也研制了不少具有导电性的特种陶瓷，如氧化物半导体陶瓷等。

此外，有些陶瓷还具有光学性能、磁性能等。

（二）陶瓷材料的分类及应用

陶瓷的种类很多，按照陶瓷的原料和用途不同，可分为普通陶瓷和特种陶瓷两大类。

1. 普通陶瓷（又称传统陶瓷）

普通陶瓷是以天然的硅酸盐矿物（粘土、长石、石英等）为原料，经过原料加工、成形和烧结而成。广泛用于人们的日常生活、建筑、卫生、电力及化工等领域。如餐具、艺术品、装饰材料、电器支柱、耐酸砖等。

2. 特种陶瓷（又称现代陶瓷）

特种陶瓷是化学合成陶瓷。它以化工原料（如氧化物、氮化物、碳化物等）经配料、成形、烧结而制成。根据其主要成分，又可分为氧化铝陶瓷、氧化锆陶瓷、氮化硅陶瓷、碳化硅陶瓷等。

氧化铝陶瓷的主要成分是Al_2O_3，又叫刚玉瓷。它的熔点高、耐高温，能在1600℃的高温下长期使用。硬度高（在1200℃时为80HRA），绝缘性、耐蚀性优良。其缺点是脆性大，抗急冷急热性差。它被广泛应用于刀具、内燃机火花塞、坩锅、热电偶的绝缘套等。

氮化硅陶瓷的突出特点是抗急冷急热性优良，并且硬度高、化学稳定性好、电绝缘性优良，还有自润滑性，耐磨性好。因此，广泛用于制造耐磨、耐蚀、耐高温和绝缘的零件，如高温轴承、耐蚀水泵密封环、阀门、刀具等。

另外，还有许多与机械工程有关的陶瓷材料，如压电陶瓷、过滤陶瓷、电光陶瓷等等，选用时可参考有关资料。

二、复合材料

复合材料是由两种以上物理、化学性质不同的材料经人工组合而得到的多相固体材料。它不仅具有各组成材料的优点，而且还能获得单一材料无法具备的优良综合性能，某些性能指标还要超过各组成材料性能的总和。它是人们按照性能要求而设计的一种新型材料，如钢筋混凝土是由石子、砂子和水泥、钢筋混合而成的复合材料；轮胎是由人造纤维和橡胶制成的复合材料等。

（一）复合材料的组成和分类

1. 复合材料的组成

复合材料一般由基体相和增强相构成。基体相起形成几何形状和粘结作用；增强相起提高强度、韧性等作用。

2. 复合材料的分类

按复合材料的增强相种类和结构形式不同，复合材料可分为以下三类。

（1）纤维增强复合材料。这类复合材料是以玻璃纤维、碳纤维等陶瓷材料做增强相，复合于塑料、树脂、橡胶和金属等为基体相的材料中而制成的。如橡胶轮胎、玻璃钢、纤维增强陶瓷等都是纤维增强复合材料。

（2）层叠复合材料。这类复合材料是由两层或两层以上不同材料复合而成的。如五合板、钢－铜－塑料复合的无油润滑轴承材料等就是层叠复合材料。

（3）颗粒复合材料。这类材料是由一种或多种颗粒均匀分布在基体相内而制成的。硬质合金就是 WC－Co 或 WC－TiC－Co 等组成的颗粒复合材料。

（二）纤维增强复合材料

这类复合材料是复合材料中发展最快、应用最广的一类材料。它具有比强度（σ_b/ρ）和比弹性模量（E/ρ）高，减振性和抗疲劳性能好，耐高温性能高等优点。目前常用的有以下几种。

1. 玻璃纤维－树脂复合材料

这类复合材料是以玻璃纤维及其制品为增强相，以树脂为基体相而制成的，俗称玻璃钢。

以尼龙、聚烯烃类、聚苯乙烯类等热塑性树脂为基体相（粘结剂）制成的玻璃钢，其性能比普通塑料高得多。抗拉强度、抗弯强度和抗疲劳强度均比普通塑料提高 2～3 倍以上，冲击韧度提高 1～4 倍，蠕变抗力提高 2～5 倍，达到或超过了某些金属的性能。可用来制造轴承、齿轮、仪表盘、空调机叶片、汽车前后灯等。

以环氧树脂、酚醛树脂、有机硅树脂等热固性树脂为粘结剂制成的玻璃钢，具有密度小（约是钢的 1/4～1/6），强度高，耐腐蚀，绝缘、绝热性好和成形工艺性好等优点。但刚度较差（弹性模量仅为钢的 1/10～1/5），耐热性不高，容易老化。因此，常用于制造汽车车身、船体、直升飞机的旋翼、风扇叶片、石油化工管道等。

2. 碳纤维－树脂复合材料

这种材料是以碳纤维及其制品为增强相，以环氧树脂、酚醛树脂、聚四氟乙烯树脂等为基体相结合而成。它不仅保持了玻璃钢的许多优点，而且许多性能还优于玻璃钢。其密度比玻璃钢还小，强度和弹性模量超过了铝合金，而接近于高强度钢。此外，它还具有优良的耐磨、减摩及自润滑性、耐蚀性、耐热性等，受 X 射线辐射时，强度和弹性模量不变化。因此，常用于制造承载件和耐磨件，如连杆、齿轮、轴承、机架、人造卫星天线构架等。

此外，还有许多与机械工程有关的复合材料，如硼纤维复合材料、金属纤维复合材料、塑料复层复合材料等，选用时可参阅有关的书籍和资料。

小　结

非金属材料是指除金属材料以外的其他材料，它们具有许多金属材料所不具备的性能。

高分子化合物具有高的耐蚀性、耐磨性和绝缘性能，在现代工业中应用较广。塑料是以有机合成树脂为主要成分，加入各种添加剂制成的高分子材料。塑料可按使用范围或合成树脂的热性能分类。橡胶也是高分子材料，它具有优良的伸缩性、储能能力和耐磨、隔音、绝缘、不透气、不透水的特性，被广泛用于制造弹性件、密封件、减振防振件、传动件、轮胎及绝缘件等。

陶瓷材料硬而脆，抗压强度高，抗拉强度低，同时具有很高的耐蚀性、热硬性和绝缘性，因此在工程中主要用于制造耐磨、耐蚀和高温零部件。

复合材料是由两种以上物理、化学性质不同的材料经人工组合而得到的多相固体材料。它不仅具有各组成材料的优点，而且可获得单一材料不具备的优良综合性能，具有良好的抗疲劳和抗断裂性能、优越的耐高温性能、很好的减摩、耐磨性和较强的减振能力。

习　题

9-1　什么叫加聚反应和缩聚反应？它们有什么不同？

9-2　什么是塑料？按合成树脂的热性能，塑料可分为哪两类？各有何特点？

9-3　完全固化后的酚醛塑料能磨碎重用吗？完全固化后的 ABS 塑料能磨碎重用吗？为什么？

9-4　简述塑料的成形方法及其适用范围。

9-5　为保证加工质量，在切削加工塑料时应采取哪些措施？

9-6　比较 PS、ABS、PF、UF 等塑料的性能，并指出它们的特点和应用场合。

9-7　橡胶的主要组成是什么？橡胶制品为什么要硫化？

9-8　简述顺丁橡胶、氯丁橡胶、硅橡胶、聚氨酯橡胶的性能和用途。

9-9　与传统连接方法相比，胶接技术有哪些特点？

9-10　下列工件应选用何种胶粘剂粘接：

(1) 要求较高的胶接力且在油中工作的尼龙件。

(2) 自来水管接头的密封和防漏。

(3) 铣刀刀片与刀体的粘接。

9-11　举例说出几种特种陶瓷的特点和主要用途。

9-12　什么是复合材料？按其增强相分可分为哪几类？

9-13　简述玻璃钢的特点和主要用途。

第四篇　机械零件毛坯的制造技术

第十章　铸　　造

教学目标：通过学习，学生应熟悉铸造的特点、分类及应用；掌握铸造合金熔液的充型能力与流动性及其影响因素，缩孔与缩松的产生与防止，铸造应力、变形与裂纹的产生与防止；掌握砂型铸造工艺及铸件的结构工艺性；了解特种铸造的特点与应用范围。

本章重点：合金的铸造性能；砂型铸造的造型方法；铸造工艺设计；铸件的结构工艺性。

本章难点：合金的铸造性能对铸件质量的影响；手工造型方法。

第一节　铸造的分类与特点

一、铸造的实质及分类

铸造是指熔炼金属，制造铸型，并将熔融的金属浇入铸型，凝固后获得一定形状和性能的铸件的成形方法。在图 10-1 中，熔融金属液浇入铸型时，即充满了整个型腔，在随后的冷却过程中逐渐凝固成铸件。显然，铸件的形状取决于型腔，不同的铸型型腔浇注后就可获得不同形状的铸件。因此，铸造成形的实质就是利用熔融金属具有流动性的特点，实现金属的液态成形。

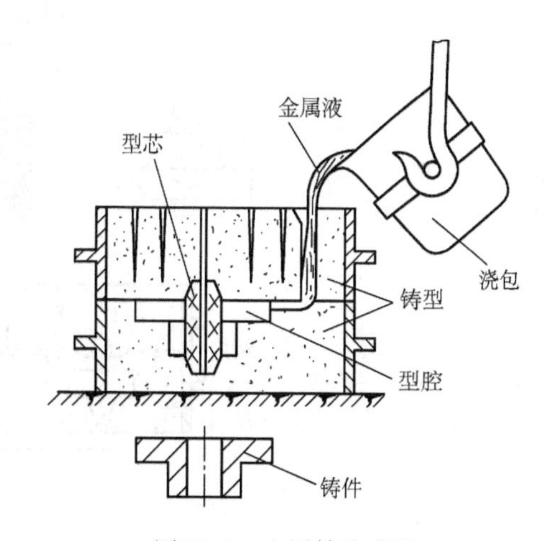

图 10-1　金属铸造成形

铸造生产的方法很多，常分为两大类：

（1）砂型铸造。它是用型砂紧实成铸型的铸造方法，是目前生产中应用最多、最基本的铸造方法。其生产的铸件约占铸件总产量的 80% 以上。

（2）特种铸造。它是指除砂型铸造以外的其他铸造方法，如熔模铸造、金属型铸造、压力铸造、离心铸造等。

二、铸造的特点

相对于其他毛坯生产方法而言，铸造生产有许多特点，主要表现为以下几点。

（1）铸造能生产形状复杂，特别是内腔复杂的毛坯。例如机床床身、内燃机缸体和缸盖、涡轮叶片、阀体等。铸件的形状、尺寸和零件十分接近，可节约金属材料，减少切削加工工作量。

（2）铸造的适用范围广。铸造既可用于单件生产，也可用于成批或大量生产；铸件的轮廓尺寸可从几毫米至几十米，重量可从几克到几百吨；工业中常用的金属材料都可用铸造方法成形。

（3）铸造的成本低。铸造所用的原材料来源广泛，价格低廉，还可利用废旧的金属材料，一般不需要价格昂贵的设备。

但是，铸造生产也存在一些不足。如铸件的力学性能不及锻件，一般不宜用作承受较大交变、冲击载荷的零件；铸件的质量不稳定，易出现废品；铸造生产的环境条件差等。

铸造是现代机械制造业中获取零件毛坯的最常用方法之一。对于一些精度要求不高的机械，铸件还可直接作为零件使用。据统计，在一般机器设备中，铸件约占总重量的40%～90%；在农业机械中占40%～70%；在金属切削机床和内燃机中占70%～80%。

第二节　砂型铸造的造型方法

一、砂型铸造的生产过程

砂型铸造的生产过程如图10-2所示。根据零件图的形状和尺寸，设计制造模样和芯盒；制备型砂和芯砂；用模样制造砂型；用芯盒制造型芯；把烘干的型芯装入砂型并合型；熔炼合金并将金属液浇入铸型；凝固后落砂、清理；检验合格便获得铸件。

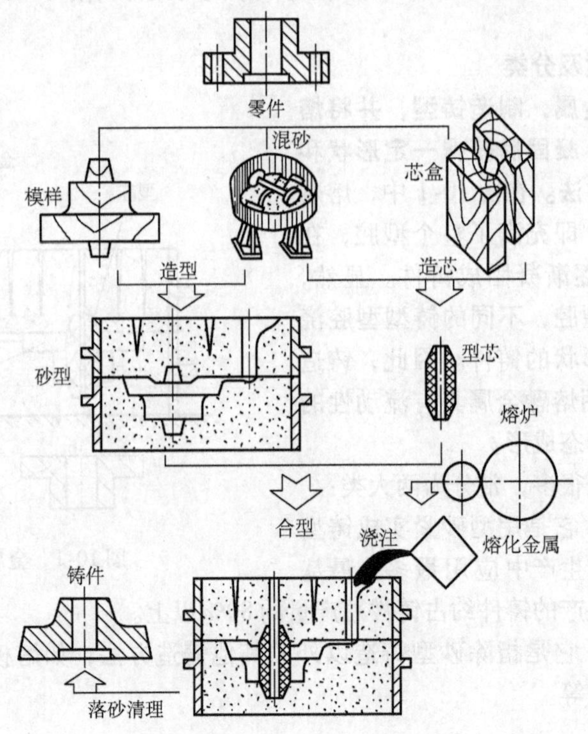

图10-2　砂型铸造生产过程

砂型铸造主要是用型砂和芯砂来制造铸型。由于这些材料来源广泛，价格低廉，而且能浇注各种不同的金属，因此砂型铸造得到了广泛的应用。但是，由型（芯）砂制造的铸型只能浇注一次，不能重复使用，从而使得整个生产的工序多、效率低。另外，砂型铸造的铸件表面较粗糙，尺寸精度低。

二、造型材料

造型材料是指制造铸型（芯）用的材料，包括砂、粘结剂和各种附加物。这些材料按一定配比混制成的、符合造型或造芯要求的混合料，分别称为型砂和芯砂。

（一）对型砂和芯砂的性能要求

浇注铸件时，金属液与型砂和芯砂直接接触并在铸型中成形，因此型砂和芯砂的性能对铸件的质量产生很大影响。要求型砂和芯砂具有下列性能。

（1）耐火度。型（芯）砂抵抗高温液态金属热作用的能力称耐火度。型（芯）砂的耐火度好，则铸件不易产生粘砂缺陷。型（芯）砂中 SiO_2 越多，砂粒越粗时，耐火度越好。

（2）强度。制造的型（芯）砂在起模、搬运、合型和浇注时不易变形和破坏的能力称为强度。若强度不足，铸件易产生变形和砂眼等缺陷。增加粘结剂量、减小砂粒尺寸，增大型砂紧实度等，均可提高强度。

（3）透气性。型（芯）砂允许气体透过的能力称为透气性。透气性差，浇注时产生的气体不易排出，会使铸件产生气孔缺陷。用形圆、粒大的砂，降低粘土含量和造型紧实度，可提高透气性。

（4）可塑性。型（芯）砂在外力作用下容易获得清晰的模型轮廓，外力去除后仍能完整地保持其形状的性能称为可塑性。可塑性好，造型时能准确地复制出模样的轮廓，铸件质量好。粘结剂含量多，分布均匀，型（芯）砂的可塑性就好。

（5）退让性。铸件冷却收缩时，型（芯）砂可被压缩的能力称为退让性。退让性不好，易使铸件收缩时受阻而产生内应力，引起铸件变形和开裂。减少型砂中的粘结剂含量，降低型（芯）砂紧实度，可提高型（芯）砂的退让性。

（二）型（芯）砂的组成

为了满足性能要求，配制型（芯）砂的原材料一般有以下几种。

（1）原砂。原砂是型砂的主体，其主要成分是石英（SiO_2）。质量高的原砂杂质含量少，粒度均匀，呈圆形。

（2）粘结剂。粘结剂的作用是粘结砂粒，使型（芯）砂具有一定的强度和可塑性。常用的粘结剂有粘土、膨润土、桐油、水玻璃等。有条件时，还可用合脂、合成树脂等作为粘结剂，以提高强度和退让性，清理也很方便。

（3）附加物。常用的附加物有煤粉、木屑等。加煤粉是为了浇注时在铸型与金属液间产生气膜，防止粘砂，提高铸件表面质量。加木屑能改善型（芯）砂的退让性和透气性。

三、造型和造芯

用造型材料及模样、芯盒等工艺装备制造砂型和型芯的过程称为造型和造芯。**造型时用模样形成砂型的型腔，在浇注后形成铸件的外部轮廓。型芯用芯盒制成，置于铸型中，浇注后形成铸件的内孔或局部外形。**模样和芯盒在单件、小批量生产时通常用木材制造，生产批量较大时，也可用塑料和金属制造。

根据机械化程度的不同，造型、造芯分别可由手工和机器完成。

（一）手工造型

手工造型的造型过程全部由手工或手动工具完成。其操作灵活，适应性强，模样成本低，生产准备时间短，但铸件质量不稳定，生产率低，且劳动强度大，主要用于单件、小批量生产。

常用的手工造型方法有整模造型、分模造型、挖砂造型、活块造型、刮板造型等。

1. 整模造型

整模造型过程如图10-3所示。其特点是模样为一整体，放在一个砂箱内，能避免铸件出现错型缺陷，造型操作简单，铸件的尺寸精度高。适用于形状简单、最大截面在端部且为平面的铸件。

2. 分模造型

分模造型过程如图10-4所示。为了便于造型时将模样从砂型内起出，模样沿最大截面处分开。造出的铸型型腔不在同一砂箱中，上下铸型错移会造成铸件错型。这种方法操作也很简便，对各种铸件的适应性好，应用最为广泛。

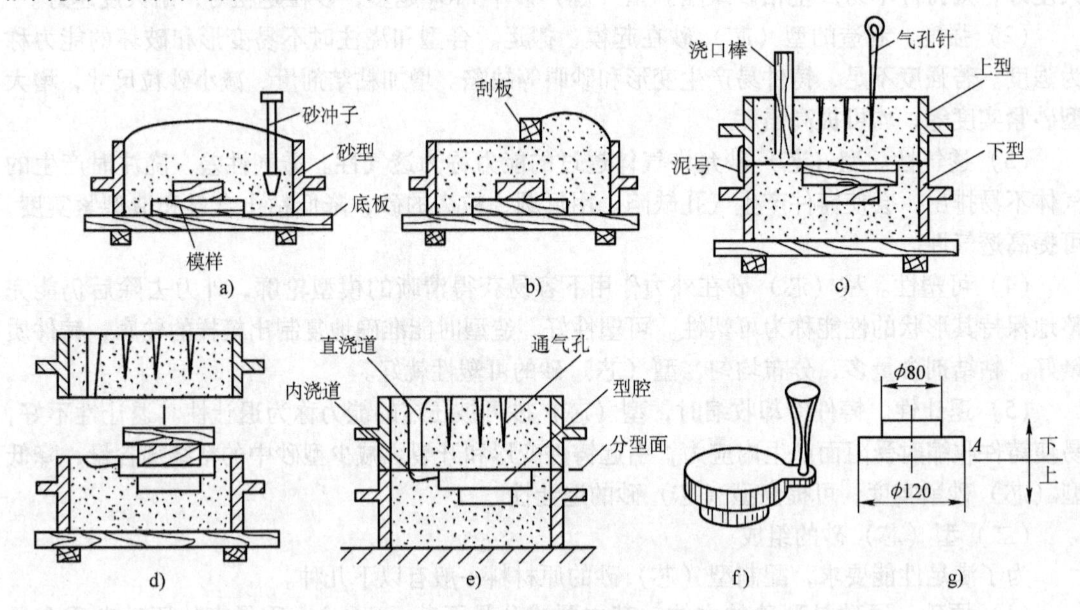

图10-3 整模造型

a）造下型：填砂、舂砂 b）刮平、翻箱 c）翻转下型，造上型，扎气孔
d）起模，开浇口 e）合型 f）带浇口的铸件 g）铸件

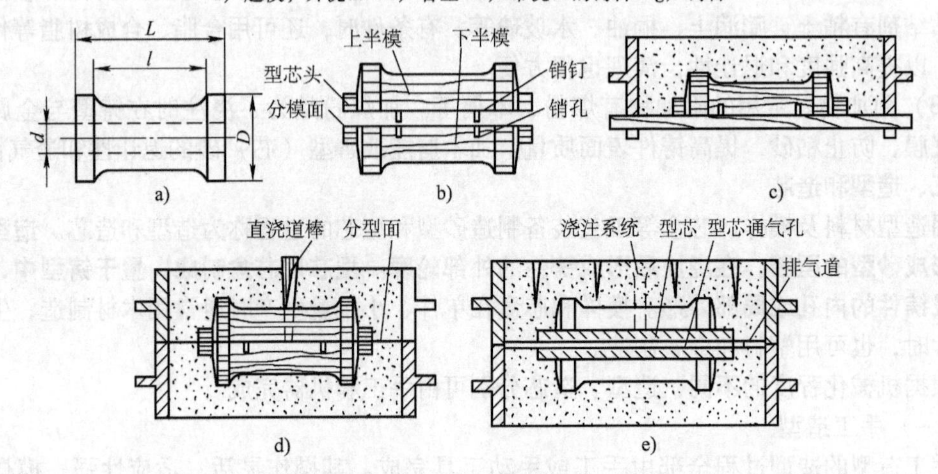

图10-4 分模造型

a）铸件 b）模样 c）造下型 d）造上型 e）起模、放型芯、合型

对于一些复杂的零件采用分模两箱造型仍不能起出模样时，可采用分模多箱造型。图10-5所示为分模三箱造型。为提高生产率，防止产生错型缺陷，可用带外型芯的两箱造型代替三箱造型，如图10-6所示。

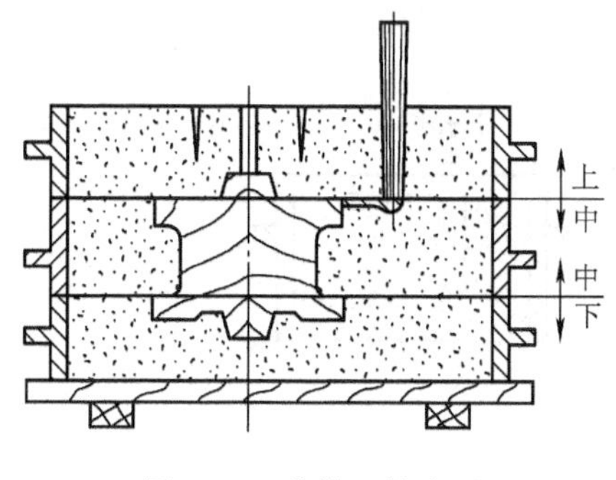

图10-5　分模三箱造型

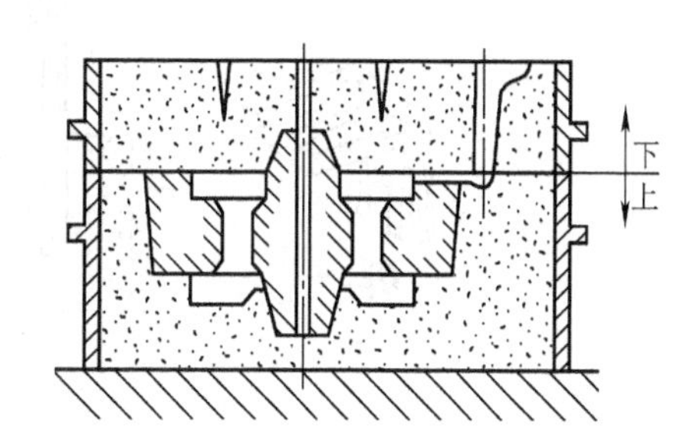

图10-6　改用外型芯的两箱造型

3. 挖砂造型

有些铸件如手轮外形轮廓为曲面，但又要求整模造型，则造型时需挖出阻碍起模的型砂。图10-7为手轮的挖砂造型过程。挖砂造型要求准确挖砂至模样的最大截面处，技术要求较高，生产率低，只适用于单件、小批量生产，最大截面不在端部且模样又不便分开的铸件。

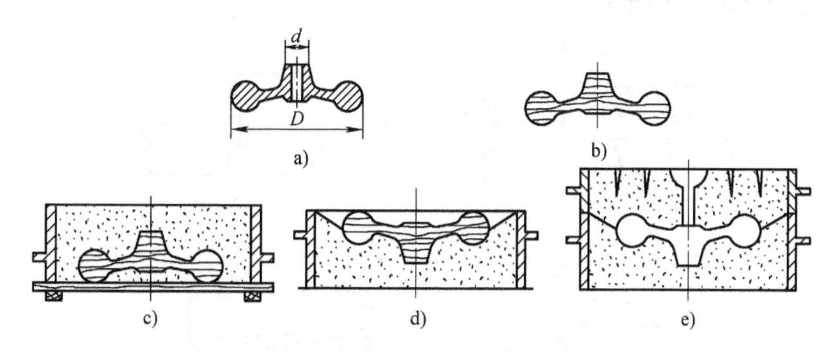

图10-7　挖砂造型

a）手轮零件图　b）手轮模样图　c）造下型　d）翻转、挖出分型面　e）造上型、起模、合型

生产批量较大时，可在假箱或成形底板上造下砂型，如图10-8所示。免除了挖砂操作，提高了生产率。

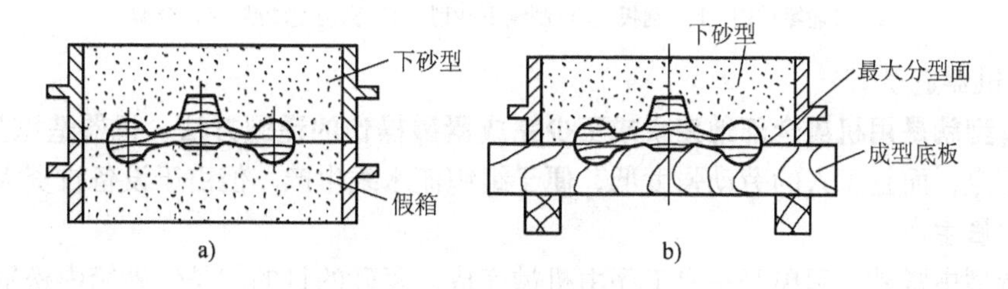

图10-8　假箱造型和底板造型

a）在假箱上造型　b）在成型底板上造型

4. 活块造型

铸件上有局部凸出妨碍起模时，可将这些部分做成活块。造型时，先起出主体模样，再

用适当方法起出活块模，如图10-9所示。活块造型操作技术要求较高，生产率低，只适用于单件小批量生产。若成批生产时可用外型芯来解决铸件局部起模难的问题。

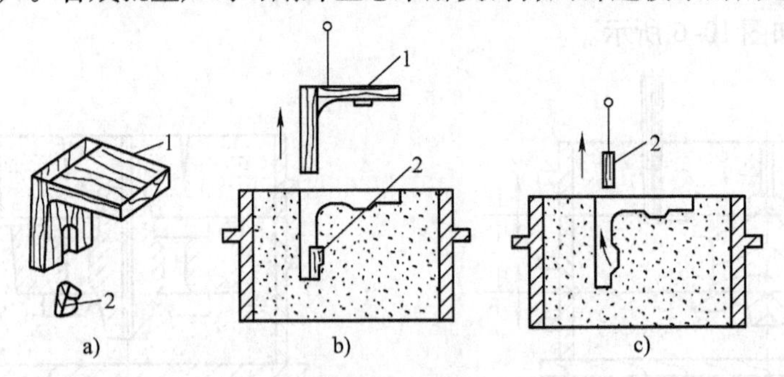

图10-9 活块造型

a）木模 b）取出木模主体 c）取出活块

1—木模主体 2—活块

5. 刮板造型

利用与铸件截面形状相适应的特制刮板来刮出砂型型腔，如图10-10所示。刮板造型节省了模样材料和模样加工时间，但操作费时，生产率较低，多适用于单件小批量生产，尤其是尺寸较大的旋转体铸件的生产。

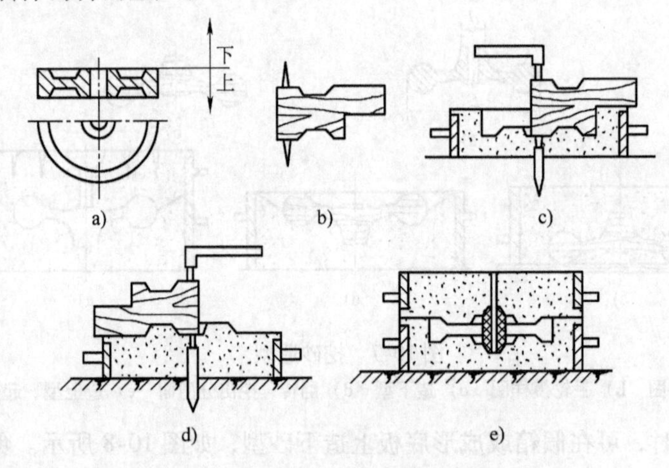

图10-10 刮板造型

a）带轮零件图 b）刮板 c）刮制下砂型 d）刮制上砂型 e）合型

（二）机器造型

机器造型就是用机器全部地完成或至少完成紧砂操作的造型方法。机器造型生产率高，铸件质量稳定，而且工人的劳动强度低，便于组织流水线生产。但由于设备投资大，主要用于成批、大量生产。

机器造型中紧砂、起模等主要工序由机械完成。紧砂的目的就是使砂箱内松散的型砂紧实，从而使砂型具有一定的强度。其方法可分为压实、震实、震压和抛砂四种基本形式，其中以震压式应用较广。图10-11为震压式造型机紧砂机构示意图，机构采用先震后压的组合紧砂方法。工作时先将压缩空气自震实进气口8进入震实活塞5的下方，使震实活塞带动工作台1及砂箱3上升，当震实活塞上升至一定高度后，震实排气口9即被打开，砂箱连同工作台因自重而下落，完成一次震实。如此反复多次，便将型砂震实。当压缩空气进入压实气缸10时，压实活塞6带动工作台再次上升，使型砂触及压头7，实现压实。最后使压实气缸排气，砂箱随工作台降落，完成全部紧砂过程。震压式紧砂方法可使型砂紧实度分布均匀，生产效率高，是大批量生产中小型铸件的基本方法。

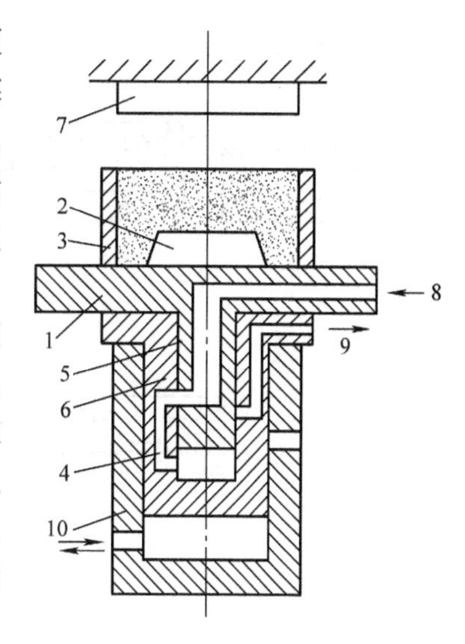

图10-11 震压式造型机紧砂机构示意图

1—工作台 2—模样 3—砂箱 4—震实气路 5—震实活塞 6—压实活塞 7—压头 8—震实进气口 9—震实排气口 10—压实气缸

机器造型中的起模通常由造型机上的起模机构来完成。其常用方法有顶箱起模、漏模起模和翻转起模等。图10-12为顶箱起模，型砂紧实后，顶箱机构驱动四根推杆顶住砂箱四角徐徐上升，使模板与砂箱逐渐分离，从而完成起模工序。这种方法结构简单，适用于形状简单、高度不大的铸型。当铸件复杂或形腔较深时，宜采用漏模或翻转起模，以防止出现掉砂。

（三）造芯

最常用的造芯方法是用芯盒造芯。将芯砂填入芯盒，经紧砂、脱盒、烘干、修整后即可制成型芯。根据结构的不同，芯盒可分为整体式、对开式、可拆式等结构形式。不同芯盒造芯如图10-13所示，生产中应根据型芯的复杂程度进行选择。

由于型芯是放置于砂型内腔的，浇注时受四周金属的包围，因此制造型芯时除采用合适的芯砂外，还需在型芯中放置芯骨并将型芯烘干以增加强度。在型芯中应做出通气孔，将浇注时产生的气体由型芯经芯头通至铸型外，以免铸件产生气孔缺陷。

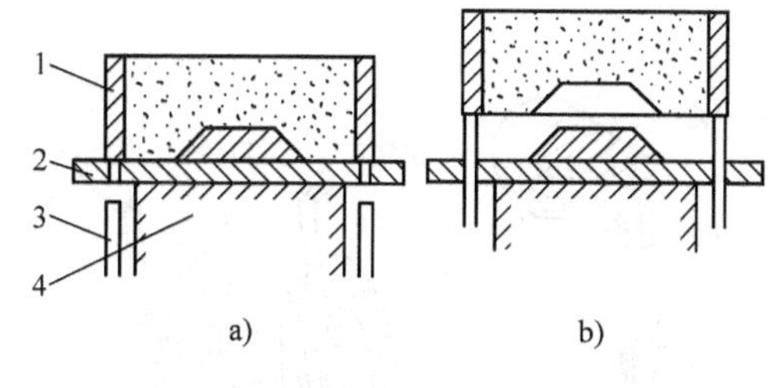

图10-12 顶箱起模

a）起模前 b）起模时

1—砂箱 2—模板 3—推杆 4—工作台

根据填砂与紧砂的方法不同，造芯也可分为手工造芯和机器造芯。前者主要用于单件小批量生产，生产批量大时应采用机器造芯。

（四）浇注系统

浇注系统是指为将金属液体注入型腔而在铸型中开设的一系列通道。它是在造型时利用一定的模样来形成的。典型的浇注系统包括浇口杯或浇口盆、直浇道、横浇道和内浇道等，如图10-14所示。浇口杯为开口较大的漏斗形，其作用是将来自浇包的金属引入直浇道，缓和冲击，分离熔渣。直浇道为一圆锥形垂直通道，其高度使金属液产生一定的静压力，以控制金属液流入铸型的速度和提高充型能力。横浇道分配金属液进入内浇道，并起挡渣的作用，它的断面一般为梯形，并设在内浇道之上，使得上浮的熔渣不致流入型腔。内浇道是引导金属液进入型腔的部分，其作用是控制金属液的流速和流向，调整铸件各部分的温度分布。

浇注系统按内浇道位置的高低可分为顶注式、中注式、底注式和阶梯式等类型，如图10-15所示。它们的充型平稳性、排气性和铸件的温度分布各有差别。生产中根据合金的种

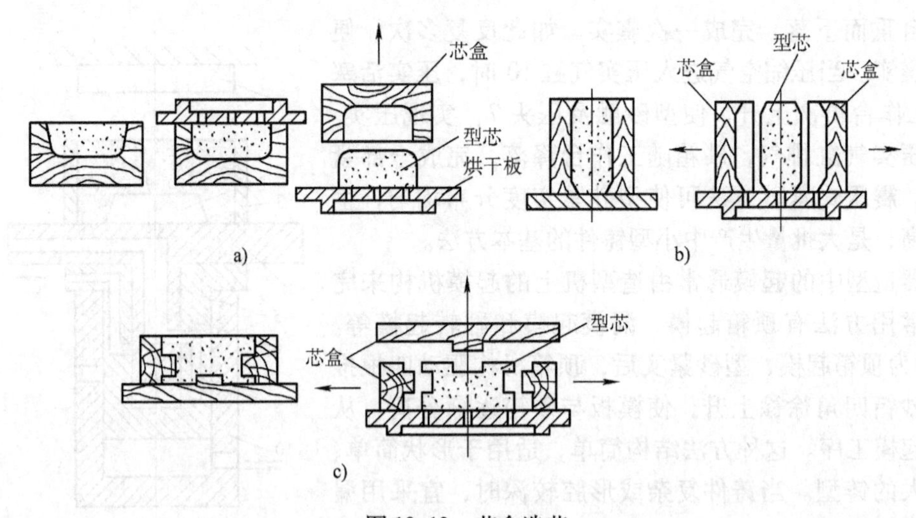

图 10-13 芯盒造芯

a）整体式芯盒造芯 b）对开式芯盒造芯 c）可拆式芯盒造芯

类、铸件的结构和尺寸大小等进行相应选用。对于形状简单、尺寸较小的铸件也可采用更为简单的浇注系统。

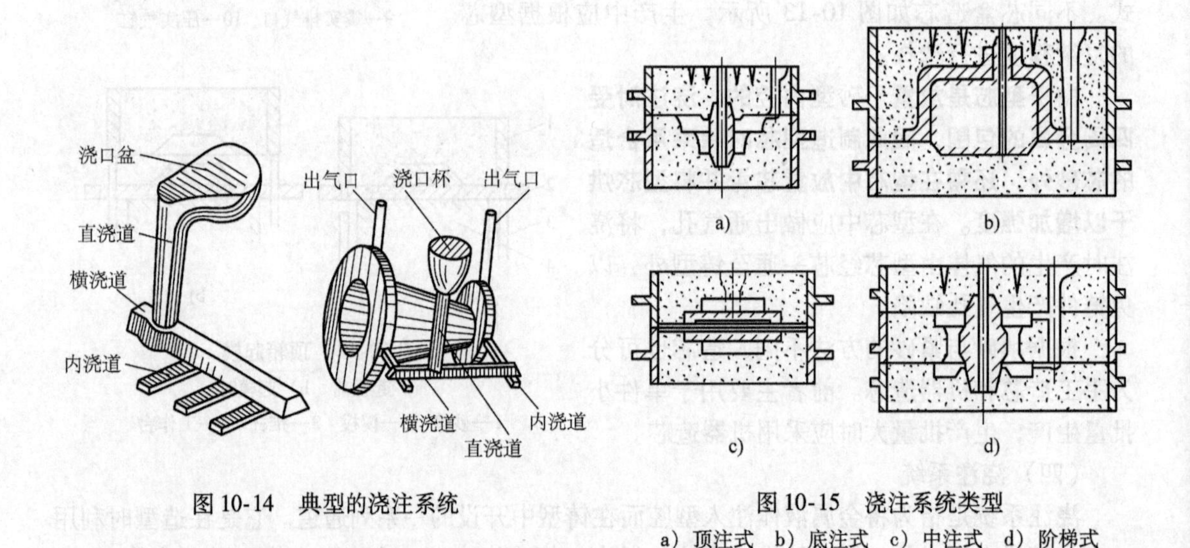

图 10-14 典型的浇注系统

图 10-15 浇注系统类型

a）顶注式 b）底注式 c）中注式 d）阶梯式

四、合金熔炼

熔炼是铸造生产的重要环节，其基本任务是提供化学成分和温度都合格的融熔金属。根据合金种类和生产条件的不同，合金熔炼的设备、方法也各不一样。

（一）铸铁熔炼

铸铁是铸造生产中用得最多的合金，其熔炼一般在冲天炉内进行。图 10-16 是常见的冲天炉构造，其主要部分是炉身、炉缸、前炉和烟囱。炉身是冲天炉的主体，炉料的预热和熔化都是在炉身内进行的。风口以下至炉底部分为炉缸，熔化的铁液经炉缸流到前炉。前炉的作用是储存铁液和排渣，并使铁液的成分和温度更为均匀。烟囱用于排烟，其顶部的火花除尘装置用来收集带火星的烟尘，以减少对环境的危害。

冲天炉的炉料分为金属料、燃料和熔剂三大类。金属料包括新生铁、回炉铁、废钢与铁合金等，其配合比例是根据铁液的化学成分要求并考虑熔炼中的变化经计算确定的。燃料一般为铸造焦炭。**熔炼时冲天炉炉膛底部是一层焦炭，称为底焦，每一批炉料中需加入的焦炭称为层焦。焦炭用量一般为金属料质量的1/8～1/12，这个比值称为焦铁比。**熔剂通常是石灰石（$CaCO_3$）或氟石（CaF_2），其作用是使炉渣变稀，以便从铁液中分离出去。

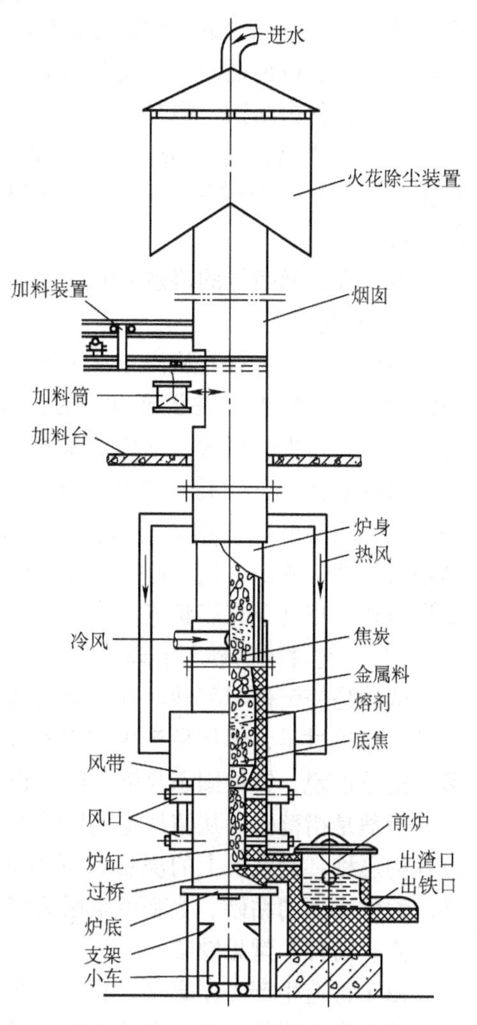

图10-16　冲天炉构造示意图

熔炼时，先向炉内加入足够的底焦，点火烧红后，将一批批熔剂、金属料和焦炭轮流加入炉内，直至加料口。鼓风后，从风口进入炉内的空气与底焦发生燃烧反应，产生的高温炉气向上流动，预热炉料，并使最下一层金属料熔化。熔化后的铁液在下落过程中又被高温炉气和炽热焦炭进一步过热，然后从过桥流入前炉。出炉温度约为1360～1420℃。随着底焦的消耗和金属料的熔化，炉内的炉料自上而下运动，其中的层焦被补充到底焦中，使得熔化继续进行。

（二）铸钢熔炼

铸钢的熔点高，熔炼工艺较复杂。铸钢熔炼常用的设备有三相电弧炉和感应电炉。图10-17是三相电弧炉的构造，它是利用电极与金属料间产生的电弧热来熔化和过热钢液的。炼钢用的原材料包括金属料、氧化剂、还原剂和造渣剂等。金属料有废钢、生铁、铁合金等，废钢是主要原料，生铁用于调整含碳量，铁合金有硅铁、锰铁、铬铁等，用来调整钢的化学成分。氧化剂主要是一些铁矿石，用来氧化钢中的杂质。还原剂有焦炭粉、硅铁粉、纯铝等，其作用是最后使钢液脱氧。造渣剂主要是石灰石和氟石，用于集结各种杂质，使其成为熔渣。铸钢的整个熔炼过程分熔化、氧化、还原等几个阶段，进行一系列复杂的冶金反应，以去除有害杂质和气体，获得质量较高的钢液。

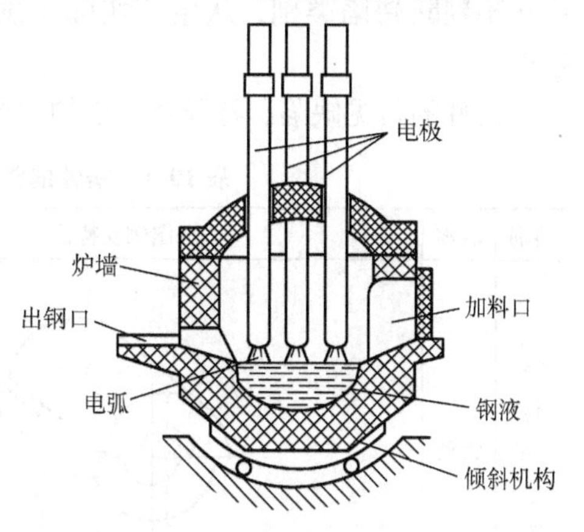

图10-17　三相电弧炉

（三）有色金属熔炼

有色金属铝、铜合金一般多用坩埚炉熔炼。根据热能来源不同，坩埚炉有焦炭坩埚炉、柴油坩埚炉、煤气坩埚炉和电阻坩埚炉等。图10-18是电阻坩埚炉的构造，利用电流通过电阻丝产生的热量来熔化合金。坩埚有石墨坩埚和铁质坩埚两种，石墨坩埚常用于熔炼铜合金，铁质坩埚由铸铁或铸钢制成，大多用于熔炼铝合金等低熔点合金。

由于有色金属铝、铜合金熔炼时极易氧化、吸气，故要求熔炼速度快，采用覆盖剂，并进行去气、脱氧、精炼等工艺措施，以获得合格的金属液。

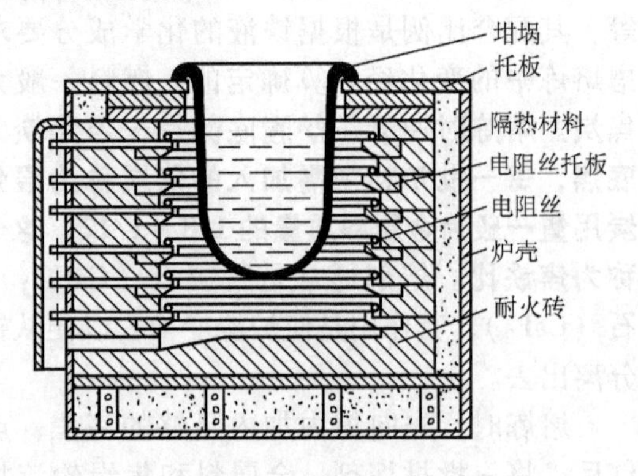

图10-18 电阻坩埚炉

五、浇注及铸件的落砂和清理

（一）浇注

浇注是指将金属液从浇包注入铸型的操作。**浇注时应注意控制浇注温度和浇注速度。**浇注温度过高，铸件收缩大，粘砂严重，晶粒粗大。浇注温度偏低，会使铸件产生冷隔、浇不到等缺陷。浇注温度应根据铸造合金的种类、铸件结构及尺寸等确定。浇注速度的大小应能保持金属液连续不断地注入铸型，不得断流，应该使浇口杯一直处于充满状态。

（二）铸件的落砂和清理

落砂是使铸件与型砂、砂箱分离的操作。铸件浇注后要在砂型中冷却到一定温度后才能落砂。落砂过早，铸件易产生白口组织，难以切削加工，还会产生铸造应力，引起变形开裂；落砂过晚，铸件固态收缩受阻，也会产生铸造应力，而且会影响生产率。

清理是指落砂后从铸件上清除表面粘砂、型砂、多余金属（包括浇冒口、氧化皮）等过程的总称。铸铁件上的浇冒口可用铁锤敲掉，韧性材料的铸件可用锯割或气割等方法去除。铸件表面的粘砂、毛刺可采用滚筒清理、抛丸清理、打磨清理等。

六、铸件的常见缺陷

由于铸造生产工序繁多，很容易使铸件产生缺陷。有缺陷的铸件经修补后不影响使用的，可不列为废品。但也有不少铸件因存在缺陷而不能正常使用。为了减少铸件缺陷，首先应正确判断缺陷类别，从生产实际出发找出产生缺陷的主要原因，以便采取相应的预防措施。

铸件的常见缺陷、特征及产生的主要原因见表10-1。

表10-1 铸件的常见缺陷、特征及产生的主要原因

类别	名称	图例及特征	产生的主要原因
形状类缺陷	错型	铸件在分型面处有错移	1. 合型时上、下砂箱未对准 2. 上、下砂箱未夹紧 3. 模样上、下半模有错移

（续）

类别	名称	图例及特征	产生的主要原因
形状类缺陷	偏芯	 铸件上孔偏斜或轴心线偏移	1. 型芯放置偏斜或变形 2. 浇口位置不对，液态金属冲歪了型芯 3. 合型时碰歪了型芯 4. 制模样时，型芯头偏心
	变形	铸件向上、向下或向其他方向弯曲或扭曲等	1. 铸件结构设计不合理，壁厚不均匀 2. 铸件冷却不当，冷缩不均匀
	浇不到	液态金属未充满铸型，铸件形状不完整	1. 铸件壁太薄，铸型散热太快 2. 合金流动性不好或浇注温度太低 3. 浇口太小，排气不畅 4. 浇注速度太慢 5. 浇包内液态金属不够
孔洞类缺陷	缩孔	铸件的厚大部分有不规则的较粗糙的孔形	1. 铸件结构设计不合理，壁厚不均匀，局部过厚 2. 浇、冒口位置不对，冒口尺寸太小 3. 浇注温度太高
	气孔	析出气孔多而分散，尺寸较小，位于铸件各断面上 侵入气孔数量较少，尺寸较大，存在于铸件局部地方	1. 熔炼工艺不合理、金属液吸收了较多的气体 2. 铸型中的气体侵入金属液 3. 起模时刷水过多，型芯未干 4. 铸型透气性差 5. 浇注温度偏低 6. 浇包工具未烘干
夹杂类缺陷	砂眼	铸件表面上或内部有型砂充填的小凹坑	1. 型砂、芯砂强度不够，紧实较松，合型时松落或被液态金属冲垮 2. 型腔或浇口内散砂未吹净 3. 铸件结构不合理，无圆角或圆角太小
	夹杂物	铸件表面上有不规则并含有熔渣的孔眼	1. 浇注时挡渣不良 2. 浇注温度太低，熔渣不易上浮 3. 浇注时断流或未充满浇口，渣和液态金属一起流入型腔

（续）

类别	名称	图例及特征	产生的主要原因
裂纹冷隔类缺陷	冷隔	铸件表面似乎已熔合，实际并未熔透，有浇坑或接缝	1. 铸件设计不合理，铸壁较薄 2. 合金流动性差 3. 浇注温度太低，浇注速度太慢 4. 浇口太小或布置不当，浇注曾有中断
	裂纹	在夹角处或厚薄交接处的表面或内层产生裂纹	1. 铸件厚薄不均，冷缩不一 2. 浇注温度太高 3. 型砂、芯砂退让性差 4. 合金内含硫、磷较高
表面缺陷	粘砂	铸件表面粘砂粒	1. 浇注温度太高 2. 型砂选用不当，耐火度差 3. 未刷涂料或涂料太薄

第三节　合金的铸造性能

铸造性能是合金在铸造生产中表现出来的工艺性能，通常用合金的流动性、收缩性、吸气性以及偏析倾向等来衡量。其中以流动性和收缩性对铸件的成形质量影响最大。

一、合金的流动性

（一）流动性的概念

流动性是指液态合金的流动能力。它是影响金属液充填铸型能力的主要因素之一。合金的流动性越好，充型能力越强，越便于浇注出轮廓清晰、壁薄而复杂的铸件。同时，有利于非金属夹杂物和气体的上浮与排除，还有利于对合金冷凝过程所产生的收缩进行补缩。

液态合金的流动性通常是用浇注螺旋形试样的方法来衡量的。先用模样造型，获得型腔形状如图10-19所示螺旋形试样的铸型。将金属液浇入铸型中，测出其实际的螺旋线长度。在相同的浇注工艺条件下，浇出的试样越长，说明合金的流动性越好。常用合金的流动性见表10-2。

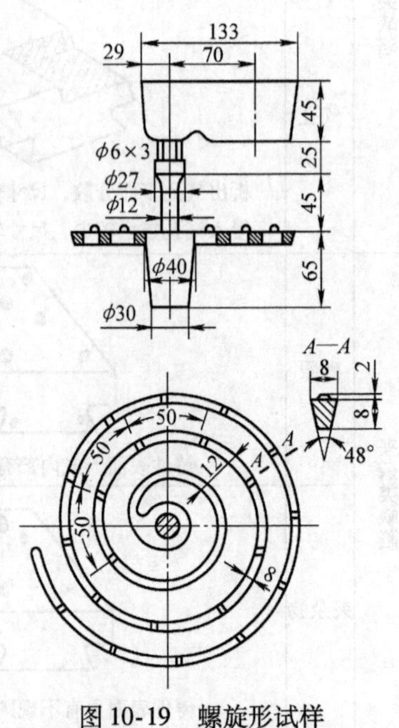

图10-19　螺旋形试样

表 10-2　常用合金的流动性

合　金	造型材料	浇注温度/℃	螺旋线长度/mm
灰铸铁 $w_{(C+Si)}=6.2\%$	砂型	1300	1800
$w_{(C+Si)}=5.9\%$		1300	1300
$w_{(C+Si)}=5.2\%$		1300	1000
$w_{(C+Si)}=4.2\%$		1300	600
铸钢 $w_C=0.4\%$	砂型	1600	100
		1640	200
镁合金（Mg－Al－Zn）	金属型（300℃）	680～720	700～800
铝硅合金	砂型	700	400～600
锡青铜 $w_{Sn}=9\%\sim11\%$ $w_{Zn}=2\%\sim4\%$	砂型	1040	420
硅黄铜 $w_{Si}=1.5\%\sim4.5\%$		1100	1000

（二）影响流动性的因素

化学成分是影响流动性的主要因素之一。由表 10-2 可知，不同种类的合金具有不同的流动性。常用合金中灰铸铁和硅黄铜的流动性最好，铝硅合金次之，铸钢最差。

同种类型的合金而成分不同时，因其结晶特点不同，流动性也不一样。共晶成分的合金是在恒温下结晶的，从表面开始向中心逐层凝固，凝固层内表面较为光滑，对尚未凝固金属液的流动阻力小，因而流动性好，如图 10-20a 所示。其他成分的合金是在一个温度范围内结晶的，初生的树枝状枝晶使凝固层内表面粗糙不平，阻碍金属液的流动，如图 10-20b 所示。**合金结晶温度范围越宽，则流动阻力越大，流动性越差。**

另外，合金的熔点、黏度、结晶潜热、比热容、热导率等也影响流动性。例如铸铁中加入磷时，由于液相线下降、黏度下降，从而使流动性提高。但磷使铸铁变脆，只在艺术品铸件中应用。硫和锰形成高熔点夹杂物，铁液黏度增大，流动性变差。铝硅合金由于结晶时能产生大量的结晶潜热，延长了金属液体的流动时间，所以流动性较好。合金的比热容大、热导率小时，合金保持液态的时间长，流动性好。

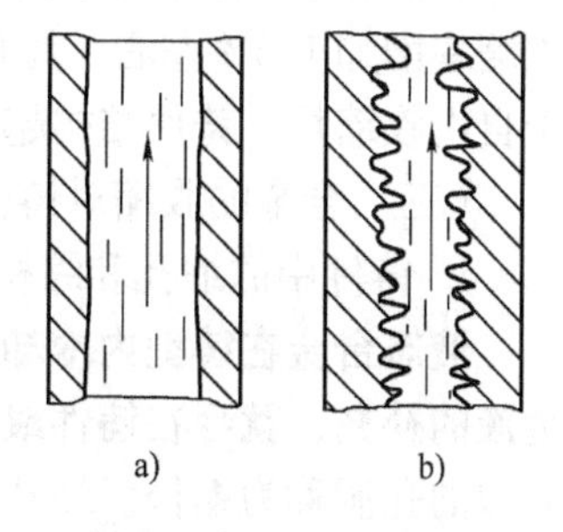

图 10-20　不同成分合金的流动性

当合金的流动性较差时，为了防止某些铸造缺陷的产生，工艺上应采取一些必要的措施以提高浇注时金属液的充型能力。**如适当提高浇注温度和浇注压力，预热铸型和减少发气，简化复杂铸件的结构形状等。**

二、合金的收缩

（一）收缩的概念

铸件在液态、凝固态和固态的冷却过程中，其尺寸和体积减小的现象称为收缩。它是金属重要的铸造性能之一。整个收缩过程经历三个阶段：

（1）液态收缩。金属在液态时由于温度降低而发生的体积收缩为液态收缩，表现为型腔内液面的降低。

（2）凝固收缩。熔融金属在凝固阶段的体积收缩为凝固收缩。纯金属及恒温结晶的合金，其凝固收缩单纯由于液－固相变引起；具有一定结晶温度范围的合金，则除液－固相变引起的收缩之外，还有因凝固阶段温度下降产生的收缩。

（3）固态收缩。金属在固态由于温度降低而发生的体积收缩为固态收缩。固态体积收缩表现为三个方向线尺寸的缩小，即三个方向的线收缩。但线收缩并非从金属的固相线温度开始，而是从析出的枝晶搭成骨架时开始。

液态收缩和凝固收缩是铸件产生缩孔和缩松的主要原因；而固态收缩是铸件产生内应力、变形和裂纹的主要原因。

合金的收缩一般用体收缩率和线收缩率来表示。合金单位体积的相对收缩量称为体收缩率；合金单位长度的相对收缩量称为线收缩率。合金的总体积收缩为上述三个阶段收缩之和。表10-3为几种铁碳合金的体收缩率。

表10-3 几种铁碳合金的体收缩率

合金种类	含碳量 w_C（%）	浇注温度 t/℃	液态收缩（%）	凝固收缩（%）	固态收缩（%）	总体积收缩（%）
碳素铸钢	0.35	1610	1.6	3	7.86	12.46
白口铸铁	3.0	1400	2.4	4.2	5.4～6.3	12～12.9
灰铸铁	3.5	1400	3.5	0.1	3.3～4.2	6.9～7.8

（二）影响收缩的因素

（1）化学成分。不同种类的合金收缩率不同；同类合金中因化学成分有差异，其收缩率也有差异。由表10-3可知，铸钢的收缩率最大，灰铸铁最小。**灰铸铁收缩率小是因为结晶时石墨析出会产生体积膨胀（石墨的比容大），抵消了合金的部分收缩。**灰铸铁中碳、硅含量增加，其总的收缩率减小。

（2）工艺条件。合金的浇注温度越高，液态收缩越大。通常浇注温度每提高100℃，体收缩率增加1.6%左右。铸件在铸型中冷却时，会受到铸型和型芯的阻碍，其实际收缩量小于自由收缩量。铸件结构越复杂，铸型及型芯的强度越高，其差别越大。

（三）合金的收缩对铸件质量的影响

1. 铸件中的缩孔和缩松

液态合金在铸型内冷却凝固时，由于液态收缩和凝固收缩会产生体积减少，如得不到合金液的补充，就会在铸件最后凝固的部位形成孔洞。其中大而集中的孔洞称为缩孔，细小而分散的孔洞称为缩松。缩孔和缩松都是不能忽视的铸件缺陷。

（1）缩孔的形成。缩孔的形成过程如图10-21所示。液态合金充满铸型（图10-21a）后，因铸型的快速冷却，铸件外表面很快凝固而形成外壳，而内部仍为液态（图10-21b）。随着冷却和凝固，内部液体因液态收缩和凝固收缩，体积减小，液面下降，铸件内出现了空隙（图10-21c）。如此继续，其结果是铸件内最后凝固的部分形成了缩孔（图10-21d、e）。

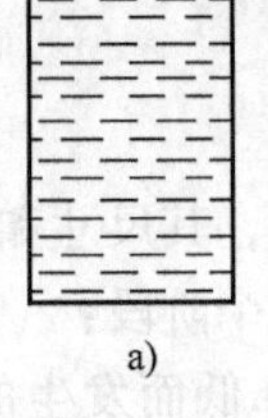
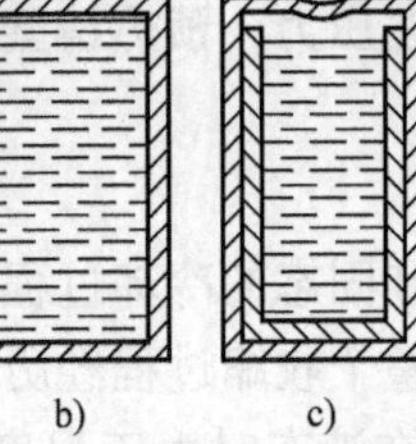

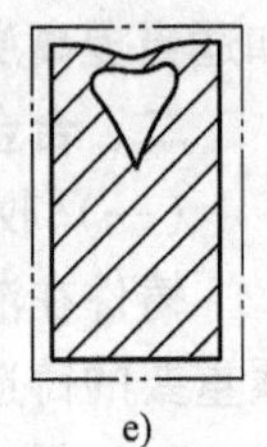

图10-21 缩孔形成过程示意图

纯金属、近共晶成分的合金，因结晶温度范围窄，凝固是由表及里逐层进行的，容易形成集中的缩孔。

（2）缩松的形成。缩松实际上是分散在铸件上的小缩孔。缩松的形成过程如图 10-22所示。铸件首先从外层开始凝固，凝固前沿表面凹凸不平（图 10-22a）。当两侧凹凸不平的凝固前沿在中心会聚时，剩余液体被分隔成许多小熔池（图 10-22b）。最后，这些众多的小熔池在凝固收缩时，因得不到金属液的补充而形成缩松（图 10-22c）。缩松隐藏于铸件内部，从外部难以发现。

结晶温度范围大的合金，其发达的树枝状晶体易将未凝固的金属液分隔，容易形成缩松。

（3）缩孔和缩松的防止。缩孔和缩松会影响铸件的力学性能、气密性和物理、化学性能。生产中防止缩孔和缩松的方法通常是采用冒口、冷铁等，实现铸件定向凝固，补充金属液体体积的收缩。

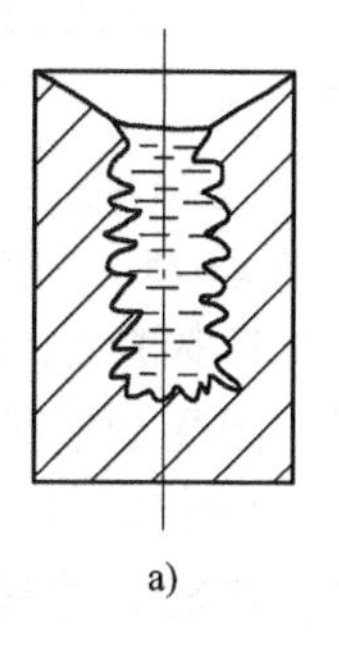

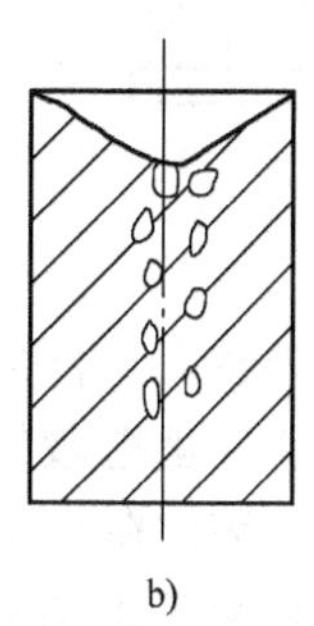

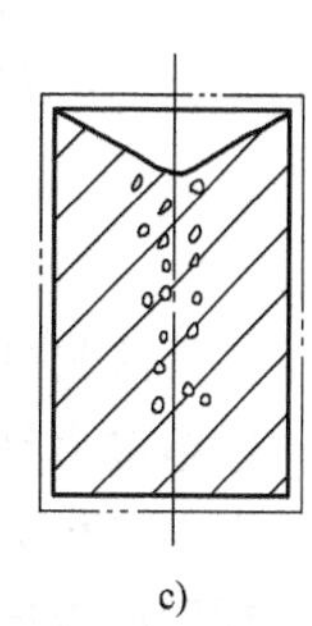

图 10-22　缩松形成过程示意图

图 10-23 所示的铸件，金属液从厚端浇入后，温度分布呈单向变化规律，铸件从左至右定向凝固。冒口是专为铸件收缩提供补充液体的工艺结构，在铸件最后凝固处设置冒口，可使缩孔转移到冒口中，以获得致密的铸件。图 10-24 所示的铸件，壁厚变化不呈单向性，为此在铸件下部厚壁处安放两块加快冷却的冷铁，使铸件自下而上定向凝固，并由上部冒口进行补缩。

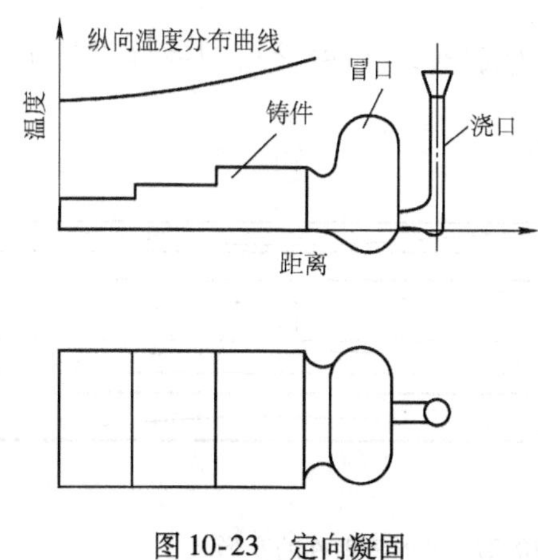

图 10-23　定向凝固

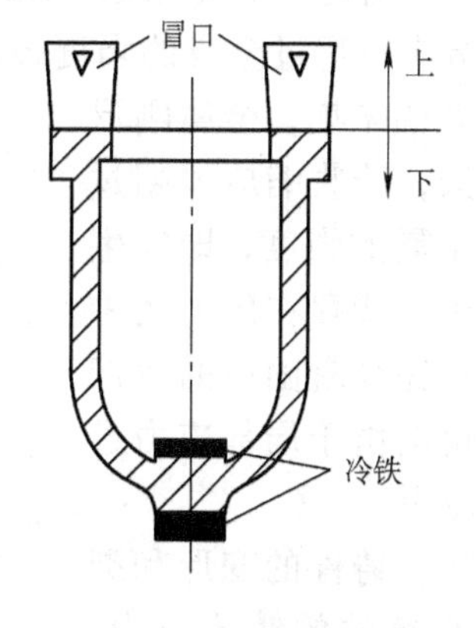

图 10-24　冷铁的应用

缩松的预防较为困难，对气密性要求高的铸件应注意选择结晶温度范围小的合金。

2. 铸造应力、变形和裂纹

铸件凝固后，在继续冷却的过程中，将开始固态收缩，若收缩受到阻碍，则会在铸件内部产生应力，称为铸造应力。铸造应力是铸件出现变形、裂纹的主要原因。

（1）铸造应力的形成。铸造应力按产生的原因不同，可分为热应力、收缩应力和相变应力。

热应力是铸件凝固和冷却过程中，不同部位由于不均衡收缩而引起的应力。图 10-25 是框架形铸件的热应力形成过程。铸件中间为粗杆Ⅰ，两侧为细杆Ⅱ。当细杆凝固后进行固态收缩时，粗杆尚未完全凝固，整个框架随细杆的收缩而轴向缩短。粗杆对这种收缩不产生阻力，三杆内无内应力（图 10-25b）。当粗杆凝固并进行固态收缩时，由于细杆已基本完成收缩，从而使粗杆的收缩受到阻碍。结果是细杆受压，粗杆受拉，形成了热应力（图 10-25c）。

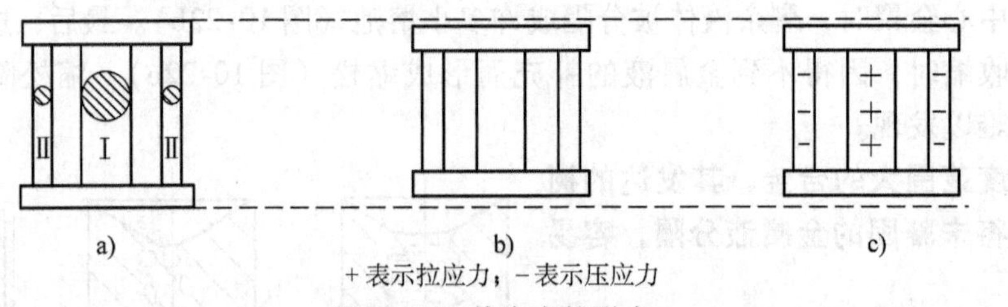

图 10-25 热应力的形成

铸件冷却时温差越大、合金的收缩率越大，形成的热应力也越大。

收缩应力是铸件在固态收缩时，因受到铸型、型芯、浇冒口等外力的阻碍而产生的应力。图 10-26 所示为铸件在收缩时，因受到周围型砂和型芯的阻碍而产生的收缩应力。

相变应力是铸件由于固态相变，各部分体积发生不均衡变化而引起的应力。

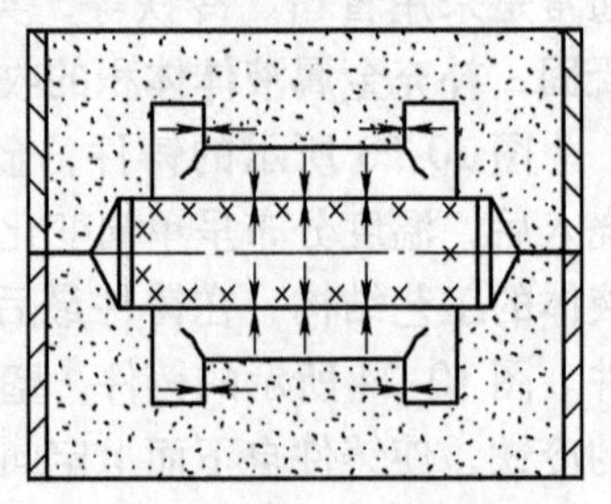

图 10-26 收缩应力的产生

（2）变形和裂纹。当铸件内的应力达到一定大小时，将会使铸件产生变形和裂纹。

图 10-27 所示的 T 形铸钢件，因壁厚不均匀，铸件中出现了热应力。铸件厚的部分受拉，薄的部分受压。在应力的作用下，铸件出现了双点画线所示的变形。

当铸造应力超过金属的强度极限时，铸件将产生裂纹。如在铸件凝固末期，金属刚形成结晶骨架，若收缩应力超过该温度下金属的强度，即发生热裂。对于一些存在应力集中的铸件，在完全凝固后的冷却过程中，也会由于局部应力过大而发生冷裂。

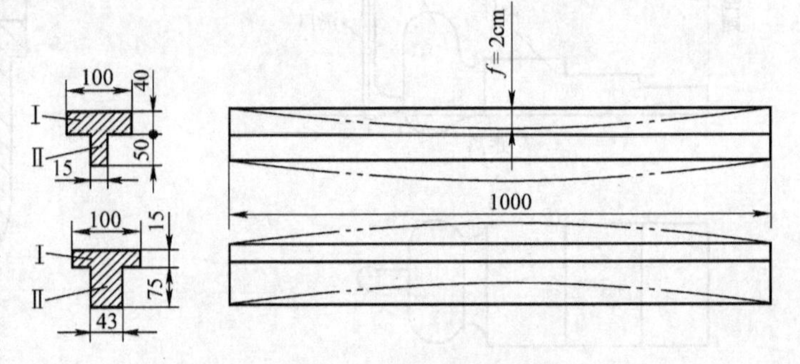

图 10-27 T 形铸钢件的变形

为了防止铸件的变形和裂纹，应减小铸件的铸造应力。如图10-28所示的阶梯形铸件，通过调整内浇道的位置、安放冷铁等措施，使铸件各部分温度趋于均匀，实现铸件各部分同时凝固，热应力大为减小。

对于铸件上已经存在的铸造应力，应采用热处理或自然时效的方法予以消除。

三、常用合金的铸造性能

（一）铸铁的铸造性能

（1）灰铸铁。灰铸铁的碳含量接近于共晶成分，因此其熔点低，流动性好，可以浇注出形状复杂和壁厚较小的铸件。灰铸铁凝固时石墨析出能使各种收缩减小，所以铸件不易产生缩孔、缩松，裂纹倾向也较小。此外，由于灰铸铁的熔点低，因此对型砂的耐火性和熔化设备要求不高。在各类铸铁中，灰铸铁的铸造性能最好。

(2) 球墨铸铁。球墨铸铁的碳含量也在共晶成分附近，但由于球化处理时铁液温度的下降，使其流动性比灰铸铁差，易产生浇不到、冷隔等缺陷。球墨铸铁凝固时球状石墨的析出会使铸件外壳胀大，使得后续收缩中容易形成缩孔、缩松。球墨铸铁容易产生较大的铸造应力，其变形、裂纹的倾向较大。球墨铸铁在生产中应采用必要的工艺措施，防止缺陷的产生。

(3) 蠕墨铸铁。蠕墨铸铁的成分接近于共晶点，又经蠕化剂的去硫去氧作用，其流动性较好，甚至优于灰铸铁。蠕墨铸铁产生缩孔、缩松和铸造应力的倾向介于灰铸铁和球墨铸铁之间。

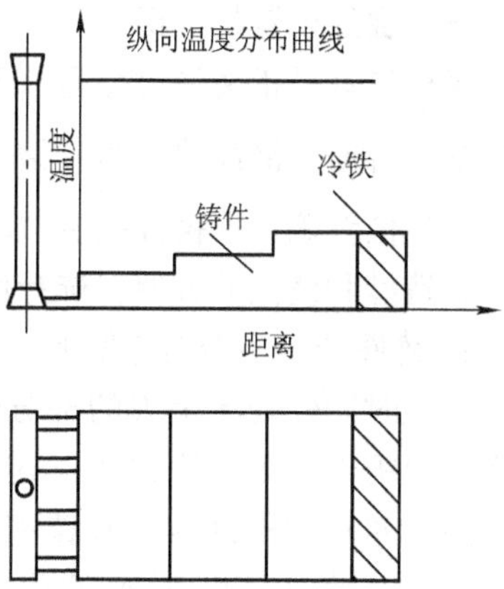

图 10-28　同时凝固

(4) 可锻铸铁。可锻铸铁的成分远离共晶点，流动性差，要求较高的浇注温度。结晶时无石墨析出，易产生缩孔、缩松。应采用足够大小和数量的冒口进行补缩。铸造应力较大。可锻铸铁的铸造性能比灰铸铁、球墨铸铁和蠕墨铸铁都差。

(二) 碳钢的铸造性能

铸造碳钢的熔点高，钢液过热度比铸铁小，浇注时金属液流动时间短，所以流动性差。浇注薄壁复杂铸件容易出现冷隔和浇不到。同时，**由于铸钢从浇注到冷却至室温降温幅度大，且无石墨化的膨胀，所以体积收缩和线收缩均较大。因此，须采取严格的工艺措施进行补缩和防止变形、裂纹。**

另外，铸钢熔点高，容易使铸件产生粘砂，要求型砂的耐火性高。铸钢的熔炼设备、熔炼工艺复杂。

(三) 铝合金的铸造性能

铝硅合金是应用最广泛的铸造铝合金。其成分在共晶点附近，熔点低，流动性好，可以铸造出壁较薄、形状复杂的铸件。铝硅合金的收缩率不大，采取一定的工艺措施后即可获得致密、合格的铸件。

但是，液态铝合金极容易氧化、吸气，所以其熔炼要求高，浇注时应平稳。

(四) 铜合金的铸造性能

铸造黄铜和铝青铜的结晶温度范围小，流动性较好，但容易形成集中缩孔，必须设置较大的冒口进行充分补缩。

铸造锡青铜的结晶温度范围很大，流动性较差。液态收缩和凝固收缩容易形成分散度很大的缩松，补缩比较困难。

第四节　铸造工艺设计的基本内容

生产铸件首先要根据铸件的结构特点、技术要求、生产批量、生产条件等，确定工艺方案和工艺参数，绘制图样和标注符号，编制工艺卡和工艺规程等。这些工作称为铸造工艺设计。这里主要讨论砂型铸造工艺设计的基本内容。

一、浇注位置的选择

浇注位置是指浇注时铸型分型面所在的位置。分型面是指铸型组元间的结合面，如上下砂型的结合面。浇注位置和分型面通常用专门的工艺符号“上下”在图中标出。

浇注位置确定了铸件在浇注时受重力作用的状态，选择时应以保证铸件质量为前提，同时考虑造型和浇注的方便。选择原则如下。

1. 铸件的重要表面应朝下

浇注时铸件处于上方的部分缺陷比较多，组织也不如下部致密。这是因为浇注后金属液中的砂粒、渣粒和气体上浮的结果。图10-29所示的机床导轨面、齿轮工作面都是重要表面，浇注时应朝下放置。某些铸件因结构原因重要表面不能朝下时，也应尽可能置于侧立位置，以减少缺陷的产生。

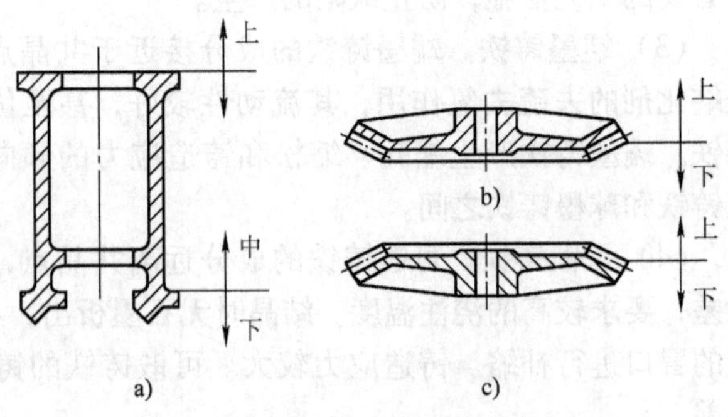

图10-29 床身和锥齿轮的浇注位置

a)、b) 合理 c) 不合理

2. 铸件上的大平面应尽可能朝下

铸件上表面除容易产生砂眼、气孔和夹渣等缺陷外，铸件朝上的大平面还极容易产生夹砂缺陷。这是由于大平面浇注时，金属液上升速度慢，铸型顶面型砂在高温金属液的强烈烘烤下，会急剧膨胀起拱或开裂，造成铸件夹砂，严重时会使铸件报废。图10-30为平台铸件的合理浇注位置。对于大的平板类铸件，必要时可采用倾斜浇注。

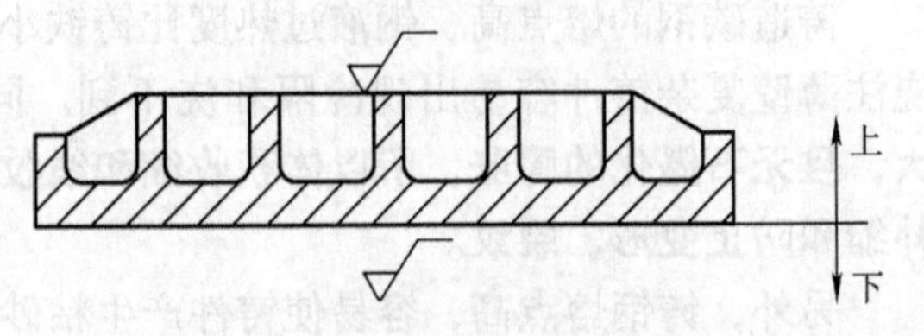

图10-30 平台铸件浇注位置

3. 铸件的薄壁部位应置于下部

置于铸型下部的铸件因浇注压力高，可以防止浇不到、冷隔等缺陷。图10-31为某机器箱盖正确的浇注位置。

此外，若铸件需要补缩，还应将其厚大部分置于铸型上方，以便设置冒口补缩；为了简化造型，浇注位置还应有利于下芯、合型和检验等。

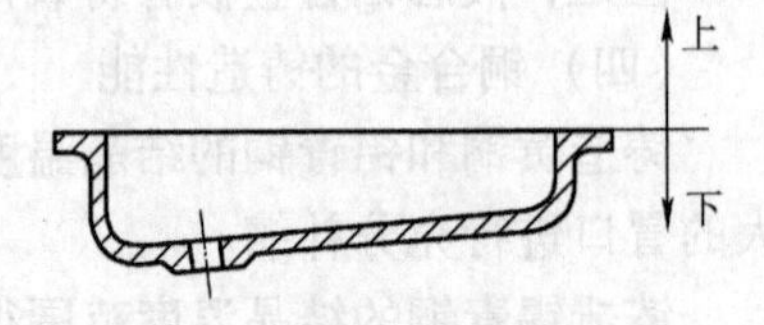

图10-31 薄壁盖的浇注位置

二、分型面的选择

分型面的设置是为了造型时模样能从铸型中取出。选择铸件分型面应满足造型工艺的要求，同时考虑有利于铸件质量的提高。选择原则如下。

1. 便于起模

分型面选得合适，模样就能顺利地从铸型中取出。为此，通常将铸件的最大截面作为分型面，以保证模样的取出。前面介绍的手工造型方法中，分型面的选择均体现了这一原则。

2. 简化造型

尽量使分型面平直、数量少，以避免不必要的活块和型芯，便于下芯、合型和检验等。

图 10-32 所示的弯曲臂，采用平面分型显然是合理的；图 10-33 所示机床支柱采用图 b 的分型方案，可以使下芯、检验方便。

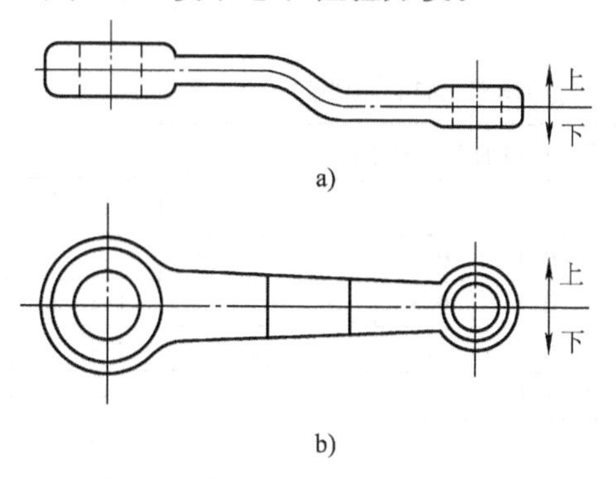

图 10-32 弯曲臂分型面的选择方案
a）不合理 b）合理

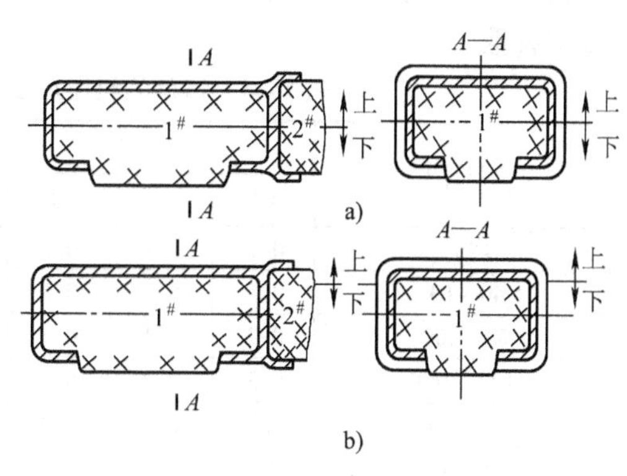

图 10-33 机床支柱分型面的选择方案
a）不合理 b）合理

3. 尽量使铸件位于同一砂箱内

铸件集中在一个砂箱内，可减少错型引起的缺陷，有利于保证铸件上各表面间的位置精度，方便切削加工。若整个铸件位于一个砂箱有困难时，则应尽量使铸件上的加工面与加工基准面位于同一砂箱内。图 10-34 所示铸件的分型方案中，a 方案不易错型，且下芯、合型也较方便，故是合理的。

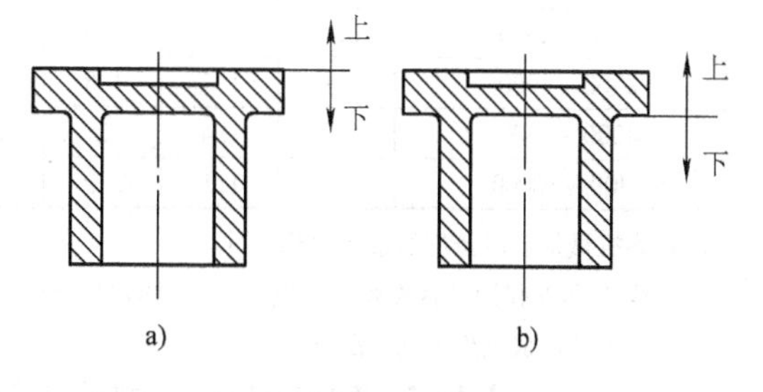

图 10-34 铸件的两种分型方案
a）合理 b）不合理

此外，分型面的选择也应结合浇注位置综合考虑，尽可能使两者相适应，避免合型后翻动铸型，防止因翻动铸型引起的偏芯、砂眼、错型等缺陷。

三、工艺参数的确定

铸造工艺参数是与铸造工艺过程有关的某些工艺数据，直接影响模样、芯盒的尺寸和结构，选择不当会影响铸件的精度和成本。

1. 机械加工余量、铸件尺寸公差和铸孔

机械加工余量是指为保证铸件加工面尺寸和零件精度，在铸件工艺设计时预先增加而在切削加工时切去的金属层厚度。铸件的机械加工余量通常根据铸件的尺寸公差等级、机械加工余量等级、基本尺寸范围等确定。

根据 GB/T 6414—1999 的规定，机械加工余量的代号用字母 RMA 表示，机械加工余量值由精到粗共分为 A、B、C、D、E、F、G、H、J 和 K 共 10 个等级，表 10-4 为铸件的机械加工余量。推荐用于各种铸造方法和铸造合金铸件的 RMA 等级列于表 10-5 中，仅供参考使用。

在浇注位置中处于上面的铸件表面，由于容易出现缺陷，所以其加工余量等级应比侧面和底面大一级。

铸件尺寸公差是指铸件公称尺寸的两个允许极限尺寸之差。在这两个极限尺寸之内，铸件可满足机械加工、装配和使用要求。

铸件尺寸公差等级分为16级，用CT1～CT16表示，公差数值可根据GB/T 6414—1999的规定查取。

表10-4 铸件的机械加工余量（摘自GB/T 6414—1999）

最大尺寸①	要求的机械加工余量等级									
	A②	B②	C	D	E	F	G	H	J	K
≤40	0.1	0.1	0.2	0.3	0.4	0.5	0.5	0.7	1	1.4
>40～63	0.1	0.2	0.3	0.3	0.4	0.5	0.7	1	1.4	2
>63～100	0.2	0.3	0.4	0.5	0.7	1	1.4	2	2.8	4
>100～160	0.3	0.4	0.5	0.8	1.1	1.5	2.2	3	4	6
>160～250	0.3	0.5	0.7	1	1.4	2	2.8	4	5.5	8
>250～400	0.4	0.7	0.9	1.3	1.4	2.5	3.5	5	7	10
>400～630	0.5	0.8	1.1	1.5	2.2	3	4	6	9	12
>630～1000	0.6	0.9	1.2	1.8	2.5	3.5	5	7	10	14
>1000～1600	0.7	1	1.4	2	2.8	4	5.5	8	11	16
>1600～2500	0.8	1.1	1.6	2.2	3.2	4.5	6	9	14	18
>2500～4000	0.9	1.3	1.8	2.5	3.5	5	7	10	15	20
>4000～6300	1	1.4	2	2.8	4	5.5	8	11	16	22
>6300～10000	1.1	1.5	2.2	3	4.5	6	9	12	17	24

①最终机械加工后铸件的最大轮廓尺寸。

②等级A和B仅用于特殊场合，例如：在供需双方已就夹持面和基准面或基准目标商定模样装备、铸造工艺和机械加工工艺的成批生产的情况下。

表10-5 毛坯铸件典型的机械加工余量等级（摘自GB/T 6414—1999）

方法	要求的机械加工余量等级					
	铸件材料					
	铸钢	灰铸铁	球墨铸铁	可锻铸铁	铜合金	轻金属合金
砂型铸造手工造型	G～K	F～H	F～H	F～H	F～H	F～H
砂型铸造机器造型和壳型	E～H	E～G	E～G	E～G	E～G	E～G
金属型（重力或低压铸造）	—	D～F	D～F	D～F	D～F	D～F
压力铸造	—	—	—	—	B～D	B～D
熔模铸造	E	E	E	—	E	E

注：本标准还适用于未列出的由供需双方议定的工艺和材料。

不同生产方式和生产规模的铸件尺寸公差等级不同，表10-6是成批和大量生产的铸件尺寸公差等级，表10-7是小批和单件生产的铸件尺寸公差等级。

铸件的壁厚尺寸公差，可以比一般尺寸公差降一级，例如铸件图样上规定的铸件一般尺寸公差为CT10时，壁厚公差可降为CT11。铸件的公差带一般应对称于铸件基本尺寸设置，即公差数值的一半取正值，一半取负值。有特殊要求时，公差带也可非对称设置。

铸件上的孔与槽是否铸出，应考虑工艺上的可能性和使用上的必要性。一般说来，较大的孔、槽应当铸出，以减少切削加工工时，节约金属材料，同时也可减少铸件上的热节；较小的孔，尤其是位置精度要求较高的孔、槽则不必铸出，留待加工反而更经济。灰铸铁件的最小铸孔（毛坯孔径）推荐如下：单件小批量生产时为30～50mm；成批生产时为15～30mm；大量生产时为 12 ~ 15mm。对于零件图上不要求加工的孔和槽，无论大小，均应铸出。

表 10-6　成批和大量生产铸件的尺寸公差等级（摘自 GB/T 6414—1999）

方法		公差等级 CT					
		铸件材料					
		铸钢	灰铸铁	可锻铸铁	球墨铸铁	铜合金	轻金属合金
砂型铸造手工造型		11 ~ 14	11 ~ 14	11 ~ 14	11 ~ 14	10 ~ 13	9 ~ 12
砂型铸造机器造型和壳型		8 ~ 12	8 ~ 12	8 ~ 12	8 ~ 12	8 ~ 10	7 ~ 9
金属型（重力或低压铸造）		—	8 ~ 10	8 ~ 10	8 ~ 10	8 ~ 10	7 ~ 9
压力铸造		—	—	—	—	6 ~ 8	4 ~ 7
熔模铸造	水玻璃	7 ~ 9	7 ~ 9	—	7 ~ 9	5 ~ 8	5 ~ 8
	硅溶胶	4 ~ 6	4 ~ 6	—	4 ~ 6	4 ~ 6	4 ~ 6

注：1. 表中所列出的公差等级是指在大批量生产条件下，且影响铸件尺寸精度的生产因素已得到充分改进时，铸件通常能够达到的公差等级。

2. 本标准还适用于本表未列出的由供需双方协议商定的工艺和材料。

表 10-7　小批和单件生产铸件的尺寸公差等级（摘自 GB/T 6414—1999）

方法	造型材料	公差等级 CT					
		铸钢	灰铸铁	可锻铸铁	球墨铸铁	铜合金	轻金属合金
砂型铸造手工造型	粘土砂	13 ~ 15	13 ~ 15	13 ~ 15	13 ~ 15	13 ~ 15	13 ~ 15
	化学粘结剂砂	12 ~ 14	11 ~ 13	11 ~ 13	11 ~ 13	10 ~ 12	10 ~ 12

注：1. 本表中的数值一般适用于大于 25mm 的铸件的基本尺寸，对于较小的尺寸，通常能经济实用地保证下列较细的公差：

a. 基本尺寸≤10mm：精 3 级（精 3 级相同于公差等级提高 3 级）；

b. 10mm < 基本尺寸≤16mm：精 2 级（类同）；

c. 16mm < 基本尺寸≤25mm：精 1 级（类同）。

2. 本标准还适用于本表未列出的由供需双方协议商定的工艺和材料。

2. 线收缩率

线收缩率是指铸件从线收缩起始温度冷却至室温的收缩率，常以模样与铸件的长度差除以模样长度的百分比表示。**制造模样或芯盒时要按确定的线收缩率，将模样（芯盒）尺寸放大一些，以保证冷却后铸件尺寸符合要求。**铸件冷却后各尺寸的收缩余量可由下式求得

收缩余量 = 铸件尺寸 × 线收缩率

铸件线收缩率的大小不仅与合金的种类有关，而且还与铸件的尺寸、结构形状及铸型种类等因素有关。通常灰铸铁件的线收缩率为 0.7% ~ 1.0%；铸钢件的线收缩率为 1.5% ~ 2.0%；有色金属件的线收缩率为 1.0% ~ 1.5%。

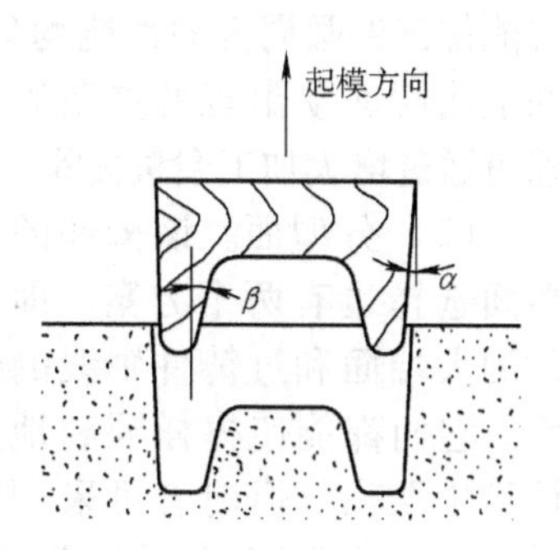

图 10-35　起模斜度

3. 起模斜度

起模斜度是指为使模样容易从铸型中取出或型芯自芯盒脱出，平行于起模方向在模样或芯盒壁上的斜度，如图 10-35 所示。起模斜度的大小与造型方法、模样材料、垂直壁高度等有关，通常为 15′ ~ 3°。一般来说，木模的斜度比金属模要大；机器造型的斜度比手工造型小些；铸件的垂直壁越高，斜度越小；模样的内壁斜度 β 应比外壁斜度 α 略大，通常为 3° ~ 10°。

4. 芯头

芯头是指型芯的外伸部分，不形成铸件轮廓，造型下芯时，芯头落入铸型芯座内。**芯头的作用是实现型芯在铸型中的定位、固定及通气。**根据型芯的安放位置，芯头分水平芯头和垂直芯头，其结构如图10-36所示。芯头的各部分尺寸、斜度可参考有关工艺手册，本课程不作具体要求。

四、绘制铸造工艺图

铸造工艺图是表示铸型分型面、浇冒口系统、浇注位置、型芯结构尺寸、控制凝固措施（如放置冷铁）等的图样。铸造工艺图是指导铸造生产过程的文件，是组织和实施铸件生产的基本依据。根据生产规模的不同，铸造工艺图可直接在铸件零件图上用红、蓝色笔绘出规定的工艺符号和文字，也可以用墨线另行单独绘制。

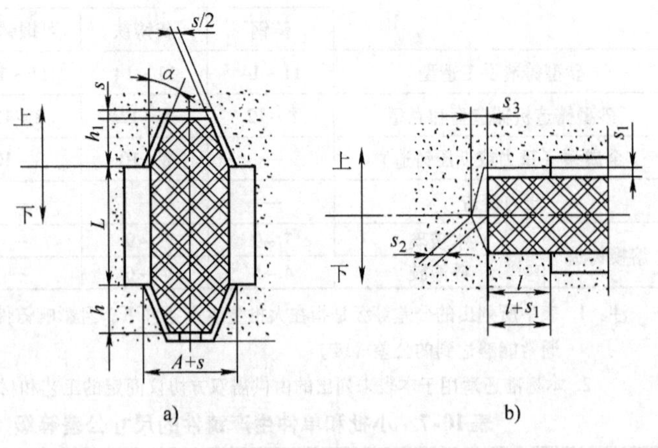

图10-36　芯头
a）垂直芯头　b）水平芯头

铸造工艺图中应明确表示出铸件的浇注位置、分型面、型芯、浇冒口设置和工艺参数等内容。其中工艺参数可在技术条件中用文字作集中说明，以使图面清晰明了。对个别不宜集中说明的参数，可在图上单独注明。如铸件上的加工余量，若某个表面由于特别需要而采用非标准的加工余量值时，则可在相应表面上标出具体数值。

五、铸造工艺设计实例

图10-37a为联轴器零件，材料为HT200，成批生产，采用砂型铸造、手工造型。其铸造工艺分析如下。

1. 选择浇注位置和分型面

（1）浇注位置。该铸件的浇注位置可以有两个方案，即轴线呈垂直的位置和呈水平的位置。轴线垂直放置的浇注位置能使铸件圆周方向性能均匀，朝上的端面易出现的夹杂等缺陷可通过增大加工余量去除。

（2）分型面。该铸件的分型面选择也有两个方案，即铸件的大端面和过铸件轴线的剖面。它们都能使模样顺利地从铸型中取出，但前者可采用整模造型，后者需采用分模造型。

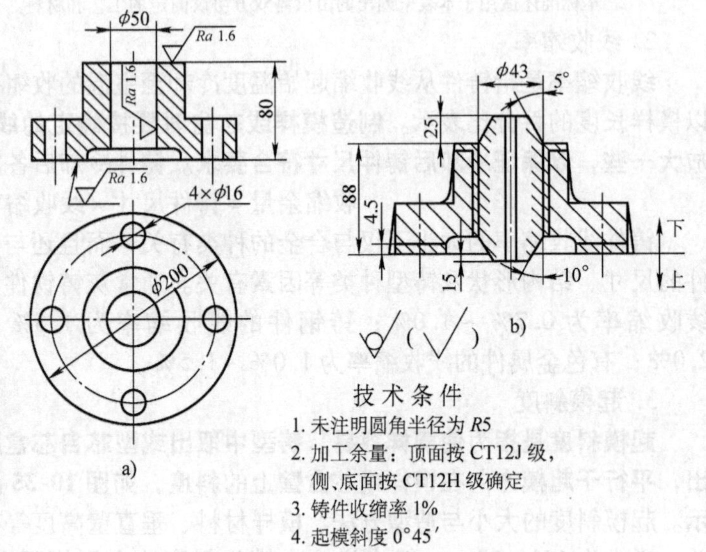

图10-37　联轴器铸造工艺设计
a）联轴器零件图　b）联轴器铸造工艺图

由于该铸件的轴向尺寸不大，故采用图10-37b所示的浇注位置和分型方案，用整模造型，铸型处于下箱，铸件的尺寸精度高，表面光洁，不易产生错型缺陷，而且模样制造也方便些。

2. 确定工艺参数

铸件采用手工造型、砂型铸造，在成批生产的条件下，其尺寸公差等级可达 CT13 ~ CT11，相配套的加工余量等级为 H。由于浇注时处在上方的端面易产生缺陷，故单独取为 J 级。具体数值可由表 10-4 确定。铸件结构简单，收缩阻力不大，取铸件线收缩率为 1%；起模斜度选择为 0°45′；芯头结构、尺寸见图。

3. 冒口、浇注系统设计

由于铸件采用了铸造性能优良的灰铸铁 HT200，因此其浇、冒口设计无特殊要求。铸件下薄上厚，高度不大，可采用顶注式的压边浇口，能完成浇注成形，也可进行由上而下的补缩，效果较好。具体结构、尺寸从略。

根据上述选定的浇注位置、分型方案及工艺参数，就可在原有的零件图上绘出铸造工艺图，详见图 10-37b。

第五节　铸件的结构工艺性

铸件的结构工艺性是指铸件的结构在满足使用要求的前提下，是否便于铸造成型的特性。它是衡量铸件设计质量的一个重要方面。**良好的结构工艺性能简化铸造工艺，提高铸件质量，提高生产率和降低铸件成本。**

一、合金铸造性能对铸件结构的要求

铸件结构设计时应充分考虑合金铸造性能的特点和要求，以尽可能减少铸造缺陷，保证获得优质铸件。其基本要求如下。

1. 铸件的壁厚应合理

在一定的工艺条件下，由于受合金流动性的限制，铸造合金能浇注出的铸件壁厚存在一个最小值。实际铸件壁厚若小于这个最小值，则易出现冷隔、浇不到等缺陷。在砂型铸造条件下，铸件的最小壁厚主要取决于合金的种类和铸件尺寸。表 10-8 列出了几种常用铸造合金在砂型铸造时铸件最小壁厚的参考数据。

表 10-8　砂型铸造条件下铸件的最小壁厚　　（单位：mm）

铸件尺寸/mm × mm	铸钢	灰铸铁	球墨铸铁	可锻铸铁	铝合金	铜合金
<200 × 200	6 ~ 8	5 ~ 6	6	5	3	3 ~ 5
200 × 200 ~ 500 × 500	10 ~ 12	6 ~ 10	12	8	4	6 ~ 8
>500 × 500	15	15	—	—	5 ~ 7	—

铸件壁厚也不宜过大，因为过大的壁厚将导致晶粒粗大、缩孔和缩松等缺陷，铸件结构的强度也不会因其厚度的增加而成正比地增加。对于过厚的铸件壁，可采用加强肋使之减小，如图 10-38 所示。

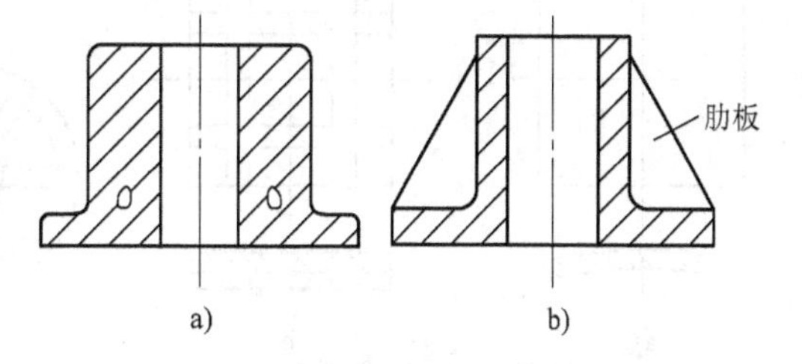

图 10-38　采用加强肋减小铸件壁厚

a）不合理　b）合理

2. 铸件的壁厚应尽量均匀

铸件壁厚是否均匀关系到铸件在铸造时的温度分布以及缩孔、缩松和裂纹等缺陷的产生。图

10-39a 所示铸件由于壁厚不均匀而产生缩松和裂纹，改为图 10-39b 结构后可避免这类缺陷。

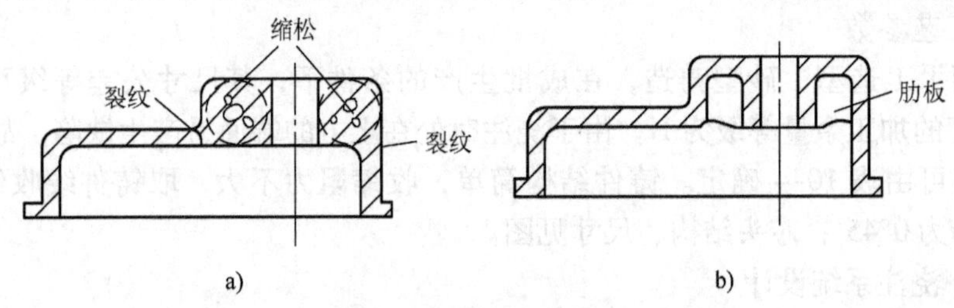

图 10-39 铸件壁厚设计

a）不合理 b）合理

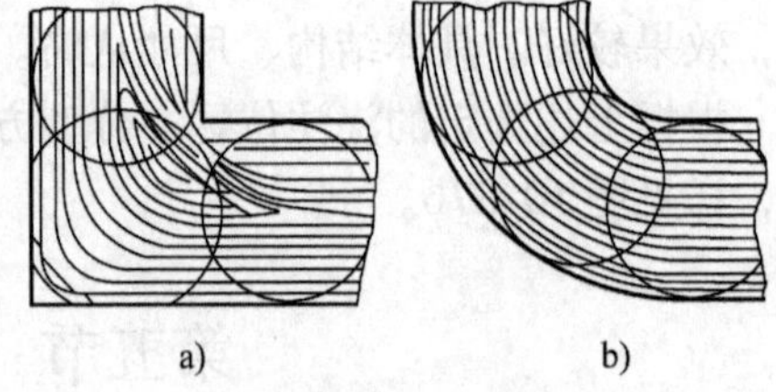

图 10-40 铸造圆角

a）直角结构 b）圆角结构

铸件上的内壁和肋等散热条件差，故应比外壁薄些，以使整个铸件能均匀冷却，减少热应力。通常铸件内、外壁的厚度差为 10% ~20%。

3. 铸件壁的连接应采用圆角和逐步过渡

铸件壁间的连接采用铸造圆角，可以避免直角连接引起的热节和应力集中，减少缩孔和裂纹，如图 10-40 所示。此外，圆角结构还有利于造型，并且铸件外形美观。

铸件上的肋或壁的连接应避免交叉和锐角，壁厚不同时还应采用逐步过渡，以防接头处热量的聚集和应力集中。图 10-41 为接头的结构，其中图 a 为交错接头和环状接头。图 b、c 为锐角连接时的过渡形式。

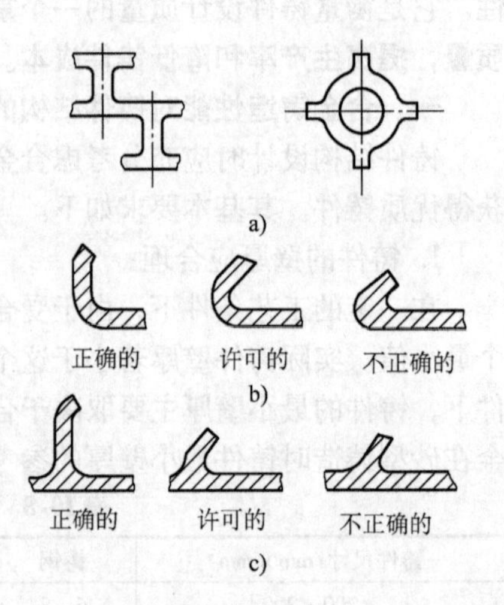

图 10-41 接头结构

4. 铸件结构应能减少变形和受阻收缩

某些壁厚均匀的细长件和较大的平板件都容易产生变形，采用对称式结构或增设加强肋后，由于提高了结构刚性，可使变形减少，如图 10-42 所示。

铸件收缩受阻时即会产生收缩应力甚至裂纹。因此，铸件设计时应尽量使其能自由收缩。图 10-43 为几种轮辐设计，图 10-43a 为直条形偶数轮辐，在合金线收缩时轮辐中产生的收缩力互相抗衡，容易出现裂纹。而其余的几种结构可分别通过轮缘、轮辐和轮毂的微量变形来减小应力。

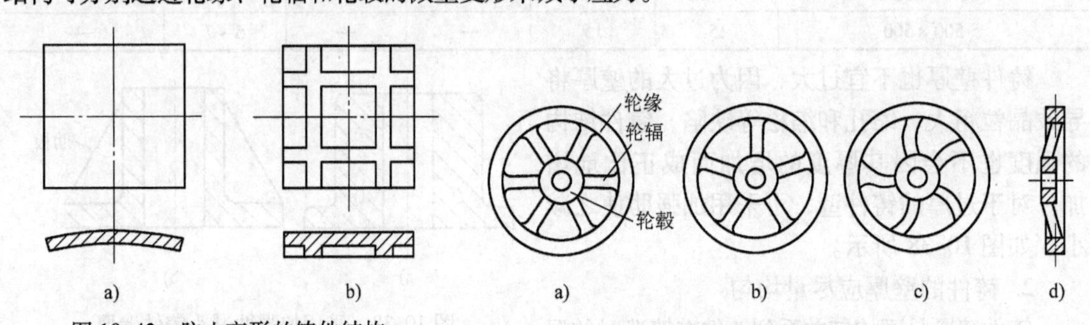

图 10-42 防止变形的铸件结构

a）不合理 b）合理

图 10-43 轮辐的设计

二、铸造工艺对铸件结构的要求

铸件的结构不仅应有利于保证铸件的质量，而且应尽可能使铸造工艺简化，以稳定产品质量和提高生产率。其基本要求如下。

1. 铸件应具有尽量少而简单的分型面

铸件需要多个分型面时，不仅造型工艺复杂，而且容易出现错型、偏芯和铸件精度下降等。因此，应尽量减少分型面。图 10-44a 所示端盖铸件，由于外形中部存在侧凹，需要两个分型面进行三箱造型，或增设外型芯后用两箱造型，造型工艺都很复杂。若将其改为图 10-44b 所示结构，则仅需一个分型面，简化了造型。

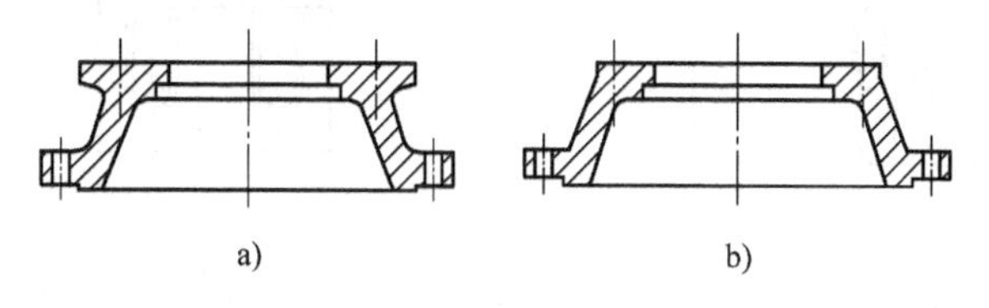

图 10-44 端盖铸件

a）存在侧凹 b）无侧凹

此外，铸件上的分型面最好是一个简单的平面。图 10-45a 所示摇臂铸件，要用曲面分型生产。将结构改成图 10-45b 所示形式，则铸型的分型面为一个水平面，造型、合型均方便。

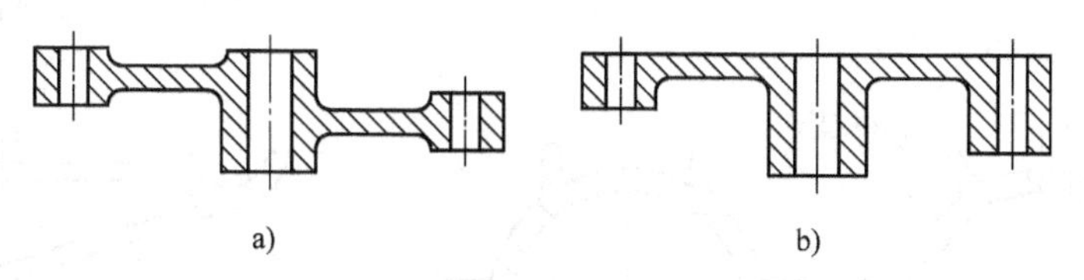

图 10-45 摇臂铸件的结构

a）曲面分型 b）平面分型

2. 铸件结构应便于起模

为了便于造型中的起模，铸件在垂直于分型面的非加工表面上都应设计出铸造斜度。图 10-46 所示为拖拉机轮壳，在起模方向设计出铸造斜度后（实线 b），起模操作就较方便。

有些铸件上的凸台、肋板等常常妨碍起模，使得工艺中要增加型芯或活块，从而增加造型、制模的工作量。如果对其结构稍加改进，就可避免这些缺点。图 10-47a 的铸件凸台阻碍起模，若将凸台向上延伸到顶部，则可避免活块而顺利起模，见图 10-47b。

图 10-48a 铸件上部的肋条也使起模受阻，改成图 10-48b 结构后，便可顺利地取出模样。

3. 避免不必要的型芯

虽然采用型芯可以制造出各种结构复杂的铸件，但是使用型芯造型会增加制作型芯的工时和工艺装备，提高铸件成本，并且使铸型装配复杂化，还易产生缺陷。因此，设计铸件结构时应尽量避免不必要的型芯。图 10-49 为悬臂托架铸件，原结构采用封闭式中空结构（图 10-49a），需采用悬臂型芯，既费工时，型芯又难以固定。改成图 10-49b 的工字截面后，铸件省去了型芯。

图 10-50a 所示铸件，其内腔出口处较小，所以只好采用型芯。改为图 10-50b 所示的开

式内腔结构后，就可用自带型芯，取代了原型芯。

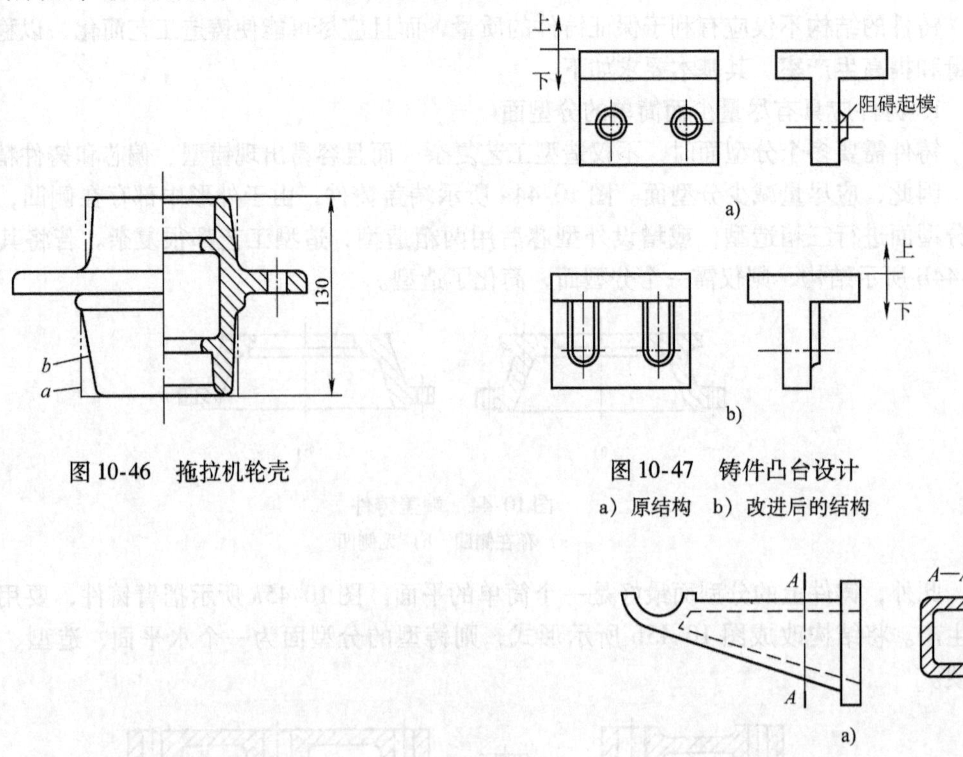

图 10-46 拖拉机轮壳

图 10-47 铸件凸台设计

a）原结构 b）改进后的结构

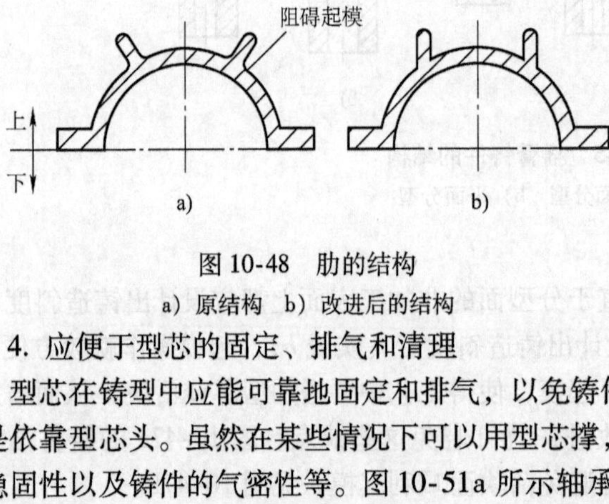

图 10-48 肋的结构

a）原结构 b）改进后的结构

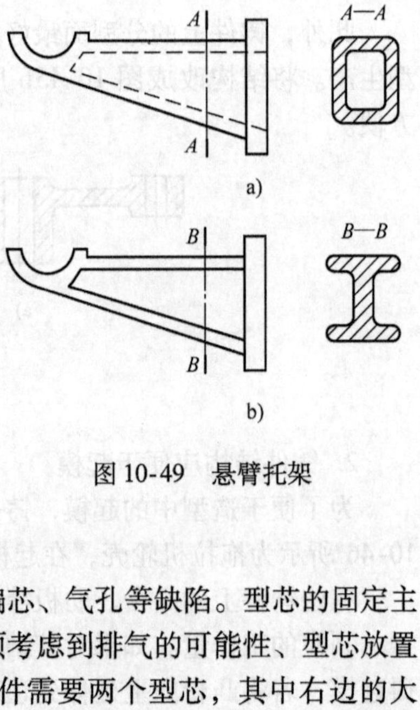

图 10-49 悬臂托架

4. 应便于型芯的固定、排气和清理

型芯在铸型中应能可靠地固定和排气，以免铸件产生偏芯、气孔等缺陷。型芯的固定主要是依靠型芯头。虽然在某些情况下可以用型芯撑，但还须考虑到排气的可能性、型芯放置的稳固性以及铸件的气密性等。图 10-51a 所示轴承支架铸件需要两个型芯，其中右边的大型芯呈悬臂状，须用型芯撑作辅助支撑。型芯的固定、排气与清理都较困难。若改为图 10-51b所示结构后，型芯为一个整体，上述问题均能得到解决。

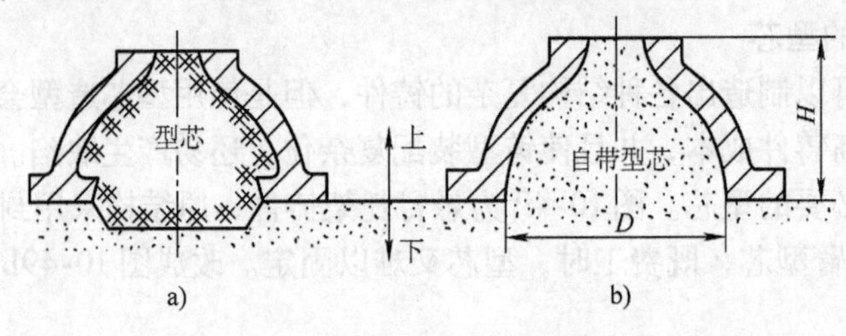

图 10-50 内腔结构比较

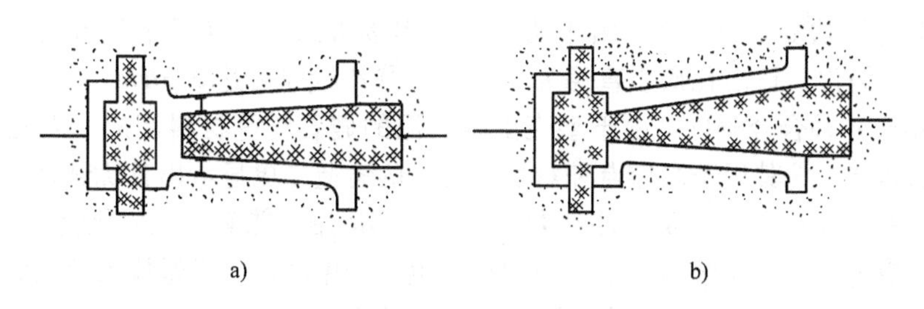

图 10-51 轴承支架铸件

第六节 特种铸造简介

特种铸造是指砂型铸造以外的其他铸造方法。虽然砂型铸造是铸造生产的最基本方法，并有很多优点，如能适应不同种类的合金，能生产不同形状和尺寸的铸件，具有很大的灵活性等。但是，随着现代工业的不断发展，砂型铸造也存在一些难以克服的问题，如一个铸型只能铸一次，铸件尺寸不一，表面较粗糙，加工余量大，废品率高，生产率低，劳动条件差等。为了克服上述缺点，在生产实践中，人们不断探求新的铸造方法，即特种铸造。下面简要介绍几种常用的特种铸造方法。

一、熔模铸造

熔模铸造是用易熔材料如蜡料制成精确的模样，在模样上包覆若干层耐火涂料，制成型壳，熔出模样，经高温焙烧后，将金属液浇入型壳以获得铸件的方法。

1. 熔模铸造工艺过程

熔模铸造的主要工艺过程如图 10-52 所示。先根据铸件的要求设计和制造压型（制造蜡模的模具）；用压型将易熔材料（石蜡——硬脂酸模料）压制成蜡模；把若干个蜡模焊在一根蜡制的浇注系统上组成蜡模组；将蜡模组浸入水玻璃和硅石粉配制的涂料中，取出后撒上硅砂，并放入硬化剂（如氯化铵溶液等）中进行硬化，如此重复数次，直到蜡模表面形成一定厚度的硬化壳；然后将带有硬壳的蜡模组放入 80 ~ 90℃ 的热水中加热，使蜡熔化后从浇口中流出，形成铸型空腔；烘干并焙烧（加热到 850 ~ 950℃）后，在型壳四周填砂，即可浇注；清理型壳即可得到铸件。

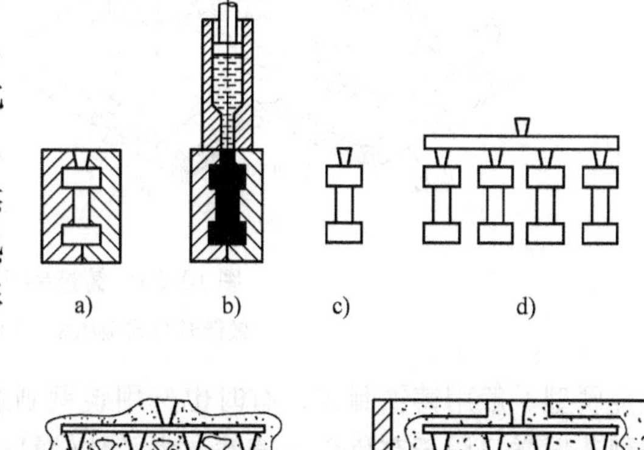

图 10-52 熔模铸造工艺过程
a）制压型 b）注蜡模 c）蜡模
d）制成蜡模组 e）壳型 f）准备浇注

2. 熔模铸造的特点及应用范围

与其他铸造方法比较，熔模铸造有下列特点。

（1）铸件精度高，表面质量好。尺寸公差等级可达 CT7 ~ CT4，表面粗糙度 *Ra* 值可达 12.5 ~ 1.6μm。可节约加工工时，实现了少切屑或无切屑加工，显著提高金属材料的利用率。

（2）可制造形状复杂的铸件。由于蜡模可以焊接拼制，模样可熔化流出，故可以铸出形状极为复杂的铸件，铸出孔最小直径为0.5mm，最小壁厚可达0.3mm。

（3）适用于各种合金铸件。由于型壳由耐高温的硅石粉等材料制成，因此可适用于各种合金材料的铸造。尤其用于高熔点和难切削合金的铸造，更显示出其优越性。

（4）生产批量不受限制。从单件到大批量生产都适用，能实现机械化流水作业。

但是，熔模铸造的工序繁多，生产周期长，生产费用高，并且蜡模尺寸太大或太长易出现变形。因此，熔模铸造主要用于生产形状复杂、精度要求高、熔点高和难切削加工的小型（质量在25kg以下）零件，如汽轮机叶片、切削刀具、风动工具、变速器拨叉、枪支零件以及汽车、拖拉机、机床上的小零件等。

二、金属型铸造

金属型铸造是在重力下将液态金属注入金属制成的铸型中，以获得金属铸件的方法。由于金属型可以重复使用几百次至几万次，所以又称为“永久铸型”。

1. 金属型的构造

按分型面位置的不同，金属型可分为水平分型式、垂直分型式、复合分型式和铰链开合式等。其中垂直分型式由于开设浇口和取出铸件都比较方便，也易实现机械化，所以应用较多。图10-53a所示为铸造铝活塞的金属型，它由左、右两个半型和底型组成。浇注时两个半型合紧，凝固后分开两个半型，即可取出铸件。

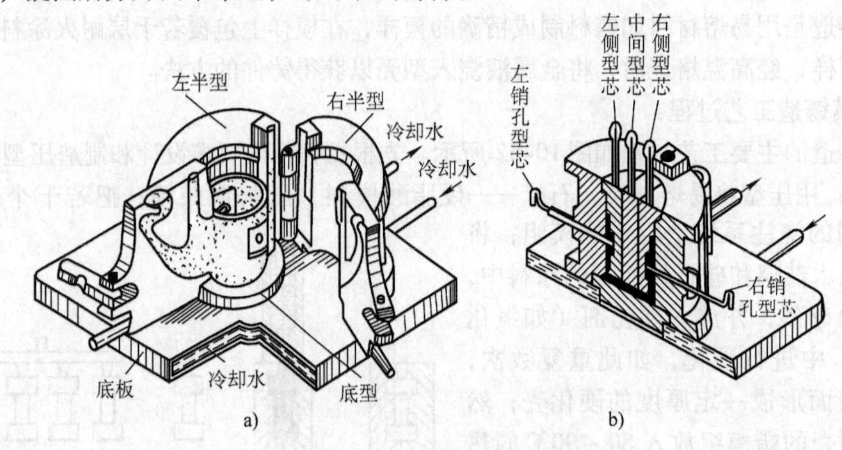

图10-53 铸造铝活塞的金属型

a）铰链开合式金属型 b）组合式金属型芯

金属型一般用铸铁制成，有时也选用碳钢制造。铸件的内腔可用金属型芯或砂芯得到。金属型芯通常只用于有色金属铸件。为了从较复杂的内腔中取出金属型芯，型芯可采用组合式，其结构如图10-53b所示，浇注后，先抽出中间型芯，再抽出两侧型芯。对于浇注高熔点合金（如铸铁、铜等），宜采用砂芯。

2. 金属型铸造的特点及应用范围

金属型铸造的特点是：

（1）金属型铸件的尺寸精度高，表面质量好，加工余量小。金属型的尺寸准确，表面光洁，铸件的尺寸公差等级可达CT9～CT7，表面粗糙度值可达 $Ra12.5 \sim 6.3\mu m$。

（2）金属型铸件的组织致密，力学性能好。金属型导热性好，铸件冷却快，晶粒较细，从而提高了铸件的力学性能。如铝合金的金属型铸件的抗拉强度可提高25%。

（3）金属型可以一型多铸，生产率高，劳动条件好。由于金属型可以重复使用多次，节约了大量工时和型砂，显著减少了车间内的粉尘含量，因此提高了生产率，改善了劳动条件。

但是，金属型制造成本高，浇注时金属的充型能力和排气条件差，浇注铸铁件时易产生白口组织等。因此，金属型铸造主要应用于有色金属铸件的大批量生产中，如铝合金的活塞、气缸体、气缸盖、铜合金轴瓦、轴套等。对于黑色金属，只限于形状简单的中、小零件。

三、压力铸造

压力铸造是将液态金属在高压下迅速注入铸型，并在压力下凝固而获得铸件的铸造方法，简称压铸。高压、高速是压力铸造区别于其他铸造方法的重要特征。常用压铸的压强为几兆帕至几十兆帕，充填速度在0.5~70m/s范围内。

1. 压铸机及压铸工艺过程

压铸是在专门的压铸机上进行的。压铸机按压射部分的特征可分为热压室式和冷压室式两大类。冷压室式应用较广，又可分为立式和卧式两种。目前应用较多的是卧式冷压室式压铸机，其压射冲头水平布置，压室不包括金属液保温炉，压室仅在压铸的短暂时间内接触金属液。压铸机所用铸型由专用耐热钢制成，其结构与垂直分型的金属型相似，由定型和动型两部分组成。定型固定在压铸机定模板上，动型固定在动模板上并可作水平移动。推杆和芯棒通过相应机构控制，完成推出铸件和抽芯等动作。图10-54为卧式冷压室式压铸机的工作原理图。

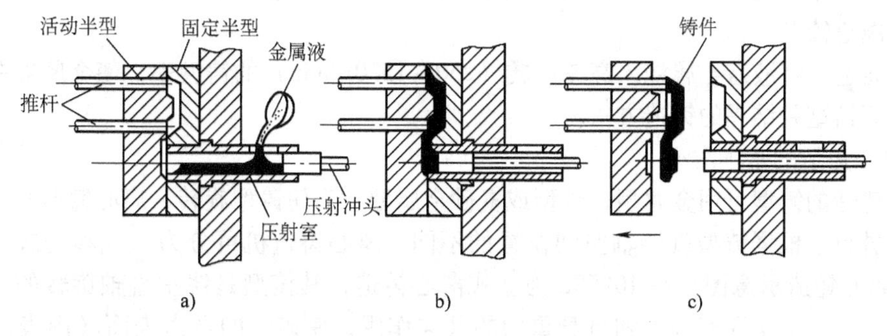

图10-54 卧式冷压室式压铸机工作原理图

a）合型、浇入金属液 b）进行压射 c）开型、推出铸件

压力铸造的生产工艺过程如下：

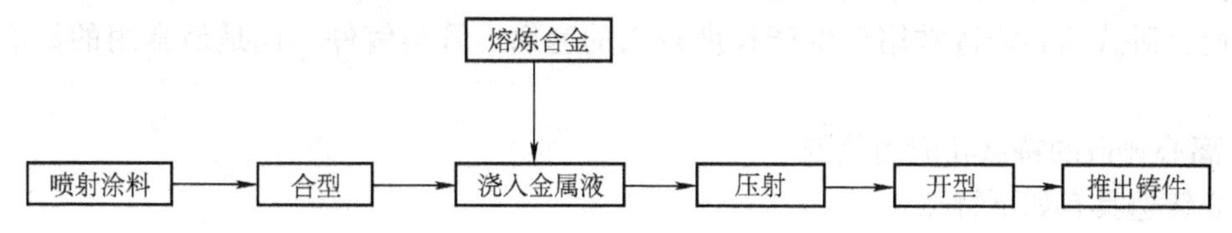

2. 压铸的特点及应用范围

压力铸造与其他铸造方法相比，有下列优点：

（1）铸件尺寸精度高，表面质量好。压铸件尺寸公差等级可达CT8~CT6，表面粗糙度

Ra 值为3.2～0.8μm，一般不经切削加工或只需精加工即可使用。

（2）可压铸出形状复杂、轮廓清晰的铸件。如锌合金压铸件的最小壁厚可达0.8mm，最小孔径达0.8mm，最小螺距达0.75mm。这是由于压型精密，在高压高速下浇注，极大地提高了合金的充型能力所致。

（3）铸件强度高。由于压型冷却快，又在压力下结晶，因而铸件的内部组织致密，强度比砂型铸件高20%～40%。

（4）生产率高。压铸是所有铸造方法中生产率最高的一种，每小时可压铸50～500次，而且由于操作十分简便，易于实现半自动化和自动化。

（5）便于采用镶嵌法。镶嵌法是将预先制好的嵌件放入压型中，通过压铸使嵌件与压铸合金结合成整体而获得镶嵌件的方法。镶嵌法可以制出通常难以制出的复杂件、双金属件、金属与非金属的结合件等。

压铸虽是少、无切削加工的重要工艺，但也存在下列缺点。

（1）压铸设备投资大，制造压型费用高、周期长，故不适合单件、小批量生产。

（2）压铸高熔点合金（如钢、铸铁）时，压型寿命低。内腔复杂的铸件也难以适应。

（3）由于压铸速度高，压型内的气体很难排除，所以铸件内部常有小气孔，影响铸件的内部质量。

（4）压铸件不能进行热处理，也不宜在高温下工作。因压铸件中的气孔是在高压下形成的，在加热时气孔中的空气膨胀所产生的压力有可能使铸件变形或开裂。

目前，压力铸造主要用于铝、镁、锌及铜等有色金属的小型、薄壁、复杂铸件的大批大量生产。在汽车、拖拉机、电器仪表、航空、航海及日用五金等工业中获得了广泛应用。

四、离心铸造

离心铸造是将液态金属浇入高速旋转（250～1500r/min）的铸型中，使金属液在离心力作用下充填铸型并结晶的铸造方法。

1. 离心铸造的基本类型

离心铸造的铸型可用金属型、砂型或复砂金属型。为使铸型旋转，离心铸造必须在离心铸造机上进行。根据铸型旋转轴空间位置的不同，离心铸造机可分为立式和卧式两种。图10-55为离心铸造示意图，图10-55a为立式离心铸造，其铸型是绕垂直轴旋转的。液态金属浇入铸型后，由于受离心力和自身重力的共同作用，使铸件的自由表面（内表面）呈抛物面形状，造成铸件壁上薄下厚，但是，铸型的固定和浇注较方便。因此，立式离心铸造主要用来生产高度小于直径的圆环类零件。图10-55b为卧式离心铸造，其铸型是绕水平轴旋转的。由于铸件各部分的成形条件基本相同，铸出的中空铸件在轴向和径向的壁厚都较均匀。因此，卧式离心铸造常用于生产长度较大的套筒、管类铸件，也是最常用的离心铸造方法。

2. 离心铸造的特点和应用范围

离心铸造具有如下特点。

（1）铸件组织致密，无缩孔、缩松、气孔、夹渣等缺陷，力学性能好。这是因为在离心力的作用下，金属中的气体、熔渣等夹杂物因密度小而集中在内表面，铸件呈由外向内的定向凝固，补缩条件好。

（2）简化工艺，提高金属利用率。如铸造中空铸件时，可以不用型芯和浇注系统，简

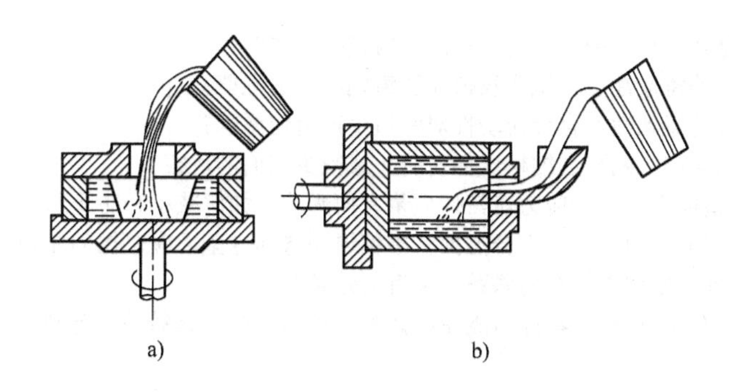

图 10-55　离心铸造示意图
a）立式离心铸造　b）卧式离心铸造

化了生产工艺，提高了金属利用率。

（3）便于浇注流动性差的合金铸件和薄壁铸件。这是由于在离心力的作用下，金属液的充型能力得到了提高。

（4）便于铸造双金属件。如钢套镶铜轴承等，其结合面牢固，可节约贵重金属，降低成本。

但是，离心铸造的铸件易产生比重偏析、内孔尺寸不精确、内表面较粗糙、有非金属熔渣等缺陷。

目前，离心铸造主要用于生产回转体的中空铸件，如铸铁管、气缸套、双金属轴承、钢套、特殊钢的无缝管坯、造纸机滚筒等。

小　　结

本章主要介绍了砂型铸造造型、合金的铸造性能、砂型铸造工艺设计、铸件的结构工艺性，还介绍了特种铸造的特点及应用。

合金的铸造性能主要用合金的流动性、收缩性、吸气性及偏析倾向来衡量；其中以流动性和收缩性对铸件的成形质量影响最大，二者均与合金的成分、铸型结构、浇注温度等因素有关。

砂型铸造是应用最广泛的铸造成形方法，它主要是用型砂和芯砂来制造铸型。铸造工艺设计包括浇注位置与分型面的选择、浇注系统的设计、工艺参数的选择及铸造工艺图的绘制。

铸件结构设计应从合金铸造性能和铸造工艺两方面的要求来考虑铸件的结构。

特种铸造是指砂型铸造以外的其他铸造方法，如熔模铸造、金属型铸造、压力铸造、离心铸造等。特种铸造具有铸件精度和表面质量高、铸件内在性能好、节约原材料、改善劳动条件和降低铸造成本等优点。

习　　题

10-1　试述铸造生产的特点，并举例说明其应用情况。

10-2　型砂由哪些材料组成？试述型砂的主要性能及其对铸件质量的影响。

10-3　试列表分析比较整模造型、分模造型、挖砂造型、活块造型和刮板造型的特点和应用情况。

10-4　试结合一个实际零件用示意图说明其手工造型方法和过程。

10-5　典型浇注系统由哪几部分组成？各部分有何作用？

10-6 铸铁通常是在什么炉中熔炼的？所用炉料包括哪些？

10-7 什么是合金的铸造性能？试比较铸铁和铸钢的铸造性能。

10-8 什么是合金的流动性？合金流动性对铸造生产有何影响？

10-9 铸件为什么会产生缩孔、缩松？如何防止或减少它们的危害？

10-10 什么是铸造应力？铸造应力对铸件质量有何影响？如何减小和防止这种应力？

10-11 砂型铸造时铸型中为何要有分型面？举例说明选择分型面应遵循的原则。

10-12 零件、铸件、模样之间有何联系？又有何差异？

10-13 试确定图10-56灰铸铁零件的浇注位置和分型面，绘出其铸造工艺图（批量生产、手工造型，浇、冒口设计略）。

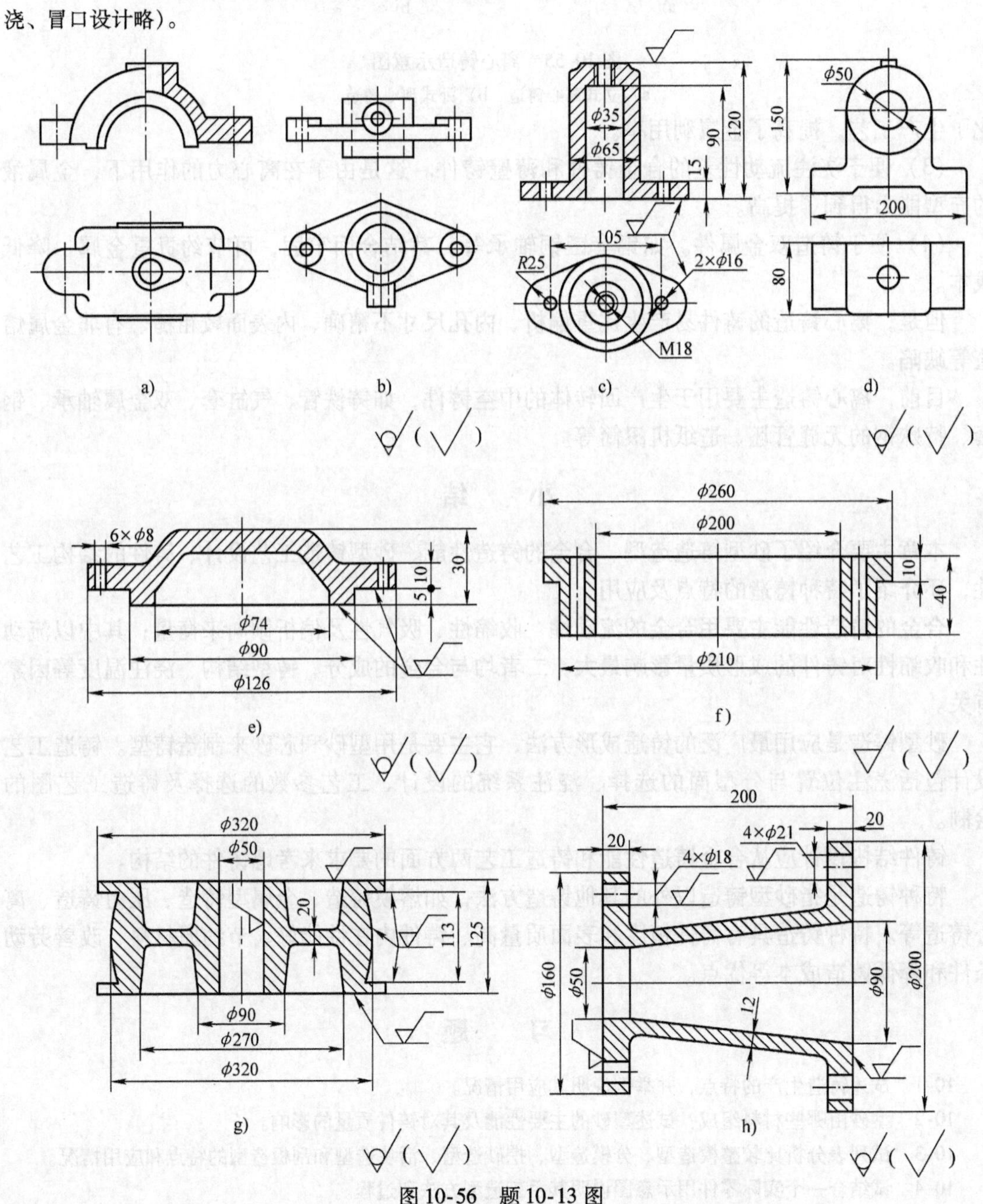

图10-56 题10-13图

a）轴承盖 b）支座 c）支架 d）轴承座 e）端盖 f）压圈 g）带轮 h）支承台

10-14 为什么要规定铸件的最小壁厚？灰铸铁件的壁过薄或过厚会出现哪些问题？

10-15 为什么铸件壁的连接要采用圆角和逐步过渡的结构？

10-16 试述铸造工艺对铸件结构的要求。

10-17 图10-57所示铸件各有两种结构，哪一种比较合理？为什么？

10-18 熔模铸造、金属型铸造、压力铸造和离心铸造各有何特点？应用范围如何？

10-19 下列铸件在大批量生产时，采用什么铸造方法为宜？

铝活塞 汽轮机叶片 大模数齿轮滚刀 车床床身 发动机缸体 大口径铸铁管 汽车化油器 钢套镶铜轴承

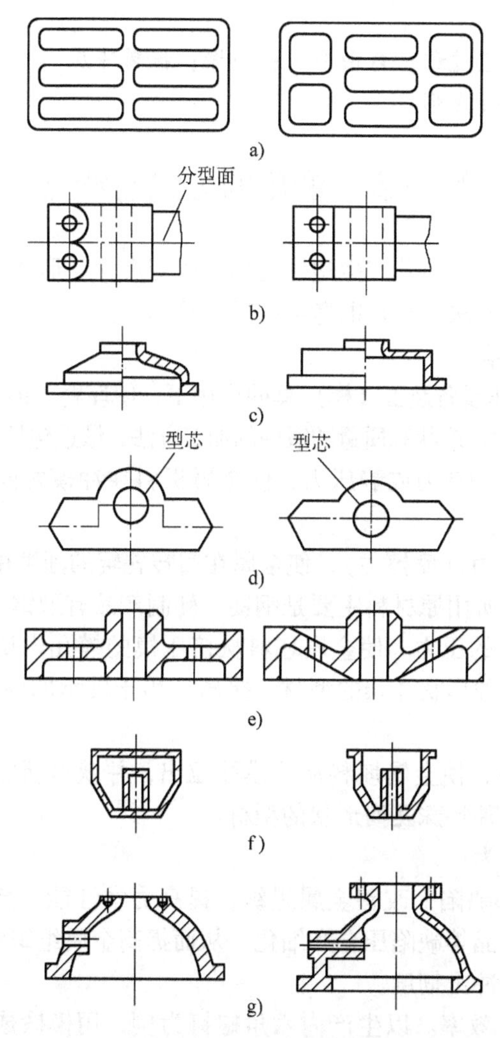

图10-57 题10-17图

第十一章　锻　压

教学目标：通过教学，学生应了解金属锻压的特点、分类及应用；理解金属塑性变形的基本原理；掌握自由锻造、模锻、板料冲压的特点、基本工序及应用；了解其他先进锻压方法的原理、特点及其应用。

本章重点：锻造的工艺过程；自由锻造；模锻；板料冲压。

本章难点：金属的塑性变形。

第一节　锻压的方式与特点

锻压是对坯料施加外力，使其产生塑性变形，改变尺寸、形状及改善性能，用以制造机械零件或毛坯的成形加工方法。它是锻造与冲压的总称。

锻压加工的基本方式有：

（1）锻造。它是在加压设备及工（模）具的作用下，使坯料、铸锭产生局部或全部的塑性变形，以获得一定几何尺寸、形状和质量的锻件的加工方法，锻造包括自由锻造和模锻。

（2）板料冲压。利用冲裁力或静压力，使金属板料在冲模之间受压产生分离或成形而获得所需产品的加工方法。

（3）轧制。利用轧制力（摩擦力），使金属在回转轧辊的间隙中受压变形而获得所需产品的加工方法。轧制生产所用原材料主要是钢锭，轧制产品有型钢、钢板、无缝钢管等。

（4）挤压。利用强大的压力，使金属坯料从挤压模的模孔内挤出并获得所需产品的加工方法。挤压的产品有各种形状复杂的型材。挤压还用于轴承的内、外圈加工，其效果好，经济效益高。

（5）拉拔。利用拉力，使金属坯料从拉模孔拉出，并获得所需产品的加工方法。拉拔产品有线材、薄壁管和各种特殊几何形状的型材。

锻压加工的主要特点为：

（1）能消除金属内部缺陷，改善金属组织，提高力学性能。金属经压力加工后，可以将铸锭中气孔、缩孔、粗晶等缺陷压合和细化，从而提高金属组织致密度；还可以控制金属热加工流线，提高零件的冲击韧度。

（2）具有较高的生产效率。以生产内六角螺钉为例，用模锻成形比用切削成形效率提高 50 倍；若采用多工位冷镦工艺，则比用切削成形生产率提高 400 倍以上。

（3）可以节省金属材料和切削加工工时，提高材料利用率和经济效益。用锻压加工坯料，再经切削加工成为所需零件，要比直接用坯料进行切削加工既省材又省时。例如某型号汽车上的曲轴，质量为 17kg，采用钢坯直接切削加工时，钢坯切掉的切屑为轴质量的 189%，而采用锻压制坯后再切削加工，切屑只占轴质量的 30%，并减少 1/6 的加工工时。

（4）锻压加工的适应性很强。锻压能加工各种形状和各种质量的毛坯及零件，其锻压件的质量可小到几克，大到几百吨，可单件小批生产，也可以成批生产。

但锻压成形困难，对材料的适应性差。因为锻压成形是金属在固态的塑性流动，其成形比铸造困难得多。形状复杂的工件难以锻造成形，锻件的外形轮廓也难于充分接近零件的形状，材料的利用率低；塑性差的金属材料（如灰铸铁）不能锻压成形，只有那些塑性优良的钢、铝合金、黄铜等材料才能进行锻造加工。另外，锻造设备贵重，锻件的成本也比铸件高。

如上所述，**锻压不仅是零件成形的一种加工方法，而且是一种改善材料组织性能的一种加工方法。**与铸造比较，锻压材料具有强度高、晶粒细、冲击韧度好等优点；与由棒料直接切削加工相比，锻压可节约金属，降低成本；如果采用轧制、挤压和冲压等加工方法，还可提高生产率。因此，在机械制造业中，许多重要零件（如轴类、齿轮、连杆、切削刀具等），都是采用锻压的方法成形的。所以，锻压生产被广泛地用于汽车、造船、国防、仪器仪表、农业机械等部门中。

第二节　金属的塑性变形

塑性变形是锻压加工的基础，也是强化金属的重要手段之一。研究塑性变形的实质、规律和影响因素，对正确选用锻压加工方法，合理设计锻压工艺，提高产品质量有着重要意义。

一、塑性变形的实质

金属在外力作用下将产生变形，其变形的过程是随着外力的增加，金属由弹性变形阶段进入弹－塑性变形阶段。其中在弹性变形阶段，金属变形是可逆的，不能用于成形加工，而弹－塑性变形阶段的塑性变形部分才能用于成形加工。为了便于了解金属塑性变形的实质，首先讨论单晶体的塑性变形。

（一）单晶体的塑性变形

单晶体塑性变形方式有两种：滑移和孪生（孪晶），而滑移是单晶体塑性变形的主要方式。

1. 滑移

滑移是指单晶体在切应力的作用下，晶体的一部分沿着一定的晶面和晶向（称滑移面和滑移方向）相对另一部分产生滑动的现象。

滑移具有以下特点：

（1）晶体未受到外力作用时晶格内原子处于平衡状态，如图 11-1a 所示。

（2）当晶体受到的切应力较小时，晶格将畸变产生弹性剪切变形，如图 11-1b 所示。

（3）当切应力继续增大到某一临界值时，晶体的上半部沿晶面产生滑移，此时为弹－塑性变形，如图 11-1c 所示。

（4）晶体发生滑移后，若消除应力，晶体不能全部恢复到原始状态，而使晶体在左右方向增加一个原子间距，这就产生了塑性变形，如图 11-1d 所示。

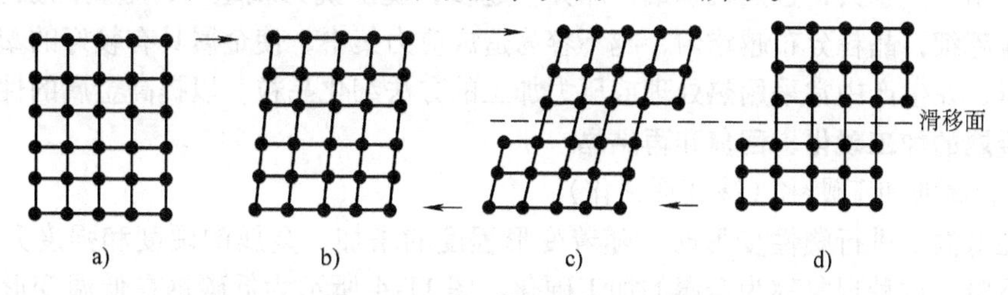

图 11-1　单晶体塑性变形过程

a）未变形　b）弹性变形　c）弹－塑性变形　d）塑性变形

由此可知，晶体只有在切应力作用下才能产生滑移，滑移的结果使单晶体产生塑性变形。

2. 孪生（孪晶）

晶体变形的另一种形式是孪生。其特点是晶体受切应力的作用达到一定数值时，晶体的一部分相对另一部分发生剪切变形。晶体在孪生变形时，未变形部分和变形部分的交界面称为孪生面。变形后晶体在孪生面两侧形成镜面分布，如图 11-2 所示。

孪生变形一般在切应力难以使晶体内部产生滑移的金属中发生，如密排六方晶格金属，此时通过孪生变形来实现塑性变形。

金属的塑性变形是一个非常复杂的过程，它实际上还与金属内部的各种缺陷密切相关。

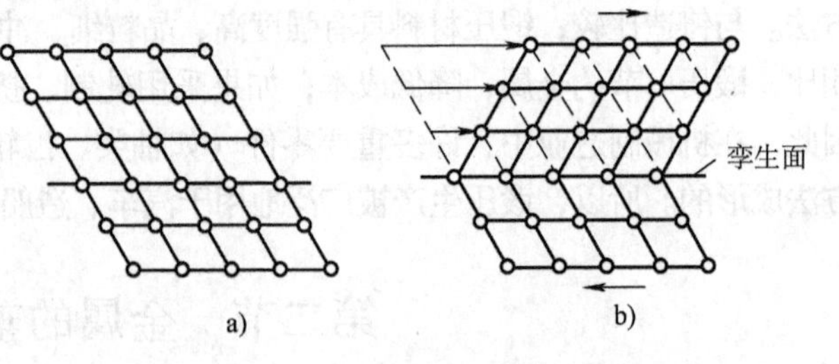

图 11-2 晶体的孪生示意图

a）变形前 b）变形后

（二）多晶体的塑性变形

多晶体的塑性变形一般可分为晶内变形和晶间变形两种形式。晶粒本身的塑性变形称为晶内变形。晶粒与晶粒之间相对产生滑动或转动称为晶间变形。

晶内变形方式和单晶体的塑性变形方式一样，也是滑移和孪生。但由于多晶体的晶粒各个位向不同，因此在外力的作用下，各个晶粒产生滑移变形的难易程度有很大差别。有些晶粒处于有利于滑移变形的条件，有些则不利，这主要取决于晶粒内晶格排列的位向，晶格位向在与外力作用方向成 45°的滑移平面首先产生滑移，因为此时切应力最大，最先达到发生塑性变形所需要的临界值，一般滑移运动到晶界止。而邻近的一些晶粒在已滑移晶粒转动的影响下，由不利于滑移位向转到有利于滑移位向，并产生滑移。图 11-3 为多晶体各晶粒间的转动示意图。图中晶粒 A 首先滑移，然后晶粒 B，最后晶粒 C。

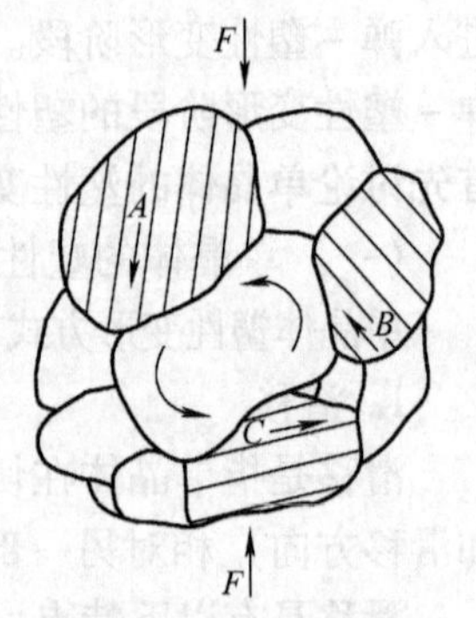

图 11-3 多晶体各晶粒间转动示意图

由此可见，多晶体中由于晶粒的晶格排列的位向不同，受外力的作用时，变形首先从晶格位向有利于滑移的晶粒内开始，随着应力的增加，再发展到晶格位向不利于滑移的晶粒。当滑移发展到晶界处，由于晶界处的组成结构所致，必然受到阻碍，因此多晶体的塑性变形抗力要比同种金属的单晶体高得多。而且，晶界处原子排列越紊乱，受到的阻力就越大，且晶粒越细，晶界就越多，变形抗力就越大，金属的强度就越高。同时，晶粒越细，晶粒分布越均匀，越不容易造成应力集中，使金属具有较好的塑性和冲击韧度。所以，在生产中常采用热处理或压力加工的方法细化晶粒，以提高金属的性能。

二、金属的加工硬化、回复和再结晶

（一）金属的加工硬化（冷变形强化）

金属在低温下进行塑性变形时，随着变形程度的增加，金属的硬度和强度升高，而塑性、韧性下降，这种现象称为金属的加工硬化。图 11-4 所示为低碳钢在低温变形时力学性能的变化。

产生加工硬化的原因，通常认为是金属在塑性变形过程中，在滑移面附近的晶格产生了强烈扭曲，在晶粒间产生许多细小碎晶块，导致了金属进一步滑移的阻力增大。

加工硬化是强化金属的重要途径之一，尤其是对一些不能用热处理强化的金属材料显得特别重要，如低碳钢、纯铜、防锈铝、镍铬不锈钢等，可通过冷轧、冷挤、冷拔、冷冲压等方法来提高金属强度、硬度。

（二）回复与再结晶

金属在低温变形时产生的加工硬化组织是一种不稳定的组织，它具有自发地恢复到稳定状态的趋势，但在低温下多数金属的原子活动能力较低而不易实现。若对塑性变形的金属加热，使金属原子获得热能，热运动加剧，就会使组织和性能恢复到原来状态。随着加热温度的升高，组织和性能的变化过程可分为回复、再结晶和晶粒长大三个阶段，如图 11-5 所示。

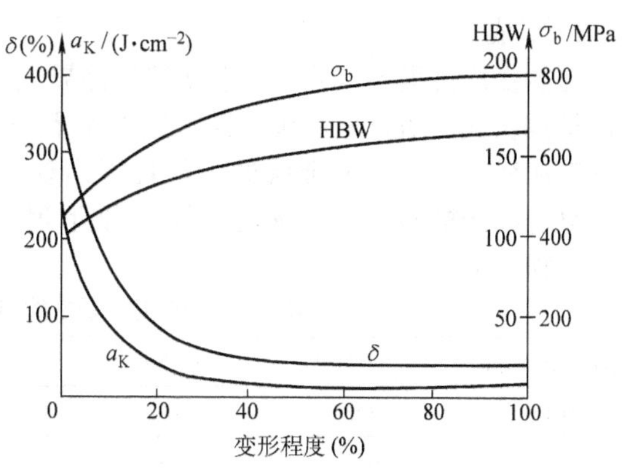

图 11-4 低碳钢冷塑性变形程度与力学性能的关系

1. 回复

当加热温度较低时，原子活动能力不大，只做短距离扩散，使晶格扭曲减轻，残余应力显著下降，但组织和力学性能无明显变化。这一过程称回复。金属的回复温度一般用下列公式来表示

$$T_{回} = (0.25 \sim 0.30)\ T_{熔}$$

式中 $T_{回}$——金属的回复温度（K）；

$T_{熔}$——金属的熔点（K）。

在生产中，利用回复处理来保持金属有较高强度和硬度的同时，还适当提高其韧性，降低内应力。如冷拔钢丝卷制成弹簧后，进行一次 250～300℃ 的低温退火。

2. 再结晶

当加热温度升高到该金属熔化温度的 0.4 倍时，金属的原子获得更多能量，原子扩散能力加大，则开始以某些碎晶或杂质为核心，形核并长大成新的细小、均匀的等轴晶粒。这个过程称再结晶。对于纯金属，再结晶温度一般用下列公式表示

$$T_{再} = 0.4T_{熔}$$

式中 $T_{再}$——纯金属的再结晶温度（K）；

$T_{熔}$——纯金属的熔点（K）。

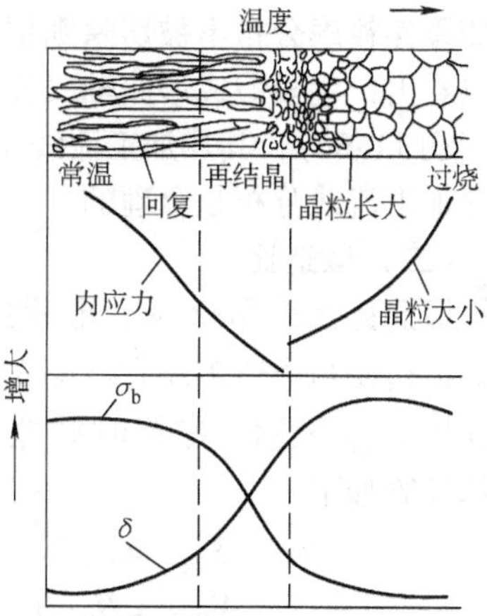

图 11-5 冷变形金属加热后组织和性能的变化

金属经过再结晶后，不但晶粒得到了细化，且消除了金属由于塑性变形而产生的加工硬化现象，使金属的强度、硬度下降，塑性、韧性升高，金属的性能基本上恢复到塑性变形前的状态，如图 11-5 所示。

金属再结晶后，若继续加热，将发生晶粒长大的现象，这是应该防止和避免的。

金属在再结晶温度以下进行的塑性变形称冷变形，如冷轧、冷挤、冷冲压等。金属在冷变形的过程中，不发生再结晶，只有加工硬化的现象，所以冷变形后金属得到强化，并且获得的毛坯和零件尺寸精度、表面质量都很好。但冷变形的变形程度不宜过大，以免金属产生破裂。金属在再结晶温度以上进行塑性变形称热变形，如热轧、热挤、锻造等。金属在热变

形的过程中，既产生加工硬化，又有再结晶发生，不过加工硬化现象会随时被再结晶消除，所以热变形后获得的毛坯和零件的力学性能（特别是塑性和冲击韧度）很好。

三、热加工流线和锻造比

（一）热加工流线（锻造流线）

1. 形成

在热变形过程中，分布在金属铸锭晶界上的夹杂物难以发生再结晶，因此沿着金属变形方向被拉长或压扁，呈带状和链状被保留下来，这样就形成热加工流线（亦称纤维组织）。热加工流线的存在，使金属的力学性能出现了方向性，即纵向（平行流线方向）的强度、塑性显著高于横向（垂直流线方向）。变形程度越大，热加工流线越明显，性能上的差别就越大，如表 11-1 所示。

表 11-1　45 钢力学性能与热加工流线方向的关系

热加工流线方向	σ_b/MPa	σ_s/MPa	δ（%）	ψ（%）	a_K/J · cm^{-2}
纵向	715	470	17.5	62.8	62
横向	672	440	10.0	31.0	30

2. 合理分布

热加工流线形成后，用热处理方法难以消除或改变其分布状态，因此在制造和设计受冲击载荷的零件时，要充分考虑锻造流线的分布对金属性能的影响。**合理的热加工流线方向的分布是：零件工作时最大正应力与流线方向平行，最大切应力与流线方向垂直；热加工流线沿着零件轮廓分布不被切除则更为合理。**图 11-6 所示为三种锻压件锻造流线分布。从图中可以看出，用模锻成形曲轴（图 11-6a），用弯曲成形吊钩（图 11-6b），用局部镦粗成形螺钉（图 11-6c），其热加工流线是沿零件轮廓分布的，适应零件受力情况，因此以上三种零件热加工流线分布是合理的。

（二）锻造比

锻造比是表示金属变形程度大小的一个参数。锻造比与锻造工序有着密切关系，拔长时锻造比用 $Y_{拔长}$ 表示，镦粗时锻造比用 $Y_{镦粗}$ 表示。具体计算如下

$$Y_{拔长} = S_0/S$$

$$Y_{镦粗} = H_0/H$$

式中　S_0——拔长前金属坯料的横截面积；

S——拔长后金属坯料的横截面积；

H_0——镦粗前金属坯料的高度；

H——镦粗后金属坯料的高度。

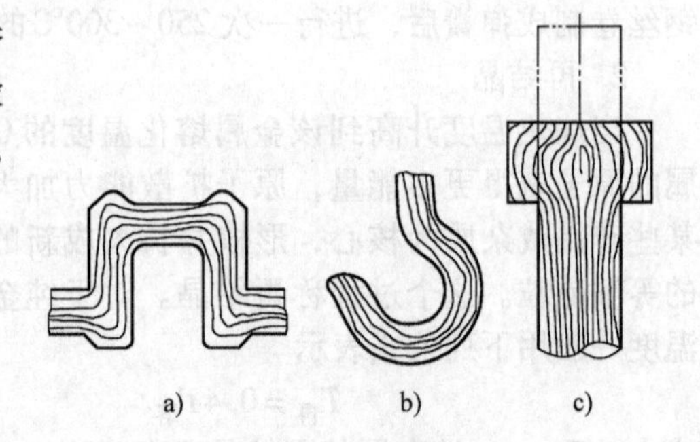

图 11-6　三种锻压件合理的热加工流线分布

a）曲轴　b）吊钩　c）螺钉

锻造比对锻件质量影响很大，锻造比越大，热变形程度也越大，热加工流线也越明显，其金属组织、性能改善越明显。但锻造比过大，金属的力学性能增加不明显，还会增加金属的各向异性，而锻造比过小时性能又达不到要求，因此，碳素结构钢取 $Y=2\sim3$，合金结构钢取 $Y=3\sim4$。对某些高合金钢，为了击碎粗大碳化物，并使其细化和分散，应采取较大的锻造比，如高速钢取 $Y=5\sim12$，不锈钢取 $Y=4\sim6$。

四、金属的可锻性

金属的可锻性是指锻造金属材料时获得合格制品的难易程度。生产中常用金属塑性和变

形抗力两个因素来综合衡量。金属的可锻性好表现为塑性高，变形抗力小，适宜锻压加工成形；相反，则金属的可锻性差。

金属的可锻性取决于金属的性质和外界加工条件。

（一）金属性质

1. 化学成分

金属或合金的化学成分不同，其可锻性也不同，如纯金属的可锻性比合金好，而钢的可锻性随着钢中含碳量的增加，塑性下降，变形抗力增大，可锻性变差。钢中的合金元素越高，其可锻性越差。

2. 组织状态

金属的组织状态不同，其可锻性也不同。单一固溶体比金属化合物的塑性高，变形抗力小，可锻性好。同样，单一固溶体组织，晶格类型不同，其可锻性也不同，奥氏体比铁素体的可锻性好，而奥氏体、铁素体的可锻性远远高于渗碳体，因此渗碳体不宜锻压加工。粗晶结构比细晶结构的可锻性差。

（二）外界加工条件

1. 变形温度

随着金属加热温度的升高，原子间结合力削弱，动能增高，有利于金属滑移变形，金属的可锻性得到改善。

2. 变形速度

变形速度是指金属（材料）在单位时间内的变形量。变形速度对金属的塑性及变形抗力的影响如图 11-7 所示。

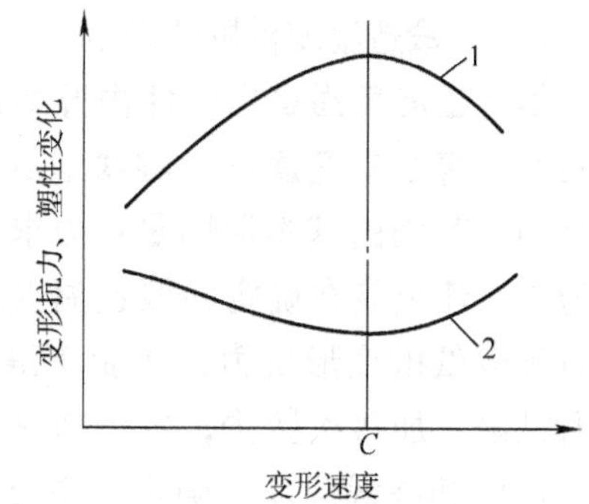

图 11-7 变形速度对金属可锻性的影响

1—变形抗力曲线 2—塑性变化曲线

在临界变形速度 C 之前，随着变形速度的增加，金属的塑性下降，变形抗力增加。这是由于金属变形速度增大，使金属的再结晶进行得不完全，不能全部消除加工硬化，最后导致金属可锻性变差。在临界变形速度 C 之后，消耗于金属塑性变形的能量转化为热能，即热效应。由于热效应的作用，使金属温度升高，塑性上升，变形抗力减小，金属易锻压加工。变形速度越高，其热效应也越明显。这种热效应现象，只有使用高速锤时才能实现，而普通锻压设备由于其变形速度不能超过临界值，故不太明显。

3. 应力状态

金属在锻压加工时，由于采用的方式不同，金属受力时产生的应力状态也不同，因此其可锻性也有一定区别。挤压时金属三个方向承受压应力，如图 11-8a 所示。在压应力的作用下，金属呈现出很高的塑性，因为压应力有助于恢复晶界联系，压合金属内部的孔洞等缺陷，可阻碍裂缝形成和扩展。但压应力将增大金属的摩擦，提高金属的变形抗力，锻压加工时需要设备的吨位大。拉拔时金属呈两向压应力和一向拉应

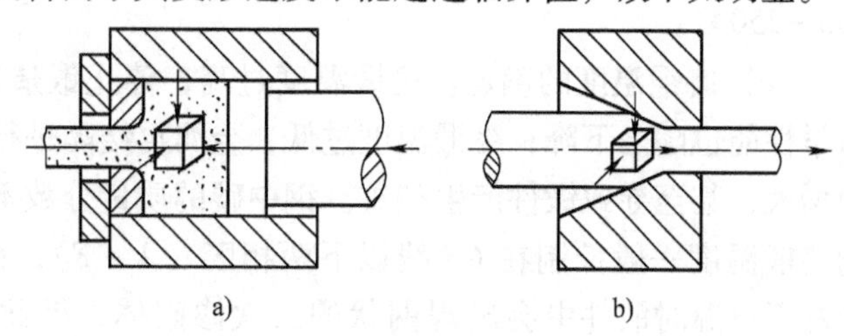

图 11-8 不同变形方式时金属的应力状态

a）挤压 b）拉拔

力状态，如图11-8b所示。拉应力易使金属内部的缺陷处产生应力集中，增加金属破裂倾向，表现出金属的塑性下降。

实践证明，三向应力状态中的压应力数越多，金属的塑性越好；拉应力数目越多，其塑性越差。

综上所述，在锻压加工中，合理选用金属材料和创造有利的变形条件，是提高金属塑性，降低变形抗力，提高其可锻性的最基本条件，这样才能以较小的能量消耗获得高质量的锻压件。

第三节 锻造工艺过程

锻造工艺过程一般包括加热、锻造成形、冷却、检验、热处理。下面分别予以介绍。

一、加热

在锻造前，对金属进行加热，目的是提高其塑性，降低变形抗力，改善金属的可锻性，使之容易流动成形。加热是锻造生产过程中的一个重要环节，它直接影响生产效率、产品质量及金属的利用率。

（一）锻造温度范围的确定

锻造温度范围是指锻件由开始锻造温度（称始锻温度）到停止锻造温度（称终锻温度）的间隔。确定锻造温度范围的基本原则是：力求扩大金属的锻造温度范围，使金属在确定的锻造温度范围内具有良好的塑性和较低的变形抗力，并能获得优质锻件，不产生各种缺陷；加热次数少，生产效率高，成本低。碳钢始锻温度和终锻温度的确定，主要依据铁碳相图，如图11-9所示。

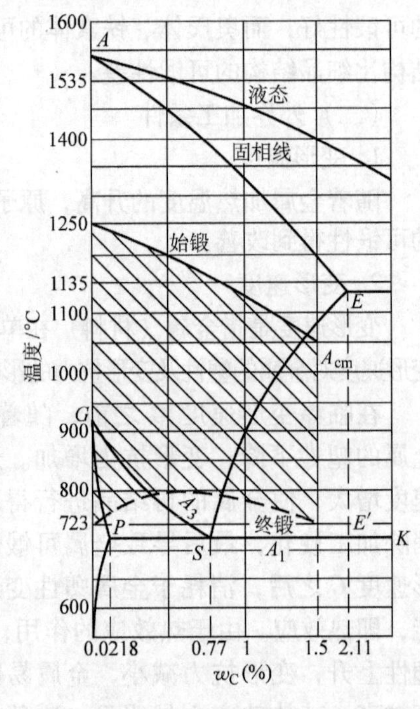

图11-9 碳钢的锻造温度范围

（1）始锻温度的确定。在不出现过热、过烧等加热缺陷的前提下，应尽量提高始锻温度，使金属具有良好的可锻性。始锻温度一般控制在固相线以下150~250℃。

（2）终锻温度的确定。终锻温度过高，停止锻造后金属的晶粒还会继续长大，锻件的力学性能也随之下降；终锻温度过低，金属再结晶进行得不充分，加工硬化现象严重，内应力增大，甚至导致锻件产生裂纹。钢中碳的质量分数不同，其终锻温度也不同，如亚共析钢的终锻温度一般控制在*GS*线以下两相区（A+F），而过共析钢如在*ES*线以上停止锻造，冷却至室温时锻件中会出现网状的二次渗碳体，因此其终锻温度控制在*PSK*线以上50~70℃，以便通过反复锻打击碎网状二次渗碳体。常用的金属材料的锻造温度范围见表11-2。

（二）金属在加热时易产生的缺陷

1. 氧化、脱碳

钢加热到一定温度后，表层的铁和加热炉中的氧化性气体（O_2、CO_2、H_2O、SO_2）

发生化学反应，使钢料表层形成氧化皮（铁的氧化物 FeO、Fe_3O_4、Fe_2O_3），这种现象称为氧化。大锻件表层脱落下来的氧化铁皮厚度可达 7 ~ 8mm，钢在加热过程中因生成氧化皮而造成的损失，称为烧损。每次加热时的烧损量可达金属质量的 1% ~ 3%。氧化皮的硬度很高，可能被压入金属表层，影响锻件质量和模具的寿命。因此，要尽量缩短加热时间或在还原性炉气中加热。

表 11-2　常用金属材料锻造温度范围

金属材料	始锻温度/℃	终锻温度/℃	锻造温度范围/℃
碳素结构钢	1200 ~ 1250	800 ~ 850	400 ~ 450
碳素工具钢	1050 ~ 1150	750 ~ 800	300 ~ 350
合金结构钢	1150 ~ 1200	800 ~ 850	350
合金工具钢	1050 ~ 1150	800 ~ 850	250 ~ 300
高速工具钢	1100 ~ 1150	900	200 ~ 250
耐热钢	1100 ~ 1150	850	250 ~ 300
弹簧钢	1100 ~ 1150	800 ~ 850	300
轴承钢	1080	800	280

钢加热到高温时，表层中的碳被炉气中的 O_2、CO_2 等氧化或与氢产生化学作用，生成 CO 或甲烷而被烧掉。这种因钢在加热时表层含碳量降低的现象称为脱碳。脱碳的钢，使工件表面变软，强度和耐磨性降低。钢中碳的质量分数越高，加热时越易脱碳。减少脱碳的方法是：采取快速加热；缩短高温阶段的加热时间，对加热好的坯料尽快出炉锻造；加热前在坯料表面涂上保护涂层。

2. 过热、过烧

过热是指金属加热温度过高，加热时间过长而引起晶粒粗大的现象。过热使钢坯的可锻性和力学性能下降，必须通过退火处理来细化晶粒以消除过热组织，不能进行退火处理的钢坯可通过反复锻打来改善晶粒度。

当钢加热到接近熔点温度并停留过长时间时，炉内氧化性气体将渗入粗大的奥氏体晶界，使晶界氧化或局部熔化，这种现象称为过烧。过烧破坏了晶粒间的结合，极易脆裂，使钢不能锻造。过烧的钢无法补救，只有报废。

二、锻造成形

金属加热后，就可锻造成形，根据锻造时所用的设备、工模具及成形方式的不同，可将锻造成形分为自由锻成形、模锻成形和胎模锻成形等。具体成形工艺将在以后章节中详述。

三、冷却、检验与热处理

锻件冷却的方式一般分为空冷、炉冷、坑冷。冷却方式主要根据材料的化学成分、锻件形状特点和截面尺寸等因素确定，锻件的形状越复杂、尺寸越大，冷却速度应越慢。如低、中碳钢和低合金结构钢的小型锻件均采用空冷；高碳高合金钢（Cr12 等）应采用随炉冷却的方式；合金结构钢（40Cr、35SiMn）在坑中、箱中用砂子、石棉灰、炉灰覆盖冷却。

锻后的零件或毛坯要按图样技术要求进行检验。**经检验合格的锻件，最后进行热处理。结构钢锻件采用退火或正火处理；工具钢锻件采用正火加球化退火处理；对于不再进行最终热处理的中碳钢或合金结构钢锻件，可进行调质处理。**

第四节 自由锻造

自由锻造是只用简单的通用性工具或在锻造设备的上、下砧之间直接使坯料变形，从而获得所需几何形状及内部质量的锻件的一种成形加工方法。金属坯料在变形时，除与工具接触的部分外均作自由流动，故称自由锻造。

一、自由锻造的特点及设备

1. 自由锻造的特点

（1）改善零件毛坯组织结构，提高力学性能。在自由锻过程中，金属内部粗晶结构被打碎；气孔、缩孔、裂纹等缺陷被压合，提高了致密性，金属的纤维流线在锻件截面上合理分布，能够大大提高金属的力学性能。

（2）自由锻成本低，经济性合理。其所用设备、工具通用性好，生产准备周期短，便于更换产品。

（3）自由锻工艺灵活，适用性强。锻件质量可以从1kg到300t，是锻造大型锻件的唯一方法。

（4）自由锻件尺寸精度低。自由锻件的形状、尺寸精度取决于技术工人的水平。因此，自由锻主要用于单件小批、形状不太复杂、尺寸精度要求不高的锻件及一些大型锻件的生产。

2. 自由锻设备

自由锻设备分两类：一类是产生冲击力的设备，如空气锤和蒸汽－空气锤；另一类是产生静压力的设备，如水压机等。

（1）空气锤。空气锤广泛用于小型锻件生产，它的结构比较简单，操作灵活，维修方便，但由于受压缩缸和工作缸大小的限制，空气锤吨位较小，锤击能力也小。空气锤吨位一般为40～1000kg，常用吨位范围为65～750kg，锻锤吨位通常是指落下部分（锤头、锤杆、活塞和上抵铁等）的质量。自由锻锤吨位的选择主要根据锻件材料、形状和尺寸的大小，具体可按表11-7选择。

（2）水压机。水压机的特点是在静压力下使坯料产生塑性变形，工作平稳，噪声小，工作条件好；能产生数万千牛顿（kN）压力，锻透深度大；变形速度慢，有利于获得金属再结晶组织，从而改善锻件的内部组织。

水压机的缺点是设备庞大，结构复杂，价格昂贵。

二、自由锻造的基本工序

自由锻造工序分三类，即辅助工序、基本工序和精整工序。自由锻工序及简图见表11-3。基本工序的工艺要求及应用：

（1）镦粗。使坯料的横截面积增加、高度减小的工序称镦粗。

工艺要求：圆坯料的高度与直径之比应小于2.5，否则易镦弯；坯料加热温度应在允许的最高温度范围内，以便消除缺陷，减小变形抗力。

应用：镦粗工序主要用于圆盘类工件，如齿轮、圆饼等，也可以作为冲孔前辅助工序。

（2）拔长。使坯料长度增加、横截面积减小的工序称拔长。

工艺要求：坯料的下料长度应大于直径或边长；拔长凹档或台阶前应先压肩；矩形坯料拔长时要不断翻转，以免造成偏心与弯曲。

应用：广泛用于轴类、杆类锻件的生产（还可以用来改善锻件内部质量）。

表 11-3　自由锻工序及简图

工序	说　明	示　意　图
辅助工序	辅助工序是为基本工序操作方便而进行的预先变形，如压钳口、压钢锭棱边、压肩等	压钳口 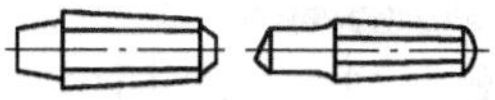 倒棱  压肩 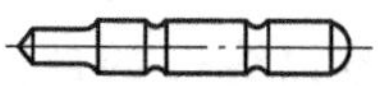
基本工序	基本工序是改变坯料形状、尺寸以获得所需锻件的工艺过程，如镦粗、拔长、冲孔、弯曲、扭转、错移等	完全镦粗 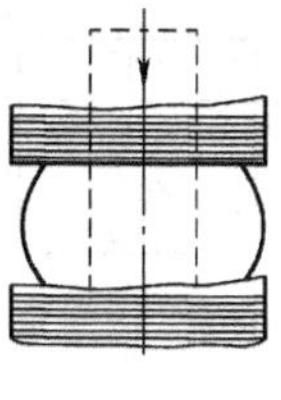 局部镦粗 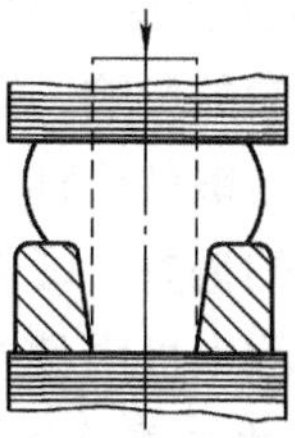 拔长 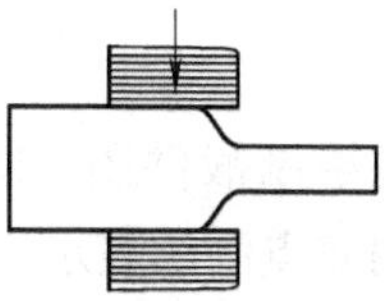 带心轴拔长 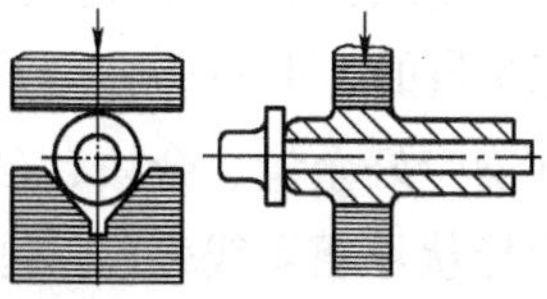 实心冲子冲孔 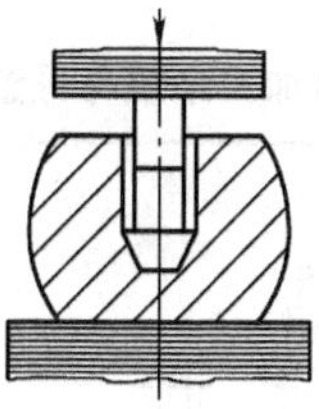 空心冲子冲孔 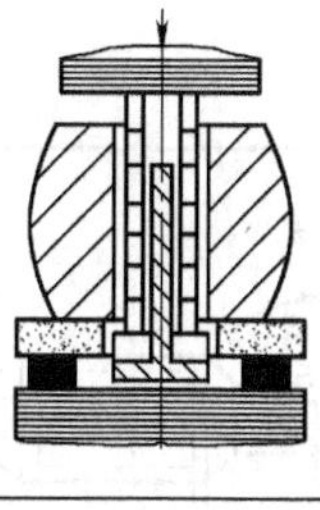
精整工序	精整工序是用来修整锻件表面缺陷，使其符合图样要求，如校正、平整、滚圆等	校正 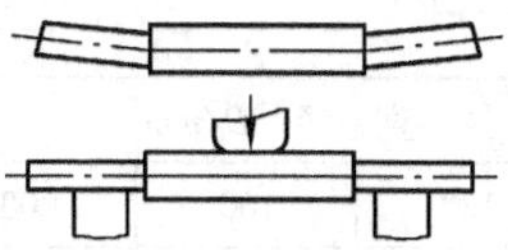 滚圆 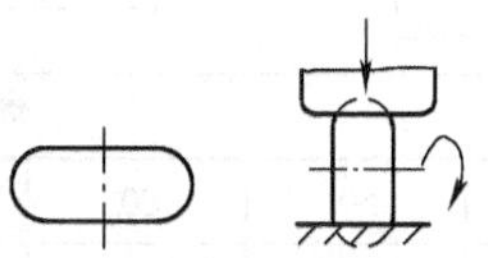 平整 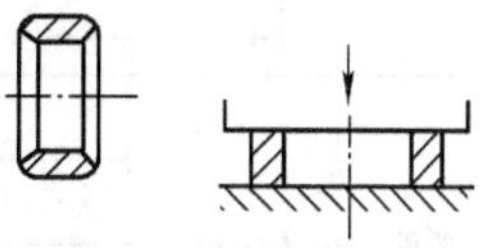

（3）冲孔。在工件上冲出通孔或不通孔的工序称为冲孔。

工艺要求：孔径小于 450mm 的可用实心冲子冲孔；孔径大于 450mm 的用空心冲子冲孔；孔径小于 30mm 的孔，一般不冲出。冲孔前将坯料镦粗以改善坯料的组织性能及减小冲孔的深度。

三、自由锻造工艺规程

自由锻造工艺规程主要包括绘制锻件图、坯料质量和尺寸计算、确定锻造工序、选择锻造设备及吨位、确定坯料锻造温度范围、锻件冷却及热处理和填写工艺卡等。

1. 绘制锻件图

锻件图是在零件图样的基础上，考虑自由锻造工艺特点而绘制成的，它是锻造生产和检验的依据。

绘制时主要考虑下列因素：

（1）余量。自由锻件尺寸精度和表面质量较差，一般都需经切削加工后制成零件。因此零件的加工表面应根据其尺寸精度的要求留有相应的加工余量，如图11-10a所示。

（2）余块。为简化锻件形状，在其难以锻造的部分增加一部分金属，增加的这部分金属称余块，如图11-10a所示。

（3）锻件公差。坯料在锻造时，由于受各种因素的影响，锻件的实际尺寸不可能锻得与锻件公称尺寸一样，允许有一定限度的偏差。锻件最大尺寸与公称尺寸之差称上极限偏差；锻件最小尺寸与公称尺寸之差称下极限偏差；上、下极限偏差之代数差称锻件公差，通常为加工余量的1/4~1/3。

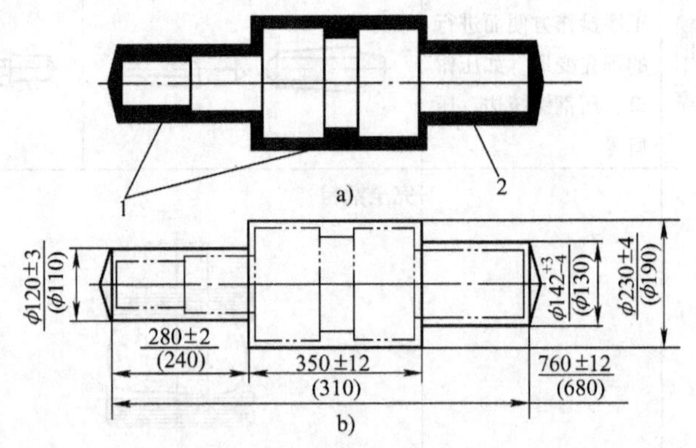

图11-10 台阶轴锻件图

a）锻件的余量和余块 b）锻件图

1—余块 2—余量

在确定好余量、余块、公差之后，便可以绘制锻件图。图11-10b为台阶轴锻件图，锻件外部形状用粗实线表示，零件的轮廓形状用双点画线表示，在尺寸线上面标出锻件公称尺寸与公差，零件尺寸加上括号标在尺寸线下面。表11-4列出了台阶轴类锻件的加工余量与锻造公差。

表11-4 台阶轴类锻件加工余量与锻造公差

零件总长 L/mm		零件直径 D/mm							
	大于	0	50	80	120	160	200	250	315
	至	50	80	120	160	200	250	315	400
		余量 a 与极根偏差/mm							
大于	至	锻造精度等级 F							
0	315	7±2	8±3	9±3	10±4	—	—	—	—
315	630	8±3	9±3	10±4	11±4	12±5	13±5	—	—
630	1000	9±3	10±4	11±4	12±5	13±5	14±6	16±7	—
1000	1600	10±4	12±5	13±5	14±6	15±6	16±7	18±8	19±8
1600	2500	—	13±5	14±6	15±6	16±7	17±7	19±8	20±8
2500	4000	—	—	16±7	17±7	18±8	19±8	21±9	22±9
4000	6000	—	—	—	19±8	20±8	21±9	23±10	—

2. 坯料质量和尺寸计算

（1）坯料质量计算。

$$m_{坯}=m_{锻件}+m_{烧损}+m_{芯}+m_{切}$$

式中　$m_{坯}$——坯料质量（kg）；

$m_{锻件}$——锻件质量，等于锻件体积与金属密度之积（kg）；

$m_{烧损}$——加热时坯料氧化烧损的质量（kg），对于普通钢材，第一次加热取被加热金属的2%～3%，第二次以后，每次加热烧损量取1.5%～2.0%；

$m_{芯}$——冲孔芯料的质量（kg）；实心冲子冲孔时，$m_{芯}=(1.18\sim1.57)d^2H$(kg)，其中 d 为冲孔直径（dm），H 为冲孔坯料高度（dm）；

$m_{切}$——锻造时切去料头的质量（kg）。

（2）坯料尺寸的计算。根据坯料的质量（$m_{坯}$），由下式求出坯料的体积：

$$V_{坯}=m_{坯}/\rho$$

式中　ρ——材料的密度，对于钢铁 $\rho=7.85\text{kg/dm}^3$。

镦粗时，为了避免镦弯，便于下料，坯料的高度 H_0 与圆坯料的直径 D_0 或方坯料的边长 L_0 之间应满足下面的不等式要求：

$$1.25D_0\leqslant H_0\leqslant 2.5D_0$$

$$1.25L_0\leqslant H_0\leqslant 2.5L_0$$

将上述关系带入体积计算公式，便可求出 D_0（或 L_0）。

对于圆坯料

$$V_{坯}=\frac{\pi}{4}D_0^2H_0=\frac{\pi}{4}D_0^2(1.25\sim2.5)D_0$$

$$=(0.98\sim1.96)D_0^3$$

$$D_0=(0.8\sim1.0)\sqrt[3]{V_{坯}}$$

对于方坯料

$$L_0=(0.75\sim0.90)\sqrt[3]{V_{坯}}$$

采用拔长法锻造时，应根据已知的锻件的最大截面积 S_{max} 和要求的锻造比 $Y_{拔长}$（坯料为钢锭时，$Y_{拔长}$ 取 2.3～3.0；坯料为轧材时，$Y_{拔长}$ 取 1.3～1.5），求出坯料横截面积 $S_{坯}$，即

$$S_{坯}=Y_{拔长}S_{max}$$

最后可求出坯料直径或边长。

坯料直径（或边长）求出后，还应按照钢材的标准直径加以修正，然后再计算出坯料的长度。表11-5列出了热轧圆钢的标准直径，以供参考。

表11-5　热轧圆钢的直径　（单位：mm）

5	5.5	6	6.5	7	8	9	10	11	12
13	14	15	16	17	18	19	20	21	22
23	24	25	26	27	28	29	30	31	32
33	34	35	36	38	40	42	45	48	50
52	55	56	58	60	63	68	70	75	80
85	90	95	100	105	110	115	120	125	130
140	150	160	170	180	190	200	210	220	

3. 确定锻造工序

根据自由锻工艺特点及锻件的结构特征，确定采用一个或多个工序的最佳组合。各类自由锻件采用的锻造工序见表11-6。

表11-6 自由锻件分类及锻造工序

类别		图例	锻造工序
Ⅰ	实心圆截面光轴及阶梯轴		拔长，压肩，打圆
Ⅱ	实心方截面光杆及阶梯杆		拔长，压肩，整修，冲孔
Ⅲ	单拐及多拐曲轴		拔长，分段，错移，打圆，扭转
Ⅳ	空心光环及阶梯环		镦粗，冲孔，在心轴上扩孔，定径
Ⅴ	空心筒		镦粗，冲孔，在心轴上拔长，打圆
Ⅵ	弯曲件		拔长，弯曲

4. 选择锻造设备及吨位

选择锻造设备及吨位的依据是锻件的尺寸和质量，同时还要考虑现有的设备条件，具体可参照表11-7选用。

表11-7 自由锻造的锻造能力范围

锻件类型 \ 锻锤落下部分质量/t		0.25	0.5	0.75	1	2	3	5
圆饼	D/mm	<200	<250	<300	≤400	≤500	≤600	≤750
	H/mm	<35	<50	<100	<150	<200	≤300	≤300
圆环	D/mm	<150	<350	<400	≤500	≤600	≤1000	≤1200
	H/mm	≤60	≤75	<100	<150	<200	<250	≤300
圆筒	D/mm	<150	<175	<250	<275	<300	<350	≤700
	d/mm	≥100	≥125	>125	>125	>125	>150	>500
	L/mm	≤165	≤200	≤275	≤300	≤350	≤400	≤550
圆轴	D/mm	<80	<125	<150	≤175	≤225	≤275	≤350
	m/kg	<100	<200	<300	<500	≤750	≤1000	≤1500

（续）

锻锤落下部分质量/t 锻件类型		0.25	0.5	0.75	1	2	3	5
方块	$H=B$/mm m/kg	≤80 <25	≤150 <50	≤175 <70	≤200 ≤100	≤250 ≤350	≤300 ≤800	≤450 ≤1000
扁方	B/mm H/mm	≤100 >7	<160 ≥15	<175 ≥20	≤200 ≥25	<400 ≥40	≤600 ≥50	≤700 ≥70
钢锭直径/mm		125	200	250	300	400	450	600
钢坯边长/mm		100	175	225	275	350	400	550

注：D—锻件外径；d—锻件内径；H—锻件高度；B—锻件宽度；L—锻件长度；m—锻件质量。

5. 确定锻造温度范围

可参照表11-2确定锻造温度范围。

6. 填写工艺卡片

工艺卡片是指导生产和技术检验的重要文件。表11-8为自由锻工艺卡。

表11-8　台阶轴的自由锻工艺卡

锻件名称	台　阶　轴	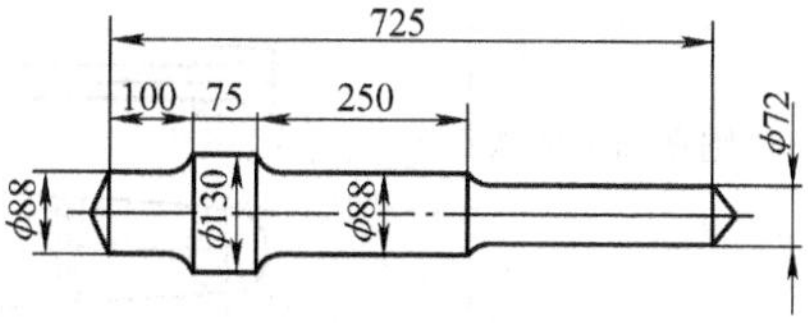 （锻件图：725；100　75　250；φ88　φ130　φ88　φ72）
锻件材料	45钢	
坯料质量	40kg	
坯料尺寸	φ150mm×295mm	
锻造设备	0.75t自由锻锤	
序　　号	操作说明	工艺简图
1	拔长并压肩	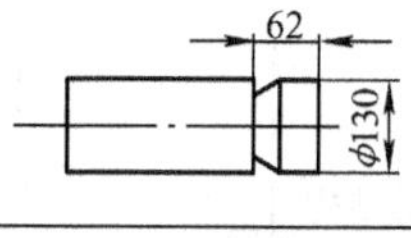 62；φ130
2	拔长一端并切头	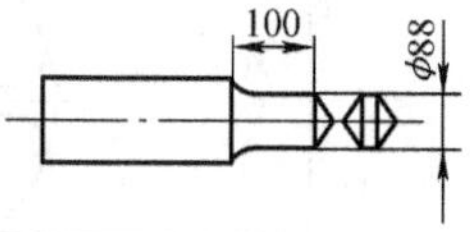 100；φ88
3	调头，压肩	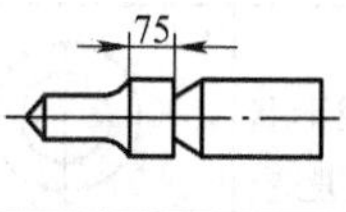 75
4	拔长并压肩	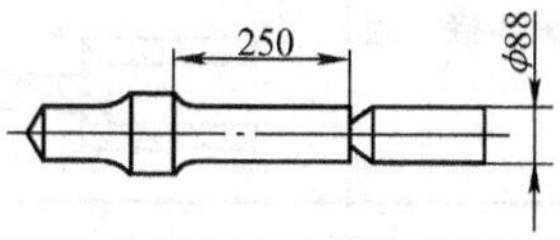 250；φ88
5	拔长端部，截总长	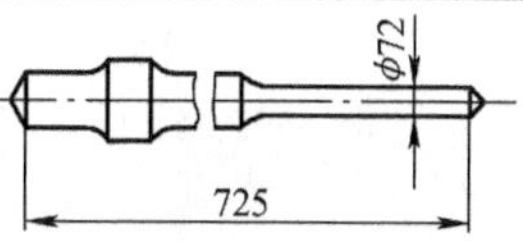 φ72；725
6	修整各外圆并校直	

四、自由锻造锻件的结构工艺性

自由锻造锻件结构设计的原则是：除满足使用性能要求外，还要考虑自由锻造的设备、工具及工艺特点，尽量使锻件外形简单，易于锻造。自由锻造锻件结构工艺性见表11-9。

表11-9 自由锻造锻件的结构工艺性

工艺要求	图例	
	工艺性差	工艺性好
避免锥面和斜面	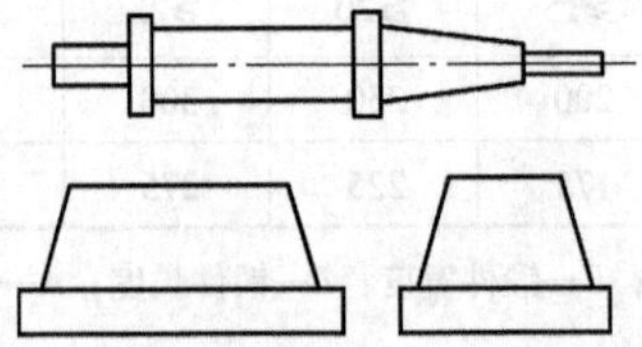	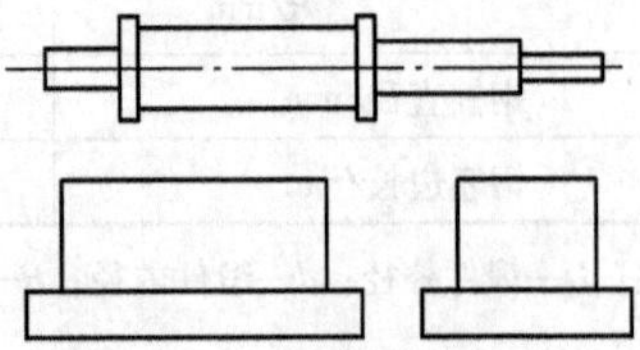
避免圆柱面与圆柱面相交	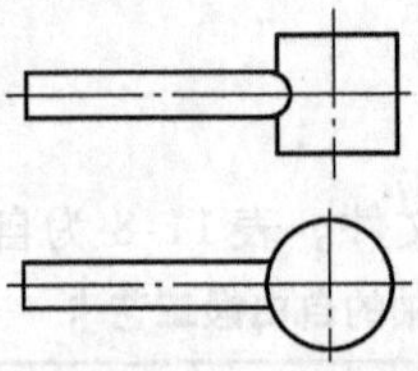	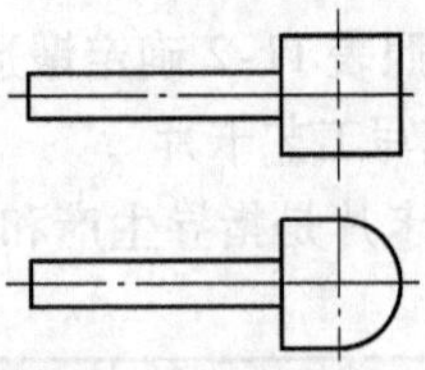
避免非规则截面与非规则外形	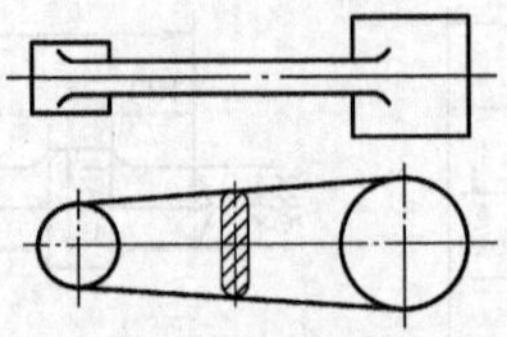	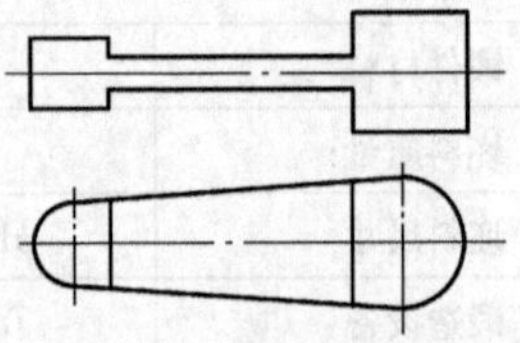
避免肋板和凸台等结构	不合理 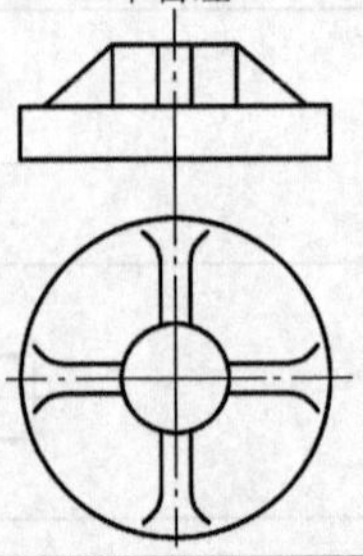	合理 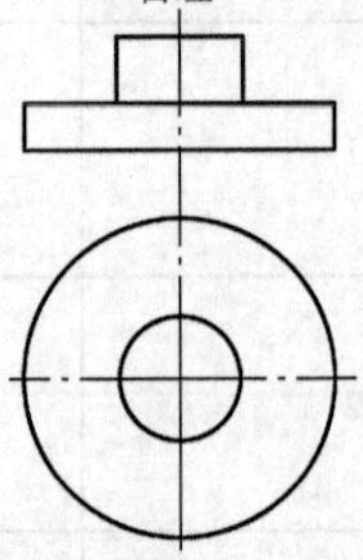
截面有急剧变化或形状复杂的零件，可分段锻造，再用焊接或机械连接，组成整体	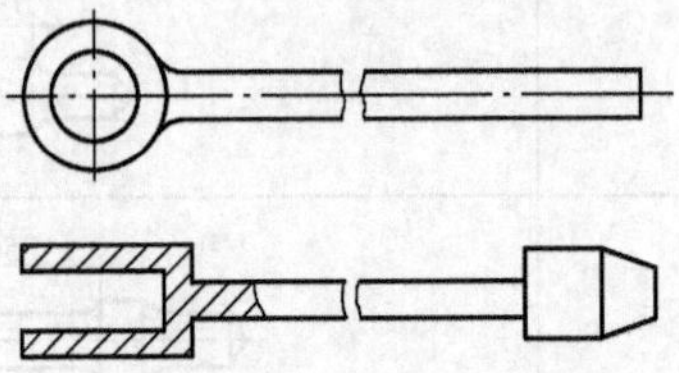	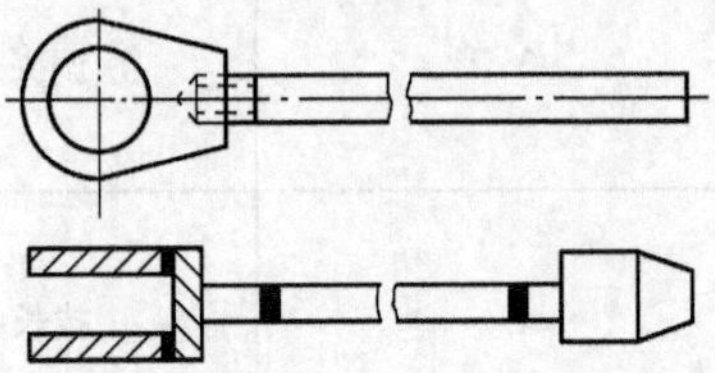

第五节 模 锻

一、概述

利用模具使毛坯变形而获得锻件的锻造方法称为模锻。因金属坯料是在模膛内产生变形的，因此获得的锻件与模膛的形状相同。

（一）模锻的特点

模锻与自由锻相比具有如下特点：

（1）生产效率高，一般比自由锻高数倍。

（2）锻件尺寸精度高，加工余量小，从而节约金属材料和切削加工的工时。

（3）能锻造形状复杂的锻件。

（4）热加工流线较合理，大大提高了零件的力学性能和使用寿命。

（5）操作过程简单，易于实现机械化，工人劳动强度低。

由于锻模是用优质模具钢制成的，因而成本高，而且加工工艺复杂，生产周期长；金属坯料在模膛内变形时所需设备吨位大，故锻件不能太大，一般在150kg以下。模锻只适用于中、小型锻件的大批量生产。

（二）常用模锻方法

按使用设备的不同将模锻分为锤上模锻、压力机上模锻和胎模锻等。

1. 锤上模锻

锤上模锻是在模锻锤上进行的模锻，是我国目前模锻生产中应用最广泛的一种锻造方法，如锤上模锻可进行镦粗、拔长、滚挤、弯曲、成形、预锻和终锻等各变形工步的操作，锤击力量大小可在操作时进行调整和控制，以完成各种形状模锻件的生产，如图11-11所示。

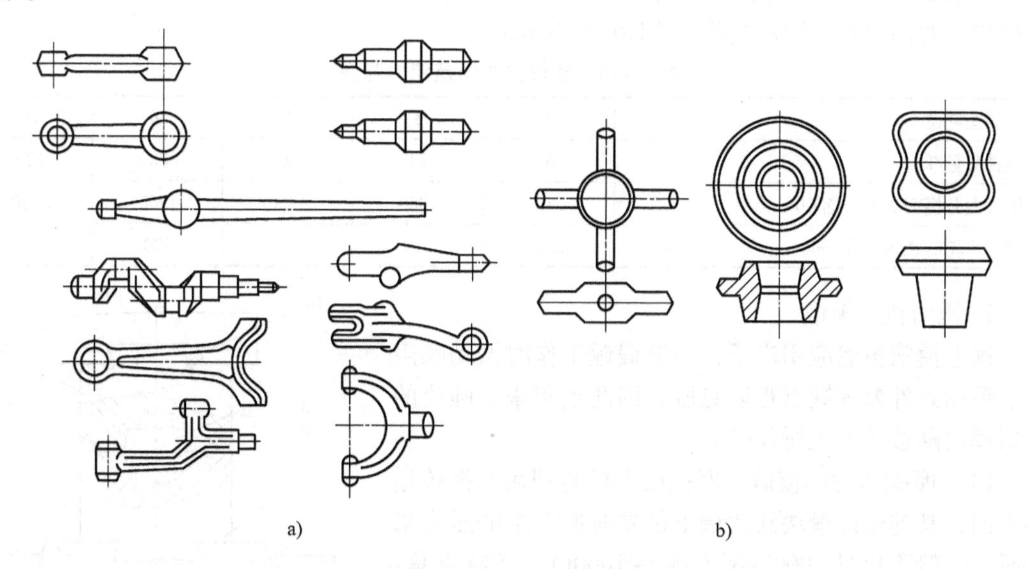

图11-11　锤上模锻的锻件
a）长轴类锻件　b）短轴类锻件

锤上模锻使用的设备主要是蒸汽－空气模锻锤，如图11-12所示。

蒸汽－空气模锻锤左右立柱上安装有较高精度的导轨1，锤头与导轨之间的间隙比自由锻锤小，且机架2直接与砧座3相连接，使锤头运动精确，保证上、下模对准，工作时比自由锻锤的刚度大，精度高，用于大批量生产各种中、小型模锻件。

模锻锤常用0.5～0.9MPa的蒸汽和压缩空气驱动。锤头的打击速度为6～9m/s，打击能量的大小由蒸汽压力和改变锤头的提升高度或进气量的多少进行控制。

蒸汽－空气模锻锤的吨位为1～16t，模锻件质量为0.5～150kg，各种不同吨位的模锻锤所能锻制的模锻件见表11-10。

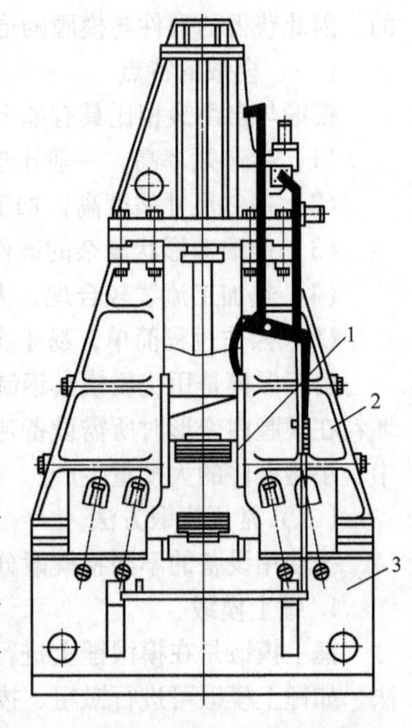

图11-12 蒸汽－空气模锻锤
1—导轨 2—机架 3—砧座

锻模结构与模膛种类：

（1）锻模结构。锻模一般由上模和下模两部分组成，如图11-13所示。上模固定在锤头上，下模固定在底座上，上、下模合拢后，内部形成模膛，构成锻件形状。

（2）模膛的种类。根据模膛的作用和模膛在锻模中的个数不同，模膛可分为单模膛和多模膛。单模膛形状与锻件基本相同。但因锻件的冷却收缩，模膛尺寸应比锻件尺寸大一个金属收缩量，钢件收缩量可取1.5%。在模膛的四周设有飞边槽（见图11-13）。飞边槽的作用有三个：①容纳多余的金属；②有利于金属充满模膛；③缓和上、下模间的冲击，延长模具的寿命。单模膛用于形状比较简单的锻件。对于形状复杂的锻件，为提高生产率，在一副锻模上设置几个模腔，这类模膛称为多模膛。图11-14所示为弯曲连杆在多模膛内的模锻过程。多模膛用于截面相差大或轴线弯曲的轴（杆）类锻件及形状不对称的锻件，多模膛由拔长模膛、滚压模膛、弯曲模膛、预锻模膛、终锻模膛等组成。

表11-10 模锻锤的锻造能力范围

模锻锤吨位/t	1	2	3	5	10	16
锻件质量/kg	2.5	6	17	40	80	120
锻件在分模面处投影面积/cm^2	13	380	1080	1260	1960	2830
能锻齿轮的最大直径/mm	130	220	370	400	500	600

2. 压力机上模锻

锤上模锻虽然应用广泛，但模锻锤工作时振动噪声大、劳动条件差等缺点难以克服，因此近年来大吨位的模锻锤逐渐被压力机所代替。

（1）摩擦压力机模锻。摩擦压力机是利用摩擦传递动力的，其吨位以滑块到达最下位置时所产生的压力来表示，一般不超过10000kN（350～1000t）。其特点是：①工艺适应性强，可满足不同变形要求的锻件，如镦粗、成形、弯曲、预锻、终锻、切边、校正等；②滑块速度低（0.5m/s），锻击频率低（3～42次/min），易于锻造低塑性材料，有利于金属再结晶的充分进行，但生产效率低，适用于单模膛模锻；③摩擦压力机结构简单，造价低，维护方便，劳动条件好，是中小型工厂普遍采用的锻造设备。

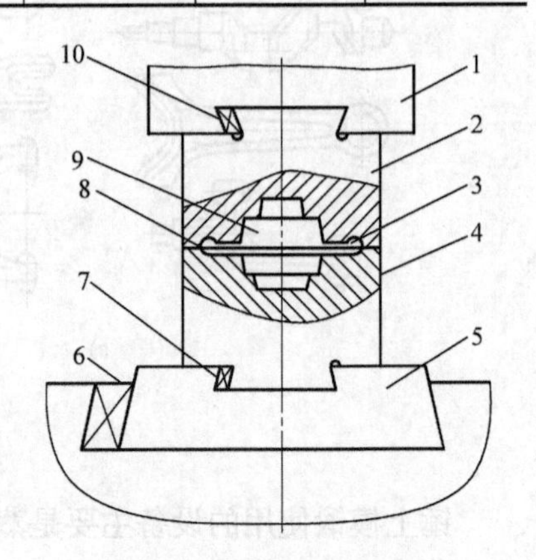

图11-13 单模膛锻模构造
1—锤头 2—上模 3—飞边槽 4—下模 5—模垫 6、7、10—紧固楔铁 8—分模面 9—模膛

摩擦压力机模锻适用于小型锻件的批量生产，尤其是常用来锻造带头的杆类小锻件，如铆钉、螺钉等。

（2）曲柄压力机模锻。曲柄压力机又称热模锻压力机，其吨位的大小也是以滑块接近最下位置时所产生的压力来表示，一般不超过120000kN（200t~12000t）。它的特点是：①金属坯料是在静压力下变形的，无振动，噪声小，劳动条件好；②锻造时滑块行程固定不变，锻件一次成形，易实现机械化和自动化，生产效率高；③压力机上有推杆装置能把锻件推出模膛，因此减小了模膛斜度；④设备的刚度大，导轨与滑块间隙小，装配精度高，保证上、下模面精确对准，故锻件精度高；⑤由于滑块行程固定不变，因此不能进行拔长、滚挤等工序操作。

曲柄压力机的设备费用高，结构较复杂，仅适用于大批生产的模锻件。

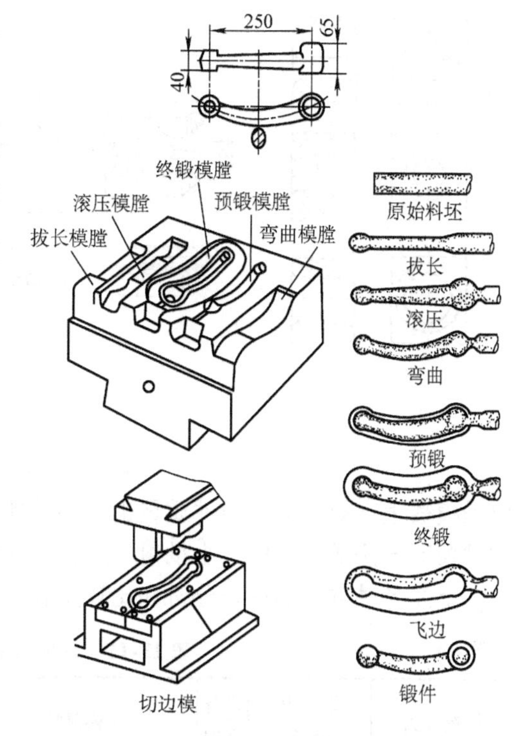

图 11-14　弯曲连杆多模膛模锻过程

（3）平锻机模锻。平锻机属于曲柄压力机类设备，与普通曲柄压力机的主要区别在于，平锻机具有两个滑块（主滑块和夹紧滑块），而且彼此是在同一水平面沿相互垂直方向做往复运动进行锻造的，故取名平锻机或卧式锻造机。

平锻机的吨位以凸模最大压力来表示，一般不超过31500kN（50~3150t）。平锻机模锻的特点是：①平锻机具有两个分模面，可锻出其他设备难以完成的两个方向上带有凹孔或凹槽的锻件；②可锻出长杆类锻件和进行深冲孔及深穿孔，也可用长棒进行连续锻造多个锻件；③生产效率高，锻件尺寸精确，表面光洁，节约金属（模锻斜度小或没有斜度）；④平锻机可完成切边、剪料、弯曲、热精压等联合工序，不需另外配压力机。

但是平锻机造价高，锻前需清除氧化皮，对非回转体及中心不对称的锻件制造困难。平锻机模锻适用于大批量生产带头部的杆类和有孔的锻件以及在其他设备上难以锻出的锻件，如汽车半轴、倒车齿轮等。

3. 胎模锻

胎模锻是在自由锻设备上使用简单的不固定模具（胎模）生产锻件的工艺方法。

按照胎模结构形式，常用胎模可分为以下几种：

（1）摔模。适用于锻造回转体轴类锻件，如图 11-15a 所示。

（2）扣模。适用于生产非回转体的扣形件和制坯，如图 11-15b 所示。

（3）套筒模。适用于生产回转体盘类锻件，如齿轮、法兰盘等，如图 11-15c、d 所示。

（4）合模。适用于生产形状复杂的非回转体锻件，如连杆及叉类件，如图 11-15e 所示。

胎模锻与自由锻相比，可获得形状较为复杂、尺寸较为精确的锻件，可节约金属，提高生产效率。与其他模锻相比，它具有模具简单、便于制造、不需要昂贵的模锻设备等优点。

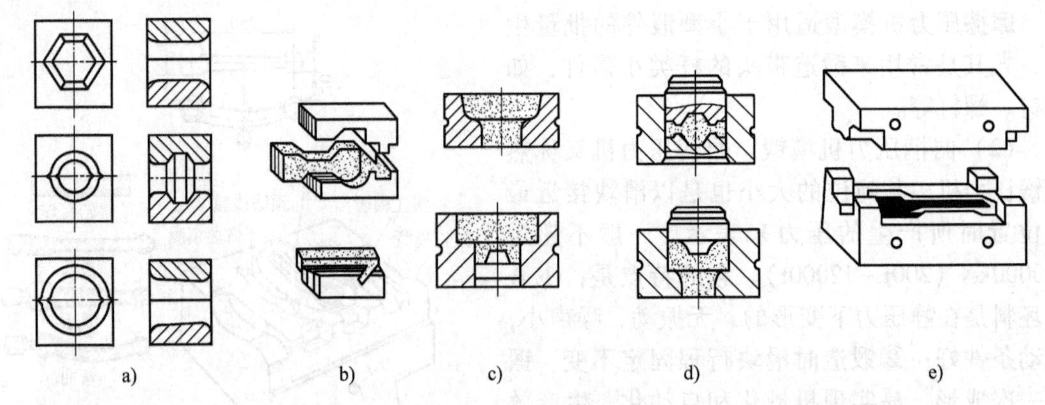

图 11-15 胎模种类

a）摔模 b）扣模 c）、d）套筒模 e）合模

但胎模锻生产效率低，锻件质量也不如其他的模锻，工人劳动强度大，锻模的寿命低，因此这种模锻方法适用于中、小批量生产，它在没有模锻设备的工厂中应用较为普遍。

上述各种方法的综合分析和比较见表 11-11。

表 11-11 常用锻造方法的特点和应用比较

锻造方法		锻造力性质	设备费用	工模具特点	锻件精度	生产效率	劳动条件	锻件尺寸形状特征	适用批量
自由锻	手工	冲击力	低	简单通用工具	低	低	差	形状简单的小件	单件
	锤上	冲击力	较低	简单通用工具	低	较低	差	形状简单的中小件	单件、小批
	水压机上	压力	高	大型通用工具	低	—	较差	大件	单件、小批
胎模锻		冲击力	较低	模具较简单且不固定在锤上	中	中	差	形状较简单的中小件	中、小批量
模锻	锤上	冲击力	较高	整体式模具，无导向及推出装置	较高	较高	差	各种形状的中小件	大、中批量
	曲柄压力机上	压力	高	装配式模具，有导向及推出装置	高	高	较好	各种形状的中小件，但不能对杆类件进行拔长和滚挤	大批量
	平锻机上	压力	高	装配式模具，由一个凸模与两个凹模组成，有两个分模面	高	高	较好	有头的杆件及有孔件	大批量模
	摩擦压力机上	介于冲击力与压力之间	较低	单模膛模具，下模常有推出装置	高	较高	较好	各种形状的小锻件	中等批量

二、模锻工艺规程

（一）绘制模锻件图

模锻件图是制订变形工艺，设计锻模，计算坯料质量、尺寸及检验锻件的依据。绘制模锻件图应考虑以下几个问题。

1. 确定分模面

分模面是上、下模在锻件上的分界面，分模面的选择对锻件质量、模具加工、工步安排和金属材料的消耗都有很大影响。

确定分模面遵循的原则是：

（1）要保证模锻件能从模膛中顺利取出。一般情况下，分模面应选在锻件最大尺寸的截面上。图 11-16 所示零件中 $a-a$ 面不符合这一原则。

（2）在模锻过程中不易发生错模现象。图 11-16 中 $c-c$ 面不符合这一原则。

（3）分模面应选在使模膛深度最浅的位置上，以利于金属充满模膛。图 11-16 中 $b-b$ 面不符合这一原则。

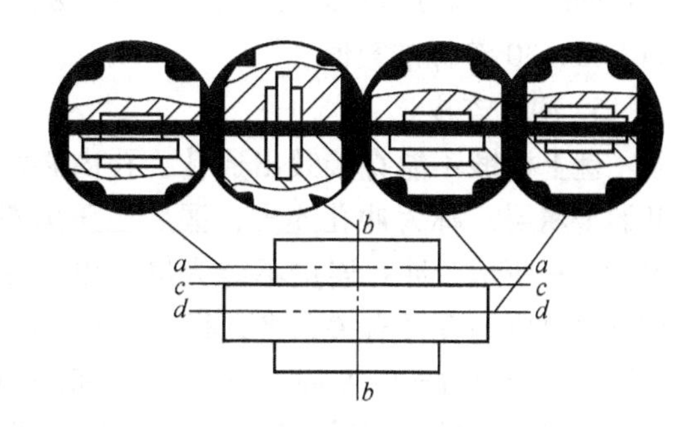

图 11-16　分模面选择比较图

（4）分模面最好是平直面，上、下模膛一致，以利于锻模加工。按上述原则分析可知，图 11-16 所示零件中，以 $d-d$ 面作为分模面最为合理。

2. 确定加工余量与锻造公差

模锻件的形状已接近零件的形状，而且精度也比较高，故加工余量与公差比自由锻小得多，一般余量为 1 ~4mm，公差为 ±（0.3 ~3）mm。具体数值可查有关手册。

3. 确定模锻斜度

为便于金属充满模膛及从模膛中取出锻件，锻件上与分模面垂直的表面均应增设一定斜度，此斜度称为模锻斜度，如图 11-17 所示。α 表示外斜度，β 表示内斜度。

模锻斜度大小与模膛尺寸有关，模膛深度与宽度比值（h/b）增大时，模锻斜度应取较大值。通常外斜度 α 一般取 7°，特殊情况下可取 5°或 10°，内斜度 β 比外斜度大，一般取 10°，特殊情况可用 7°、12°或 15°。

4. 确定圆角半径

锻件上所有面与面的相交处，都必须采用圆角过渡。锻件上的凸角半径为外圆角半径 $r=1.5\sim12$mm，凹角半径为内圆角半径 R，如图 11-18 所示。外圆角半径（r_1、r_2）的作用是避免锻模在热处理时和模锻过程中因产生应力集中而造成开裂。内圆角半径（R_1、R_2）为外圆角半径的 2 ~3 倍，其作用是使金属易于流动充满模膛，避免产生折叠，防止模膛压塌变形。

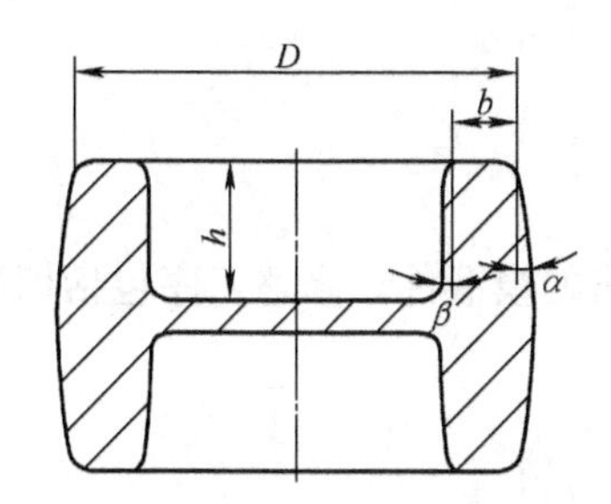

图 11-17　锻件上内、外模锻斜度

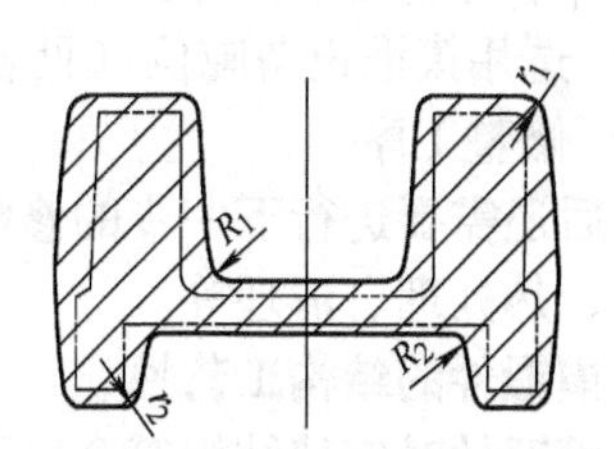

图 11-18　模锻件上的圆角半径

圆角半径的确定：外圆角半径 r = 加工余量 + 零件上相应处的圆角半径；内圆角半径 $R=(2\sim3)r$。

制造模具时，为便于选用标准工具，圆角半径（单位：mm）应选 1、1.5、3、4、5、6、8、10、12、15、20、25、30 等标准数值。

5. 冲孔连皮

锤上模锻不能直接锻出通孔，孔内必须留有一定厚度的金属层，称为冲孔连皮，锻后在压力机上冲除，如图 11-19 所示。冲孔连皮不能太薄，以免损坏锻模。冲孔连皮厚度与孔径有关，当孔径 $d=30\sim80$mm 时，通常冲孔连皮厚度 $\delta=4\sim8$mm；孔径 d 为 30mm 以下时，一般不锻出孔。

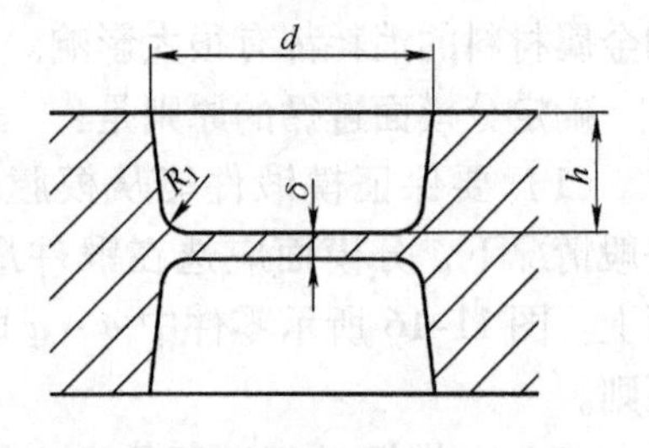

图 11-19 模锻件的冲孔连皮

上述各参数确定后，便可绘制模锻件图，其绘图的方法与自由锻件图相同。图 11-20 所示为齿轮坯模锻件图，图中双点画线为零件轮廓外形，分模面选在锻件高度方向中部，零件轮辐部分不加工，故不留加工余量，内孔中部两直线为冲孔连皮切掉后的痕迹。

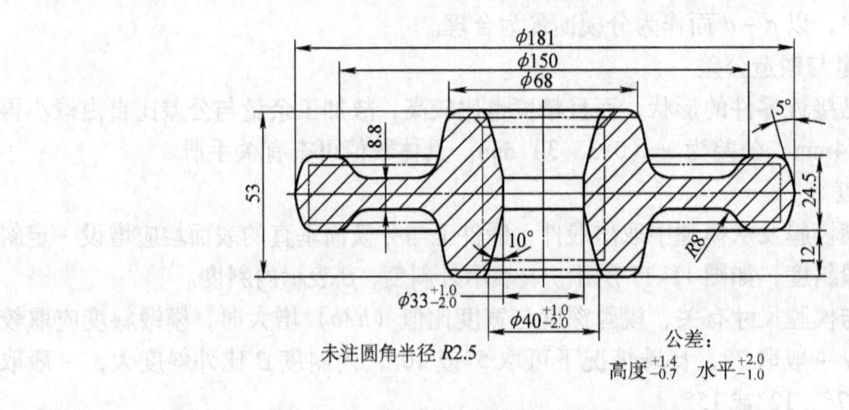

图 11-20 齿轮坯的模锻件图

（二）确定模锻工步

依据锻件形状的复杂程度确定模锻的工步，然后根据已确定的工步设计模膛（见图11-14）。

长轴类模锻件常选用拔长、滚压、弯曲、预锻和终锻等工步。盘类模锻件常选用镦粗、终锻等工步。

（三）毛坯质量和尺寸的计算

其步骤参考自由锻件计算方法。

（四）选用模锻设备吨位（见表 11-10）

（五）修整工序

模锻后还需要进行下一步的修整工序，才能获得合格的模锻件。修整工序包括切边、冲孔、校正、热处理、清理等。

三、模锻件的结构工艺性

设计模锻件时应使结构符合以下原则。

（1）应具备一个合理的分模面，以便易于从锻模中取出锻件。

（2）在锻件上与分模面垂直的非加工表面，应设模锻斜度。

(3) 应尽量使锻件外形简单、平直、对称，避免薄壁、高肋等结构。图 11-21a 所示的

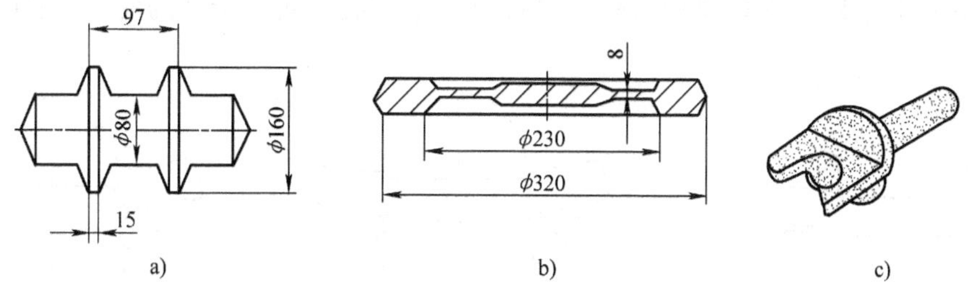

图 11-21　结构不合理的模锻件

零件，凸缘太薄、太高，两个凸缘之间又形成较深凹槽；图 11-21b 所示的零件又扁又薄，锻造时金属极易冷却，不易充满模膛，对保护设备和锻模也不利；图 11-21c 所示的零件有一个高而薄的凸缘，使锻模的制造和取出锻件都很困难。

(4) 应避免窄槽、深槽、多孔、深孔等结构。

(5) 应采用锻接组合工艺来减少余块，以简化模锻工艺，如图 11-22 所示。

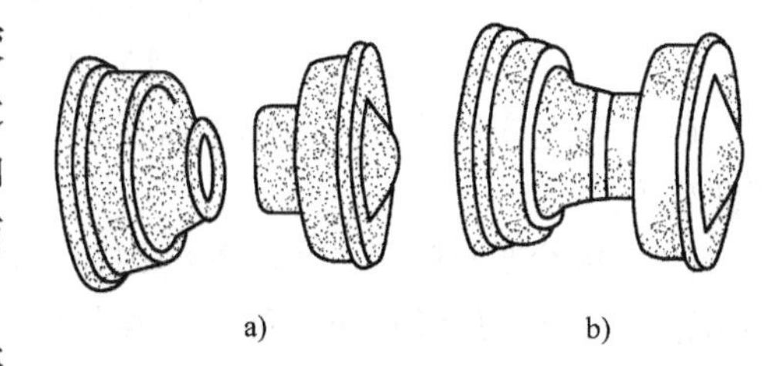

图 11-22　锻焊结构模锻件
a) 锻件　b) 锻焊组合件

第六节　板料冲压

板料冲压是利用装在压力机上的模具对金属板料加压，使其产生分离或变形，从而获得毛坯或零件的一种加工方法。

板料冲压的坯料通常都是厚度在 1 ~ 2mm 以下的金属板料，而且冲压时一般不需加热，故又称为薄板冲压或冷冲压，简称冷冲或冲压。

板料冲压的特点：

(1) 能压制其他加工工艺难以加工或不能加工的形状复杂的零件。

(2) 冲压件的尺寸精度高，表面粗糙度值较小，互换性强，可直接装配使用。

(3) 冲压件的强度高，刚度好，质量小，材料的利用率高。

(4) 板料冲压操作简便，易于实现机械化、自动化，生产效率高。

但是板料冲压模具制造周期长，并需要较高制模技术，成本高，因此板料冲压适用于大批量生产，在汽车、拖拉机、电机电器、仪表、国防工业及日常生产中都得到广泛应用。

一、板料冲压的基本工序

按板料的变形方式，可将冲压基本工序分为分离和变形两大类。分离工序是使坯料的一部分相对另一部分产生分离，主要包括剪切、冲裁、切口、切边及修整等；变形工序是使坯料的一部分相对另一部分产生位移而又不破坏，包括弯曲、拉深、翻边、成形等。

1. 冲裁

使坯料沿着封闭的轮廓线产生分离的工序，称为冲裁，包括冲孔、落料，二者的变形过程和模具结构都是相同的，不同的是，对于冲孔来讲，板料上冲出的孔是产品，冲下来的部

分是废料，而落料工序则是冲下来的部分为产品，剩余板料或周边板料是废料。

冲裁的变形过程如图11-23所示，板料在凸、凹模之间冲裁分离的变形过程可分为如下三个阶段。

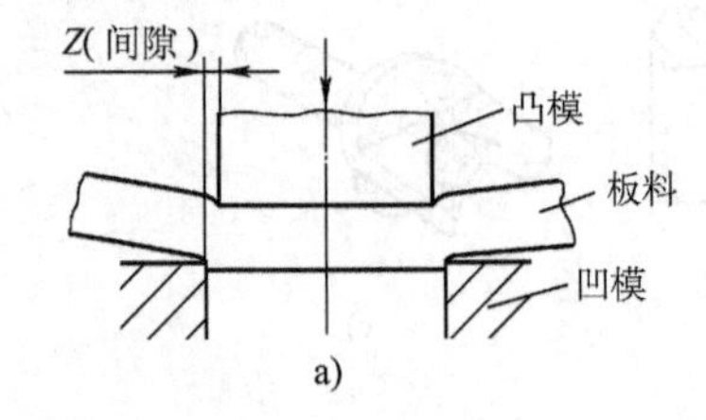

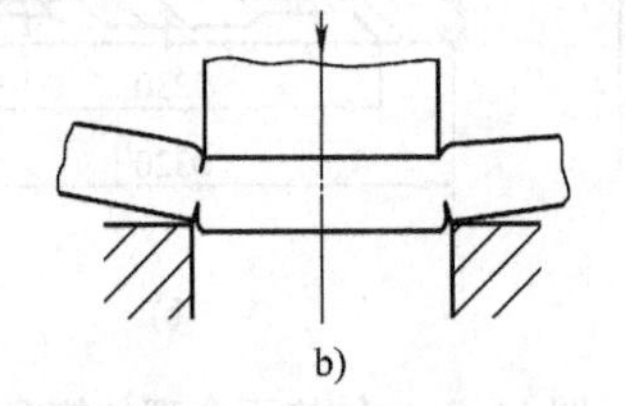

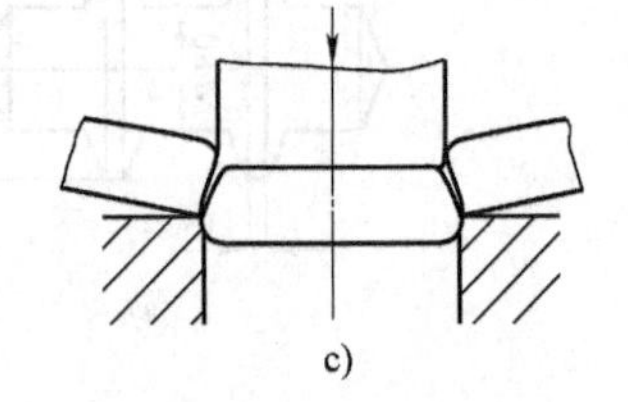

图11-23 冲裁的变形和分离过程

a）变形 b）产生裂纹 c）断裂分离

（1）弹性变形阶段。凸模压缩板料，产生局部弹性拉深与弯曲变形。

（2）塑性变形阶段。当材料的内应力超过屈服强度时，便开始塑性变形，并引起加工硬化。在拉应力的作用下，应力集中的刃口附近出现裂纹，此时冲裁力最大。

（3）断裂分离阶段。随着凸、凹模刃口继续压入，上、下裂纹迅速延伸，相遇重合，板料断裂分离。

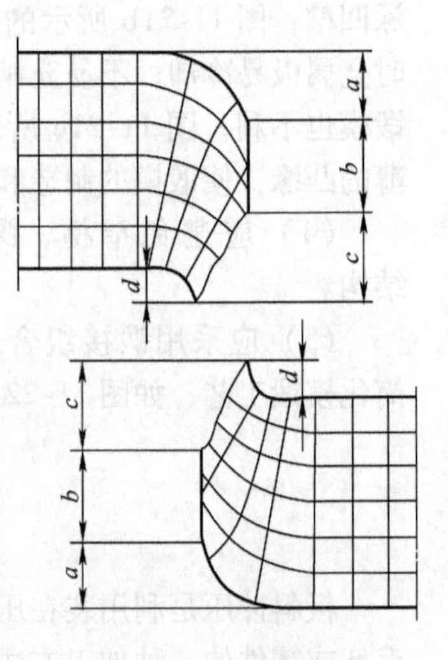

图11-24 冲裁断面

a—塌角 *b*—光亮带

c—剪裂带 *d*—毛刺

冲裁时，由于板料各部分变形性质和外观特征的不同，将冲裁断面分为塌角、光亮带、剪裂带和毛刺四部分，如图11-24所示。光亮带是在变形开始阶段，凹、凸模刃口附近挤压板料表面形成的，断面平整，尺寸精度比较高；剪裂带是由于微裂纹继续扩展形成倾斜的粗糙面；塌角是变形区的材料由于产生弯曲变形所致；毛刺是材料出现断裂时产生的尖刺。

以上四个部分在冲裁断面所占的比例的大小，与材料的性质，厚度，冲裁凹、凸模间隙，模具结构及冲裁条件等有关。

影响冲裁件质量的主要因素是冲裁间隙。在合理的冲裁间隙范围内，上、下裂纹能自然会合，光亮带约占板厚的1/3，冲裁件断面质量处于最佳状态。如果间隙过大，则上、下裂纹错开形成双层断裂层，光亮带变小，断面粗糙，毛刺增大；如果间隙过小，则上、下裂纹边不重合，光亮带较大，毛刺也较大，断面质量差，同时模具刃口易磨损，使用寿命大大降低。因此，生产上采用合理的冲裁间隙是保证冲裁件质量的关键，合理的冲裁间隙应为材料厚度的6%～15%。冲裁间隙与材料性质、厚度有关，厚板与塑性低的金属应选上限值，薄板或塑性高的金属应选下限值。

由于同一副冲裁模所完成的落料件和冲出的孔尺寸不同，故在设计冲裁模时应做到：**冲孔模，凸模的刃口尺寸等于孔的尺寸，而凹模尺寸等于孔尺寸加上双边间隙值；落料模，凹模刃口尺寸应等于产品尺寸，而凸模尺寸等于凹模尺寸减去双边间隙值。**

为了节省材料，减少废料，应充分利用冲孔余料冲制较小的落料件。对于冲孔件，可先落料后冲孔，或在连续冲裁模上同时落料和冲孔；对于落料件，应仔细考虑排样方法，图11-25所示为落料件的两种排料方式，其中图11-25a、b为有搭边排料方式，其材料的利用率不高，但落料件尺寸质量好；图11-25c、d采用无搭边的排料方式，虽然材料利用率很高，但零件尺寸难以保证，这种排料方式应用于要求不高的场合。

为了提高冲裁件的尺寸精度，降低表面粗糙度，对于高精度冲裁件应该在专用的修整模上进行修整，如图 11-26 所示。修整时，修整模沿冲裁件的外缘或内孔表面切去一层薄金属，以去掉塌角、毛刺、剪裂带等，单边修整量为 0.05 ~ 0.12mm，修整后表面粗糙度值为 Ra1.25 ~ 0.63μm，尺寸的公差等级为 IT6 ~ IT7。

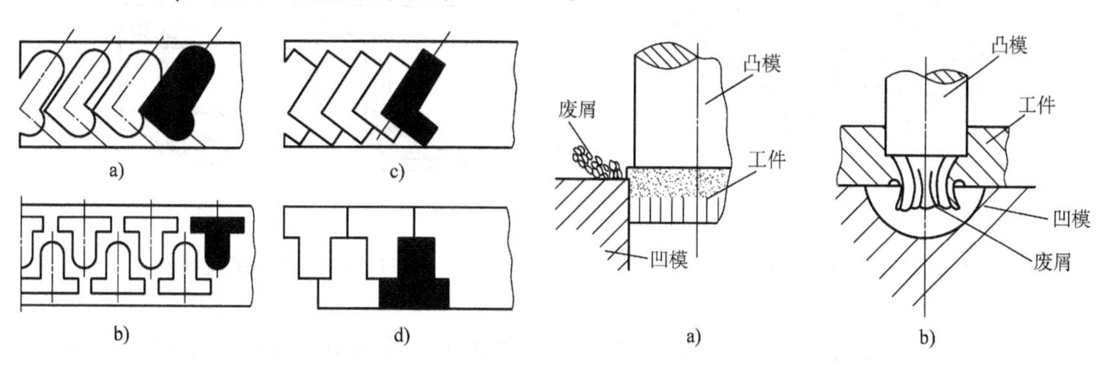

图 11-25 排料方式举例
a)、b) 有搭边的排料 c)、d) 无搭边的排料

图 11-26 修整工序
a) 外缘修整 b) 内缘修整

2. 弯曲

弯曲是将板料、型材或管材在弯矩作用下，弯成具有一定曲率或角度的零件的成形方法。弯曲工序在生产中应用很广泛，如汽车大梁支架、自行车车把、门搭链等都是用弯曲方法成形的。

（1）弯曲变形过程。如图 11-27 所示，当凸模下压时，变形区内板料外层金属受切向拉应力作用发生伸长变形，内层金属受切向压应力作用发生缩短变形，而在板料中心部位的金属没有应力 - 应变的产生，故称为“中性层”。

在弯曲变形区内，材料外层金属的拉应力值最大，当拉应力超过材料的抗拉强度时，将会造成金属弯裂现象。为防止弯裂，生产上规定出最小弯曲半径 r_{min}，通常取 $r_{min} \geqslant (0.25 \sim 1)\delta$，其中 δ 为金属板料的厚度。材料塑性好，弯曲半径可取较小值。

（2）弯曲件弹复。弯曲过程中，在外载荷作用下，板料产生的变形是由塑性变形和弹性变形组成的。当外载荷去除后，塑性变形保留下来而弹性变形恢复，这种现象称为弹复。弹复程度通常以弹复角 $\Delta\alpha$ 表示。为抵消弹复现象对弯曲件质量的影响，在设计弯曲模时应考虑模具的角度比弯曲件小一个弹复角，一般弹复角为 0° ~ 10°，材料的屈服强度越大，弹复角越大，弯曲半径越大。

弯曲时应尽可能使弯曲线与坯料流线方向垂直。若弯曲线与坯料流线方向平行时，坯料的抗拉强度较低，容易在其外侧开裂，在这种情况下弯曲时，必须增大最小弯曲半径来避免拉裂，如图 11-28 所示。

3. 拉深

拉深是将平板毛坯利用拉深模制成开口空心零件的成形工艺方法。用拉深的方法可以制成筒形、阶梯形、锥形、方盒形以及其他不规则和复杂形状的薄壁零件，在汽车、拖拉机、电器、仪表、电子等工业部门以及日常生活中应用很广泛。

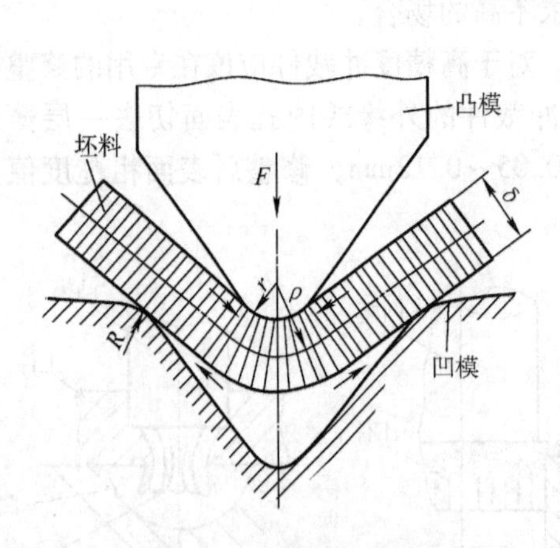

图 11-27　弯曲时的金属变形

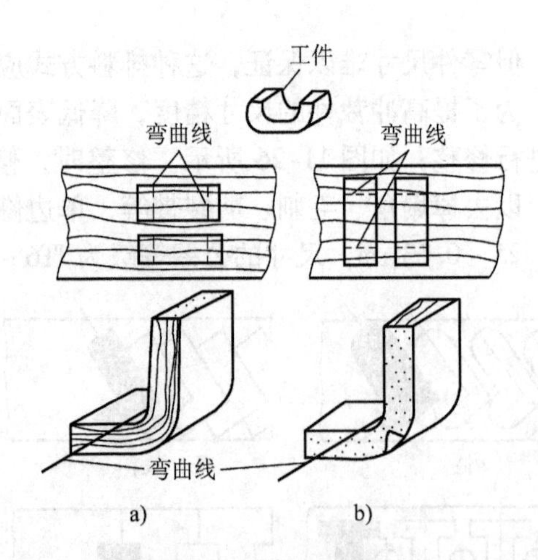

图 11-28　弯曲时的流线方向

a）合理　b）不合理

（1）拉深过程。如图 11-29 所示，在凸模的作用下，原始板料直径 D_0，通过拉深后形成内径为 d，高度为 H 的空心筒件。

在拉深过程中，板料各处的受力情况和变形过程是不一样的，从图 11-30 中可以看出：

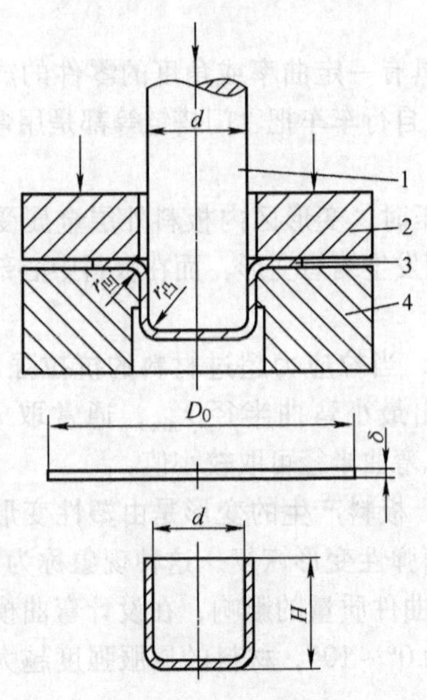

图 11-29　拉深过程

1—凸模　2—压边圈　3—板料　4—凹模

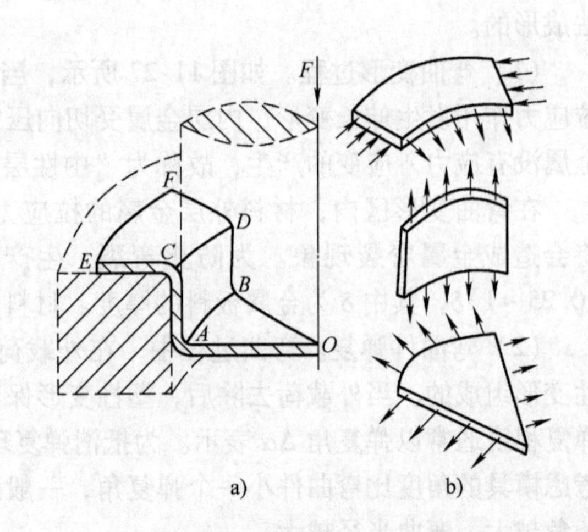

图 11-30　拉深过程中的变形和应力

a）变形过程　b）应力分布

1）*OAB* 区形成筒底，在整个拉深过程中，这部分金属基本上不变形，该区存在着径向和切向拉应力。

2）*ABDC* 区由底部以外的环形部分变形后，形成筒底的侧壁，该区存在着单向的轴向拉应力。

3）*CDFE* 区（法兰部分），坯料尚未进入凹模的环形区，如果继续拉深也将转化为侧壁，该区存在径向拉应力和切向压应力。

在拉深过程中，由于应力作用，坯料厚度的变化规律是：在筒壁上部厚度最大，在靠近筒底的圆角部位附近壁厚最小，此处是整个零件强度最薄弱的地方，当该处的拉应力超过材料的强度极限时，就会产生拉裂缺陷。

图 11-31　起皱

在拉深过程中，环状区的切向压应力达到一定数值时，就将失去稳定而产生拱起，称为起皱，如图 11-31 所示。

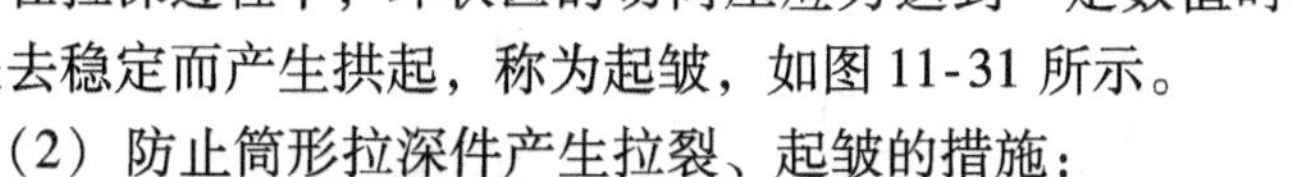

（2）防止筒形拉深件产生拉裂、起皱的措施：

1）凸、凹模边缘都要做成圆角（见图 11-29）。凹模圆角半径 $r_{凹}=10\delta$，其中 δ 为板料的厚度，凸模圆角半径 $r_{凸}$（0.6 ~1.0）$r_{凹}$。

2）凹、凸模之间应留有合适的间隙 Z，一般 $Z=(1.1\sim1.2)\delta$。Z 过小易产生拉裂，Z 过大则拉深件起皱，影响其精度。

3）正确选用拉深系数。拉深后直径 d 与坯料直径 D_0 的比值称为拉深系数，用 m 表示，即 $m=d/D_0$。拉深系数反映拉深件的变形程度，m 越小，表明拉深件直径小，变形程度大，坯料拉入凹模越困难，越容易拉裂。一般 $m=0.5\sim0.8$，坯料的塑性好，m 可取小值。**如果要求 m 值很小时，则不应一次拉成，可进行多次拉深，但在多次拉深过程中应安排再结晶退火，以便消除多次拉深中的加工硬化现象及应力。**拉深系数 m 应一次比一次增大。

4）要进行良好润滑。为减小拉深件部位的拉应力及减少模具的磨损，拉深时应适当加以润滑剂。常用的润滑剂有矿物油和掺入石墨粉的矿物油等。

5）采用压边圈把坯料边缘压紧，可防止起皱。

4. 成形

成形是利用局部变形使坯料或半成品改变形状的工序，包括压肋、压坑、胀形等。图 11-32a 是用橡胶压肋，图 11-32b 是用橡胶芯胀形。

5. 翻边

它是在带孔的平坯料上，用扩孔的方法获得凸缘的工序，如图 11-33 所示。

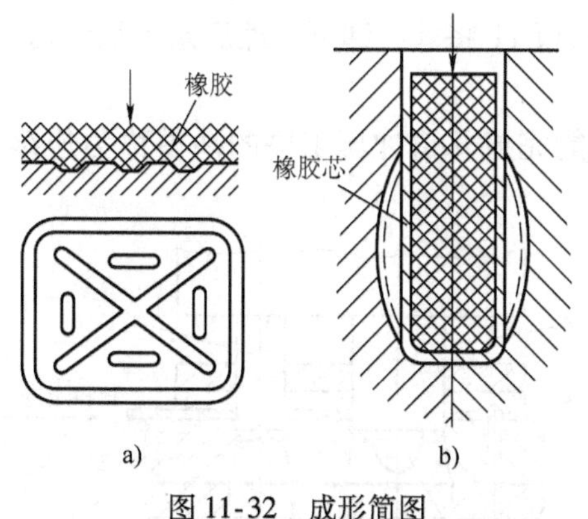

图 11-32　成形简图
a）橡胶压肋　b）橡胶芯胀形

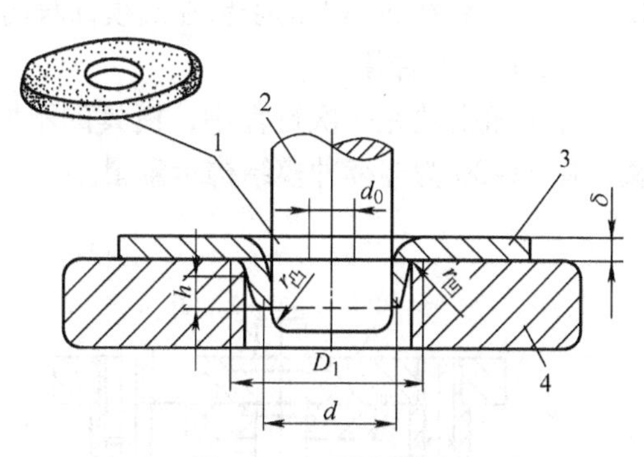

图 11-33　翻边简图
1—带孔坯料　2—凸模　3—成品　4—凹模

为避免翻边边缘破裂，翻边前后孔直径之比不能超过容许翻边系数 K_0。

$$K_0=d_0/d$$

式中　d_0 ——翻边前孔径尺寸；

d ——翻边后孔的内径尺寸。

一般 $0.65 \leqslant K_0 \leqslant 0.72$，同时翻边凸模要有合适的圆角半径，一般 $r_{凸} = (4 \sim 9)\delta$，其中 δ 为板厚。

以上介绍了板料冲压的基本工序，在生产中应根据零件的形状、尺寸及允许的变形程度合理选用，并合理地安排工序。图 11-34 所示为挡油盘环的冲压工艺过程。

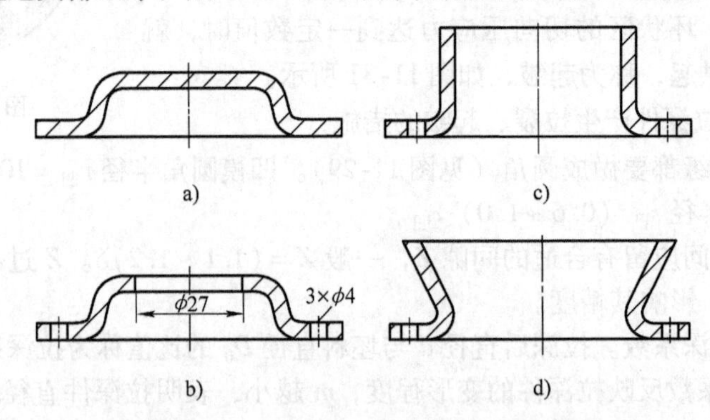

图 11-34 挡油盘环的冲压工艺过程

a）落料、拉深 b）冲孔 c）孔翻边 d）孔扩张成形

二、冷冲模简介

冲压用的模具称为冲模，冲模大致分为简单冲模、连续冲模和复合模三种。

（一）简单冲模

压力机滑块在一次行程中，只完成一道冲压工序的冲模称为简单冲模。图 11-35 为简单冲模的基本结构。凹模 8 用压板 7 固定在下模板 12 上，下模板用螺栓固定在压力机工作台上，凸模 1 用压板 4 固定在上模板 3 上，上模板通过模柄 2 固定在压力机的滑块上，凸模可随滑块上下运动。为了保证凸模与凹模能更好地对准并保持它们之间的间隙，通常用导柱 6 和套筒 5 的结构，以起导向作用。

操作时，条料在凹模上沿导料板 9 之间送进，定位销 10 控制每次送进的距离，冲模每次工作后，夹在凸模上的条料在凸模回程时，由卸料板 11 将条料卸下，然后条料继续送进。

（二）连续冲模

压力机滑块在一次行程中，模具的不同工位上能完成几道冲压工序的冲模称为连续冲模。图 11-36 为连续冲模结构示意图。

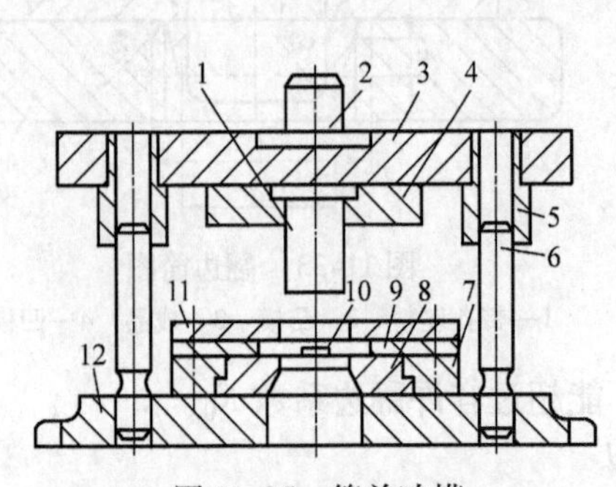

图 11-35 简单冲模

1—凸模 2—模柄 3—上模板 4、7—压板 5—套筒 6—导柱 8—凹模 9—导料板 10—定位销 11—卸料板 12—下模板

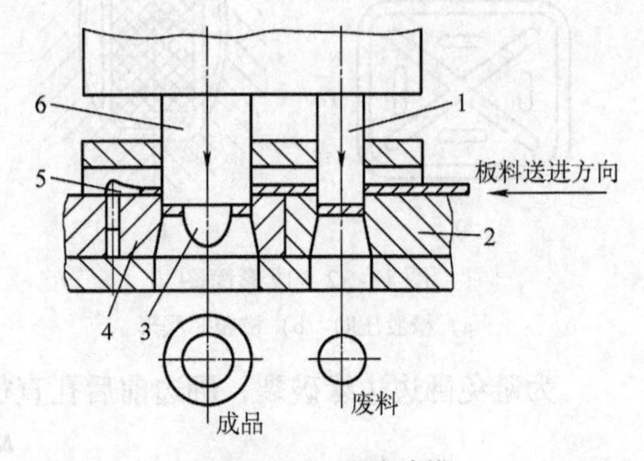

图 11-36 连续冲模

1、6—凸模 2、4—凹模 3—定料销 5—挡料销

图中的凸模1及凹模2为冲孔模，凸模6及凹模4为落料模，将两种简单冲模同装在一块模板上构成生产垫圈的连续冲模。工作时，用挡料销5粗定位，用定料销3进行精定位，保证带料步距准确，每次行程内可得到一个环形垫圈。

（三）复合模

压力机滑块在一次行程中，模具的同一工位上完成数道冲压工序的冲模称为复合模，如图11-37所示。其最大特点是它有一个凹、凸模，凹、凸模的外圈是落料凸模1，内孔为拉深凹模3，带料送进时，靠挡料销2定位，当滑块带着凸模下降时，条料4首先在落料凸模1和落料凹模6中落料，然后再由拉深凸模7将落下的料推入拉深凹模3中进行拉深，推出器8和卸料器5在滑块回程时将拉深件11推出模具。复合模适用于大批量生产精度高的冲压件，便于实现机械化和自动化，但模具结构复杂，成本高。

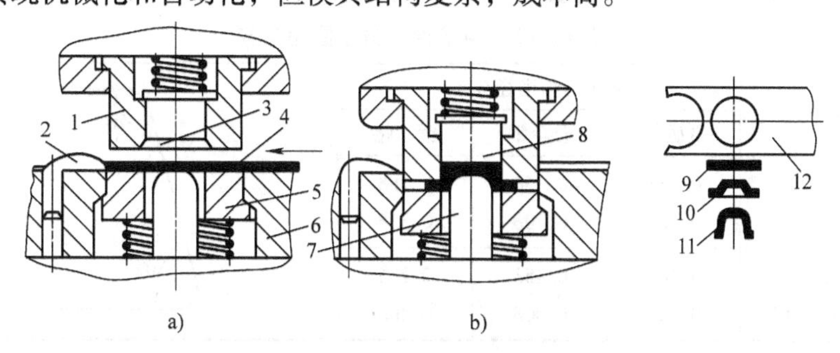

图11-37　落料与拉深的复合模

a）冲压前　b）冲压时

1—落料凸模　2—挡料销　3—拉深凹模　4—条料　5—卸料器（压板）　6—落料凹模　7—拉深凸模　8—推出器　9—落料成品　10—开始拉深件　11—拉深件（成品）　12—废料

三、冲压件的结构工艺性

冲压件设计不仅应保证它具有良好的使用性能，而且还应使它具有良好的工艺性能。因此对冲压件的设计在形状、尺寸、精度等方面提出了种种要求，其目的是简化冲压生产工艺，提高生产效率，延长模具寿命，降低成本和保证冲压件质量。

（一）冲压件的形状、尺寸

1. 对冲裁件的要求

（1）冲裁件的形状应力求简单、对称，尽量采用规则形状，并使排料合理，如图11-38所示。

（2）落料件的外形及冲的孔尽量采用圆形、矩形等规则形状，应避免长槽或细长悬臂结构，否则模具制作困难，寿命低，图11-39所示为工艺性差的落料件。

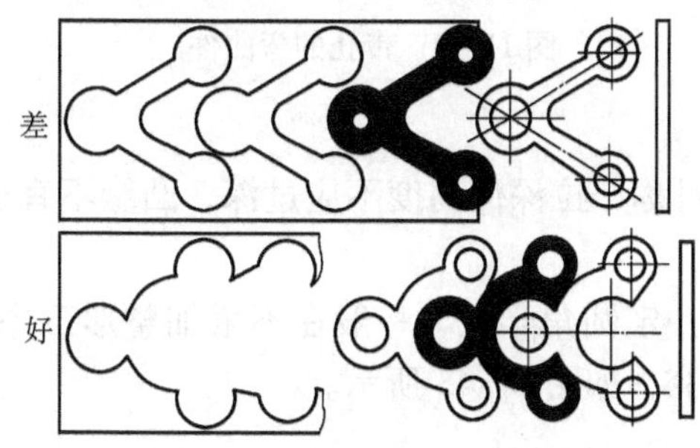

图11-38　零件形状与节约材料的关系

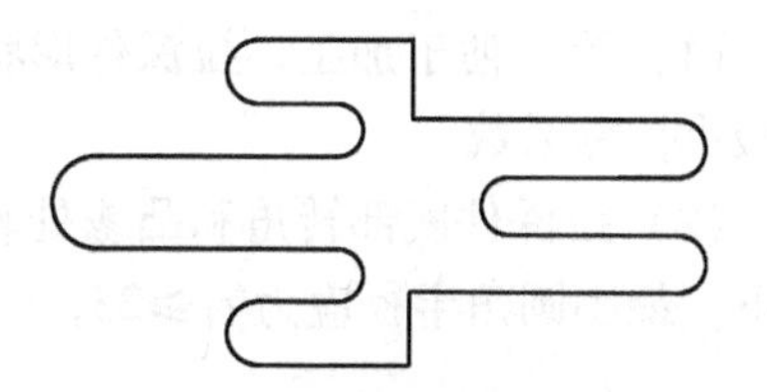

图11-39　不合理的落料件外形

（3）冲孔及其有关尺寸如图11-40所示。设δ为板料厚度，圆孔的直径不得小于板厚，方孔的边长不得小于0.9δ，孔与孔、孔与边的距离不得小于δ，工件边缘凸出或凹进的尺寸不得小于1.5δ。

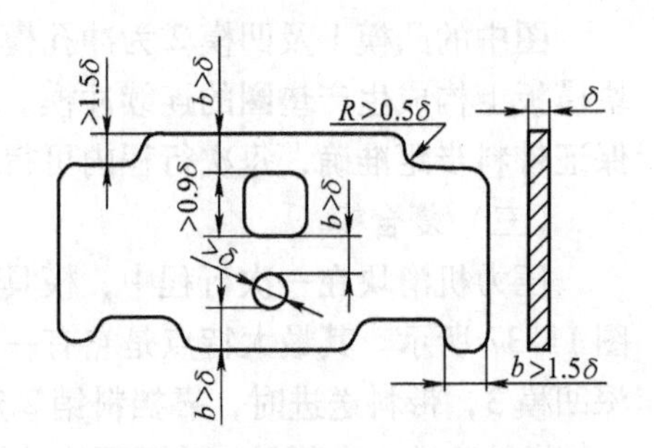

图11-40　冲孔件尺寸与厚度的关系

（4）为了避免应力集中而引起开裂，在冲裁件的转角处应以圆弧过渡，其最小圆角半径见表11-12。

2. 对弯曲件的要求

（1）为了防止弯裂，弯曲时要考虑弯曲线垂直于纤维方向，并且注意弯曲半径r不得小于材料允许的最小弯曲半径r_{min}。通常取$r_{min}=(0.25\sim1)\delta$。

表11-12　冲裁件的最小圆角半径

工　序	角　度	最小圆角半径/mm		
		低碳钢	合金钢	铜、铝
落　料	$\alpha_1\geqslant90°$	0.25δ	0.35δ	0.18δ
	$\alpha_2<90°$	0.50δ	0.70δ	0.35δ
冲　孔	$\alpha_1\geqslant90°$	0.30δ	0.45δ	0.20δ
	$\alpha_2<90°$	0.60δ	0.90δ	0.40δ

注：δ为板料厚度。

若弯曲线平行于纤维方向，则弯曲半径r还应加倍。

（2）弯曲边高度不能过短，否则不易弯成形，一般弯曲边长$H>2\delta$，如图11-41所示。若要求H很短，则需先留出适当余量，以增大H，待弯曲成形后再切去多余的材料。

（3）弯曲带孔件时，为避免孔的变形，孔的位置应满足图11-42所示的要求，其中，$L>1.5\delta$。

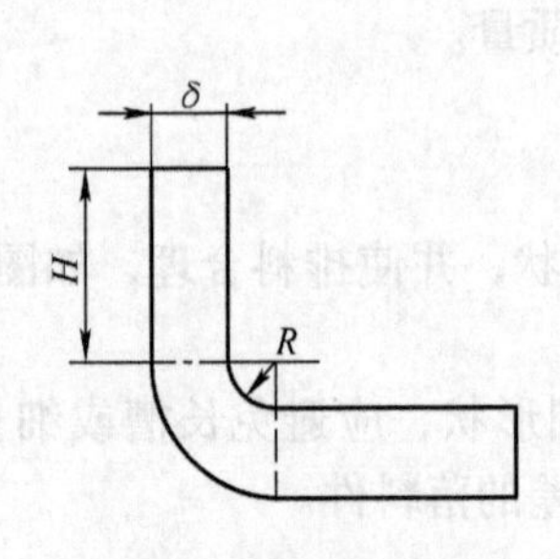

图11-41　弯曲边长度

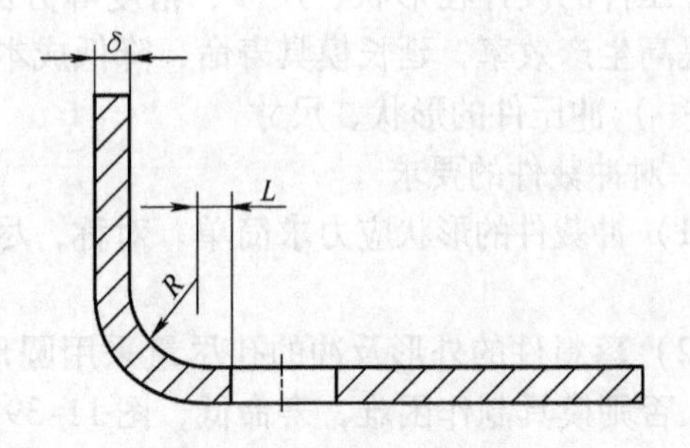

图11-42　带孔的弯曲件

3. 对拉深件的要求

（1）为了便于加工，拉深件形状应简单、对称，拉深件高度不应过深，凸缘不宜过宽，以减小拉深系数。

（2）拉深件底部转角和凸缘处转角均应有一定圆角半径，一般在不增加整形工序的情况下，最小圆角半径应为$r_1\geqslant2\delta$，$r_2\geqslant2\delta$，$r_3\geqslant3\delta$，如图11-43所示。

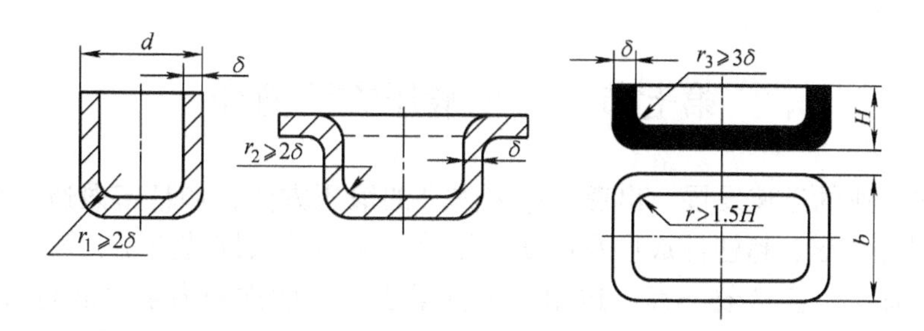

图 11-43 拉深件圆角半径

（二）改进结构，简化工艺，节约材料

（1）采用冲－焊结构。对于形状复杂的冲压件，可先分别冲出若干个单体件，然后再焊成整体的冲焊结构，如图 11-44 所示。

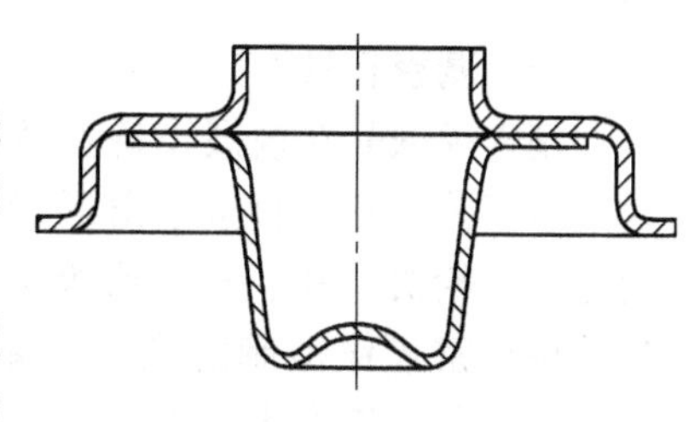

图 11-44 冲－焊结构

（2）采用冲口工艺，减少组合件。图 11-45 所示冲压件，原设计用三件铆接或焊接组成，现改用冲口工艺（冲口、弯曲）制成了整体件，既节省了材料，也可免去铆接（或焊接）工序。

（三）冲压件厚度

在强度、刚度允许的条件下，应尽可能采用较薄的材料，以减少材料消耗，对局部刚度不够的地方，可采用加强肋。图 11-46 所示为薄材料代替厚材料的例子。

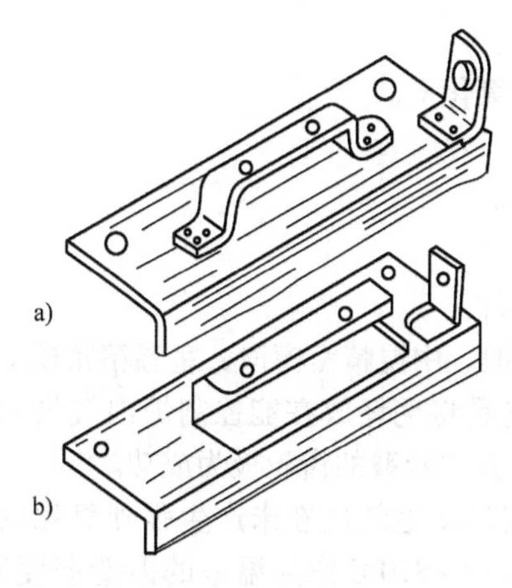

图 11-45 冲口工艺应用

a）铆接结构 b）冲压结构

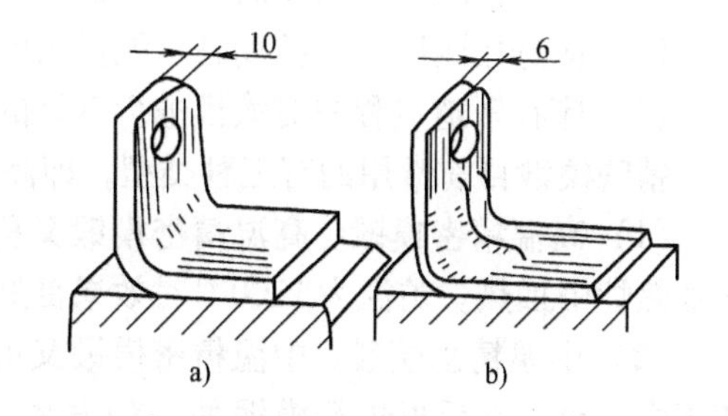

图 11-46 加强肋

a）无加强肋 b）有加强肋

（四）冲压件精度和表面质量

设计冲压件时，对其精度要求不应超过冲压工序所能达到的一般精度，如果要求过高，将会增加精整工序，提高制作的成本。一般落料时尺寸的公差等级应为 IT9～IT10；冲孔时尺寸的公差等级为 IT9；弯曲时尺寸的公差等级为 IT9～IT10；拉深件高度的公差等级为 IT8～IT10（整形后可达 IT7），拉深直径的公差等级为 IT9～IT10。

一般冲压件表面质量的要求不应高于原材料表面所具有的质量，否则需增加切削加工等工序而提高成本。

第七节 其他锻压方法简介

随着现代工业的迅速发展，出现了许多先进的锻压方法，如精密锻造、高速锤锻造、挤压成形、辊轧成形、超塑性成形及摆动碾压等。它们的共同特点是：锻压件的精度高，达到少或无屑加工；生产效率高，适用于大批量生产；锻件的力学性能高（合理热加工流线）；易实现机械化和自动化，大大改善了工人劳动条件。下面介绍几种生产上常用的锻压方法。

一、精密模锻

精密模锻是在模锻设备上锻制高精度锻件的一种先进工艺。它能直接锻出形状复杂的零件，如锥齿轮、气轮机叶片、离合器等零件。图11-47所示是采用精密模锻锻制的汽车用差速器行星锥齿轮，其齿形部分直接锻出，不需再切削加工，锻后零件尺寸的公差等级可达IT12～IT15，表面粗糙度值为$Ra3.2\sim1.6\mu m$，生产效率提高2～3倍。

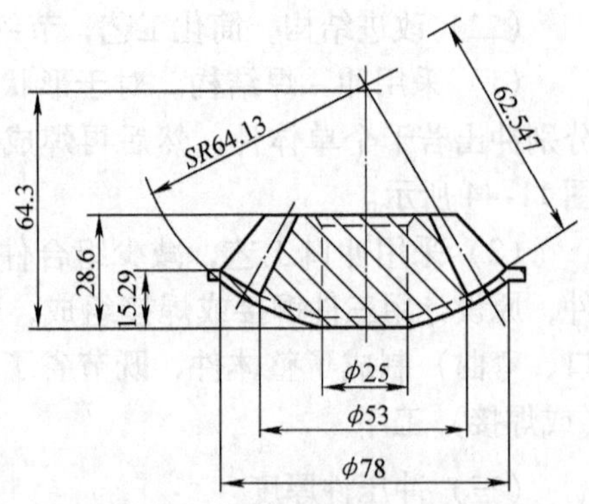

图11-47 汽车差速器行星锥齿轮锻件图

精密模锻是一种先进的工艺方法，但对下料、加热方式及模具制作等要求高。为保证锻件质量，降低成本，其工艺要求如下。

（1）应精确算料，准确下料，以保证锻件的精度。

（2）应采用无氧化、少氧化的加热方式，以减少氧化皮。

（3）应在模锻前清理氧化皮、脱碳层。

（4）应使模膛尺寸精度高，并有良好的排气措施。

（5）应选用刚度大、精度高、能量大的设备。

（6）应在锻造过程中对锻模进行良好的润滑和冷却。

精密模锻目前常用的有三种类型，即高温精密模锻、中温精密模锻、室温精密模锻。

（1）高温精密模锻。高温精密模锻又称精锻，它是将毛坯放在能控制炉内气氛的少氧化加热炉中加热。炉温为1200℃时效果良好。用这种方法模锻的齿轮极为成功。

（2）中温精密模锻。中温精密模锻又称温锻，它是将毛坯放在未产生强烈氧化的温度范围内加热，然后再进行模锻的一种方法。一般取600～870℃作为温锻的锻造温度范围，实践证明，效果是良好的。

（3）室温精密模锻。室温精密模锻又称冷模锻，它是在室温下进行的。模锻后，去除飞边，便可得到精密锻件。

二、辊轧成形

辊轧成形与挤压成形一样，也是由原材料生产发展起来的一种锻压工艺。它除生产型材、线材、管材外，还用于生产各种零件，如精轧齿轮、丝杠、滚动轴承环等。经轧制的零件具有质量好、成本低、金属材料消耗少等优点。常用的辊轧方法有纵轧、横轧、斜轧等。

（一）纵轧

纵轧是轧辊轴线与坯料相互垂直的轧制方法。

1. 碾环轧制

碾环轧制是用来扩大环形坯料的内径和外径，以便得到各种环形零件的加工方法。图 11-48 为碾环轧制示意图，电动机带动驱动辊 1 旋转，利用摩擦力使坯料 3 在驱动辊 1 和芯辊 2 之间受压变形。驱动辊由液压缸推动上下移动，可改变驱动辊和芯辊之间的距离，使坯料厚度逐渐变小，直径增大。导向辊 4 可保证坯料的正确送进。若环形件的直径达到需要尺寸时，则与信号辊 5 接触使驱动辊停止工作。这种方法主要用来生产环形件，如轴承座圈、齿轮及法兰等。

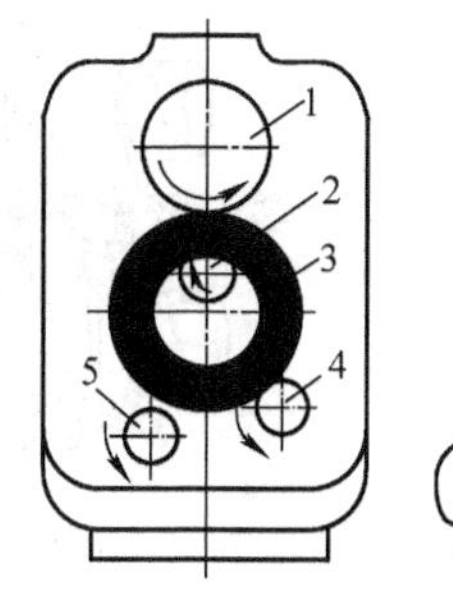

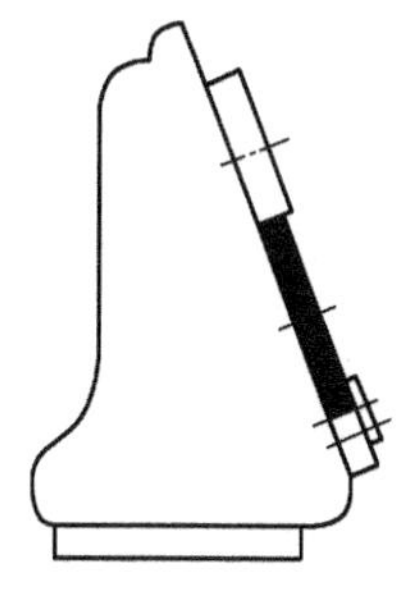

图 11-48 碾环轧制

1—驱动辊 2—芯辊 3—坯料 4—导向辊 5—信号辊

2. 辊锻

辊锻是使坯料通过装有圆弧形模块的一对旋转的轧辊时受碾压而变形的一种加工方法，如生产模锻毛坯和各类扳手、叶片、连杆、链环等锻件。图 11-49 为辊锻示意图。辊锻变形过程是一个连续的静压过程，没有冲击和振动，变形均匀，锻件质量好，圆弧形模块可以随时拆装更换。

（二）横轧

横轧是轧辊轴线与坯料相互平行的轧制方法。图 11-50 为热轧齿轮的示意图。横轧时，利用高频感应器 3 将坯料 2 外层加热，然后带齿的轧轮 1 作径向进给，并与坯料发生对碾，在对碾过程中使坯料上一部分金属受压形成齿槽，相邻部分的金属被轧辊反挤上升挤成齿顶。这种方法适用于轧制直齿轮和斜齿轮。

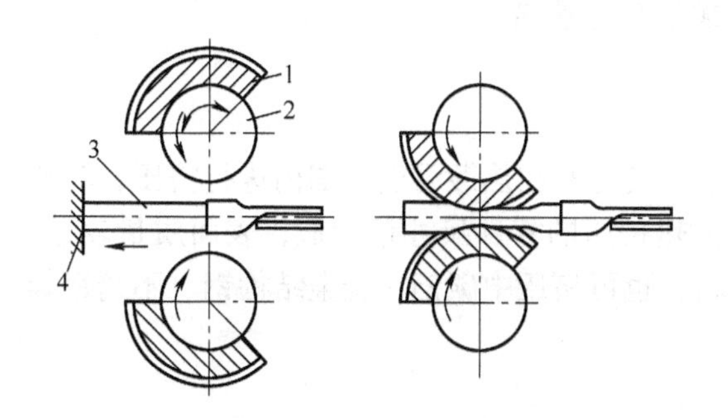

图 11-49 辊锻示意图

1—扇形模块 2—轧辊 3—坯料 4—挡板

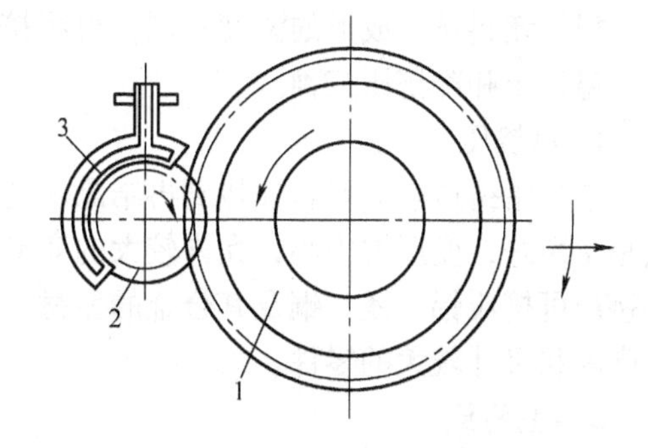

图 11-50 热轧齿轮示意图

1—轧轮 2—坯料 3—高频感应器

（三）斜轧

斜轧是两轧辊轴线与坯料的轴线相互交成一定角度的轧制方法，也称螺旋斜轧。采用斜轧工艺可轧钢球、滚刀体、自行车后闸壳及冷轧丝杠等。如图 11-51 所示，图 a 为轧制钢球，图 b 为轧制周期变截面型材。轧制钢球是利用一对带有螺旋槽的轧辊相交成一定的角度，反方向旋转，坯料呈螺旋式前进，通过整个螺旋形槽受到轧制变形，并分离成钢球。轧辊每旋转一周即可轧制出一个钢球，轧制钢球的过程是连续的。

三、挤压成形

挤压成形是生产各种管材及零件的主要方法之一，它与其他加工方法相比具有如下特点。

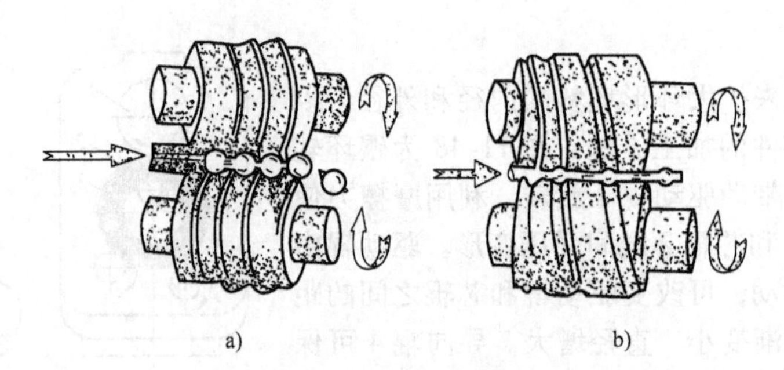

图 11-51 螺旋斜轧

a）轧制钢球 b）轧制周期变截面型材

（1）挤压成形的零件尺寸精度高，表面粗糙度值低。尺寸的公差等级可达 IT6 ~ IT7，表面粗糙度值可达 $Ra3.2$ ~ 0.4μm。

（2）挤压成形的零件流线完整合理，力学性能高。

（3）挤压成形可用于生产深孔、薄壁、异形断面的零件。

（4）挤压成形可节省材料，生产效率高。如图 11-52 所示的管接头零件，原工艺采用车削加工而成（图 11-52b），改用挤压方法（图 11-52a）制坯后，可使生产效率提高 2.2 倍，材料利用率提高 1.6 倍。

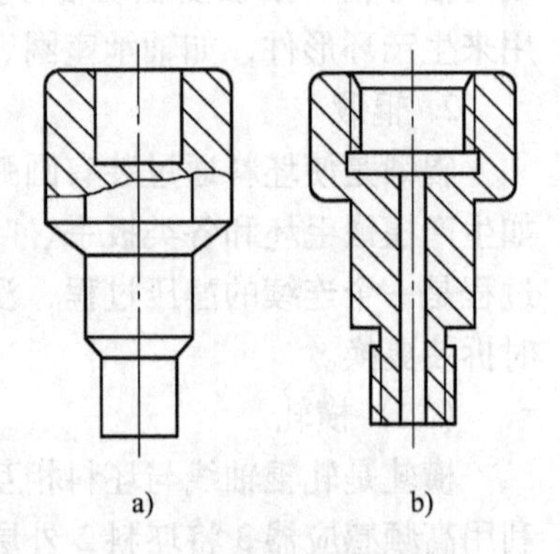

图 11-52 管接头零件

a）挤压制坯

b）棒料直接切削加工

（5）挤压成形需要的设备吨位大，模具易磨损。

根据坯料挤压成形的温度不同，可将挤压成形分为热挤压、温挤压和冷挤压三种。

1. 热挤压

它是指挤压前对坯料加热到再结晶温度以上，使坯料在热锻温度范围内进行挤压，其特点是塑性好，变形抗力小，允许较大的变形。但热挤压的零件尺寸精度低，表面质量较差。热挤压可挤压铝、镁、铜及其合金的型材、管材，也可挤压中碳钢、合金结构钢、不锈钢等强度高和尺寸较大的零件。

2. 温挤压

它是指将坯料加热到再结晶温度以下的某一合适温度进行挤压。其特点介于冷、热挤压之间。与冷挤压相比，提高了金属的塑性，降低了变形抗力，同时模具寿命有所提高，允许的变形程度也增大了。温挤压主要用来挤压强度较高的中碳钢、合金结构钢等零件。

3. 冷挤压

冷挤压即坯料在室温下的挤压。其特点是：①金属所需挤压力大，受模具强度、刚度及寿命等因素的影响，冷挤压成形适用于有色金属及其合金和低碳钢的中小型零件。②冷挤压的零件尺寸公差等级可达 IT6 ~ IT7，表面粗糙度值较小，一般为 $Ra2.4$ ~ 1.6μm。③为降低变形抗力，提高金属塑性，挤压前需对坯料进行退火处理。④为了降低挤压力，减少模具的磨损，提高零件质量，必须在挤压时进行润滑处理，如钢件先进行磷化处理，然后再进行润滑处理。常用的润滑剂有矿物油、豆油、皂液等。

小 结

锻压除使零件成形外，还提高了金属材料的力学性能。金属的可锻性如何，受材料本身的性质（如化学成分、组织状态）和外界加工条件（如变形温度、变形速度、应力状态）等因素的影响。

锻造工艺过程包括加热、锻造成形、冷却、检验、热处理等工序。常用锻造方法包括自由锻和模锻，对它们的特点、应用、锻造工艺规程制订和结构工艺性应进行对比分析。

板料冲压是指对塑性较好的金属薄板在常温下进行分离和变形的工艺，包括冲裁、弯曲、拉深和成形等基本工序。冲压件的结构设计除保证冲压件具有良好的使用性能外，还应使它具有良好的工艺性能。

习 题

11-1 多晶体塑性变形有何特点？

11-2 何谓加工硬化？加工硬化对金属组织性能及加工过程有何影响？

11-3 何谓金属的再结晶？再结晶对金属组织和性能有何影响？

11-4 冷变形和热变形的区别是什么？试述它们各自在生产中的应用。

11-5 何谓金属的可锻性？影响可锻性的因素有哪些？

11-6 钢的锻造温度是如何确定的？始锻温度和终锻温度过高或过低对锻件质量有何影响？

11-7 自由锻造有哪些主要工序？说明其工艺要求及应用。

11-8 自由锻造工艺规程的制订包括哪些内容？

11-9 模膛分几类？各起什么作用？

11-10 哪一类模膛设飞边槽？其作用是什么？

11-11 摩擦压力机、平锻机、曲柄压力机上模锻有何特点？

11-12 简述胎模锻的特点和应用范围。

11-13 模锻与自由锻造相比有哪些特点？为什么不能取代自由锻造？

11-14 图 11-53 所示为三种形状不同的连杆，试选择锤上模锻时分模面的位置。

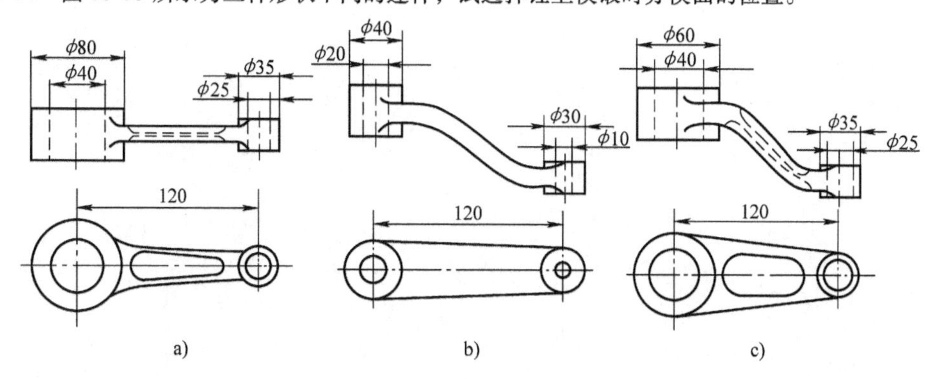

图 11-53 题 11-14 图

11-15 改正图 11-54 所示模锻零件结构的不合理之处，并说明理由。

11-16 图 11-55 所示的零件分别在单件、小批量及大批量生产时应选择何种锻造方法？并定性地绘出锻件图。

11-17 冲孔和落料有何异同？保证冲裁件质量的措施有哪些？

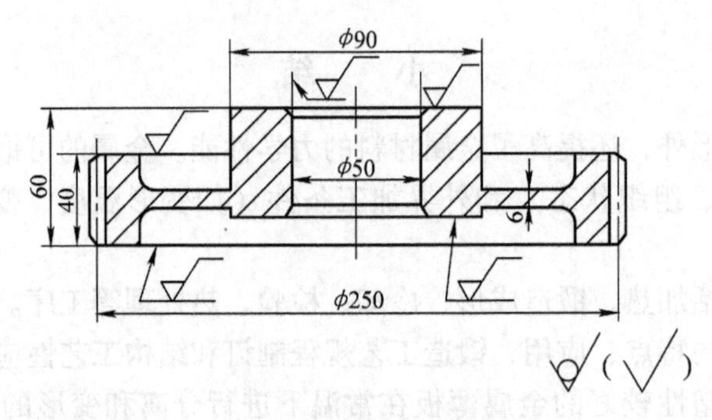

图 11-54 题 11-15 图

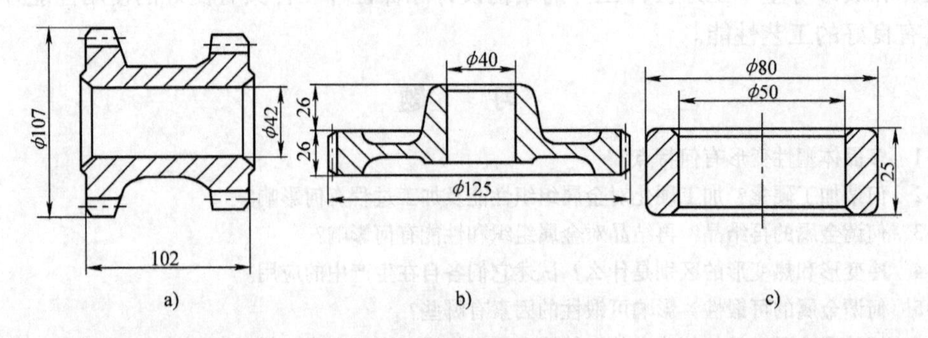

图 11-55 题 11-16 图

11-18 冲裁模的间隙对冲裁件质量和模具寿命有何影响？

11-19 何为拉深系数？其大小对拉深件质量有何影响？

11-20 轧制零件的方法有哪几种？各有何特点？

11-21 挤压生产具有哪些特点？在挤压工艺中进行润滑处理的目的是什么？

第十二章　焊接与材料切割

教学目标：通过教学，学生应了解焊接的基本理论；掌握焊条电弧焊的特点和应用；熟悉金属材料的焊接性能及焊接特点；了解埋弧焊、气体保护电弧焊、气焊、电渣焊、等离子弧焊和电阻焊的特点和应用；熟悉焊接结构的结构工艺性，为合理设计和选择焊接成形方法打下基础。

本章重点：焊条电弧焊；常用金属材料的焊接；焊接结构的工艺性。

本章难点：焊接接头的组织与性能；焊接应力与变形。

第一节　焊接的分类与特点

在现代工业生产中，常常需要将几个零件或材料连接在一起。常用的连接方式有键联接、螺栓联接、铆接、焊接、胶接等，如图12-1所示。从图中可以看出，前两种联接方式属于机械联接，是可以拆卸的；后三种连接方式属于永久性连接，是不可以拆卸的，目前焊接应用最广泛。

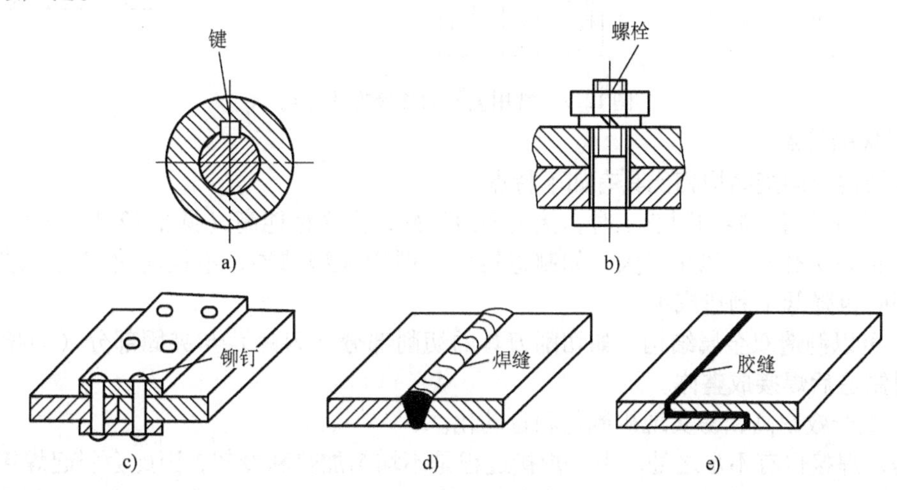

图12-1　零件常用的连接方式

a）键联接　b）螺栓联接　c）铆接　d）焊接　e）胶接

焊接是通过加热或加压，或两者并用，并且用或不用填充材料使焊件达到原子结合的一种加工方法。

1. 焊接的分类

焊接方法很多，按其过程特点可分为三大类。

（1）熔焊。在焊接过程中，将焊件接头加热至熔化状态，经冷却结晶后，使分离的工件连接成整体的焊接方法。

（2）压焊。在焊接过程中，必须对焊件施加压力（加热或不加热），以完成焊接的方法。

（3）钎焊。采用比焊件熔点低的钎料和焊件一起加热，使钎料熔化，焊件不熔化，钎料熔化后填充到与焊件连接处的间隙，待钎料凝固后，两焊件就被连接成整体的方法。钎焊可以用火焰或电加热作为热源，在钎焊时为改善润湿性，去除氧化膜，要用钎料。按所用钎料熔点不同，可将其分为硬钎焊（钎料熔点大于450℃）和软钎焊（钎料熔点小于450℃）两种。硬钎焊的接头强度高，适用于钎焊受力较大或工作温度较高的焊件，如机械零、部件的焊接；软钎焊的接头强度低，适用于钎焊受力不大或工作温度较低的焊件，如电子线路的焊接。

常用金属的焊接方法如图12-2所示。

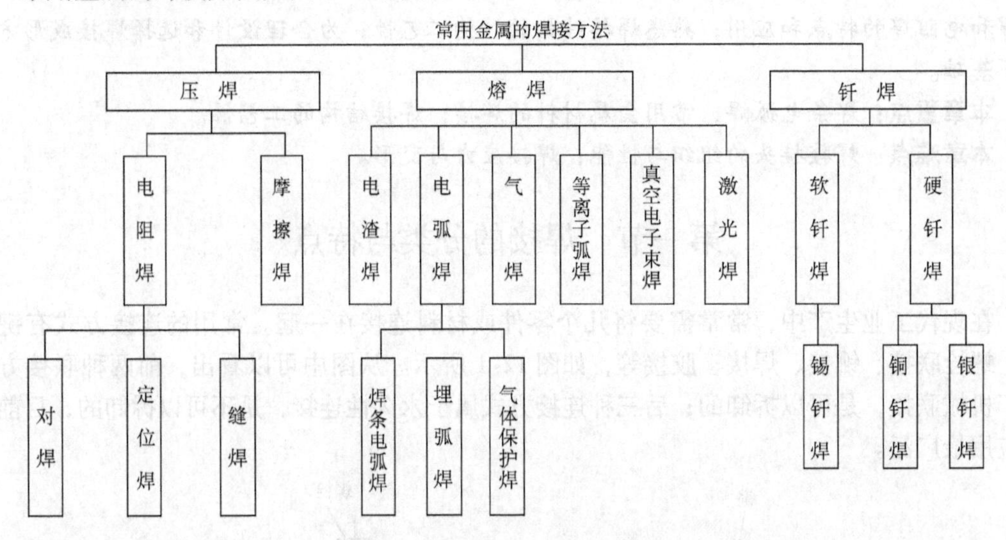

图12-2 常用金属的焊接方法分类

2. 焊接的特点

焊接结构与铆接结构相比具有如下特点。

（1）可以节省材料和制造工时，接头密封性好，力学性能高（见图12-1c、d）。

（2）能以大化小、以小拼大。如制造铸焊、锻焊大型结构，不仅简化工艺，减轻结构重量，同时也降低了制造成本。

（3）可以制造双金属结构，如切削刀具的切削部分（刀片）与夹固部分（刀架）可用不同材料制造后焊接成整体。

（4）生产效率高，易实现机械化和自动化。

但是，焊接也有不足之处。由于焊接过程是不均匀加热和冷却，因此会引起焊接接头组织、性能的变化，同时焊件还会产生较大的应力和变形，所以在焊接过程中，必须采取一定的措施，控制接头组织、性能的不均匀程度，减小焊接应力和变形。

焊接技术在生产中占有很重要的地位，常用于制造各种金属结构件，也可用于制造机器零件（或毛坯）以及修复损坏零件和焊补铸件、锻件的缺陷等。

第二节 焊条电弧焊

焊条电弧焊是利用电弧热作为热源，并用手工操纵焊条进行焊接的一种方法。它使用的设备简单，操作灵活方便，适应各种条件下的焊接，在工业生产中应用极为广泛。

焊条电弧焊的焊接过程如图12-3所示。焊接时首先将焊条夹在焊钳上，把焊件同电焊机相连接。引弧时，使焊条与焊件相互接触而造成短路，随即提起焊条2～4mm，在焊条端部和焊件之间产生电弧，电弧产生的热量将焊条、焊件局部加热到熔化状态，焊条端部熔化后形成的熔滴和熔化的母材融合一起形成熔池，随着电弧的向前移动，新的熔池开始形成，原来的熔池随着温度的降低开始凝固，从而形成连续的焊缝。

一、焊接电弧

焊接电弧是指由焊接电源供给的、具有一定电压的两极间或电极与焊件间，在气体介质中产生强烈而持久的放电现象。

1. 焊接电弧的基本构造及热量分布

焊接电弧从外貌看，似乎是一团光亮刺眼的弧焰，但实际上它存在三个不同区域，即阴极区、阳极区和弧柱区，如图12-4所示，三个区域所产生的热量和温度的分布是不均匀的。

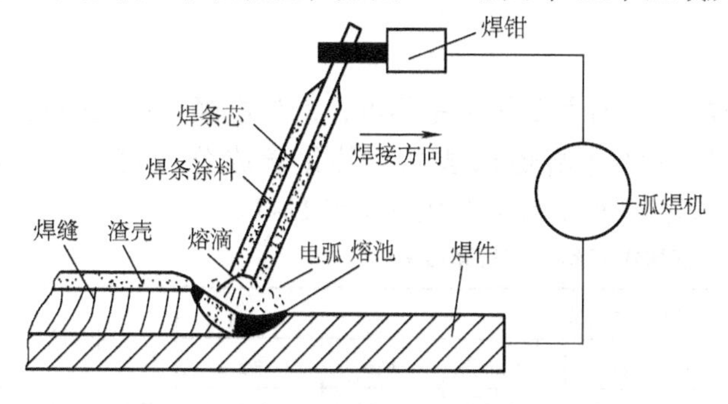

图12-3　焊条电弧焊示意图

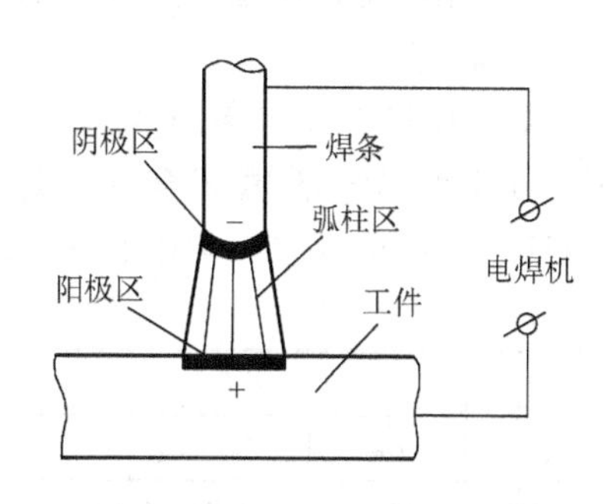

图12-4　焊接电弧的基本构造

（1）阴极区。焊接时，电弧紧靠负极的区域称为阴极区。阴极区很窄，约为10^{-5}～10^{-6}cm，阴极区温度约为2400K，其产生的热量约占电弧总热量的38%。

（2）阳极区。焊接时，电弧紧靠正极的区域称为阳极区。阳极区比阴极区宽，约为10^{-3}～10^{-4}cm，阳极区温度约为2600K，其产生的热量约占电弧总热量的42%。

（3）弧柱区。阴极区与阳极区之间的弧柱为弧柱区。弧柱区中心的热量较集中，故温度比两极高，约为6000～8000K，但弧柱区产生的热量仅占电弧总热量的20%。

焊条电弧焊时，使金属熔化的热量主要集中在两极，约占65%～85%，弧柱区的大部分热量散失于气体中。

上面所述的是直流电弧的热量和温度分布情况。至于交流电弧，由于电源极性快速交替变化，所以两极的温度基本相同，约为2500K。

2. 焊接电源极性选用

在使用直流电源焊接时，由于阴、阳两极的热量和温度分布是不均匀的，因此分正接和反接，如图12-5所示。

（1）正接。焊件接电源正极，电极（焊条）接电源负极的接线法称正接。这种接法热量较多集中在焊件上，因此用于厚板焊接。

（2）反接。焊件接电源负极，电极（焊条）接电源正极的接线法称反接。这种接法热量较多集中在焊条上，主要用于薄板及有色金属焊接。

二、焊条

焊条是焊条电弧焊的重要焊接材料，它直接影响到焊接电弧的稳定性以及焊缝金属的化学成分和力学性能。**焊条的优劣是影响焊条电弧焊质量的主要因素之一。**

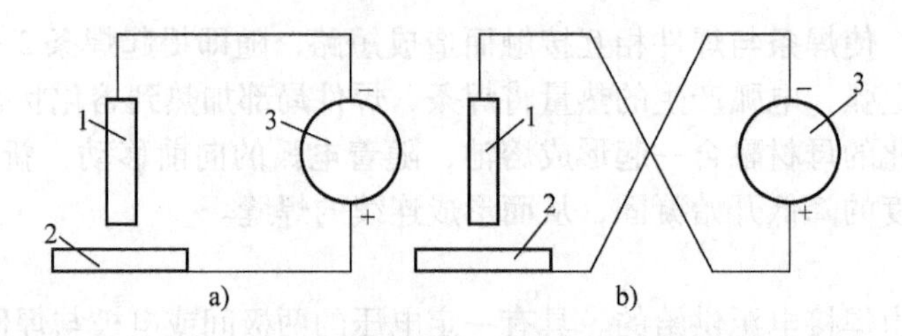

图12-5 采用直流弧焊机时焊接电弧的极性

a）正接 b）反接

1—焊条 2—焊件 3—直流弧焊机

（一）焊条的组成及作用

焊条由焊芯和药皮两部分组成。

1. 焊芯

焊条中被药皮包裹的金属芯称为焊芯。它的主要作用是导电，产生电弧，提供焊接电源，并作为焊缝的填充金属。焊芯是经过特殊冶炼而成的，其化学成分应符合 GB/T 14957—1994 的要求。常用的几种碳素钢焊接钢丝的牌号和成分见表12-1。

表12-1 碳素钢焊接钢丝的牌号和成分

牌号	化学成分（%）							用途
	w_C	w_{Mn}	w_{Si}	w_{Cr}	w_{Ni}	w_S	w_P	
H08E	≤0.10	0.30~0.55	≤0.03	≤0.20	≤0.30	≤0.020	≤0.020	重要焊接结构
H08A	≤0.10	0.30~0.56	≤0.03	≤0.20	≤0.30	≤0.030	≤0.030	重要焊接结构
H08MnA	≤0.10	0.80~1.10	≤0.07	≤0.20	≤0.30	≤0.030	≤0.030	用作埋弧焊焊丝

从表中可以看出，焊芯成分中含碳较低，硫、磷含量较少，有一定合金元素含量，可保证焊缝金属具有良好的塑性、韧性，以减少产生焊接裂纹倾向，改善焊缝的力学性能。

焊芯的直径即为焊条直径，常用的焊芯直径有1.6mm、2.0mm、2.5mm、3.2mm、5.0mm等几种，长度在200~450mm之间。直径为3.2~5mm的焊芯应用最广。

2. 焊条药皮

焊条药皮在焊接过程中有如下作用。

（1）机械保护作用。利用药皮熔化产生的气体和形成的熔渣隔离空气，防止有害气体侵入焊接区，起机械保护作用。

（2）冶金处理作用。通过熔渣与熔化金属冶金反应，除去有害物质如硫、磷、氧、氢，添加有益的合金元素，使焊缝金属获得符合要求的化学成分和力学性能。

（3）改善焊接工艺性能。由于在药皮中加入了一定的稳弧剂和造渣剂，所以在焊接时电弧燃烧稳定，飞溅少，焊缝成形好，脱渣比较容易。

焊条药皮的组成成分相当复杂，一种焊条药皮的配方中，组成物一般有七八种之多。焊条药皮原材料的种类、名称和作用见表12-2。表12-3为结构钢焊条药皮配方示例。

（二）焊条的种类、型号和牌号

1. 焊条的种类

焊条按用途可分为十大类，即结构钢焊条、钼和铬耐热钢焊条、低温钢焊条、不锈钢焊条、铸铁焊条、堆焊焊条、镍和镍合金焊条、铜和铜合金焊条、铝和铝合金焊条及特殊用途焊条。

表 12-2　焊条药皮原材料的种类、名称和作用

原料种类	原料名称	作用
稳弧剂	碳酸钾、碳酸钠、长石、大理石、钛白粉、钠水玻璃、钾水玻璃	改善引弧性能，提高电弧燃烧的稳定性
造气剂	淀粉、木屑、纤维素、大理石	造成一定量的气体，隔绝空气，保护焊接熔滴与熔池
造渣剂	大理石、氟石、菱苦土、长石、锰矿、钛铁矿、黄土、钛白粉、金红石	造成具有一定物理 - 化学性能的熔渣，保护焊缝。碱性渣中的 CaO 还可起脱硫、磷的作用
脱氧剂	锰铁、硅铁、钛铁、铝铁、石墨	降低电弧气氛和熔渣的氧化性，脱除金属中的氧。锰还起脱硫作用
合金剂	锰铁、硅铁、铬铁、钼铁、钒铁、钨铁	使焊缝金属获得必要的合金成分
稀渣剂	氟石、长石、钛白粉、钛铁矿	增加熔渣流动性，降低熔渣黏度
粘结剂	钠水玻璃、钾水玻璃	将药皮牢固地粘在焊芯上

表 12-3　结构钢焊条药皮配方示例（质量分数,%）

焊条牌号	人造金红石	钛白粉	大理石	氟石	长石	菱苦土	白泥	钛铁	45 硅铁	硅锰合金	纯碱	云母
J422	30	8	12.4		8.6	7	14	12				7
J507	5		45	25				13	3	7.5	1	2

按熔渣性质可分为两大类：

（1）酸性焊条。熔渣是以酸性氧化物为主（如 SiO_2、TiO_2 等）的焊条。这类焊条由于熔渣呈酸性，其氧化性较强，焊接时合金元素大量被烧损，焊缝中氧化夹杂物多，同时酸性渣脱硫能力差，因此焊缝金属塑性、韧性和抗裂能力较差。但酸性焊条工艺性能好，对铁锈、油污、水分的敏感性不大，并且可交直流电源焊接。广泛用于一般低碳钢和强度较低的低合金结构钢的焊接。

（2）碱性焊条。熔渣是以碱性氧化物和氧化钙为主的焊条。这类焊条熔渣呈碱性，并含有较多铁合金作为脱氧剂和合金剂，焊接时药皮中的大理石分解成 CaO 和 CO_2、CO 气体，气体能隔绝空气，保护熔池，CaO 能去硫，药皮中的 CaF_2 能去氢，使焊缝金属中含氢量、含硫量较低。因此，用碱性焊条焊出的焊缝抗裂性能较好，力学性能较高。但它的工艺性能差，对油污、铁锈、水敏感性大，易产生气孔。为保证电弧稳定燃烧，一般采用直流反接。碱性焊条主要用于裂纹倾向大，塑性、韧度要求高的重要结构，如锅炉、压力容器、桥梁、船舶等的焊接。

2. 焊条型号——国家标准中的焊条代号

碳钢焊条应用最广泛，按 GB/T 5117—2012 碳钢焊条标准，其型号用大写字母“E”和四位数字表示。“E”表示焊条，前两位数字表示熔敷金属抗拉强度的最小值，单位为 MPa，第三位数字表示焊条适用的焊接位置，“0”、“1”表示焊条适用于全位置焊接（平、立、仰、横），“2”表示焊条适用于平焊及平角焊，“4”表示焊条适用于向下立焊，第三位和第四位数字组合表示焊接电流种类及药皮类型。

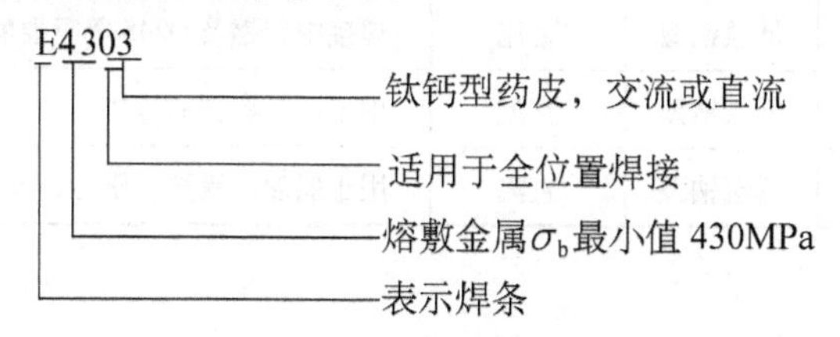

3. 焊条牌号——焊条行业统一的焊条代号

焊条牌号一般用一个大写拼音字母和三个数字表示，如J422、J506等。拼音字母表示焊条的各大类，如“J”表示结构焊条；前两位数字表示焊缝金属抗拉强度的最小值，单位MPa，第三位数字表示药皮类型和电流种类。结构钢焊条牌号中数字的意义见表12-4，其他焊条牌号表示方法见《焊接材料产品样本》（1997年版）。

表 12-4 结构钢焊条牌号中数字的含义

牌号中第一、第二位数字	焊缝金属抗拉强度等级/MPa	牌号中第三位数字	药皮类型	焊接电源种类
42	420	0	不属已规定类型	不规定
50	490	1	氧化钛型	直流或交流
55	540	2	氧化钛钙型	直流或交流
60	590	3	钛铁矿型	直流或交流
70	690	4	氧化铁型	直流或交流
75	740	6	低氢钾型	直流或交流
80	780	7	低氢钠型	直流

一般来说，型号和牌号是对应的，但一种型号可以有多种牌号，因牌号比较简明，所以生产中常用牌号表示，表12-5为部分结构钢焊条牌号与型号关系及其用途。

表 12-5 部分结构钢焊条牌号与型号关系及其用途

牌号	型号	药皮类型	焊接电流	用途
J421	E4313	氧化钛型	交直流	焊接一般低碳钢薄板结构
J421X	E4313	氧化钛型	交直流	用于碳素钢薄板向下立焊及间断焊
J421Fe13	E4324	铁粉钛型	交直流	焊接一般低碳钢薄板结构的高效率焊条
J422	E4303	氧化钛钙型	交直流	焊接较重要的低碳钢结构和同强度等级的低合金钢
J422GM	E4303	氧化钛钙型	交直流	焊接海上平台、船舶、车辆、工程机械等表面装饰焊接
J422Fe	E4314	铁粉钛钙型	交直流	焊接较重要的低碳钢结构
J427	E4315	低氢钠型	直流	焊接重要的低碳钢及某些低合金钢结构
J427Ni	E4315	低氢钠型	直流	焊接重要的低碳钢及某些低合金钢结构
J501Fe15	E5024	铁粉钛型	交直流	焊接Q245及某些低合金钢结构的高效率焊条
J507	E5015	低氢钠型	直流	焊接中碳钢及Q245等重要的低合金钢结构
J507R	E5015 - G	低氢钠型	直流	用于压力容器的焊接
J507GR	E5015 - G	低氢钠型	直流	用于船舶、锅炉、压力容器、海洋工程等重要结构的焊接

（三）焊条的选用

焊条的种类很多，合理选用焊条对焊接质量、产品成本和劳动生产率都有很大影响。焊条选择应根据被焊结构的材料及使用性能、工作条件、结构特点和工厂的具体情况综合考虑。

1. 根据被焊件的化学成分和性能要求选择相应的焊条种类

例如，焊接碳钢或普通低合金钢时应选用结构钢焊条，焊接铸铁时应选用铸铁焊条。

2. 焊缝性能要和母材具有相同的使用性能

（1）结构钢焊件，一般按“等强”原则选用相同强度等级的焊条。对承受动载荷、冲击载荷或形状复杂，厚度、刚度大的焊件时，应选用碱性焊条。

（2）不锈钢、钼和铬耐热钢焊件，应根据母材化学成分选用相同成分的焊条。

3. 根据被焊件的工作条件和结构特点选用焊条

例如，向下立焊、重力焊时，可选用专用焊条；对于焊前难以清理的焊件，应选用酸性焊条等，以满足施焊操作的需要，保证焊接质量。

此外，应考虑焊接工人的劳动条件、生产率及经济合理性等，在满足使用性能要求的前提下，尽量选用无毒（或少毒）、生产率高、价格便宜的焊条。一般结构通常选用酸性焊条。

三、焊接接头的组织与性能

用焊接方法连接的接头称焊接接头（简称接头）。它是由焊缝、熔合区、热影响区三部分组成的。焊接接头组织与性能对焊接质量影响很大。现以低碳钢为例，来说明其接头组织、性能变化。

（一）焊缝的组织、性能

焊缝是指焊件经焊接形成的结合部分。熔焊时，随着焊接热源的向前移动，熔池中的液态金属开始迅速冷却结晶，而后形成焊缝。焊缝金属的结晶，首先从熔池底壁上许多未熔化的半个晶粒开始，向着散热反方向的熔池中心生长，生成柱状树枝晶，如图12-6所示。最后这些柱状树枝晶前沿一直伸展到焊缝中心，相互接触后停止生长。结晶结束后得到的铸态组织晶粒粗大，组织不致密，当焊缝形状窄而深时，S、P 等低熔点杂质易集中在焊缝中心上形成偏析，而导致焊缝塑性降低，且易产生热裂纹。

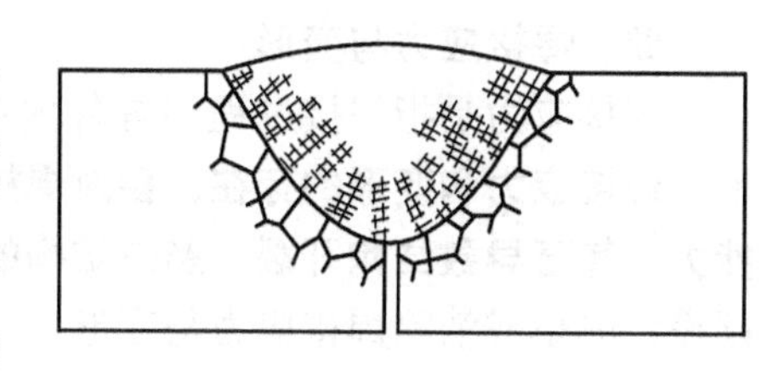

图 12-6　焊缝的柱状树枝晶

在焊接过程中，由于熔池体积小，冷却速度快，再加上严格控制焊芯的 S、P 含量，并通过焊接材料渗入合金，补偿合金元素的烧损，所以焊缝的力学性能不低于母材金属。

（二）焊接热影响区和熔合区的组织与性能

1. 熔合区

熔合区是指在焊接接头中焊缝向热影响区过渡的区域。该区的金属组织粗大，处在熔化和半熔化状态，化学成分不均匀，其力学性能最差。

2. 热影响区

热影响区是指焊缝附近的金属，在焊接热源作用下，发生组织和性能变化的区域。热影响区各点温度不同，其组织、性能也不同，低碳钢的焊接接头热影响区可分为过热区、正火区和部分相变区，如图 12-7 所示。

（1）过热区。温度在 1100℃ 以上，金属处于严重过热状态，晶粒粗大，其塑性、韧度很低，容易产生焊接裂纹。

（2）正火区。温度在 Ac_3 至1100℃之间，金属发生重结晶，晶粒细化，力学性能好。

（3）部分相变区。温度在 $Ac_1 \sim Ac_3$ 之间，部分金属组织发生相变，此区晶粒大小不均匀，力学性能稍差。

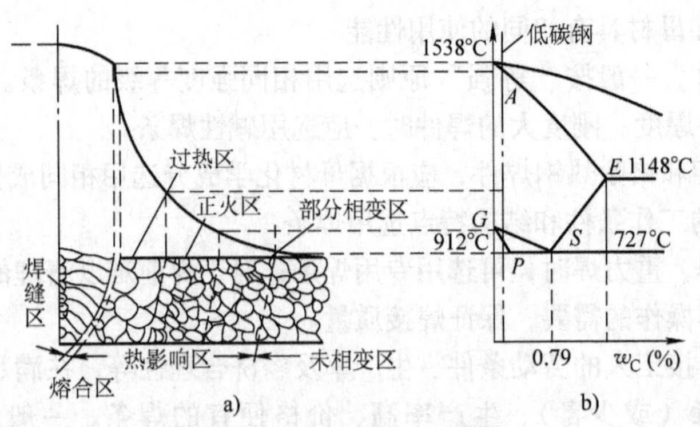

图12-7 低碳钢的焊接接头

易淬火钢的热影响区分为淬火区（Ac_3 以上的区域）和部分淬火区（Ac_1 至 Ac_3 区域）。由于冷却速度过快，焊后在淬火区形成马氏体组织，易产生冷裂纹。

综上所述，在焊接热影响区中，熔合区、过热区及淬火区对焊接接头影响最大，因此在焊接过程中应尽量减小热影响区的宽度，其大小和组织变化的程度与焊接方法、焊接材料及焊接工艺参数等因素有关。

四、焊接应力与变形

焊接应力是指焊接过程中焊件内产生的应力。焊接变形是指焊接过程中焊件产生的变形。**焊接应力和变形的存在，会对焊接结构的制造和使用带来不利影响。如降低结构的承载能力，甚至导致结构开裂；影响结构的加工精度和尺寸稳定性等。**因此，在焊接过程中，必须设法减小或消除焊接应力与变形。

（一）焊接应力与变形产生的原因

焊接过程中不均匀加热和冷却是产生焊接应力与变形的根本原因。现以平板对接焊缝为例说明焊接应力和变形的形成，如图12-8所示。

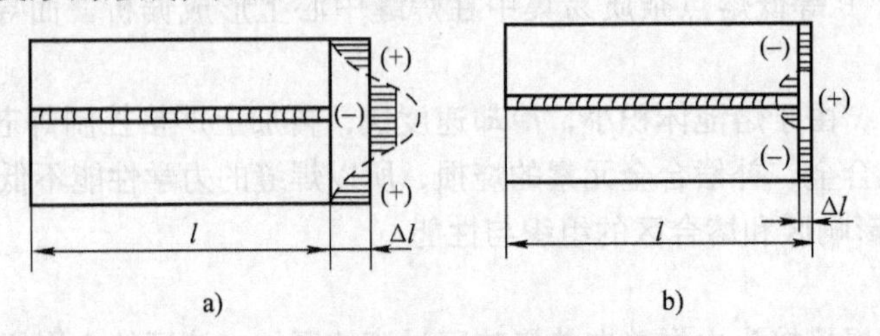

图12-8 平板对接时变形与应力的形成

a）焊接过程中 b）冷却以后

焊接时，焊缝区被加热到很高的温度，离焊缝越远，温度越低。根据金属热胀冷缩的特性，焊件各区域温度不同将产生大小不等的纵向膨胀。如果各部位的金属能自由伸长而不受周围金属的阻碍，其变形如图12-8a中虚线所示。但平板是一个整体，这种伸长实际是不能实现的，而只能整体同时伸长，于是焊缝区高温金属伸长因受到两侧金属的阻碍而产生压应力，远离焊缝区的两侧金属则产生拉应力。当焊缝区的压应力超过金属的屈服强度时，该区就产生了一定量的压缩塑性变形，压应力也消失了一部分。

冷却时，焊缝区加热时已产生了压缩塑性变形，冷却后应该较其他区域缩的更短些，如图 12-8b 中虚线所示。但平板是一个整体，这种缩短实际上也是不能实现的，只能按图中实线所示那样整体缩短。焊缝区金属收缩受到焊缝两侧金属的阻碍而产生了拉应力，在焊缝两侧金属内产生了压应力。拉应力和压应力处于互相平衡状态，并保留到室温，这种室温下被保留下来的焊接应力与变形，称为焊接残余应力与变形。

综上所述，平板对接的结果是：①焊件比焊前缩短了 Δl；②焊缝区产生了拉应力，其两侧金属则受压应力。

（二）预防和消除焊接应力的措施

（1）焊前对焊件进行整体或局部预热，可以减小焊件各部分的温度差及焊后的冷却速度，从而减少焊接应力。

（2）采用合理的焊接顺序，尽量使焊缝纵向、横向都能自由收缩，有利于减少焊接应力，如图 12-9 所示。

（3）锤击焊缝（锤击焊缝最好在热态下进行）使之产生塑性变形，以减少焊接应力。锤击路线如图 12-10 所示。

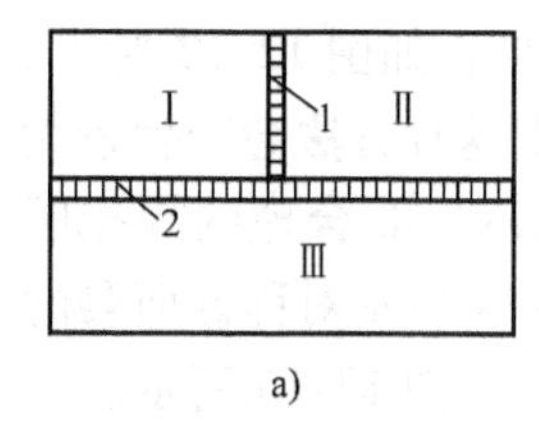

a)

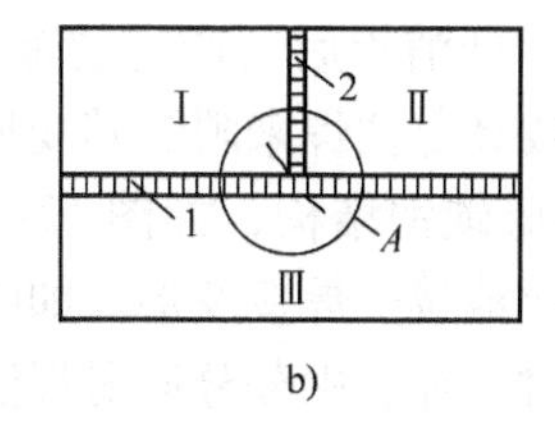

b)

图 12-9　焊接顺序对焊接应力的影响

a）焊接应力小　b）焊接应力大

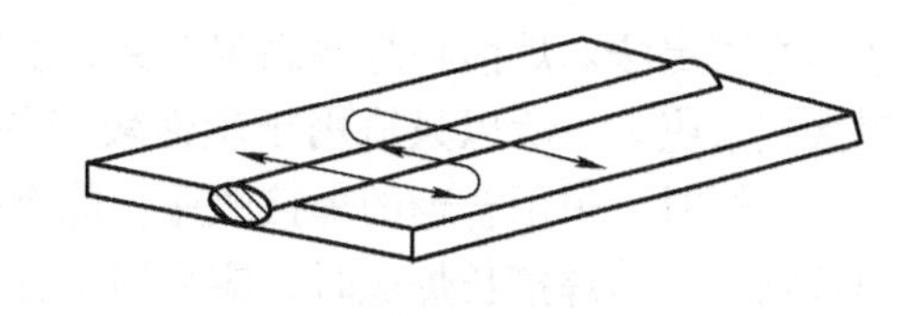

图 12-10　锤击焊缝的路线

（4）焊后退火处理是常用的最有效的消除焊接应力的一种方法，即将工件均匀加热到 600～650℃，保温一定时间，然后缓慢冷却。整体退火可消除 80%～90% 的焊接应力。

（三）焊接变形的预防与矫正

1. 焊接变形的基本形式

当焊接残余应力超过材料的屈服强度时，焊件就发生变形。常见焊接变形的基本形式如图 12-11 所示。

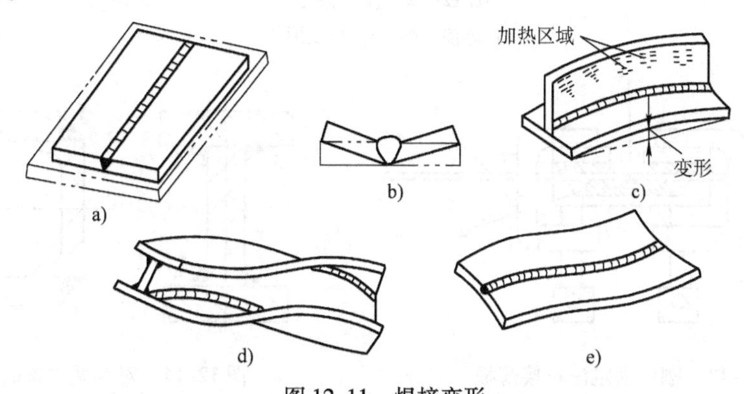

图 12-11　焊接变形

a）收缩变形　b）角变形　c）弯曲变形　d）扭曲变形　e）波浪变形

（1）收缩变形。构件焊接后因焊缝纵向（沿焊缝方向）和横向（垂直焊缝方向）收缩，而导致构件纵向和横向尺寸缩短，如图12-11a所示。

（2）角变形。它是由V形坡口对焊缝，截面形状上下不对称，焊后横向收缩不均匀而引起的，如图12-11b所示。

（3）弯曲变形。它是T形梁焊接时，由于焊缝布置不对称，焊缝纵向收缩引起的，如图12-11c所示。

（4）扭曲变形。又称螺旋形变形，是由于焊接顺序或焊接方向不合理，或结构焊前装配不当引起的，如图12-11d所示。

（5）波浪变形。它是薄板焊接时，由于焊缝纵向收缩，使焊件丧失稳定性引起的，如图12-11e所示。

2. 防止焊接变形的措施

（1）合理的结构设计。在进行焊接结构设计时，应注意如下问题：①尽量减少焊缝的数量、长度及截面积；②焊缝尽量对称布置，避免密集与交叉；③尽量选用型材、冲压件代替板材拼接，以减少焊缝数量和变形。

（2）采用必要的工艺措施。①反变形法。预先估计其结构变形的方向和数量，焊前将焊件安放在与焊接变形方向相反的位置，以抵消焊后所产生的焊接变形，如图12-12所示。②刚性固定法。焊前将焊件固定在夹具上或经定位焊来限制其变形。但这种方法会产生较大焊接残余应力，所以只适用于塑性较好的低碳钢结构，如图12-13所示。③合理的焊接顺序。施焊时，采用合理的焊接顺序，能有效地减少焊接变形。如图12-14所示对称截面梁的焊接顺序。当焊接长焊缝时，应采用中分对称焊、中分分段退焊法等，如图12-15所示。

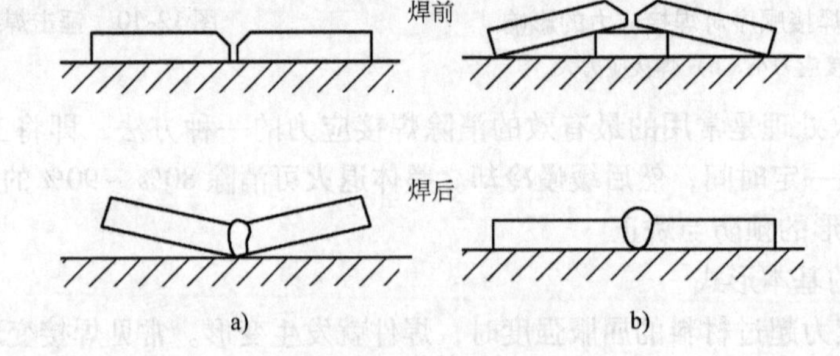

图12-12 反变形法
a）焊接变形 b）反变形法

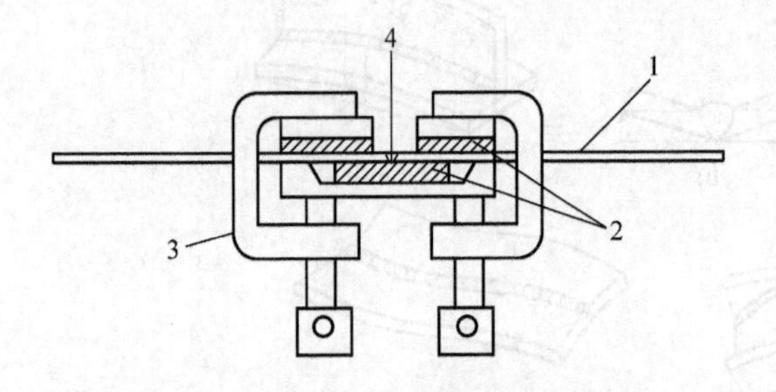

图12-13 刚性固定法拼接薄板
1—不锈钢薄板 2—刚性夹紧板 3—夹紧卡头 4—焊缝

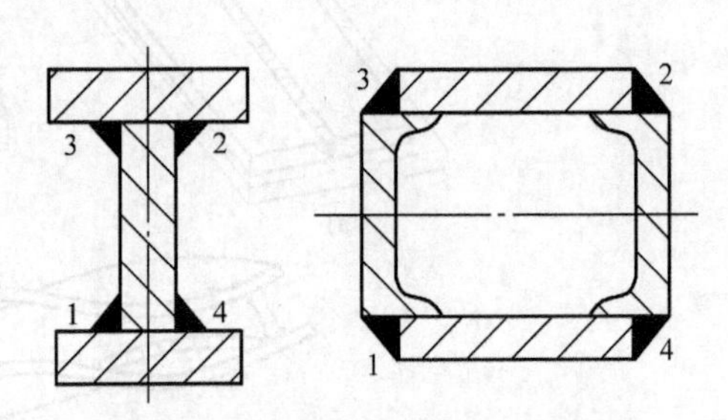

图12-14 对称截面梁的焊接顺序

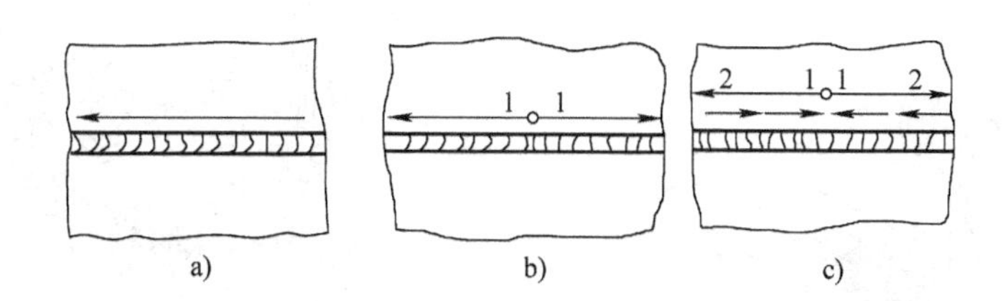

图 12-15　长焊缝的几种焊接顺序

a）直通焊，变形最大　b）中分对称焊，变形较小　c）中分分段退焊，变形最小

3. 焊接变形的矫正

（1）机械矫正法。利用机械外力迫使焊件产生与焊接变形方向相反的塑性变形，使两者相互抵消以达到矫正变形的目的。机械矫正使用的设备有辊床、压力机、矫直机等，有时也可采用千斤顶、牵引器或手锤。在机械矫正时要消耗焊件的一部分塑性，因此这种方法只适用于塑性较好的低碳钢和低合金结构钢。

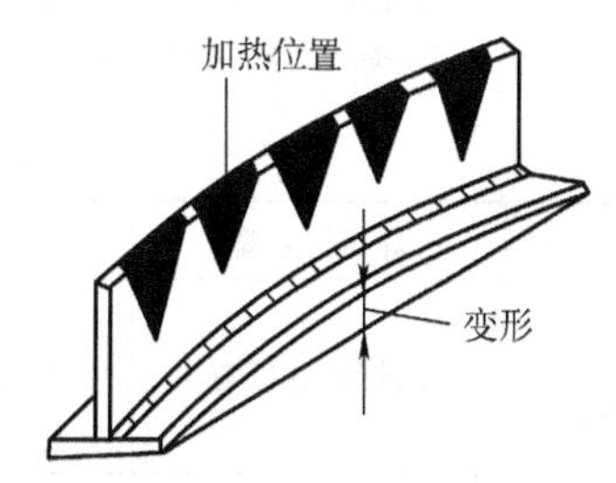

图 12-16　火焰矫正法

（2）火焰矫正法。利用氧、乙炔焰在焊件的适当部位加热（温度控制在 600 ~ 800℃），使其冷却收缩时产生新的变形，以矫正焊接时产生的变形，如图 12-16 所示。这种方法一般也仅适用于塑性较好的低碳钢和低合金结构钢。

第三节　其他焊接方法

一、埋弧焊

埋弧焊是指电弧在焊剂层下燃烧进行焊接的方法。它分为自动埋弧焊和半自动埋弧焊，其中自动埋弧焊在生产中应用很广泛。

（一）埋弧焊焊缝的形成过程

埋弧焊焊接时引弧、焊丝送进、移动电弧和收弧等动作由机械自动完成，其焊接过程如图 12-17 所示。焊接前，先在焊接处覆盖一层 30 ~ 50mm 厚的颗粒状焊剂，焊丝在焊剂层下与焊件接触自动引弧并稳定燃烧，使电弧周围的颗粒状焊剂熔化，形成的熔渣和熔化金属发生冶金反应，部分焊剂蒸发后产生的气体将电弧周围的熔渣排开，形成一个封闭的熔渣泡，如图 12-18 所示，使熔化金属与空气隔离，并能防止金属液飞溅和电弧热量的损失，同时还阻止了弧光四射。随着电弧向前移动，焊丝、焊剂、焊件不断熔化，熔池金属冷却结晶形成焊缝，熔渣浮在熔池的表面，冷却凝固后成为渣壳，未熔化焊剂经回收处理后再使用。

（二）埋弧焊所用焊接材料

埋弧焊所用焊接材料有焊丝和焊剂。焊丝起电极和填充金属的作用；焊剂起的作用与焊条药皮的作用基本相同，在焊接过程中起稳弧、保护、脱氧及渗合金等作用。焊剂分熔炼和非熔炼两类，其中熔炼焊剂广泛用于碳钢和低合金结构钢的焊接。

为保证焊缝化学成分和力学性能，焊丝和焊剂使用时要合理匹配，如表 12-6 所示。

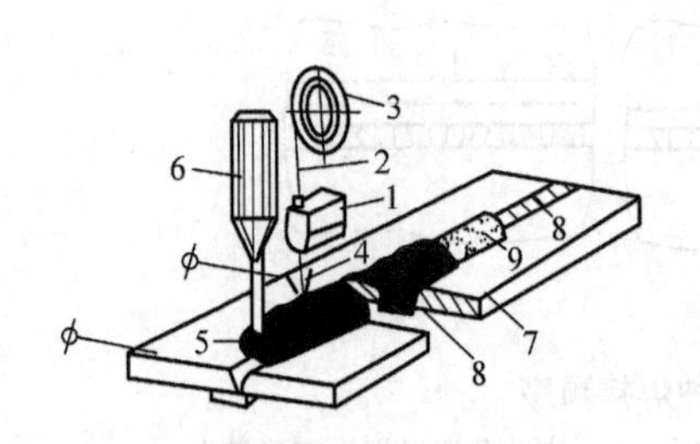

图 12-17　埋弧焊示意图

1—自动焊机头　2—焊丝　3—焊丝盘
4—导电嘴　5—焊剂　6—焊剂漏斗
7—焊件　8—焊缝　9—渣壳

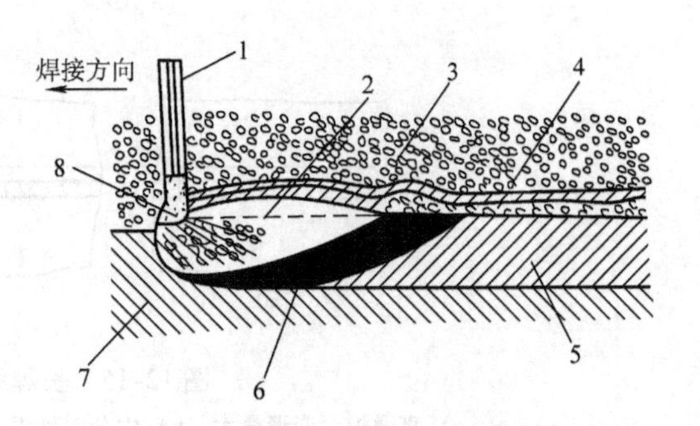

图 12-18　埋弧焊纵截面图

1—焊丝　2—熔渣泡　3—焊剂
4—渣壳　5—焊缝　6—熔池
7—基本金属　8—电弧

表 12-6　埋弧焊常用熔炼焊剂牌号

焊剂牌号	焊剂类型	使用说明	电流种类
HJ430 HJ431	高锰高硅低氟	配合 H08A 或 H08MnA 焊接 Q235、20 和 Q295 等 配合 H08MnA 或 H10Mn2 焊接 Q345、Q390 等 配合 H08MnMo 焊接 Q420 等	交流或直流反接
HJ350	中锰中硅中氟	配合 H08Mn2Mo 焊接 18MnMoNb、14MnMoV 等	交流或直流反接
HJ250	低锰中硅中氟	配合 H08Mn2Mo 焊接 18MnMoNb、14MnMoV 等	直流反接
HJ251		配合 H12CrMo、H15CrMo 焊接 12CrMo、15CrMo	直流反接
HJ260	低锰高硅中氟	配合 H12CrMo、H15CrMo 焊接 12CrMo、15CrMo 配合不锈钢焊丝焊接不锈钢	直流反接

（三）埋弧焊特点及应用

埋弧焊与焊条电弧焊相比具有如下特点。

（1）生产效率高。由于埋弧焊采用大电流焊接（焊接电流可达 800～1000A），熔深大，不需换焊条，所以生产效率比焊条电弧焊提高 5～10 倍。

（2）焊接质量好，焊缝成形美观。由于埋弧焊焊接区受到焊剂和液态熔渣的可靠保护，焊接热量集中，焊接速度快，热影响区小，焊件变形小，所以焊缝成形美观，焊接质量好。

（3）节省材料与电能。埋弧焊焊件厚度在 20～25mm 以上时，不需开坡口，因此可减少填充金属。另外，没有焊条电弧焊时的焊条头损失，焊接热量损耗少。

（4）改善了工人的劳动条件。埋弧焊焊接过程的机械化，使工人的劳动强度大大降低，且电弧埋在焊剂层下燃烧，无弧光，烟尘少，劳动条件得到很大改善。

埋弧焊不足之处是：对于短焊缝、曲折焊缝及薄板焊接困难；设备费用较贵；焊接过程看不到电弧，不能及时发现问题。因此，埋弧焊的应用受到了一定限制。

埋弧焊适用于批量大的中厚板结构的长直焊缝和较大直径的环焊缝焊接。在桥梁、造船、锅炉、压力容器、冶金机械制造等工业中获得广泛应用。

二、气体保护电弧焊

气体保护电弧焊是用外加气体作为电弧介质并保护电弧和焊接区的电弧焊方法，简称气体保护焊。保护气体的种类很多，目前应用较多的是氩气和二氧化碳。下面只介绍这两种气体保护焊。

（一）氩弧焊

氩弧焊是以氩气作为保护气体的电弧焊。按照电极不同，氩弧焊可分为两种，如图12-19所示。

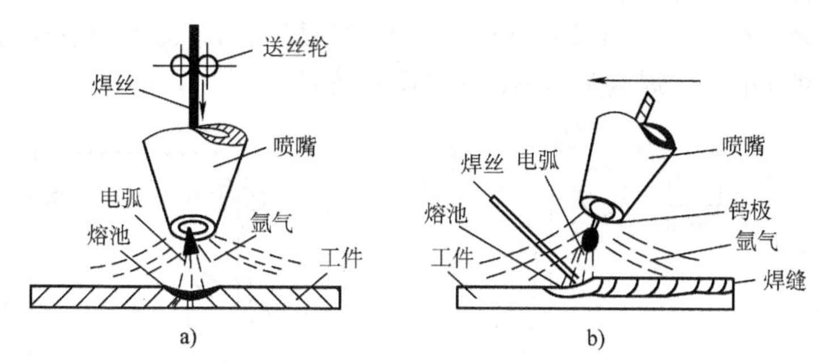

图12-19 氩弧焊示意图

a）熔化极氩弧焊 b）非熔化极氩弧焊

1. 熔化极氩弧焊

采用连续送进的焊丝作电极，电弧在焊丝和焊件之间燃烧，焊丝不断熔化，形成熔滴过渡到熔池中去，待液态金属冷却结晶后形成焊缝。熔化极氩弧焊可采用较大的焊接电流，适宜焊接厚度为25mm以下的焊件。

2. 非熔化氩弧焊（钨极氩弧焊）

采用高熔点钨棒作为电极，焊接时钨极不熔化，只起产生电弧的作用，另外加焊丝作为填充金属，在氩气流保护下，利用钨棒与焊件之间电弧燃烧产生的热量，熔化焊丝和基本金属，待冷却结晶后形成焊缝。由于受钨棒所能通过的电流密度的限制，钨极氩弧焊只适用于焊接厚度为6mm以下的焊件。焊接钢件时，常采用直流正接法，以减少钨极的消耗。焊接铝、镁等合金时，则采用交流电源或直流反接法，以提高焊接质量。

氩弧焊的特点：

（1）氩气是惰性气体，它不与金属发生化学反应，又不溶入液态金属，其保护效果最佳，特别适宜焊接化学性质活泼的金属及合金。

（2）它是明弧焊，便于操作，容易实现全位置焊接。

（3）电弧稳定，飞溅小，焊缝致密，无熔渣，焊接质量优良，焊缝成形美观。

（4）电弧在气流压缩下燃烧，热量集中，因此焊接速度快，热影响区的宽度和焊接变形小。

（5）**氩气价格昂贵，成本高，因而氩弧焊主要用于焊接铝、镁、钛及其合金、耐热钢和不锈钢等。**

（二）CO_2 气体保护焊（简称 CO_2 焊）

CO_2 气体保护焊是以 CO_2 气体作为保护气体的电弧焊。它用焊丝作为电极，依靠焊丝与工件之间产生的电弧来熔化基本金属与焊丝，如图12-20所示。

CO_2 气体保护焊特点：

（1）焊接成本低。CO_2 气体来源广，价格低廉，焊丝又是整圈光焊丝，故成本仅为埋弧焊和焊条电弧焊的37%～42%。

(2) 生产效率较高。由于 CO_2 气体保护焊电流密度大，电弧穿透能力强，因此焊接速度快，焊后没有熔渣，节省清渣时间，生产效率比焊条电弧焊提高 1 ~4 倍。

(3) 操作性能好。CO_2 气体保护焊属于明弧焊，所以可以及时发现问题，操作也与焊条电弧焊一样灵活方便，适用于全位置焊接。

(4) 焊接质量较好。由于用 CO_2 气体能有效保护焊丝和熔池不受空气的侵害，因此焊缝含氢量低，抗裂性能好，焊接变形小，焊接质量较好。

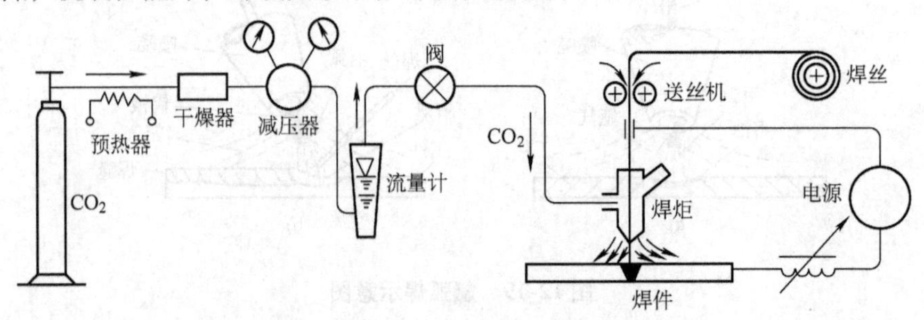

图 12-20 CO_2 气体保护焊示意图

但是，CO_2 气体保护焊也存在一些缺点，如使用大电流焊接时，电弧飞溅大，焊缝成形不美观；很难用交流焊接及在有风的地方施焊；CO_2 在 1000℃ 以上高温会分解成 CO 和 O_2，有一定的氧化性，因此不宜焊接容易氧化的有色金属材料。

CO_2 气体保护焊的优点是显著的，所以在汽车、机动车辆、造船及农业机械等部门应用很广泛，主要用于碳钢、低合金钢等材料的薄板焊接及磨损零件堆焊等。

三、气焊

气焊是利用气体火焰作为热源的一种焊接方法。最常用的是氧乙炔焊。它的设备简单，操作方便，不需电能，适用于各种材料的全位置焊接。但这种方法火焰温度低，加热时间长，生产效率低，热影响区宽，焊后变形大，焊接质量差，只适用于薄板、有色合金的焊接及钎焊刀具、铸铁件修补等。

(一) 氧乙炔焰的种类

根据氧和乙炔的混合比值不同，可将氧乙炔焰分为以下三种，如图 12-21 所示。

(1) 中性焰。氧乙炔混合比（体积比）为 1 ~1.2 时燃烧所形成的火焰。中性焰最高温度可达 3000 ~3150℃，**这种火焰在生产上应用最广，适用于低碳钢、中碳钢、低合金钢、不锈钢、纯铜和铝及铝合金等材料的焊接。**

(2) 碳化焰。氧乙炔混合比小于 1 的火焰。火焰最高温度可达 2700 ~3000℃，整个火焰比中性焰长。由于碳化焰中有过剩乙炔并分离成游离状态的碳和氢，导致焊缝产生气孔和裂纹，同时对焊缝有渗碳作用，**因此这种火焰适用于含碳量较高的高碳钢、铸铁、硬质合金及高速工具钢的焊接。**

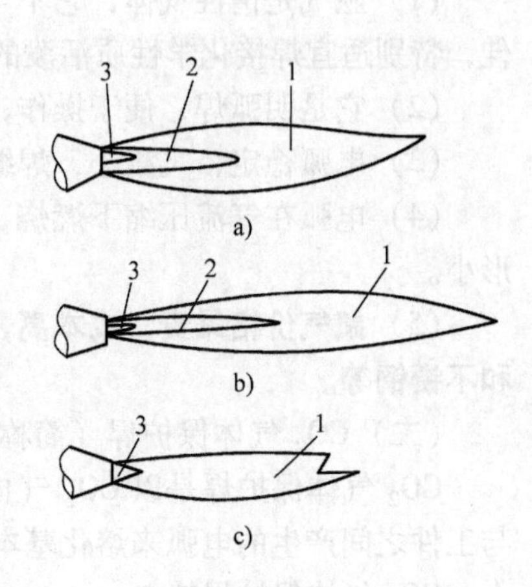

图 12-21 氧乙炔焰
a) 中性焰 b) 碳化焰 c) 氧化焰
1—外焰 2—内焰 3—焰心

（3）氧化焰。氧乙炔的混合比大于1.2的火焰。整个火焰很短，燃烧时发出“嘶嘶”声。氧化焰最高温度可达3100～3300℃。由于氧化焰会使焊缝金属氧化，形成气孔，部分合金元素在焊接时被烧损，从而导致了焊缝金属的力学性能降低，因此一般不采用。**只有焊接黄铜时采用氧化焰，其原因是焊接黄铜时采用含硅焊丝，氧化焰会使熔化金属表面覆盖一层硅的氧化膜，可阻止黄铜中锌的挥发。**

（二）气焊操作

气焊操作时，确定工艺参数是保证焊接质量的关键，主要包括焊丝的牌号、直径、气焊熔剂、火焰能率、焊炬的倾斜角度、焊接方向和焊接速度等。

1. 焊丝的牌号及直径

（1）焊丝的牌号选择。应根据焊件材料的力学性能或化学成分选择相应的焊丝牌号，具体查阅焊接手册。

（2）焊丝的直径选择。应根据焊件的厚度选择相应的焊丝直径，具体可参考表12-7。

表12-7　气焊焊丝直径选择

工件厚度/mm	1～2	2～3	3～5	5～10	10～15
焊丝直径/mm	1～2	2	2～3	3～4	4～6

2. 气焊熔剂

为了去除焊缝表面的氧化物和保护熔化金属及增加熔池的流动性，常采用熔剂。气焊所用熔剂的选用，应根据焊件的化学成分及其性质而定。如焊接铸铁、有色金属等，必须采用相应的熔剂（只有碳素结构钢不用），具体应查阅焊接手册。

3. 火焰能率

火焰能率一般是以每小时可燃气体（乙炔）的消耗量（L/h）来确定，而可燃气体消耗量取决于焊炬型号及焊嘴号数的大小。当焊件较厚，金属的熔点高，导热性较好，焊缝为平焊位置时，应选用大的焊炬型号和焊嘴号数，才能保证将焊件焊透；反之，应选用小的焊炬型号和焊嘴号数，具体查阅焊接手册。

4. 焊炬的倾斜角

焊炬的倾斜角大小要根据被焊件的厚度和熔点以及导热性等来确定。焊件越厚、导热性及熔点越高，则采用较大的焊炬倾斜角；反之，则采用小的倾斜角。焊接低碳钢时，焊炬倾斜角与焊件厚度的关系如图12-22所示。

5. 焊接方向

气焊方向可分为右向焊和左向焊，如图12-23所示。

右向焊不易掌握，仅适用于焊接厚度大、熔点及导热性较高的焊件（见图12-23a）；左向焊操作简便，容易掌握，生产上应用广泛，适用于薄板的焊接（见图12-23b）。

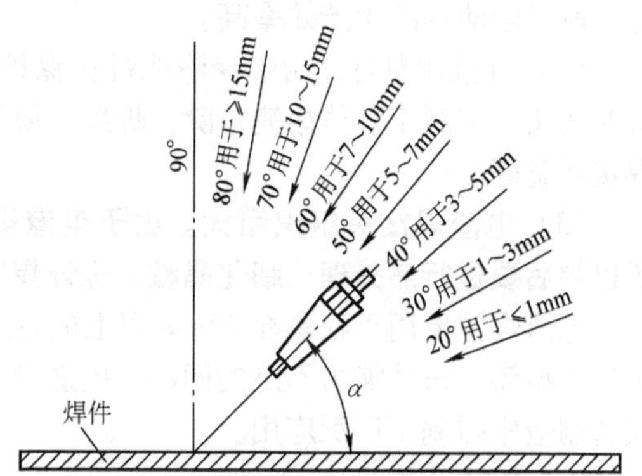

图12-22　焊炬倾斜角与焊件厚度的关系

四、电渣焊

电渣焊是利用电流通过液态熔渣产生的电阻热来熔化工件与电极（填充金属）的一

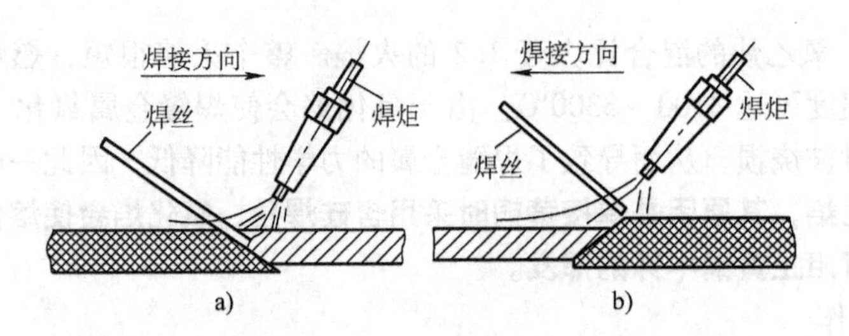

图 12-23 右向焊和左向焊

a）右向焊 b）左向焊

种焊接方法。按电渣焊使用的电极不同，将其分为丝极电渣焊、、板极电渣焊、熔嘴电渣焊，其中丝极电渣焊在生产上应用较多。图 12-24 为丝极电渣焊过程示意图。

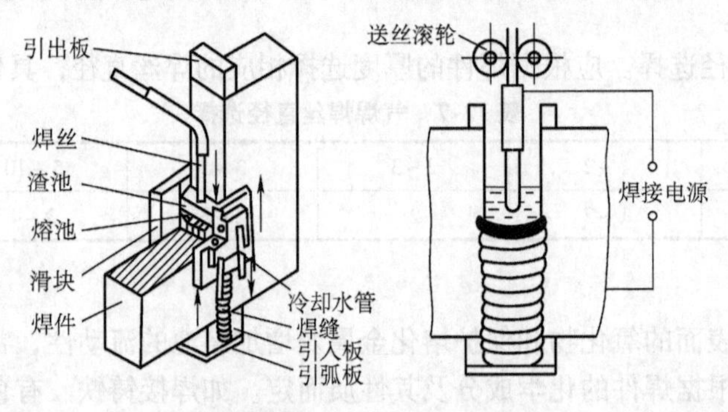

图 12-24 丝极电渣焊过程示意图

焊接时，两工件位于垂直位置，相距 25~35mm，在两工件两侧装有冷却滑块，底部有引弧板，上部有引出板，在两工件间隙中放入一定的焊剂，通电后，送丝机构将焊丝送入，并在引弧板上引燃电弧，在电弧热的作用下，焊剂熔化，形成渣池，当渣池具有一定深度时，增大送丝速度，使焊丝插入渣池，电弧熄灭，转入电渣焊过程，即电流通过渣池的液态熔渣产生的电阻热，不断将焊丝和工件加热、熔化，形成金属熔池沉在渣池下面，随着熔池和渣池不断上升，冷却滑块也同时逐渐上升，下面的金属熔池则逐渐凝固，形成立焊缝。

电渣焊的特点为：

（1）生产效率高。焊接厚件时，不需开坡口，一次焊成。通常焊件厚度可达 40mm 以上，所以电渣焊的生产效率高。

（2）焊接质量好。由于受渣池机械保护作用，空气不易进入焊接区，而且液态熔池保持时间长，有利于气体熔渣排除，焊缝金属比较纯净，同时减少了气孔、裂纹的产生，所以焊接质量好。

（3）电渣焊接头组织粗大。**由于电渣焊加热时间长，冷却缓慢，造成接头组织粗大，所以焊后要进行热处理，细化晶粒，保证焊缝的力学性能。**

电渣焊主要用于板厚在 40mm 以上的直焊缝及环形焊缝的焊接。电渣焊的出现，解决了生产大型铸、锻件能力不足的问题。电渣焊在我国水轮机、水压机、轧钢、重型机械等大型设备制造中得到了广泛应用。

五、等离子弧焊

等离子弧焊是一种借助水冷喷嘴对电弧的拘束作用，获得较高能量密度的等离子弧进行焊接的方法。

一般焊接电弧未受到外界约束，弧柱区气体尚未完全电离，故称为自由电弧。而用一个特殊装置，把自由电弧导电截面向中心压缩，使弧柱区温度增高，弧柱区气体完全电离，这种弧柱区气体几乎达到全部等离子状态的电弧称为等离子弧。图 12-25 为等离子弧发生装置示意图，在钨极和焊件之间加上较高电压，经高频振荡使气体电离形成弧柱后，弧柱通过水冷喷嘴细孔时，弧柱截面被迫压缩减小，此作用称为“机械压缩效应”。当向弧柱嘴内通人一定压力和流量的气体时，如氩气、氮气等，冷却喷嘴使流过的气体也变冷，这样导致了弧柱外围受到强烈冷却，迫使电子和离子往高温的弧柱集中，使弧柱变细，导电截面变小，这种压缩作用称为“热压缩效应”。另外，带电粒子流（电子和离子）在弧柱中的运动可以看成是电流在一束平行的“导线”内移动，其自身磁场所产生的电磁力，使导线相互靠近，弧柱又进一步压缩，这种压缩作用称为“电磁压缩效应”。在上述三种效应的作用下，弧柱被压缩到很细的范围内，电弧能量高度集中，弧柱内的气体完全电离形成等离子弧。等离子弧在电极与焊件间燃烧，其温度可达 16000～30000K。

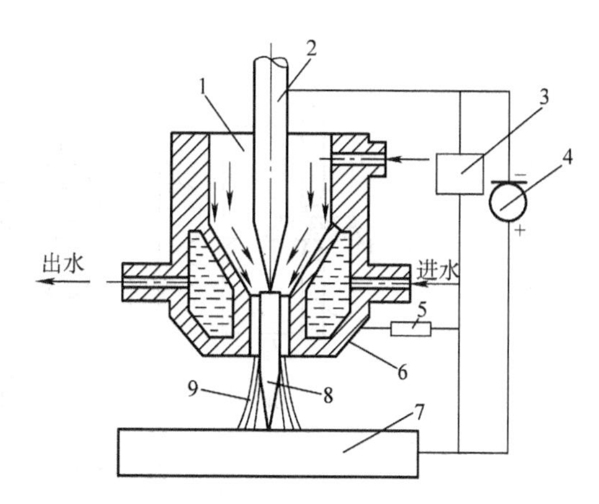

图 12-25　等离子弧发生装置示意图
1—气流　2—钨极　3—振荡器　4—直流电源　5—电阻　6—喷嘴　7—焊件　8—等离子弧　9—保护气体

等离子弧焊的主要特点是：热量高度集中，弧柱温度高，弧流流速大，穿透能力强，焊接速度快，焊接应力及变形小，生产率高等。等离子弧焊也存在着不足，如设备复杂，气体消耗量大，不适宜在室外焊接等。

等离子弧焊主要用于焊接不锈钢、耐热钢、铜、钛及钛合金，以及钨、钼、钴等难熔金属。

六、电阻焊

是指焊件组合后通过施加压力，利用电流通过接头的接触面及邻近区域产生电阻热进行焊接的方法。

电阻焊的特点是：焊接电流大，生产效率高；焊缝表面平整光洁，质量好；焊接过程简单，易于实现机械化和自动化；焊接变形小，不需填充金属，劳动条件好。

电阻焊的不足是：设备复杂，耗电量大，对工件厚度和接头形式有一定限制。

电阻焊可分为定位焊、缝焊、对焊三种类型，如图 12-26 所示。

1. 定位焊

定位焊是指将焊件装配成搭接接头，并压紧在两极间，利用电阻热熔化母材，形成焊点的焊接方法。定位焊适用于焊接 4mm 以下的薄板搭接结构，在汽车、飞机、仪表、电子等部门中应用广泛。

2. 缝焊

缝焊是将焊件装配成搭接接头或对接接头并置于两滚轮电极之间，滚轮加压于焊件并转动，连续或断续送电，形成焊缝的焊接方法。缝焊适用于焊接 3mm 以下，有密封要求的薄壁搭接结构，如油箱、管道等。

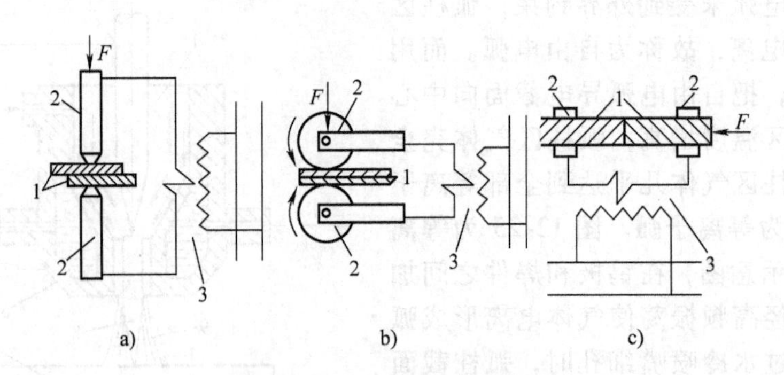

图 12-26 电阻焊类型示意图

a）定位焊 b）缝焊 c）对焊

1—焊件 2—电极 3—电源

3. 对焊

对焊是利用电阻热使两个被焊工件沿整个接触面焊合的焊接方法。按工艺不同可分为电阻对焊和闪光对焊。其中电阻对焊适用于焊接直径小于 20mm 的低碳钢棒料和管材以及强度要求不高的焊件；闪光对焊适用于焊接受力大的重要工件，如切削刀具、建筑用钢筋等，也适用于异种金属的焊接，如铜与钢、铝与铜等。

第四节 常用金属材料的焊接

一、金属焊接性

金属焊接性是金属材料对焊接加工的适应性，主要指在一定的焊接工艺条件下，获得优质焊接接头的难易程度。它包括两方面的内容：一是接合性能，即在一定焊接工艺条件下，一定的金属形成焊接缺陷的敏感性；二是使用性能，即在一定的焊接工艺条件下，一定金属的焊接接头对使用要求的适应性。

不同的金属材料，其焊接性有很大的差别。例如，焊接低碳钢在简单工艺条件下，应用任意一种焊接方法都能获得良好的焊接接头，则表明该材料的焊接性好；而焊接铝，采用一般的焊接方法（焊条电弧焊、气焊）就容易产生气孔、裂纹等缺陷，则表明该材料焊接性差，但采用氩弧焊焊铝时，就能获得满意的焊接接头，焊接性又变好了。由此可见，金属的焊接性是一个相对概念，不但取决于金属材料的化学成分，还与焊接方法、焊接材料、焊接工艺条件及结构使用条件有着密切的关系。

在焊接生产中，常常根据钢材的化学成分来判断其焊接性。钢中的碳含量对其焊接性影响最明显，所以常用碳当量来估算钢的焊接性。所谓碳当量，就是把钢中合金元素（包括碳）的含量，按其作用换算成碳的相当含量，用符号“*CE*”表示。

国际焊接协会推荐计算碳素结构钢、低合金结构钢的碳当量公式为

$$CE = \mathrm{C} + \mathrm{Mn}/6 + (\mathrm{Cr} + \mathrm{Mo} + \mathrm{V})/5 + (\mathrm{Ni} + \mathrm{Cu})/15$$

式中，各元素符号表示钢中含该元素的质量分数。

根据经验得知：$CE < 0.4\%$ 时，钢材塑性好，焊接性良好，焊接时一般不需要预热；$CE = 0.4\% \sim 0.6\%$ 时，钢材的塑性下降，易产生淬硬组织及裂纹，焊接性较差，焊接时需

采用预热和一定工艺措施；*CE* >0.6%时，钢材塑性较低，淬硬和裂纹倾向严重，焊接性很差，焊接时需要采用较高的预热温度和严格的工艺措施。

利用碳当量评定钢材的焊接性是粗略的，因为只考虑了焊件化学成分的因素，没有考虑结构刚度、使用条件等因素的影响。钢材的实际焊接性，应该根据焊件的具体情况，再通过焊接性试验来测定。

二、常用金属材料的焊接

（一）碳钢的焊接

1. 低碳钢的焊接

低碳钢碳的质量分数小于0.25%（碳当量小于0.4%），塑性好，淬硬倾向不明显，焊接性好。一般情况下，不需要预热和焊后热处理等特殊的工艺措施，采用任意一种焊接方法，都能得到优质焊接接头。但在0℃以下低温环境焊接厚件时，应考虑预热，预热温度在100~150℃左右。电渣焊焊后应正火处理以细化晶粒。

低碳钢常用的焊接方法有焊条电弧焊、埋弧焊、CO_2气体保护焊、电渣焊及电阻焊等。其中焊条电弧焊时，一般结构可选用酸性焊条，如E4303（J422）、E4301（J423），重要结构可选用碱性焊条，如E5015（J507）、E5016（J506）；埋弧焊时，一般可选用H08A或H08MnA焊丝，配合HJ430、HJ431；CO_2气体保护焊时，可选用H08MnSi、H08Mn2SiA焊丝。

2. 中碳钢的焊接

中碳钢碳的质量分数在0.25%~0.6%之间（碳当量在0.4%以上），随着钢中碳的质量分数的增加，塑性降低，淬硬倾向逐渐增大，焊接性变差，从而导致焊缝区热裂倾向增大，在热影响区易产生淬火组织和冷裂纹。

中碳钢焊接时，为了保证焊后不产生裂纹和得到满意的力学性能，通常应采取如下措施：

（1）焊前预热，减缓焊接接头的冷却速度，减少淬硬倾向和降低焊接应力。一般情况下，35钢和45钢预热温度为150~250℃；碳的质量分数较高或结构厚度和刚性较大时可预热到250~400℃。

（2）采用抗裂性较好的低氢焊条（如E5015、E6015-D），如果不要求焊缝与母材等强度时，可采用强度低一些的焊条（如E4316、E4315），以提高焊缝的塑性。

（3）焊接时采用细焊条、小电流、开坡口、多层焊等，以减少母材的熔化量，降低焊缝碳的质量分数，防止热裂纹的产生。

中碳钢常用的焊接方法有焊条电弧焊和气焊。厚件可考虑应用电渣焊，但焊后要进行相应的热处理。

3. 高碳钢的焊接

高碳钢碳的质量分数大于0.6%以上，其特点与中碳钢基本相同，但焊接性更差，因此一般不用于制造焊接结构件，主要用于工件焊补。

（二）低合金结构钢的焊接

低合金结构钢具有较高的强度，而且韧性也很好，所以这类钢广泛用于制造压力容器、锅炉、桥梁、车辆、船舶等。常用的低合金结构钢焊接材料见表12-8。

由于低合金结构钢强度等级不同，其化学成分及性能差异很大，所以焊接性的差别也较明显，强度级别低的低合金结构钢，焊接性良好；强度等级高的低合金结构钢，焊接性差。例如Q345钢，含碳低，合金元素少，碳当量在0.4%以下，其焊接性良好，当Q345钢在低温焊接或焊接厚板时，应考虑预热，其预热温度可参考表12-9，对于重要件（如锅炉、压力容器），板厚大于30mm时焊后应进行热处理，以消除应力。

表12-8 低合金结构钢焊接材料选用表

<table>
<tr><th rowspan="2">强度等级/MPa</th><th rowspan="2">钢　号</th><th rowspan="2">碳当量（%）</th><th rowspan="2">焊条电弧焊焊条</th><th colspan="2">埋　弧　焊</th><th rowspan="2">预热温度/℃</th></tr>
<tr><th>焊　丝</th><th>焊剂</th></tr>
<tr><td>294</td><td>Q295</td><td>0.36</td><td>J422、J427</td><td>H08A、H08MnA</td><td>HJ431</td><td>一般不预热</td></tr>
<tr><td>343</td><td>Q345</td><td>0.39</td><td>J502、J507、J506</td><td>H08A（不开坡口）
H08MnA（开坡口）
H10Mn2（开坡口）</td><td>HJ431</td><td>一般不预热</td></tr>
<tr><td rowspan="3">392</td><td rowspan="3">Q390</td><td rowspan="3">0.40</td><td rowspan="3">J502、J507、
J506、J557</td><td>不开坡口对接
H08MnA</td><td>HJ431</td><td rowspan="3">厚板100~150℃</td></tr>
<tr><td>中板开坡口
H10Mn2
H08Mn2SiA</td><td>HJ431</td></tr>
<tr><td>厚板深坡口
H08MnMoA</td><td>HJ350
HJ250</td></tr>
<tr><td>443</td><td>Q420</td><td>0.43</td><td>J507
J607</td><td>H08MnMoA
H08MnVTiA</td><td>HJ431
HJ350</td><td>≥150℃</td></tr>
<tr><td>491</td><td>14MnMoV
18MnMoNb</td><td>0.50
0.55</td><td>J607
J707</td><td>H08Mn2MoA
H08Mn2MoVA</td><td>HJ250
HJ350</td><td>≥200℃</td></tr>
</table>

表12-9 不同环境下焊接Q345钢的预热温度

板厚/mm	不同气温下的预热温度
16以下	不低于-10℃不预热，-10℃以下预热100~150℃
16~24	不低于-5℃不预热，-5℃以下预热100~150℃
25~40	不低于0℃不预热，0℃以下预热100~150℃
40以上	均预热100~150℃

强度等级大于或等于392MPa的低合金结构钢，随着合金元素的增加，强度明显提高，但淬硬、冷裂倾向也随之增大，焊接性差。为避免产生冷裂纹，一般焊前要进行预热，在焊接中还可以适当增大焊接电流，减慢焊接速度；焊条电弧焊时选用抗裂好的低氢焊条，焊后还要及时进行去应力退火。

低合金结构钢常用的焊接方法有焊条电弧焊、埋弧焊、气体保护焊、电渣焊等，在选用时要考虑被焊的钢材种类、结构特点、使用性能要求及生产批量等。

（三）铸铁件的焊补

铸铁中碳的质量分数高，硫、磷杂质多，其强度低，几乎无塑性，焊接性差，一般不能用于制造焊接构件，但铸件出现缺陷及在使用中发生局部损坏或断裂时，可以通过焊补的方式进行修复。

铸铁件焊补时的主要问题是：易产生白口组织、产生裂纹和形成气孔。

铸铁件焊补的方法有两种，即热焊和冷焊。

1. 热焊

焊前首先将工件整体或局部预热到600～700℃，焊接过程中始终保持温度不低于400℃，焊后在炉中缓冷，以降低冷却速度，减小应力，防止白口组织和裂纹的产生。

热焊常用的焊接方法有焊条电弧焊、气焊，其中气焊应用得较多，焊补的质量容易保证。气焊时采用铸铁焊丝作为填充金属，并要用气焊熔剂去除氧化物，通常用CJ201或硼砂等。热焊的成本高，生产效率低，工人劳动条件差，一般用于焊补小型复杂且焊后需要加工的重要件，如气缸体和机床导轨等。热焊的焊补质量较好。

2. 冷焊

焊前不预热或预热温度较低（400℃以下）。冷焊常用的焊接方法是焊条电弧焊。在焊接过程中可依靠焊条成分来调整焊缝的性能，并配合以相应的工艺参数和工艺措施来避免白口组织及裂纹的产生，比如小电流、短弧焊、窄焊缝、短焊道（每次焊缝长度不超过50mm），焊后立即锤击焊缝，以松弛焊接应力等。冷焊与热焊相比，生产效率高，成本低，劳动条件好，但焊补质量不如热焊，因此主要用于焊补要求不高和怕高温预热引起变形的铸件及非加工表面。

铸铁件冷焊常用的焊条有：镍基焊条（Z308）、铸铁芯焊条（Z248）、钢芯石墨化铸铁焊条（Z208）及铜基铸铁焊条（Z607）等。

（四）有色金属的焊接

1. 铜及铜合金的焊接

铜及铜合金的焊接性较差，主要原因是：

（1）难熔合。铜及铜合金的导热性好，铜的导热系数是钢的7倍，焊接时大量的热被传导出去，焊件难以局部熔化，所以焊接时必须采用功率大和热量集中的热源，一般还要预热，否则不易焊透。

（2）易产生焊接应力与变形。铜的线膨胀系数大，凝固时收缩率也大，加上铜的导热能力强，使焊接热影响区宽，焊接变形严重。刚性较大的焊件易产生焊接应力而导致裂纹。

（3）易产生气孔。铜在液态时能溶解大量的氢，凝固时溶解度减小，来不及溢出的氢残留在焊缝中形成气孔；同时氢气和氧化铜反应会形成水气，也会形成气孔。

（4）易产生热裂纹。铜在液态时极易氧化形成氧化亚铜，结晶时，氧化亚铜与铜形成低熔点的共晶体，分布在晶界上使接头脆化，易产生热裂纹。

（5）接头的力学性能下降。铜及铜合金在焊接过程中，由于焊缝金属和热影响区组织粗大以及合金元素的氧化烧损及蒸发，使焊接接头的力学性能下降。

铜及铜合金常用的焊接方法有氩弧焊、气焊、焊条电弧焊、钎焊等。其中氩弧焊的接头质量最好。气焊时需采用气焊熔剂CJ301以去除表面氧化物和杂质。焊条电弧焊时应选用相应的铜及铜合金焊条。

2. 铝及铝合金的焊接

铝及铝合金的焊接性较差，主要表现在：

（1）易氧化。铝易氧化生成氧化铝（Al_2O_3），其组织致密，熔点高，焊接时，易使焊缝产生夹渣。

（2）易产生气孔。液态铝能吸收大量的氢，而固态铝几乎不溶解氢，因此熔池在凝固时，气泡来不及逸出而形成气孔残留在焊缝中。

（3）易焊穿。铝及铝合金由液态转变为固态时无颜色变化，不易判断熔池温度，容易焊穿，造成焊接困难。

（4）易产生热裂纹。铝的膨胀系数和收缩率都比较大，所以易产生焊接应力和变形，而导致裂纹。

（5）铝的导热系数大，所以要求大功率或能量集中的热源，厚度较大时应预热。

（6）铝及铝合金在高温时强度及塑性低，焊接时常因不能支持熔池金属的重量而使焊缝塌陷，因此常需采用垫板。

铝及铝合金常用的焊接方法有：氩弧焊、气焊、电阻焊和钎焊。目前氩弧焊是应用最普遍的方法。氩弧焊时，由于氩气的可靠保护以及氩弧具有“阴极破碎”作用，因此焊接质量较高。对于焊接质量要求不高的工件，可采用气焊，气焊时必须采用气焊熔剂CJ401，以去除表面氧化物和杂质。无论是哪种焊接方法，焊前都必须清除被焊部位的氧化物和杂质。

第五节 焊接结构工艺性

焊接结构工艺性是指所设计的焊接结构在满足使用性能要求的前提下，还应考虑结构焊接工艺的要求，力求做到制造方便，生产率高，成本低、焊接质量好。焊接结构工艺性主要包括以下三个方面。

一、焊接结构材料的选择

不同金属材料的焊接性存在着一定差异，其焊接工艺也不相同，因而导致了焊接时难易程度的不同。因此应尽量选择焊接性好的金属材料来制造焊接结构。一般来说，低碳钢和强度级别低的低合金结构钢具有良好的焊接性，应优先选用；碳的质量分数大于0.5%的碳钢和碳当量大于0.4%的合金钢焊接性能差，一般不宜采用；焊接结构件要尽量选用工字钢、槽钢等各种型材，以减少焊缝数量和简化焊接工艺，同时也能提高结构的强度和刚性；异种金属材料的焊接，由于焊接性能的不同，其焊接质量难以保证，应尽量选用同种金属材料，如必须选用，焊接时则应采用合适的工艺措施；镇静钢的组织致密，可作为重要焊接结构的用材，沸腾钢焊接时易产生裂纹，用于一般焊接结构的用材。

二、焊接接头形式的选择

焊接接头形式的选择应根据结构形状、强度要求、工件厚度、焊缝位置、焊后应力与变形大小、坡口加工难易程度及焊接材料消耗等因素综合考虑。

（一）焊条电弧焊的接头形式

焊条电弧焊的接头形式如图12-27所示。

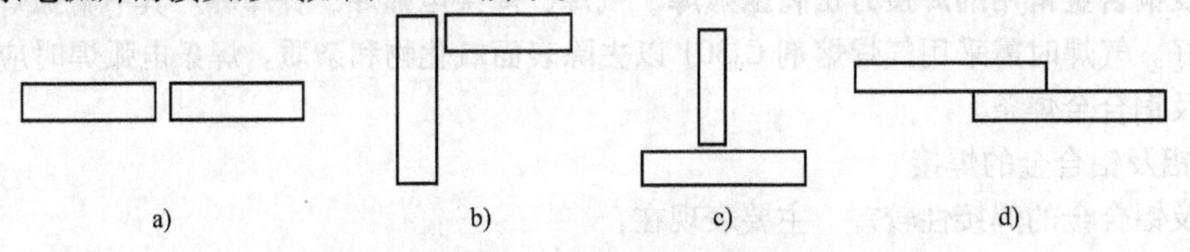

图12-27 焊条电弧焊接头的基本形式

a）对接 b）角接 c）T形接 d）搭接

1. 对接接头　是焊接结构应用最多的接头形式，其接头受力比较均匀，检验方便，接头质量也容易保证，适用于重要的受力焊缝，如锅炉、压力容器等结构。

不同厚度的钢板对接焊接时，允许厚度差见表 12-10。**如果对接钢板厚度差超过表 12-10 的规定，则应在较厚板上加工出单面或双面斜边的形式，以保证接头质量，如图 12-28 所示。**

表 12-10　不同钢板厚度对接的允许厚度差

较薄板的厚度 δ_1/mm	≥2 ~ 5	>5 ~ 9	>9 ~ 12	>12
允许厚度差（$\delta-\delta_1$）/mm	1	2	3	4

2. 搭接接头　因两焊件不在同一个平面内，受力时产生附加弯矩，降低接头强度，一般应避免采用，但搭接接头不用开坡口，备料、装配比较容易，对某些受力不大的平面连接（如厂房屋架、桥梁等），采用搭接接头可以节省工时。

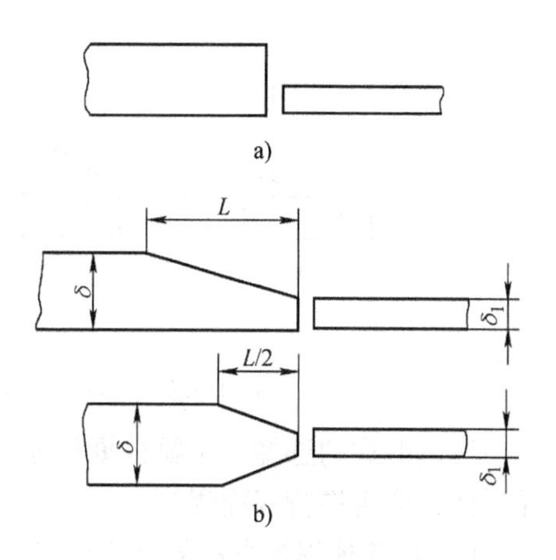

图 12-28　不同板厚对接

a）不合理　b）合理

3. T 形接头和角接接头　两者受力情况比对接接头复杂，当接头要求呈直角连接时才采用。

（二）焊条电弧焊坡口形式的选择

将焊件的待焊部位加工出一定形状的沟槽称坡口。为了保证将焊件根部焊透，并减少母材在焊缝中的比例，焊条电弧焊时钢板厚度大于 6mm 时需要开坡口（重要结构中板厚大于 3mm 时要求开坡口）。焊条电弧焊常见的坡口基本形式有 I 形坡口、X 形坡口、V 形坡口、U 形坡口等几种。如图 12-29、图 12-30、图 12-31 所示。

其中 X 形坡口适用于钢板厚度 12 ~ 60mm 以及要求焊后变形较小的结构；U 形坡口适用于钢板厚度 20 ~ 60mm 较重要的焊接结构；V 形坡口加工比较容易，但焊后变形大，适用于钢板厚度 3 ~ 26mm 的一般结构。

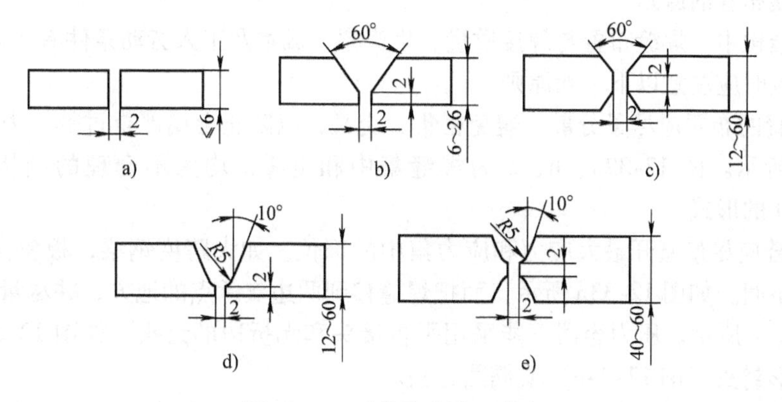

图 12-29　对接接头坡口形式

a）I 形坡口　b）V 形坡口　c）X 形坡口　d）U 形坡口　e）双 U 形坡口

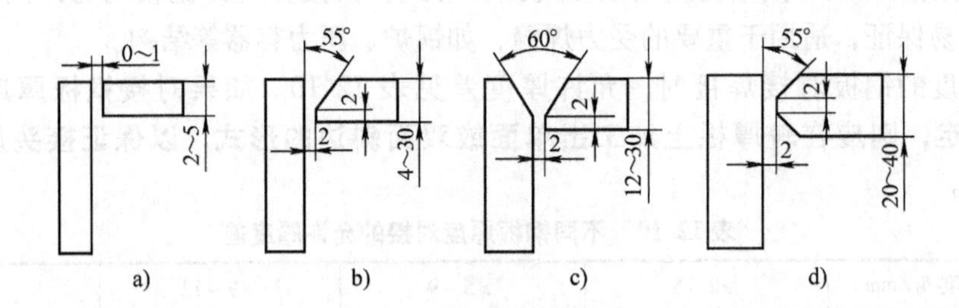

图 12-30 角接接头坡口形式

a) I 形坡口 b) 单边 V 形坡口 c) V 形坡口 d) K 形坡口

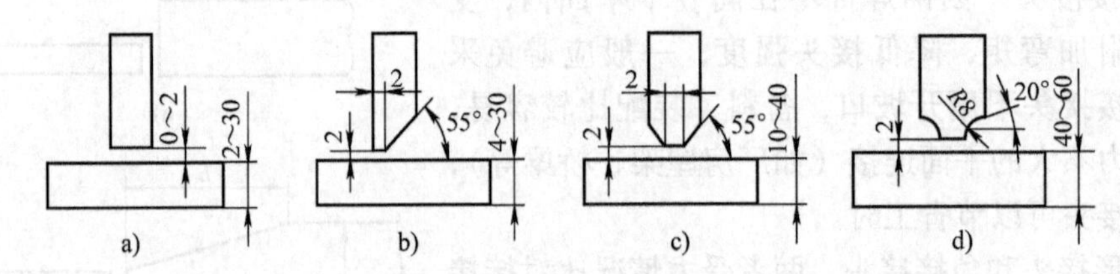

图 12-31 T 形接头坡口形式

a) I 形坡口 b) 单边 V 形坡口 c) K 形坡口 d) 单边双 U 形坡口

坡口形式的选择，主要根据板厚和熔透要求，同时应考虑坡口加工的可能性和焊缝的可焊到性、能否进行双面焊等。

（三）其他焊接方法的接头形式

埋弧焊的接头形式与焊条电弧焊基本相同，但因采用的电流大，所以熔深也大，当焊件厚度小于 14mm 时可开 I 形坡口单面焊接；当焊件厚度小于 25mm 时，可开 I 形口双面焊接。焊厚件时，开坡口角度小于焊条电弧焊，钝边应略大于焊条电弧焊。

气焊变形大，一般多采用对接接头或角接接头，在焊接小于 2mm 的薄板时，为了避免烧穿，工件可以采用卷边接头。

定位焊和缝焊只能用搭接接头。

三、焊缝布置的原则

在焊接结构中，焊缝布置与焊接质量、生产率、成本及工人劳动条件有密切关系，因此考虑焊缝布置时应注意以下一般原则。

（1）焊缝的布置应尽量分散，避免密集、交叉，以防止金属严重过热，力学性能下降，如图 12-32 所示。图 12-32a、b、c 为焊缝集中和重叠，均为不合理的结构，应改为图 12-32d、e、f 的形式。

（2）焊缝应尽量避开最大应力和应力集中的部位。如大跨度钢梁，板料接口焊缝不应布置在梁的中间，如图 12-33a 所示，而把焊缝移到两边支承点的地方，并尽量采用斜焊缝，如图 12-33b、c 所示。压力容器不能采用平板接头和无折边的封头，如图 12-34a、b 所示，应该采用碟形封头（图 12-34c）或椭圆封头。

（3）焊缝位置应尽量均匀、对称，以减少焊接应力与变形。图 12-35a 所示焊缝偏置于焊件中性轴一侧，焊后会产生较大的弯曲变形。图 12-35b 所示焊缝对称于中性轴，有可能使弯曲变形抵消。图 12-35c 所示焊缝在中性轴上，焊后变形较小。

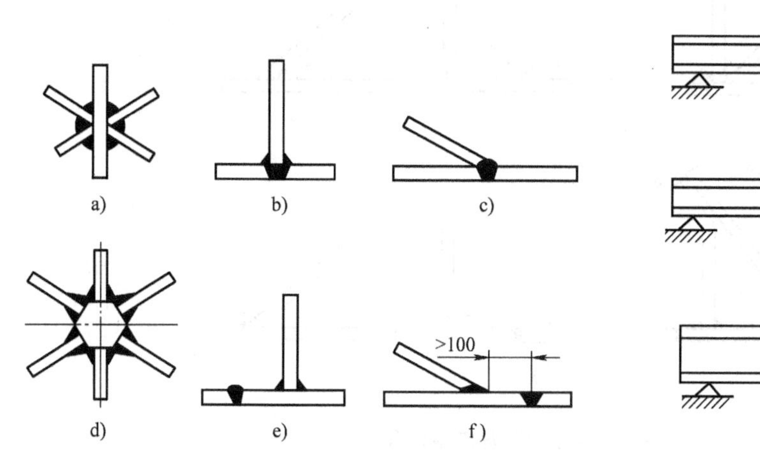

图 12-32　焊缝的分散布置

a)、b)、c) 不合理　d)、e)、f) 合理

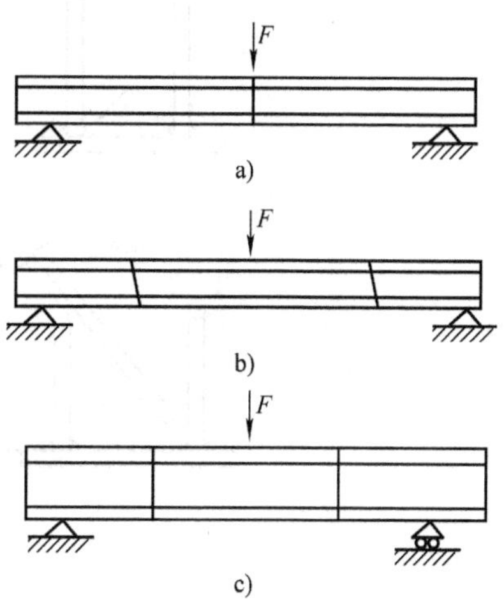

图 12-33　大跨度梁焊缝布置

a) 不合理　b)、c) 合理

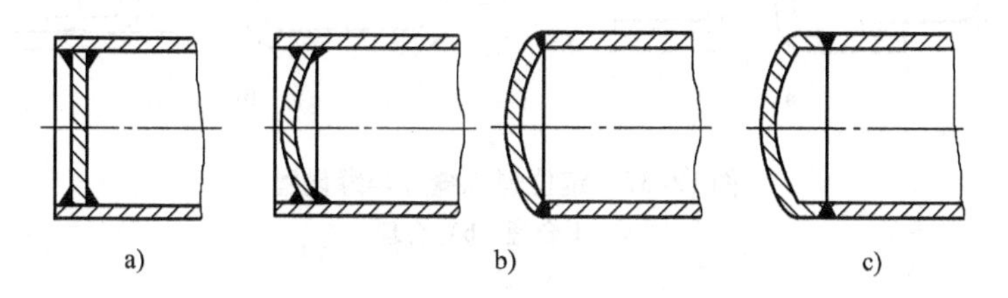

图 12-34　压力容器封头举例

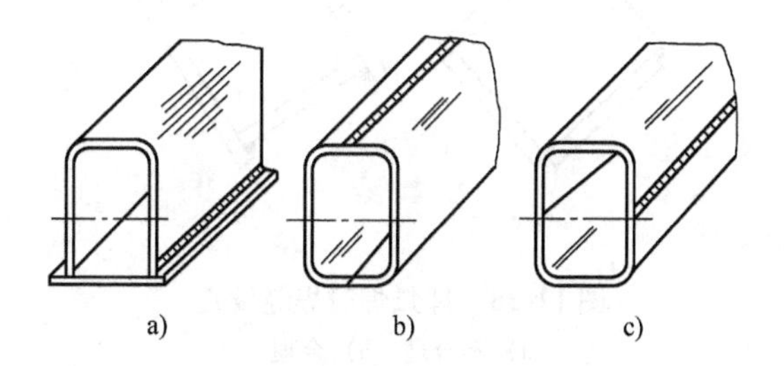

图 12-35　对称布置焊缝

a) 不合理　b)、c) 合理

（4）焊缝位置应便于操作，焊条电弧焊时，应考虑焊接操作的空间。如图 12-36a 所示的内侧焊缝，焊条无法伸到待焊部位，图 12-36b 为合理焊缝布置。定位焊与缝焊时，应考虑电极能伸到待焊位置，如图 12-37 所示。埋弧焊时应考虑接头便于安放焊剂，如图 12-38 所示。

（5）焊缝应尽量避开机械加工表面，以免破坏加工表面的精度和表面质量，如图12-39 所示。

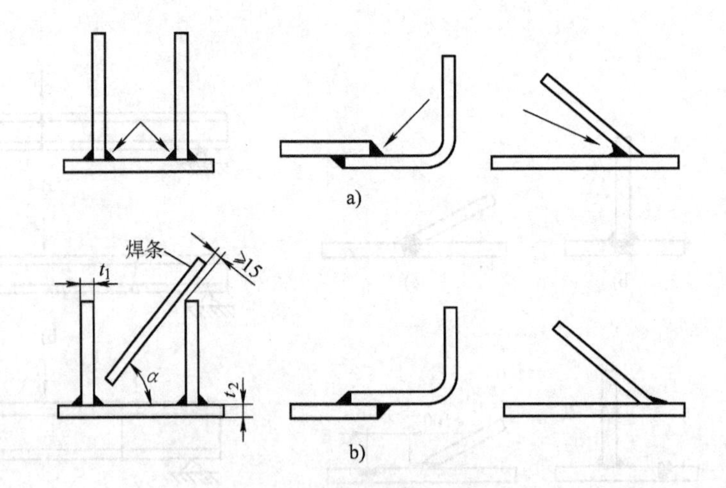

图 12-36 焊条电弧焊焊缝设置

a）不合理 b）合理

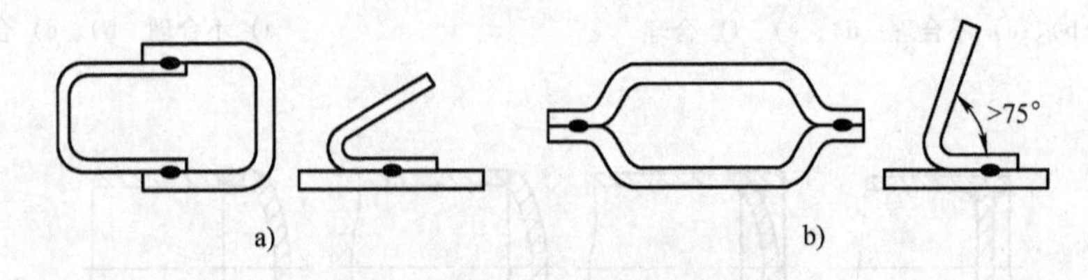

图 12-37 定位焊或缝焊焊缝设置

a）不合理 b）合理

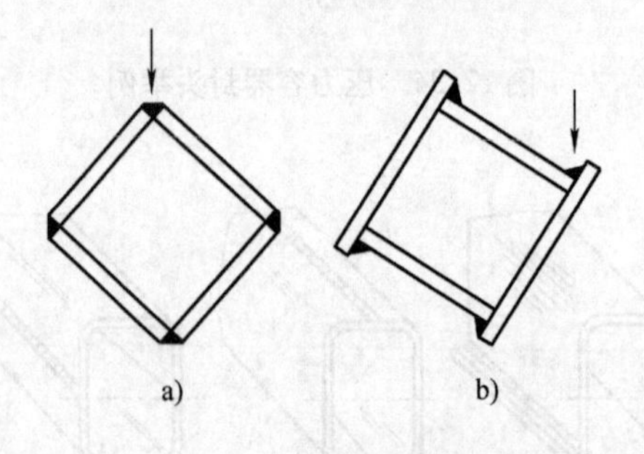

图 12-38 埋弧焊时焊缝设置

a）不合理 b）合理

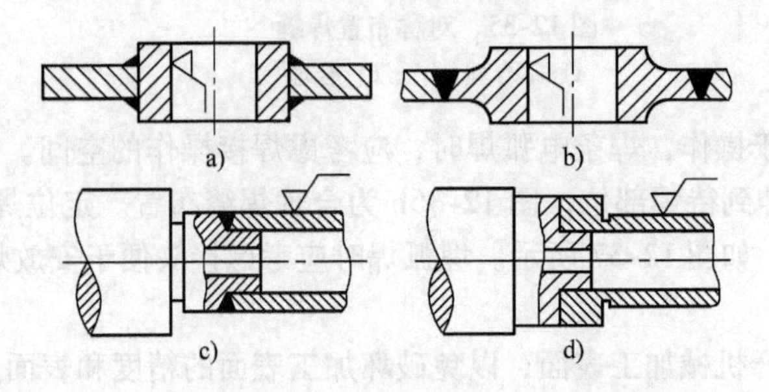

图 12-39 焊缝远离已加工表面设置

a)、c）不合理 b)、d）合理

第六节　常见的焊接缺陷及产生原因

在焊接过程中，焊接接头区域有时会产生不符合设计或工艺文件要求的各种焊接缺陷。**焊接缺陷的存在，不但减少焊缝截面面积，降低承载能力，更严重的是导致脆性断裂，影响焊接结构的使用安全**。因此，焊接时应尽量避免缺陷的产生，或将缺陷控制在允许的范围内。

下面介绍几种常见的焊接缺陷及其产生的原因，如表12-11所示。

表12-11　常见的焊接缺陷

缺陷名称、特征	图　　例	产生的原因	说　　明
咬边 焊缝与焊件交界处所形成的凹陷	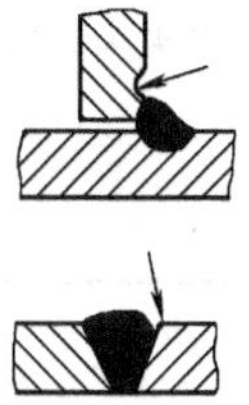	1. 焊接电流太大 2. 电弧拉的太长 3. 焊条、焊丝角度倾斜不当	在重要结构或受动载荷的结构中，一般不允许有咬边存在
焊瘤 在焊接过程中，熔化金属流淌到焊缝以外未熔化的母材上所形成的金属瘤	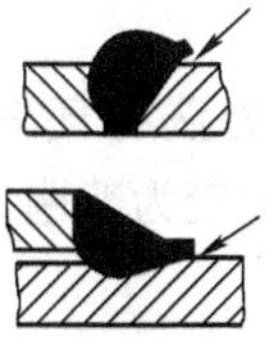	1. 焊接电流过大 2. 焊接速度太慢 3. 焊条角度或运条方法不正确 4. 焊件装配间隙太大	焊瘤使承受动载荷的焊接结构强度降低，因此对焊瘤大小和长度均有限制
气孔 焊接熔池的气泡在结晶时来不及逸出而残留下来所形成的空穴	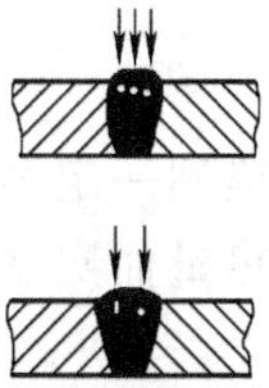	1. 被焊部位和填充金属的表面有油、锈 2. 熔化金属凝固太快 3. 电弧过长，空气侵入熔池 4. 焊接电流过小，焊接速度太快	气孔的存在，降低了焊接结构的力学性能，气孔严重时会使金属结构遭到破坏
夹渣 焊后残留焊缝中的熔渣	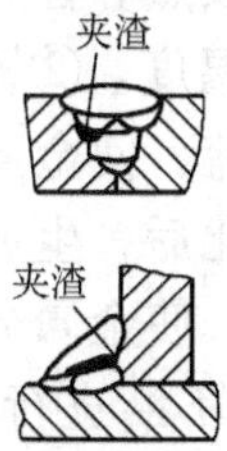 夹渣 夹渣	1. 焊件边缘及焊层之间清理不干净 2. 焊接电流过小，焊速过快熔渣来不及浮起分离 3. 运条不正确	夹渣易造成应力集中，使焊缝强度和冲击韧度降低，而导致裂纹的产生，因此重要结构的焊缝不允许有夹渣
未焊透 焊接时接头根部未完全熔透的现象	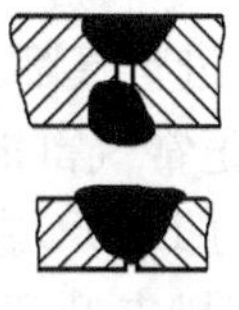	1. 坡口角度或间隙太小 2. 焊条表面杂质未清理干净 3. 焊速太快，焊接电流太小，弧长过大 4. 焊条焊丝角度不正确	未焊透不仅减小了焊缝的有效工作截面，而且易产生应力集中，降低接头强度，导致裂纹的产生而使结构破坏，故焊接接头中不允许有未焊透缺陷

（续）

缺陷名称、特征	图　例	产生的原因	说　明
热裂纹 在固相线附近高温时产生裂纹，沿晶界开裂，具有氧化色泽，多发生在焊接区		1. 焊缝中存在低熔点共晶体等杂质 2. 焊接接头内存在较大应力	裂纹是一种最危险的缺陷，是结构破坏的根源，所以焊接结构中不允许存在此种缺陷
冷裂纹 焊接接头冷却到马氏体转变温度以下产生的裂纹，有时焊后立即出现，有时焊后延迟一段时间才出现，冷裂纹常出现在母材或母材和焊缝交界的熔合线上		1. 焊接接头存在着淬硬组织 2. 扩散氢的作用 3. 焊接接头内存在的应力过大	

第七节　热　切　割

利用热能使材料分离的方法称热切割。热切割方法有气割、氧熔剂切割、等离子弧切割、激光切割。目前生产中应用气割、等离子弧切割较为普遍。

一、气割

气割时，由于使用的预热火焰不同，可将其分为氧乙炔切割、氧丙烷（液化石油气）切割和氧甲烷（天然气）切割三种方法。

（一）气割原理

气割是利用气体火焰的热能，将工件切割处预热到一定温度后，喷出高速切割氧气流，使金属燃烧，并放出热量而实现切割的方法。

低碳钢气割分三个阶段，如图12-40所示。①预热。首先利用预热火焰，将起割处金属预热到该金属的燃点温度。②燃烧。对已经预热到燃点温度的金属喷出高速切割氧流，使金属在纯氧中剧烈地燃烧。③吹渣。燃烧的金属表面氧化后，生成熔渣，并产生很高的热量，熔渣被高速氧气流吹除，使金属分离，产生的热量又将下层金属加热至燃点，使气割不断进行，随着割炬的移动，形成所需形状尺寸的割缝。

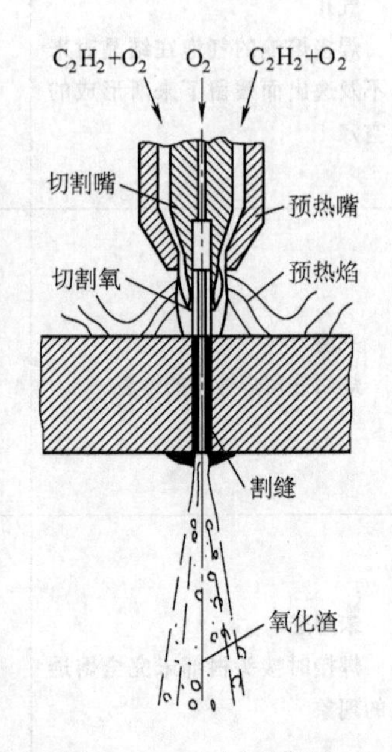

图12-40　气割示意图

（二）被气割金属的条件

在气割生产中，金属只有满足下列条件时，才能进行气割。

（1）金属的燃点必须低于熔点，这是金属维持正常气割的最基本条件。如低碳钢的燃点为1350℃，熔点约为1500℃左右，可以进行气割。随着钢中碳的质量分数增加，其燃点升高，熔点降低，使气割难以进行，所以高碳钢气割困难。**铸铁、铝、铜的燃点高于熔点，不符合气割的基本条件，所以不能采用气割。**

（2）金属氧化物熔点应低于金属材料本身的熔点。这是因为氧化物的熔点低，流动性好，便于从割缝处吹除。

（3）金属在纯氧中燃烧时要产生足够热量，这样才能使气割正常进行。气割低碳钢时，金属燃烧所产生的热量约占70%左右，而由预热火焰所供给的热量仅为30%。

（4）金属的导热性不应太高，否则热量散失太快，无法进行气割。

由上可知，低碳钢、纯铁最容易进行气割；中碳钢次之；铸铁、铜、铝及其合金、高合金钢等不能气割。

（三）气割工艺参数

气割工艺参数的选择正确与否，直接影响到切口表面的质量。

1. 选择合适的气割氧压力

应根据割件的厚度来选择气割氧压力的大小，厚板选大压力，薄板选小压力。氧气压力不易过大，否则氧气消耗太多，割缝太宽，表面粗糙；氧气压力也不易过小，否则割缝背面挂渣，甚至产生割不穿的现象。

2. 选择合适的气割速度

气割的速度不宜过快，否则将产生较大后托量或割不穿；气割的速度也不宜过慢，否则将使割件产生变形和割缝边缘熔化。

3. 选择合适的预热火焰能率

预热火焰能率的选用主要根据割件的厚度，割件越厚，火焰能率应越大（割炬型号及割嘴号数亦越大，具体可参阅焊接手册）。选择预热火焰能率要适中，过大，会造成工件切口表面的棱角熔化，割件的背面粘渣。过小，会造成气割速度减慢或割不透，而且切口表面不平整。

4. 选择合适的割嘴倾斜角

割嘴的倾斜角大小，主要根据割件厚度而定。当割件厚度在6～30mm时，割嘴应垂直于割件；割件厚度小于6mm时，割嘴可沿切割相反方向倾斜5°～10°；如果割件厚度大于30mm时，开始时应将割嘴沿切割方向倾斜5°～10°；待割穿后再将割嘴垂直于工件进行正常切割，当快割完时，割嘴应逐渐沿切割相反方向倾斜5°～10°。割嘴倾斜角如图12-41所示。

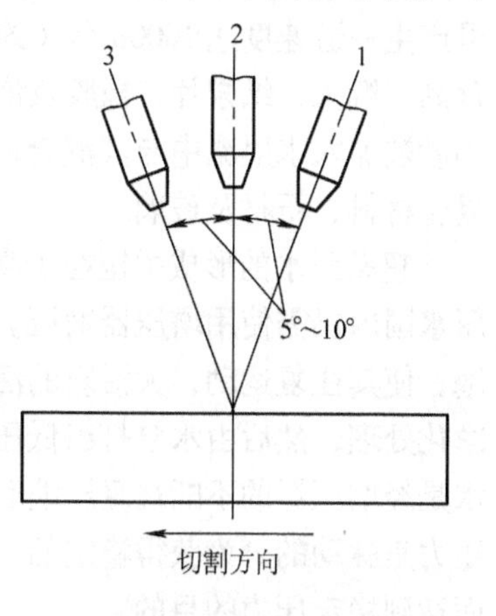

图12-41　割嘴倾斜角

二、等离子弧切割

等离子弧切割是利用高速、高温和高能的等离子气流来加热和熔化被切割材料，并借助内部的或者外部的高速气流或水流，将熔化材料排开直至等离子气流束穿透背面而形成割口的一种加工材料的方法。

等离子弧切割与氧气切割比较，具有切口狭窄、光洁、平直，热影响区小、变形小，切割厚度大，切割速度快等特点，而且可切割任何金属和非金属，包括氧气切割不能切割的金属，如不锈钢、耐热钢、铝、铜、钛、钨、钼及其合金、铸铁、花岗岩石、耐火砖、混凝土等。

等离子弧切割分为一般等离子弧切割、水再压缩等离子弧切割、空气等离子弧切割。目前，定型生产的空气等离子弧切割机为普通结构钢切割开创了广阔的前景。

三、激光切割

激光切割是以高能量的激光作为“切割刃具”的一种材料加工方法。它不但用于各种金属材料的切割，也可用于非金属材料的切割（木材、塑料、橡胶、岩石等）。

（一）激光切割的特点

（1）切割质量好。这是因为激光光束聚焦性好，光斑小，材料经激光切割后热影响区宽度仅有0.01~0.1mm，故变形小，而且割缝细（低碳钢割缝宽度为0.6mm左右）。

（2）切割效率高。这是由于切割时工件不用工卡具固定，多工位操作（一台激光器可供几个工作台切割），而且切割速度快，如切割较厚钛板时，切割速度可达5m/min以上。

（3）切割成本低。这是由于切割时没有工具磨损，不同材料和零件不需更换“刃具”，容易实现自动化高速切割。割缝细小，也节省了金属材料。据统计，用激光切割难以切割的金属时，其成本比等离子切割可降低75%。

（二）激光切割方法及其适用范围

（1）激光气化切割。主要用于切割一些非金属材料。

（2）激光熔化切割。主要用于切割一些易氧化的材料。

（3）激光氧气切割。主要用于切割钢、钛和铝等金属材料。

第八节 水切割

水切割，又称水射流切割技术、超高压水刀或水刀切割，是一种利用高压水流切割的机器。在电脑的控制下能任意切割工件，而且受切割材料性质影响小。因为其成本低，易操作，成品率高，水切割正成为工业切割技术方面的主流切割方式。

一、水切割原理

当水被加压至很高的压力并且从特制的喷嘴小开孔（其直径为0.1mm至0.5mm）通过时，可产生一道速度达1000m/s（约声速的3倍）的水箭，此高速水箭可切割各种软质材料，包括食品、纸张、纸尿片、橡胶及泡棉等，此种切割被称为纯水切割。而当少量的砂如石榴砂或金刚砂被加入水射流中与其混合时，所产生的加砂水射流，就可切割任何硬质材料，包括金属、复合材料、石材及玻璃。

超高压水的形成关键在于高压泵。70MPa以下高压泵技术已比较成熟，70MPa以上的超高压水国内仍需使用增压器增压。增压器的工作过程一般是从油泵来的低压油推动增压器的大活塞，使其往复运动，大活塞的活动方向则由换向阀自动控制。另一方面，供水系统先对水进行净化处理，然后由水泵打出低压水，进入增压器的低压水被小活塞增压后压力升高。由于高压水是经增压器的不断往复压缩后产生，而增压器的活塞需要换向，势必使从喷嘴发出的水射流压力是脉动的。为获得稳定的高压水射流，需将产生的高压水进入蓄能器然后再流到喷嘴，从而达到稳定压力的目的。

水切割的另一个关键环节是节流喷嘴。喷嘴一般采用人造（或天然）红宝石或蓝宝石制造，过水孔的直径通常是0.1~0.5mm，水流通过喷嘴后以1000m/s的速度喷出。

水射流切割机的基本类型有前混合和后混合之分。前混合磨料水射流的形成原理与后混合磨料水射流不同，它在高压水泵之间的管路中间设计一套磨料供给装置。高压水射流在磨料罐之前分成两路，一路经过调节阀进入磨料罐，与罐内的磨料初步混合后成流化状态然后通过截止阀进入混合腔；另一路则直接进入混合腔与罐内流出的磨料流体进行充分的掺混，形成液固两相流。此种方式加强了磨料和水介质的混合效果，使磨料粒子在水介质中得到了充分的加速，因而磨料粒子具有极高的动能。使用该系统切割或破碎材料时，工作压力均大大的降低，与高压纯水射流相比，一般是其工作压力的1/5～1/10；与后混合磨料水射流相比，一般是其工作压力的1/3～1/5。因此，前混合悬浮磨料水射流设备可直接采用70MPa高压泵供压，与后混合磨料水射流相比减少了增压装置，但增加了磨料供给装置。

二、水切割的分类

水切割的种类很多，分类的方法也不一样。

1. 按驱动压力分

按驱动压力可分为低压水射流（0.5～35MPa），压力泵为多级离心泵、柱塞泵；高压水射流（35～140MPa）。压力泵为柱塞泵、增压器；超高压水射流（大于140MPa），压力泵为增压器。

2. 按工作和环境介质分

按工作和环境介质可分为淹没射流和非淹没射流两种。射流的介质与环境介质相同时，射流称为淹没射流，如在水中喷射的水射流或在空气中喷射气体射流，都属于淹没射流。如果环境介质与工作介质不同，则称为非淹没射流。

3. 按固壁条件分

流体射流的作业环境内有或没有固体壁面的限制，对射流的形成和动力特性有明显的影响。在有固壁约束下的射流称为非自由射流；反之，则为自由射流。

4. 按射流流体力学特性分

如果按射流流体力学特性，水射流又可分为定常射流和非定常射流两种。

按射流对物料的施载特性，水射流还可以分为连续射流、冲击射流和混合射流三种。

三、水切割的特点及应用

（一）水切割的特点

与气割、激光切割、等离子弧切割等传统的切割方式比较，水切割技术有其独特、显著的优势。

1. 切割质量好

水切割是一种冷加工方式，水刀不磨损且半径很小，能加工具有锐边轮廓的小圆弧。加工本身无热量产生且加工力小，加工表面不会出现热影响区，切口处材料的组织结构不会发生变化，也几乎不存在热和机械的应力与应变，切割缝隙（纯水切割之切口约为0.1～1.1mm，砂水混流切割之切口约为0.8～1.8mm）及切割斜边都很小，无需二次加工，无裂缝、无毛边、无浮渣，因此其切割质量优良。

2. 几乎没有材料和厚度的限制

无论是金属类如普通钢板、不锈钢、铜、钛、铝合金等，或是非金属类如石材、陶瓷、玻璃、橡塑、纸张及复合材料，皆可适用。

3. 节省成本

水切割所产生横向及纵向的作用力极小，不会产生热效应、变形或细微的裂缝，不需二次加工，既可钻孔亦可切割，降低了切割时间及制造成本。

4. 清洁环保无污染

在切割过程中不产生弧光、灰尘及有毒气体，操作环境整洁，符合严格的环保要求。

（二）水射流技术应用

水射流技术因其本身的特点及优势在工业切割、清洗领域应用已十分广泛。

1. 切割方面

纯水切割应用于造纸业、橡胶业等，而加砂水刀则可应用于石材业、陶瓷业、航天航空业，汽车制造业、金属加工业。尤其值得一提的是汽车制造业，随着近年来中国汽车工业的迅猛发展，国内外各大汽车生产厂商产量扩大，车型不断更新，生产周期缩短，对配套的汽车内饰件（如汽车地毯、仪表板、顶蓬等）厂家来说，早期手工加工汽车内饰件的切边及打孔的方法，由于效率低下、产品精度差、劳动强度大，显然已不能满足当前汽车业发展的需求。此时，与机器人相结合的水射流设备脱颖而出。高压水管以螺旋形绕在机器人手臂上，利用机器的手臂和手腕可使水切割头的喷嘴快速沿直线或弧线运行，达到3维加工内饰件的目的。此种加工方式的优点在于高效率、高质量、精度高、柔性好。目前国内外众多车型的内饰件配套厂商已使用高压水射流设备进行内饰件的加工。

2. 工业清洗方面

水射流还可应用于汽车业的喷漆房清洗、石化业的热交换器内外管清洗、飞机跑道的橡胶清洗、工业上除锈及防蚀工程表面处理、航天工业引擎零件的清洗、核能发电厂的清除辐射污染等行业。

除了以上所介绍的应用领域以外，近几年，国外已有公司通过超高压技术，将其应用于食品杀菌达到食品保鲜的目的，并已成功打入食品保鲜行业（如美国著名的HEMELL公司已使用超高压设备进行食品保鲜），取得了良好的口碑。

小　结

熔焊的焊接接头由焊缝、熔合区和热影响区三部分组成。

焊缝：焊缝组织是由液态金属结晶的组织，其具有晶粒粗大、组织不致密等缺点，但由于焊接熔池小、冷却快，加上严格控制硫、磷含量，并通过焊接材料向熔池金属中渗入细化晶粒的合金元素，因此可以保证焊缝的力学性能不低于母材金属。

低碳钢的熔合区和热影响区：熔合区是焊缝与基体金属的交界区。焊接加热时，金属处于半熔化状态，组织粗大，化学成分不均匀，力学性能较差。热影响区包括过热区、正火区和部分相变区。过热区晶粒粗大、塑性，韧度很低，易产生焊接裂纹；部分相变区部分金属组织发生相变，晶粒大小不均匀，力学性能稍差；正火区金属发生重结晶，晶粒细化，力学性能较好。

要理解焊接应力与变形产生的原因，熟悉预防和消除焊接应力的措施，掌握焊接变形的预防与矫正措施。

对焊条电弧焊和其他焊接方法要注意总结它们的特点及应用；对常用金属材料，如碳钢、低合金结构钢、铸铁和有色金属的焊接性要给予足够重视。

焊接件的结构设计既要满足使用要求，也要考虑结构的焊接工艺要求，力求焊接质量好，焊接工艺简单，生产率高，成本低。

习　　题

12-1　何谓焊接电弧？试述焊接电弧基本构造及温度、热量分布。

12-2　什么是直流弧焊机的正接法、反接法？应如何选用？

12-3　为什么碱性焊条用于重要结构？生产上如何选用焊条？

12-4　下列焊条的型号或牌号的含义是什么？并说明其用途。

E4303　　E5015　　J423　　J506

12-5　熔焊接头由哪几部分组成？并以低碳钢为例，说明热影响区中各区段的组织和力学性能的变化情况。

12-6　焊接变形的基本形式有哪些？如何预防和矫正焊接变形？

12-7　从减少焊接应力考虑，拼焊如图 12-42 所示的钢板时应怎样确定焊接顺序？

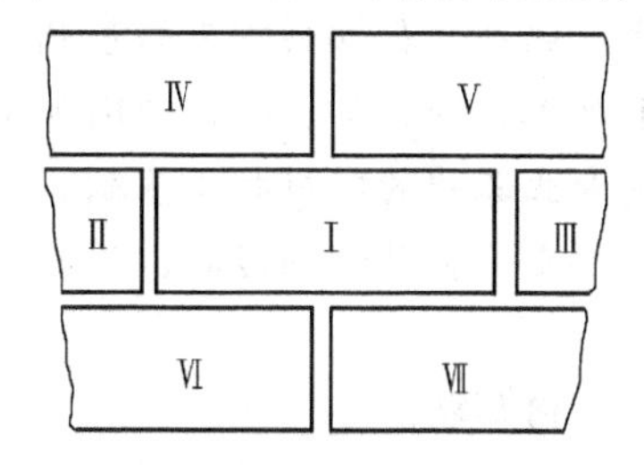

图 12-42　题 12-7 图

12-8　预防产生焊接应力的措施有哪些？

12-9　埋弧焊与焊条电弧焊相比具有哪些特点？埋弧焊为什么不能代替焊条电弧焊？

12-10　电渣焊、等离子弧焊、电阻焊各有何特点？各适用于什么场合？

12-11　氧乙炔火焰按混合比不同可分为几种火焰？它们的性能和应用范围如何？

12-12　何谓焊接性？影响焊接性的因素是什么？如何衡量钢材的焊接性？

12-13　铜及铜合金焊接有哪些特点？采用什么工艺措施来保证焊接质量？

12-14　焊接铝及铝合金时，用何种焊接方法可获得较好的焊接质量？

12-15　焊补铸铁件有哪些困难？通常采用哪些方法？

12-16　焊条电弧焊焊接接头的基本形式有哪几种？各适用什么场合？

12-17　焊缝布置的原则是什么？如图 12-43 所示，两焊件的焊缝布置是否合理？若不合理，请加以改正。

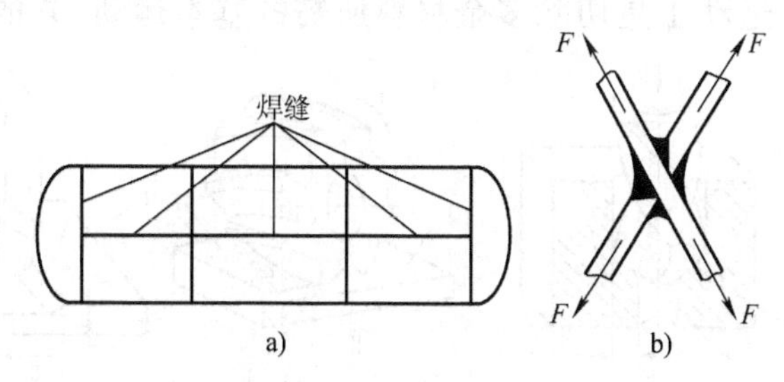

图 12-43　题 12-17 图

12-18　气割的原理是什么？下列材料可以用哪种方法进行切割？低碳钢、中碳钢、铸铁、不锈钢、铝合金、花岗石。

第五篇　机械加工技术基础

第十三章　金属切削加工基础

教学目标：通过教学，学生应熟悉金属切削加工的基础知识；了解金属切削机床的分类和编号；熟悉车削加工，钻镗削加工，刨、插、拉、铣削加工和磨削加工所用的机床、刀具及加工特点，为金工实习和后续专业课程的学习打下基础。

本章重点：切削运动与切削要素，金属切削刀具，不同的加工方法所用的机床、刀具和工艺特点。

本章难点：刀具切削部分的几何形状。

利用刀具从金属毛坯上切去多余的金属材料，从而获得符合规定技术要求的机械零件的加工方法称为金属切削加工。它分为钳工和机械加工两大类。对于机械加工来说，刀具和工件均安装在金属切削机床上，两者之间的相对运动是通过金属切削机床来实现的。

第一节　金属切削加工的相关知识

一、切削运动与切削要素

（一）切削运动

为了实现切削加工，刀具与工件之间必须有相对的切削运动。根据在切削加工中所起的作用不同，切削运动可分为主运动和进给运动。

如图13-1所示，主运动Ⅰ是切除多余材料所需的基本运动，它的运动速度最高，在切

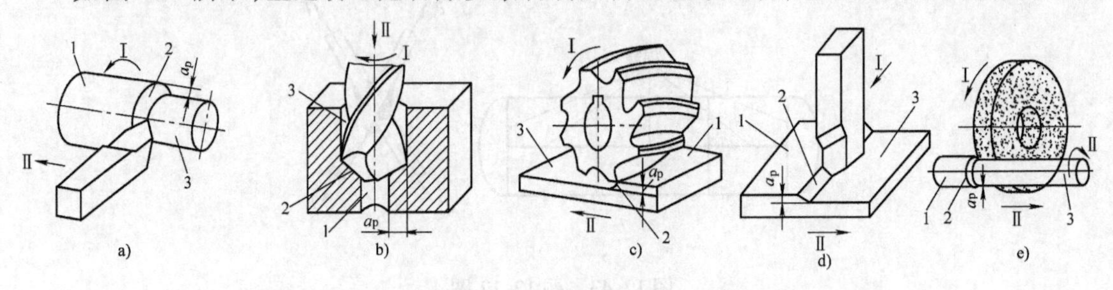

图13-1　切削加工的主要方式

a）车削　b）钻削　c）铣削　d）刨削　e）外圆磨削

1—待加工表面　2—过渡表面　3—已加工表面

Ⅰ—主运动　Ⅱ—进给运动

削运动中消耗功率最多。进给运动Ⅱ是使待加工金属材料不断投入切削的运动，使切削工作可连续反复进行。对于任何切削过程，主运动Ⅰ只有一个，进给运动Ⅱ则可以有一个或几个。

（二）切削要素

1. 切削用量要素

在金属切削过程中，工件上有三个不断变化的表面，如图 13-2 所示。它们是：待加工表面，即将被切削的表面；已加工表面，即切削后形成的表面；过渡表面，是工件上由切削刃形成的表面，也是已加工表面到待加工表面之间的过渡面。切削刃与过渡表面之间的相对运动速度、待加工表面转化为已加工表面的速度、已加工表面与待加工表面之间的垂直距离等，是调整切削过程的基本参数。这三个参数分别称为切削速度 v_c、进给量 f 和背吃刀量 a_p，即切削用量三要素，图 13-2 为车削加工的切削要素。

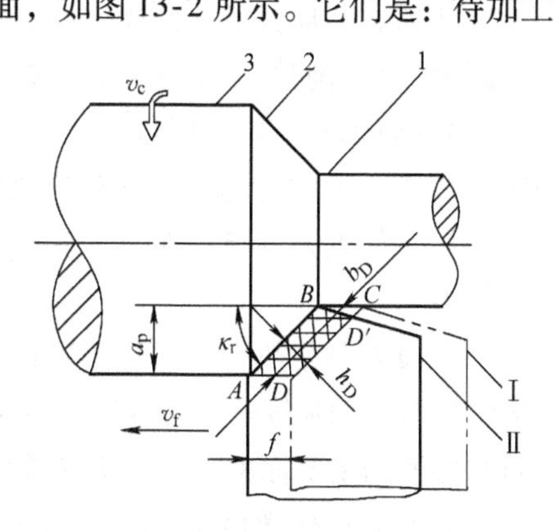

图 13-2 车削时的切削要素

1—已加工表面

2—即将被切削的表面 3—待加工表面

（1）切削速度。刀具切削刃选定点相对于工件主运动的瞬时速度称为切削速度，用符号 v_c 表示，单位为 m/s。

（2）进给量。刀具在进给运动方向上相对于工件的位移量称为进给量。它可用工件每转一转刀具的位移量来表述和度量，并用符号 f 表示，单位为 mm/r。

（3）背吃刀量。工件上已加工表面与待加工表面之间的垂直距离称为背吃刀量，用符号 a_p 表示，单位为 mm。

2. 切削层尺寸平面要素

加工中，刀具正在切削着的那层金属称为切削层。通过切削刃基点（通常指主切削刃工作长度的中点）并垂直于该点主运动方向的平面，称为切削层尺寸平面。在该平面内测定的切削层几何参数，称为切削层尺寸平面要素。它们是切削层的公称厚度 h_D、公称宽度 b_D 和公称横截面积 A_D（见图 13-2）。

（1）切削层公称厚度。这是在切削层尺寸平面内，垂直于切削刃方向所测得的切削层尺寸，用符号 h_D 表示，单位为 mm，它代表了切削刃的工作负荷。

（2）切削层公称宽度。这是在切削层尺寸平面内，沿切削刃的方向所测得的切削层尺寸，用符号 b_D 表示，单位为 mm。当切削刃与切削层尺寸平面夹角为零时，切削层公称宽度即等于切削刃的工作长度。

（3）切削层公称横截面积。在给定瞬间，切削层在切削层尺寸平面里的实际横截面积称为切削层公称横截面积，用符号 A_D 表示，单位为 mm^2。它等于切削层的公称厚度与公称宽度的乘积，也等于背吃刀量与进给量的乘积，即

$$A_D = h_D b_D = a_p f$$

当切削速度一定时，切削层公称横截面积代表了生产率。

二、金属切削刀具

在切削加工中，刀具直接担负切削金属材料的工作。为保证切削顺利进行，不但要求刀

具在材料方面具备一定的性能，还要求刀具具有合适的几何形状。

(一) 刀具材料

各类刀具一般都由夹持部分和切削部分组成。夹持部分的材料一般多用中碳钢，而切削部分的材料需根据不同的加工条件合理选择。通常所说的刀具材料，一般指切削部分的材料。

1. 刀具材料应具备的性能

因为刀具切削时的工作条件是：高温、高压、摩擦和冲击，因此刀具材料应具备以下性能：

(1) 高的硬度和耐磨性。刀具材料的硬度必须高于工件材料的硬度，一般要求在60HRC以上。通常情况下，材料的硬度越高，其耐磨性就越好。

(2) 足够的强度与韧性。这主要是指刀具承受切削力和冲击，而不发生脆性断裂和崩刃的能力。

(3) 良好的耐热性。耐热性也称热硬性，是指刀具材料在高温下保持高的硬度、好的耐磨性和较高的强度等综合性能。耐热性越好，刀具材料允许的切削速度越高。它是衡量刀具材料性能的主要标志，一般用热硬性温度表示。

(4) 较好的化学稳定性。它包括抗氧化、抗粘结能力，化学稳定性越高，刀具磨损越慢，加工表面质量越好。

(5) 良好的工艺性。

2. 常用刀具材料

(1) 碳素工具钢。这是指碳的质量分数为0.7%~1.2%的优质高碳钢。淬火后硬度为61~64HRC。但其热硬性差，故允许的切削速度很低（$v<10\mathrm{m/min}$）；热处理时变形大，因此它常用于制造低速、简单的钳工手用工具。

(2) 合金工具钢。这是指在碳素工具钢中加入少量的Cr、W、Mn等元素，形成合金工具钢。其热硬性温度约为300~350℃，允许的切削速度比碳素工具钢高10%~40%；其热处理变形小，常用于制造低速、复杂的刀具。

(3) 高速工具钢。高速工具钢因含有大量高硬度的碳化物，其热硬性和耐磨性都有显著提高，淬火硬度达62~65HRC，热硬性温度达550~600℃。其允许的切削速度比碳素钢高2~4倍。由于热处理变形小，被广泛用于制造较复杂的刀具，是目前生产中使用的主要刀具材料之一。

(4) 硬质合金。它是用硬度及熔点都很高的碳化钨、碳化钛以及粘结剂钴，采用粉末冶金的方法制成的，有很高的硬度（87~92HRA）和热硬性（900~1000℃）。因此它允许的切削速度比高速工具钢又高出4~10倍。但是，它的抗弯强度低，冲击韧性差，因此生产中常将硬质合金刀片用焊接或机械夹固的方法固定在刀体上使用。常用的硬质合金有钨钴类（YG）、钨钴钛类（YT）和通用类（YW）三大类，更详细的情况见第八章。

3. 其他刀具材料

陶瓷、人造金刚石和立方氮化硼也可作为刀具材料，它们的硬度、耐磨性、热硬性均高于前述各种材料，但这些材料的脆性大，抗弯强度和冲击韧性很差，主要用于高硬度材料的半精加工和精加工。

(二) 刀具切削部分的几何形状

刀具的种类繁多，其中以车刀最为简单、常用，其他各种刀具的切削部分，均可看作是车刀的演变和组合。

1. 车刀的组成

如图 13-3 所示，**车刀的切削部分为刀头，它由三面（前面、主后面、副后面）、二刃（主切削刃、副切削刃）、一尖（刀尖）组成。**

前面是刀具上切屑流过的表面，用符号 A_γ 表示。主后面是刀具上同前面相交形成主切削刃的后面，即与过渡表面相对的表面，用符号 A_α 表示。副后面是刀具上同前面相交形成副切削刃的后面，即与已加工表面相对的表面，用符号 A_α'表示。

切削刃是刀具上拟作切削用的刃，切削刃有主切削刃和副切削刃之分，如图 13-4 所示。主切削刃是指起始于切削刃上主偏角为零的点，并至少有一段切削刃拟用来在工件上切出过渡表面的那个整段切削刃，即前面与主后面的交线，用符号 S 表示。副切削刃是指切削刃上除主切削刃以外的刃，也起始于主偏角为零的点，但它向背离主切削刃的方向延伸，即前面与副后面的交线，用符号 S'表示。

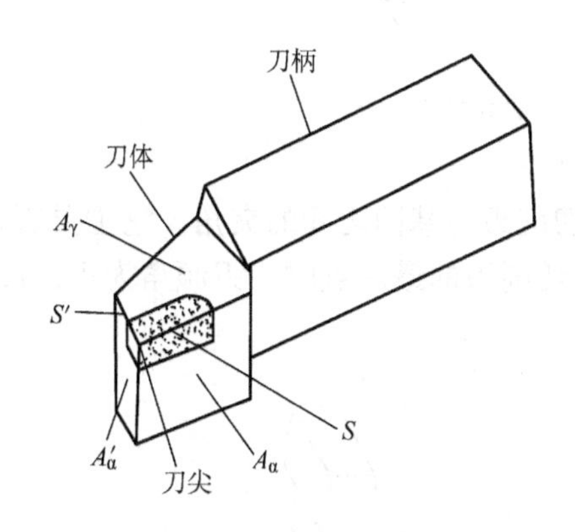

图 13-3　车刀的组成

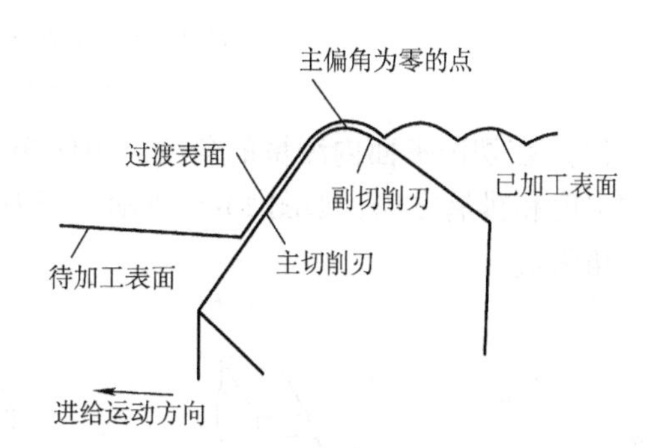

图 13-4　刀具的切削刃

刀尖是指主切削刃与副切削刃的连接处相当少的一部分切削刃。一般为一小段圆弧刃（修圆刀尖）或直线过渡刃（倒角刀尖）。

为了确定各刀面和切削刃的空间位置，需要建立三个相互垂直的辅助平面。外圆车刀的辅助平面和角度如图 13-5 所示。

2. 辅助平面

（1）基面。这是指通过主切削刃上选定点，并与该点切削速度矢量垂直的平面，用符号 P_r 表示。

（2）切削平面。这是指通过主切削刃上选定点，与切削刃相切并垂直于基面的平面。它是该点的切削速度矢量和切削刃的切线组成的平面，用符号 P_s 表示。

（3）正交平面。这是指通过主切削刃上选定点，并同时垂直于基面和切削平面的平面，用符号 P_o 表示。

3. 刀具的几何角度

（1）在正交平面内测量的角度。前角 γ_o：前面与基面间的夹角。后角 α_o：主后面与切削平面间的夹角。

（2）在基面内测量的角度。主偏角 κ_r：主切削刃在基面上的投影与进给方向之间的夹角，车刀常用的主偏角有45°、60°、75°、90°等几种。副偏角 κ_r'：副切削刃在基面上的投影与进给反方向之间的夹角。

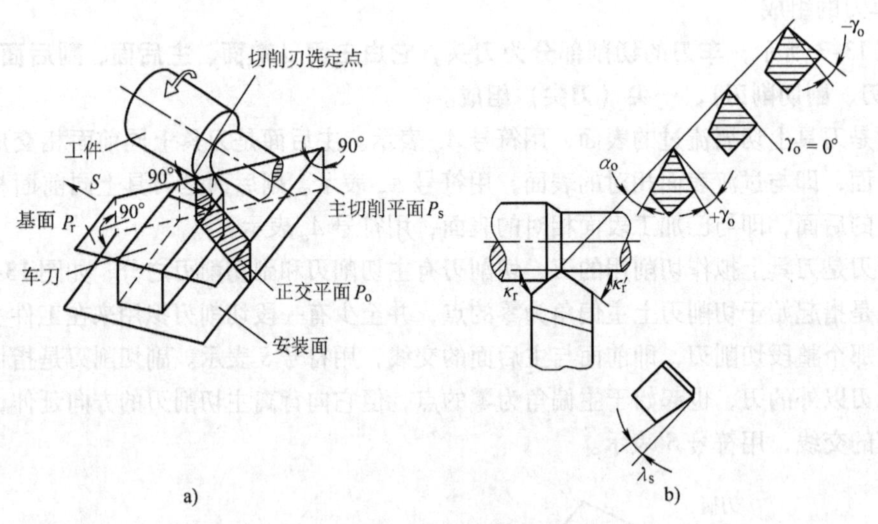

图 13-5　外圆车刀的辅助平面和角度

a）辅助平面　b）角度

（3）在切削平面内测量的角度。刃倾角 λ：主切削刃与基面之间的夹角。它主要影响刀头的强度和排屑方向，如图13-6所示。当刀尖为主切削刃的最高点时，刃倾角为正；反之，刃倾角为负。

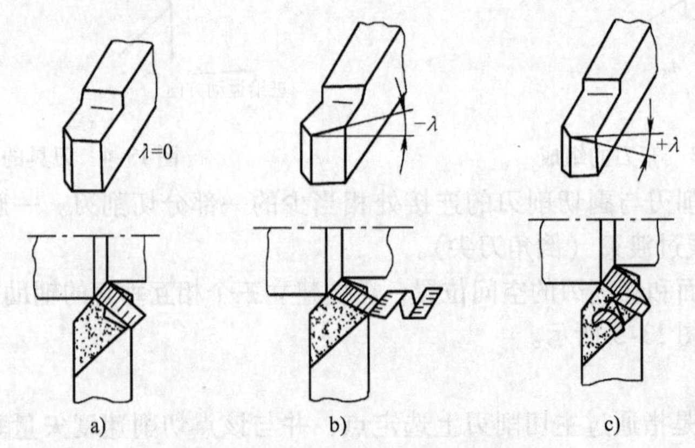

图 13-6　刃倾角及其对排屑的影响

a）$\lambda=0$　b）λ 为负　c）λ 为正

三、金属切削过程

金属切削过程是工件上多余的金属材料不断地被刀具切下并转变为切屑，从而形成已加工表面的过程。伴随这一过程产生的一系列物理现象（如切削力、切削热、刀具磨损等），将直接或间接地影响工件的加工质量和生产率。

（一）切屑的形成及种类

1. 切屑的形成

在切削塑性材料的过程中，切屑的形成如图13-7所示，切削层金属受到刀具前刀面的挤压，经弹性变形、塑性变形，然后当挤压应力达到强度极限时材料被挤裂。当以上过程连续进行时，被挤裂的金属脱离工件本体，沿前刀面经剧烈摩擦而离开刀具，从而形成切屑。

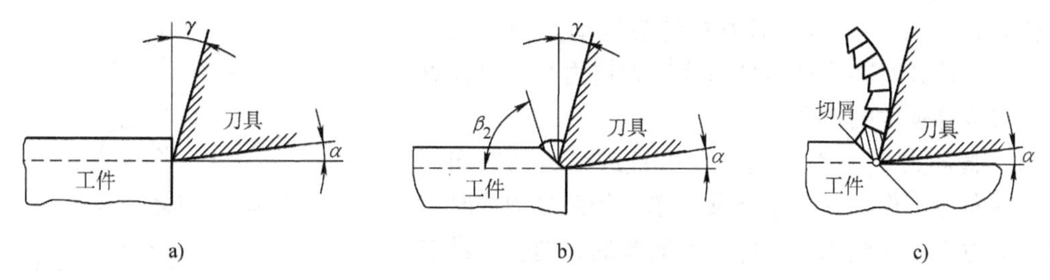

图 13-7　切屑形成过程

a）弹性变形　b）塑性变形　c）挤裂

2. 切屑的种类

由于工件材料及加工条件的不同，形成的切屑形态也不相同。常见的切屑种类大致有四种，如图 13-8 所示。

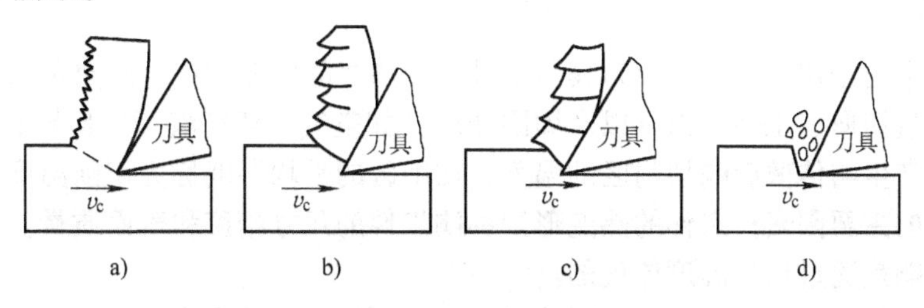

图 13-8　切屑的种类

a）带状切屑　b）节状切屑　c）粒状切屑　d）崩碎切屑

（1）带状切屑。这种切屑呈连续的带状或螺旋状，与前刀面相邻的切屑底面很光滑，无明显裂痕，顶面呈毛茸状。形成带状切屑时，切削过程平稳，工件表面较光洁，但切屑连续不断，易缠绕工件和刀具，刮伤已加工表面及损坏刀具。应采取断屑措施。

（2）节状切屑。它与带状切屑的区别是底面有裂纹，顶面呈踞齿形。形成这类切屑时，切削过程不够平稳，已加工表面的粗糙度值较大。

（3）粒状切屑。切削塑性材料时，若整个剪切面上的切应力超过了材料的断裂强度，所产生的裂纹贯穿切屑端面时，切屑被挤裂呈粒状。

（4）崩碎切屑。切削铸铁、青铜等脆性材料时，一般不经过塑性变形材料就被挤裂，而突然崩落形成崩碎切屑。此时切削力波动较大，并集中在刀刃附近，刀具容易磨损。由于切削过程很不平稳，已加工表面的粗糙度值大。

（二）切削力

切削过程中，刀具与工件之间的相互作用力称为切削力。研究切削力时，可根据需要，选择作用于刀具上的力，或作用于工件上的力。

切削力的来源为两部分，一是切削层在产生弹性变形、塑性变形时的变形抗力；二是刀具与切屑之间及刀具与工件之间的摩擦力。因此，凡是直接或间接影响切削变形与摩擦的因素，都影响切削力的产生。

实际应用中，一般不直接研究总切削力 F，而是研究它在三个相互垂直方向上的分力 F_c、F_f、F_p，如图 13-9 所示。

(1) 主切削力 F_c。总切削力在主运动方向上的正投影称为主切削力，在三个分力中一般它的值最大。它是设计机床、刀具、夹具以及计算机床功率的主要依据。

(2) 进给力 F_f。总切削力在进给运动方向上的正投影。在车外圆时亦称轴向分力或走刀抗力。它是计算进给机构零件强度的依据。

(3) 背向力 F_p。总切削力在垂直进给运动方向的分力，背向力不作功。在车外圆时亦称径向分力或吃刀抗力，该力作用在机床、工件刚性最差的方向上，易使工件变形并引起切削过程中的振动，影响工件的精度。

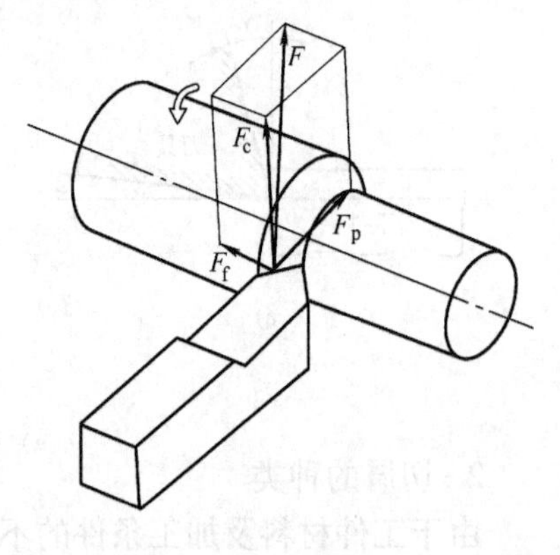

图 13-9 切削力

切削力的合力为

$$F=\sqrt{F_c^2+F_f^2+F_p^2}$$

(三) 切削热与切削液

1. 切削热

切削过程中由于切削层变形及刀具与工件、切屑之间的摩擦产生的热称为切削热。切削热产生后是通过切屑、工件、刀具以及周围介质（如空气、切削液等）传导和辐射出去的。

切削热的产生与传散影响切削区的温度，切削区的平均温度称为切削温度。**切削温度过高是刀具磨损的主要因素；工件的热变形则影响工件的尺寸精度和表面质量**。实际上，切削热对加工的影响是通过切削温度体现的。

切削时消耗的功越多，产生的切削热就越多，所以工件的强度、硬度越高，以及增加切削用量，都会使切削温度上升。但是切削用量的增加也改善了散热条件，所以 v_c 增加一倍，切削温度升高 20%～30%；f 增加一倍，切削温度升高 10%；a_p 增加一倍，切削温度只升高 3%。刀具角度中，增大前角，可使切削变形及摩擦减小；减小主偏角，可增加主切削刃的工作长度，改善了散热条件，两者均可降低切削温度。但前角不可过大，以免刀头散热体积减小，不利于降低切削温度。

为避免切削温度过高，一是要减少切削变形，如合理选择切削用量和刀具角度，改善工件的加工性能等；二是减少摩擦，加强散热，如采用切削液。

2. 切削液

切削液的主要作用是：冷却，降低切削区的温度；润滑，减少刀具与切屑和刀具与工件之间的摩擦系数；清洗，冲走切削过程中产生的细小切屑或砂轮上脱落下来的微粒。

常用的切削液可分三大类：水溶液、乳化液和油类。水溶液和低浓度的乳化液其冷却与冲洗的作用较强，适用于粗加工及磨削；高浓度的乳化液润滑作用强，适用于精加工。切削油的特点是润滑性好，冷却作用小，主要用来提高工件的表面质量，适用于低速的精加工，如精车丝杠、车螺纹等。

加工铸铁与青铜等脆性材料时，一般不使用切削液；铸铁精加工时可使用清洗性能良好的煤油作为切削液。当选用硬质合金作为刀具材料时，因其能耐较高的温度，可不使用切削液；如果使用，必须大量、连续地注射，以免使硬质合金因忽冷忽热产生裂纹而导致破裂。

(四) 刀具磨损与刀具寿命

1. 刀具的磨损

在切削过程中，由于刀具的前后刀面都处在摩擦和切削热的作用下，必然会产生磨损。

正常磨损时，其磨损形式如图 13-10 所示。*KT* 表示前刀面磨损的月牙洼的深度，*VB* 表示主后刀面磨损的高度。

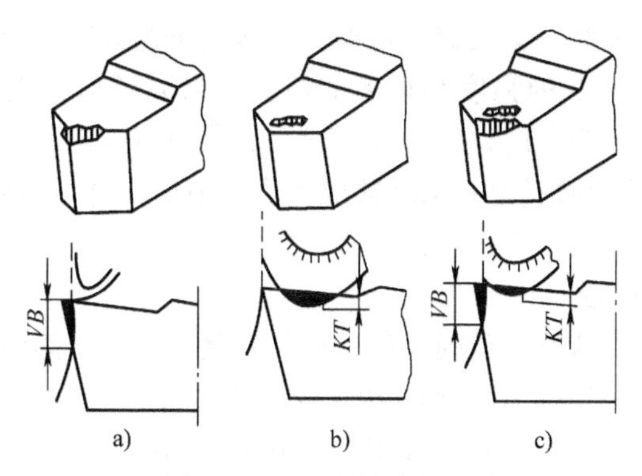

图 13-10 刀具的磨损形式

a）后刀面磨损 b）前刀面磨损 c）前刀面与后刀面同时磨损

刀具磨损的主要原因为机械磨损和热效应两种。**影响刀具磨损的主要因素有工件材料的力学性能、工件毛坯表面的状况、刀具材料性能、刀具几何形状、切削用量、切削液等。**

2. 刀具寿命

刀具在两次刃磨之间的实际切削时间称为刀具寿命，以分钟（min）计。在一定条件下，刀具寿命高，说明刀具的磨损慢，生产率相应也高。影响刀具寿命的因素很多，其中以切削速度的影响最大。**当切削速度增大时，刀具寿命将大大降低。**

四、提高切削加工质量的途径

零件的加工质量包括加工精度和表面质量两部分。加工精度是指经过加工的零件，其尺寸、形状以及相互位置等参数的实际值与其理想值的符合程度；表面质量是指零件经过加工后的表面粗糙度、表面层的加工硬化程度以及表面残余应力的性质和大小。

切削加工时，影响零件加工质量的因素很多。以下主要讨论刀具角度以及切削用量对加工质量的影响。

（一）合理选用刀具角度

（1）前角对刀具的切削性能影响最大。增大前角使刃口锋利，但会使刃口强度削弱。选择前角的原则是保证刃口的锐利，兼顾刃口的强度。用硬质合金车削钢料时可取 10°~25°；车削灰铸铁可取 5°~15°；车削铝合金可取 30°~35°。强力切削时，为增强刀具的强度，则采用负的前角。

（2）后角用来减小主后面与工件过渡表面之间的摩擦，并与前角共同影响刃口的锋利与强度。后角的选择原则是在保证加工质量和刀具耐用度的前提下，取小值。一般粗加工时切削力较大，为保证刃口强度，后角应小些（可取 6°~8°）；精加工时切削力较小，为减小摩擦以提高加工表面质量，应取较大的后角（10°~12°）。

（3）主偏角的大小间接影响刀具寿命，直接影响径向分力的大小。减小主偏角能增强刀尖的强度，改善散热条件，增加切削刃的工作长度，从而有利于提高刀具寿命；而增大主偏角，则有利于减小径向力，可避免引起加工中的振动和工件变形。较小的主偏角适用于刚度好的工艺系统，以提高刀具寿命；而工艺系统刚性差时，必须采用较大的主偏角。一般主偏角在 30°~75°之间选取，加工细长工件时可选用较大的主偏角（90°）。

（4）副偏角的主要作用是减小副切削刃与已加工表面的摩擦，但增大副偏角会使残留面积的高度增加，从而降低加工表面质量，故取值不宜过大。一般副偏角取5°～10°。精加工刀具的副偏角取值应小一些，必要时，可磨出一段副偏角为零的修光刃。

（5）刃倾角主要影响刀头的强度和切屑的流向。当刃倾角为正时，刀头强度较低，切屑流向待加工表面；刃倾角为负时，刀头强度较高，切屑流向已加工表面。刃倾角一般取值为－10°～＋5°，粗加工时为增强刀头强度常取负值；精加工时为不使切屑划伤已加工表面，常取正值或零度。

（二）合理选用切削用量

在切削用量三要素中，背吃刀量对切削力的影响最大，背吃刀量增加一倍，切削力增加一倍，而进给量增加一倍，切削力只增加70%～80%左右。

粗加工时，为尽快切除加工余量，如果工艺系统的刚性好，应尽可能地选取较大的背吃刀量。然后，根据加工条件选取尽可能大的进给量。最后，按对刀具寿命的要求，选取合适的切削速度。

精加工的目的是保证加工精度。为保证表面质量，硬质合金刀具一般采用较高的切削速度，高速工具钢刀具的耐热性差，多采用较低的切削速度。切削速度确定后，从提高加工精度考虑，应选用较小的进给量和背吃刀量。

第二节 金属切削机床的基本知识

金属切削机床是实现切削加工的主要设备，刀具与工件之间的相对运动是由金属切削机床实现的。常用的通用金属切削机床是车床、铣床、刨床、磨床、钻床、镗床等。

一、机床的分类和编号

我国的机床编号统一遵循GB/T 15375—2008《金属切削机床 型号编制方法》，采用汉语拼音字母和阿拉伯数字按一定规律进行组合。

1. 通用机床型号的表示方法

通用机床的型号由基本部分和辅助部分组成，中间用“/”隔开，读作“之”。基本部分需统一管理，辅助部分纳入型号与否由生产厂家自定。型号的构成如下：

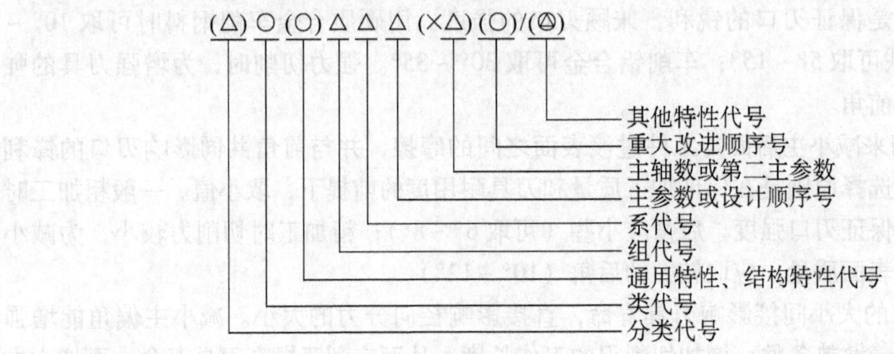

其中，有“○”符号者，为大写的汉语拼音；有“◎”符号者，为阿拉伯数字；“（）”的代号或数字，当无内容时，则不表示，若有内容，则不带括号。

（1）机床的类代号。机床的类代号用汉语拼音字母（大写）表示，位于型号的首位

（见表 13-1）。我国机床为 11 大类，其中如有分类者，在类代号前用数字表示区别（第一分类不表示），如第二分类的磨床，在“M”前加“2”，写成“2M”。

表 13-1 机床类代号和分类代号

类别	车床	钻床	镗床	磨 床			齿轮加工机床	螺纹加工机床	铣床	刨床	拉床	割床	其他机床
代号	C	Z	T	M	2M	3M	Y	S	X	B	L	G	Q
读音	车	钻	镗	磨	二磨	三磨	牙	丝	铣	刨	拉	割	其

（2）通用特性代号。当某类型机床，除有普通型式外，还具有表 13-2 所列的通用特性，则在类代号之后，用大写的汉语拼音字母予以表示。例如，精密车床，在 C 后面加 M。

表 13-2 机床通用特性代号

通用特性	高精度	精密	自动	半自动	数控	加工中心（自动换刀）	仿形	轻型	加重型	柔性加工单元	数显	高速
代号	G	M	Z	B	K	H	F	Q	C	R	X	S
读音	高	精	自	半	控	换	仿	轻	重	柔	显	速

（3）机床的组、系代号。每类机床划分为十个组，每组又划分为十个系（系列）。在同类机床中，主要布局或使用范围基本相同的机床，即为同一组；在同一组机床中，其主参数相同，主要结构及布局型式相同的床床，即为同一系。

机床的组用一位阿拉伯数字表示，位于类代号或通用特性代号之后；机床的系，用一位阿拉伯数字表示，位于组代号之后。

（4）机床的主参数和第二主参数。型号中的主参数用折算值（一般为机床主参数实际数值的 1/10 或 1/100）两位数表示，位于组、系代号之后。它反映机床的主要技术规格，其尺寸单位为 mm，如 C6150 车床，主参数折算值为 50。折算系数为 1/10，即主参数（床身上最大回转直径）为 500mm。

第二主参数加在主参数后面，用“×”加以分开，如 C2150×6 表示最大棒料直径为 50mm 的卧式六轴自动车床。

（5）机床的重大改进序号。当机床的结构、性能有重大改进和提高时，按其设计改进的次序分别用汉语拼音“A、B、C、D……”表示，附在机床型号的末尾，以示区别。如 C6140A 是 C6140 型车床经过第一次重大改进的车床。

目前，工厂中使用较为普遍的几种老型号机床，是按 1959 年以前公布的机床型号编制办法编定的。按规定，以前已定的型号现在不改变。例如 C620—1 型卧式车床，型号中的代号及数字的含义如下：

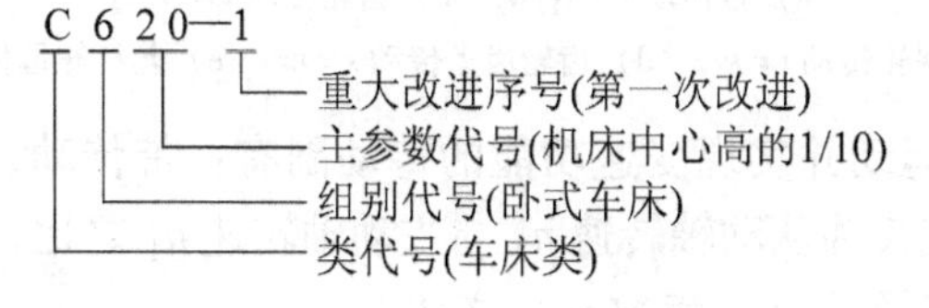

2. 专用机床的编号方法

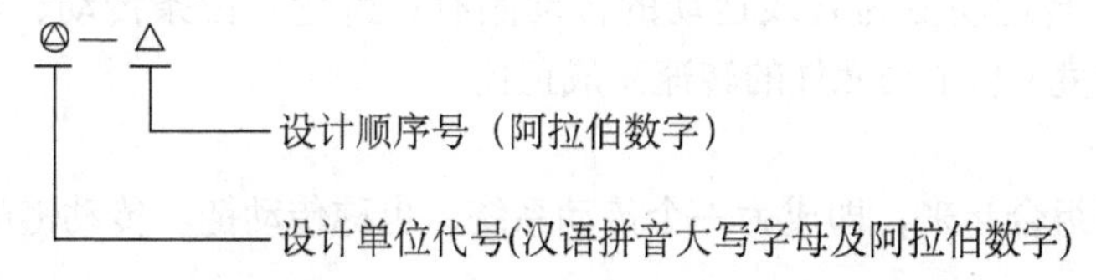

（1）设计单位代号。设计单位为机床厂时，设计单位代号由机床厂所在城市名称的大写汉语拼音字母及该机床厂在该城市建立的先后顺序后，或机床厂名称的大写汉语拼音字母表示；设计单位为机床研究所时，设计单位顺序号由研究所名称的大写汉语拼音字母表示。

（2）专用机床的设计顺序号。专用机床的设计顺序号，按各机床厂、所的设计顺序排列，由“001”起始，位于专用机床的组代号之后。

二、机床的基本传动方式

在机械加工中，刀具和工件均安装在机床上，由机床上执行运动的部件带动两者实现一定的相对运动。机床的动力源一般来自电动机，但是刀具和工件却需要具有不同的运动速度和运动形式（如旋转运动或直线运动），这就需要设有中间传动装置将动力源的运动和动力传给执行运动的部件，同时还需完成变速、变向、改变运动形式等任务。

机床上应用最广的是机械传动装置，它利用机械元件传递运动和动力，每一对传动元件称为传动副。

1. 机床上常用的传动副

常见的传动副如图 13-11 所示。

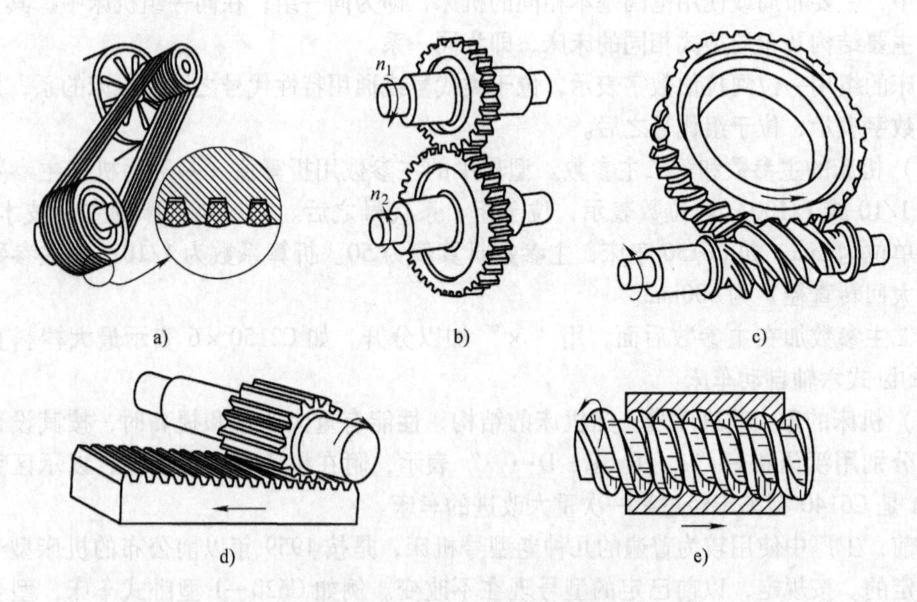

图 13-11 机床上常用的传动副

a）带传动 $i=d_1/d_2$ b）齿轮传动 $i=z_1/z_2$

c）蜗杆蜗轮传动 $i=k/z$ d）齿轮齿条传动 $s=nzp$ e）丝杠螺母传动 $s=nkt$

（1）用于传递旋转运动并实现变速功能的传动副有：带传动、齿轮传动、蜗杆蜗轮传动。传动副的传动比 i 定义为从动轴转速 n_2 与主动轴转速 n_1 之比，它亦等于主动轮直径 d_1（或齿数 z_1）与从动轮直径 d_2（或齿数 z_2）之比。

（2）用于将旋转运动变为直线运动的传动副有：齿轮与齿条传动、丝杠螺母传动等。从动元件的移动速度 s 与主动元件的转速 n 成正比。

2. 传动链

将上述传动副组合起来，即成为一个传动系统，也称传动链。传动链的总传动比等于链

中各传动副之传动比的乘积，即

$$i = i_1 i_2 i_3 \cdots i_n$$

3. 机床的变速机构

为适应不同的加工要求，要求机床运动部件的运动速度可在一定范围内调整，因此机床传动系统中要有变速机构。变速机构有无级变速和分级变速两大类，常用的为分级变速机构。

机床变速箱是分级变速的主要装置。在分级传动中，传动链终端各级转速之间的关系为等比级数。实现分级变速的基本原理是，通过不同的方法变换两传动轴之间的传动比，使主动轴转速不变时，从动轴得到不同的转速。其中常用的变速机构如图 13-12 所示，有塔轮变速机构、滑移齿轮变速机构、牙嵌离合器变速机构等。

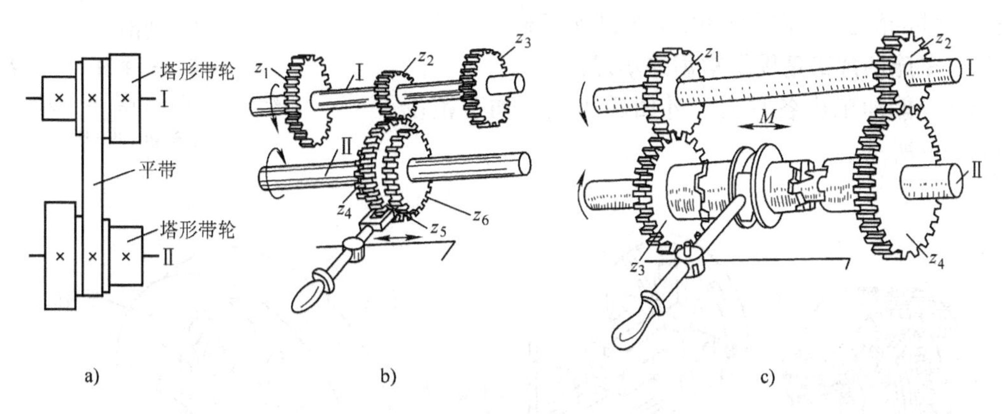

图 13-12　常用变速机构

a）塔轮变速机构　b）滑移齿轮变速机构　c）牙嵌离合器变速机构

第三节　车 削 加 工

车削加工主要适用于加工各种回转面。因机械零件中回转面用得最多，因此车削加工是切削加工中应用最广的一种加工方法。

一、车床的组成

车床的主要组成部件如图 13-13 所示，有床身、主轴箱、进给箱、溜板箱、刀架、尾座等。加工时，工件由主轴带动作旋转主运动；刀具安装在刀架上可作纵向或横向进给运动。卧式车床是车床中应用最广的一种，常用的型号有 CA6140 型卧式车床，其主参数为最大加工直径 400mm。

二、工件在车床上的安装

工件的安装方式需依据工件的形状和尺寸而定，常用的安装方法如图 13-14 所示。

1. 卡盘或花盘安装

卡盘用于长径比小于4的工件。其中，自定心卡盘用于圆形和六角形工件及棒料，能自动定心，安装方便；单动卡盘用于加工毛坯或方形、椭圆形等不规则的工件，夹紧力大；花盘用于形状不规则、无法用卡盘装夹的工件，例如支架类工件，安装时用角铁和螺钉等夹持在花盘上。

2. 使用顶尖安装

顶尖用于长径比大于4的轴类工件，可采用一夹一顶或两端顶。用顶尖安装时，工件的端面需先用中心钻钻出中心孔。对于长径比大于10的细长轴类工件，为增加工件的刚性，还需使用中心架或跟刀架。

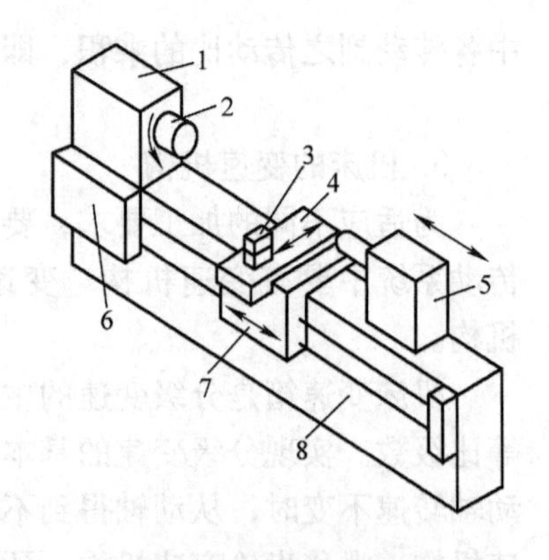

图13-13 车床的组成及其切削运动

1—主轴箱 2—主轴 3—刀架 4—床鞍 5—尾座 6—进给箱 7—溜板箱 8—床身

三、车床的加工范围及常用的车刀

车床上能加工出各种内、外回转表面，加工范围如图13-15所示。

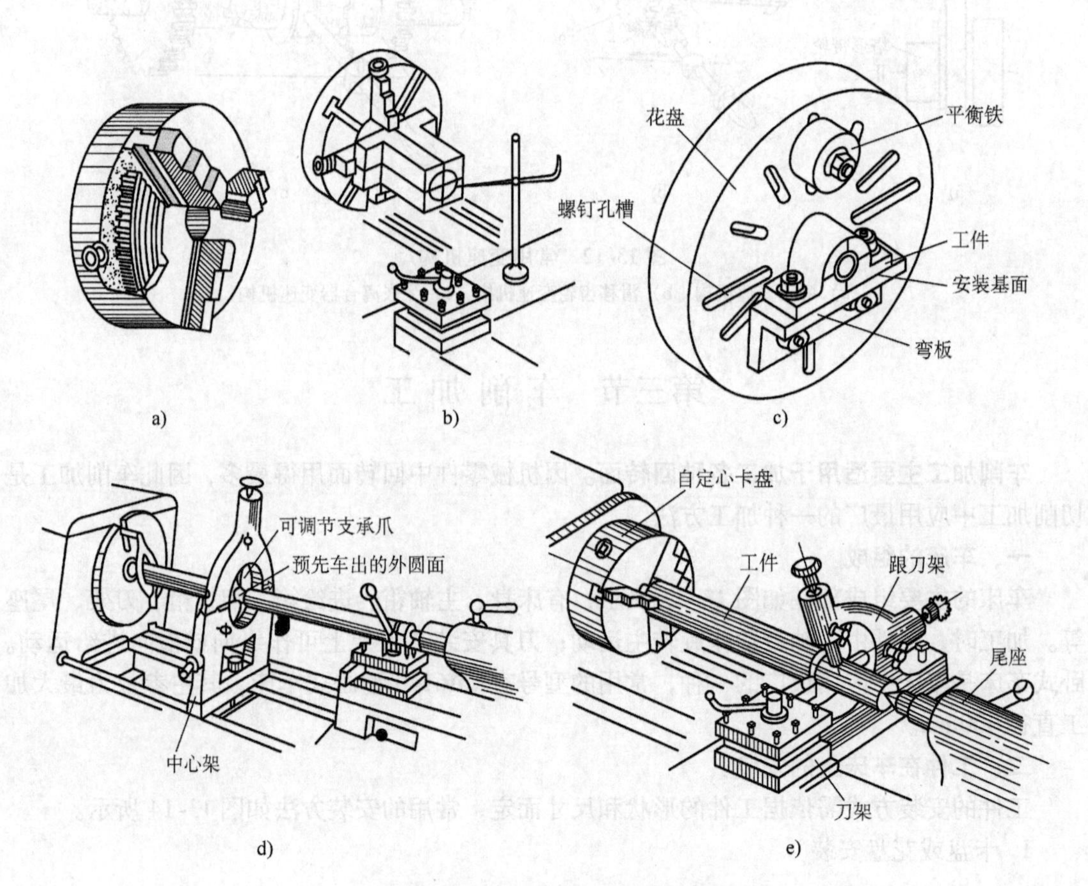

图13-14 车床上工件的安装方式

a）自定心卡盘 b）单动卡盘安装 c）花盘上安装
d）两顶尖间安装及中心架的应用 e）跟刀架的应用

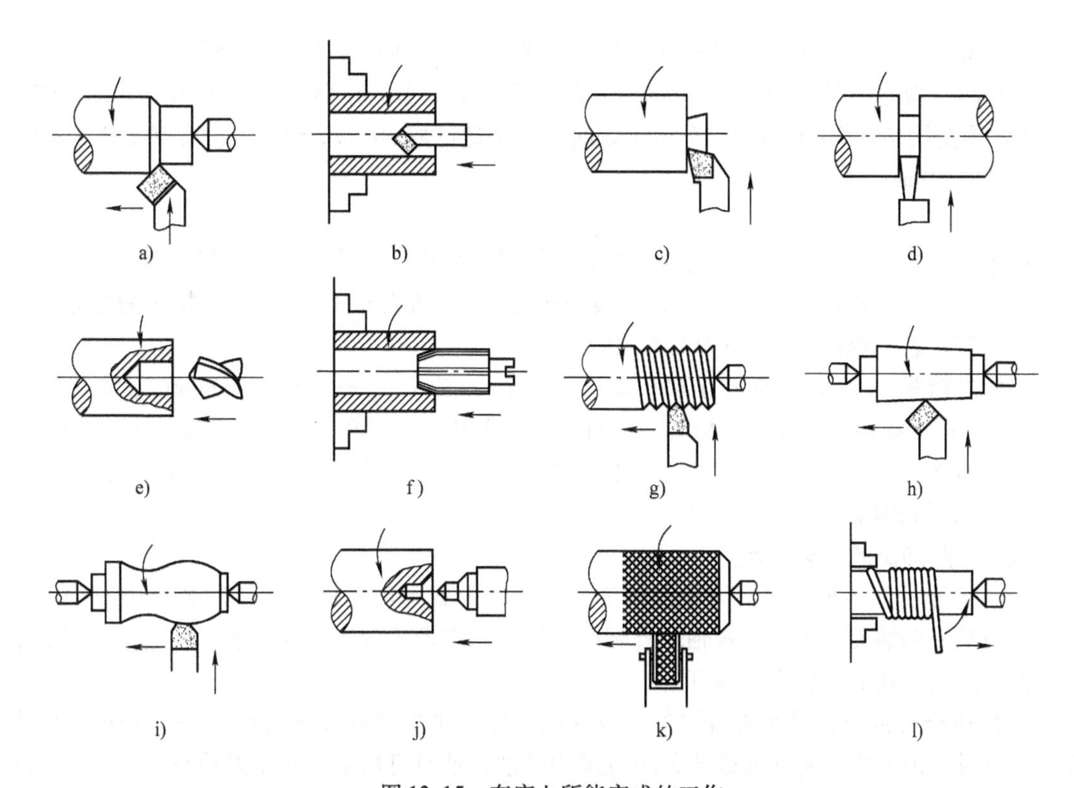

图 13-15　车床上所能完成的工作

a）车外圆　b）车孔　c）车平面　d）切断　e）钻孔　f）铰孔　g）车螺纹　h）车锥面　i）车成形面　j）钻中心孔　k）滚花　l）绕弹簧

常用车刀的头部形式如图 13-16 所示。偏刀用于车削外圆台阶和端面；弯头车刀用于车削外圆端面和倒角；切断刀用于切槽和切断工件；镗孔刀用于加工内孔；螺纹车刀用于车螺纹；硬质合金不重磨车刀，用机械方式将硬质合金刀片夹固在刀杆上，使用方便，刀杆利用率高。

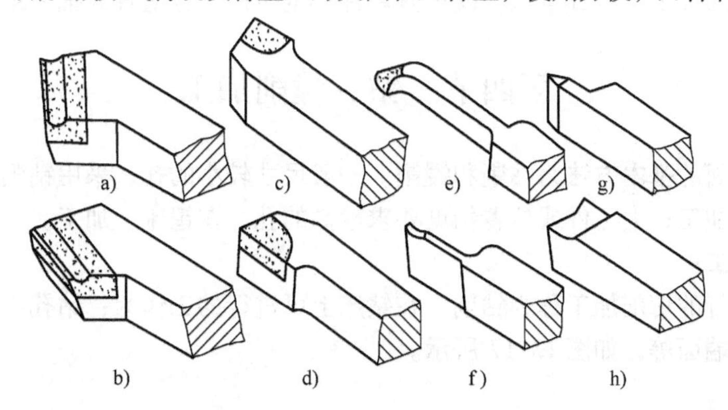

图 13-16　常用的几种车刀

a）45°外圆车刀　b）75°外圆车刀　c）左偏刀　d）右偏刀　e）镗孔刀　f）切断刀　g）螺纹刀　h）样板刀

四、粗车与精车

车削加工零件时，根据需要可分粗车、半精车和精车。

1. 粗车

粗车用来切除大部分加工余量，对精度要求不高的表面，可作为最终加工，一般常作为精加工的准备工序。粗车的公差等级为IT13~IT11，表面粗糙度 Ra 值为50~12.5μm。

粗车时，背吃刀量 a_p 为3~12mm，一般为提高生产率，a_p 就等于单边车削余量。进给量 f 的常用范围是0.3~1mm/r。车中碳钢时，切削速度取50~70mm/min，车铸铁时，切削速度取20~50mm/min。

2. 精车

精车是使零件达到图样规定的精度和表面粗糙度要求，半精车则作为粗车和精车之间的过渡。半精车的公差等级为IT10~IT9，表面粗糙度 Ra 值为6.3~3.2μm；精车的公差等级为IT8~IT7，表面粗糙度 Ra 值为1.6~0.8μm。

一般半精车 a_p 取1~2mm，f 取0.2~0.5mm/r；精车 a_p 取0.05~0.8mm，f 取0.10~0.3mm/r。在选择切削速度时，精车一般有高速精车和低速精车。高速精车是采用硬质合金车刀在 $v \geqslant 100$mm/min下进行的精车，低速精车主要是采用高速钢宽刃精车刀在 $v=2$~12mm/min进行的精车。

五、车削加工的工艺特点

（1）易于保证各加工表面的位置精度。对于轴套或盘类零件，在一次装夹中车出各外圆面、内圆面和端面，可保证各轴段外圆的同轴度、端面与轴线的垂直度、各端面之间的平行度及外圆面与孔的同轴度等精度。

（2）适合有色金属零件的精加工。当有色金属的轴类零件要求较高的精度和较小的表面粗糙度时，因材质软易堵塞砂轮，不宜采用磨削，这时可用金刚石车刀精细车，精度可达IT6~IT5，表面粗糙度值 Ra 达0.4~0.2μm。

（3）生产率较高。因切削过程连续进行，且切削面积和切削刀基本不变，车削过程平稳，因此可采用较大的切削用量，使生产率大幅度提高。

（4）生产成本低。由于车刀结构简单，制造、刃磨和安装方便，而且易于选择合理的角度，有利于提高加工质量和生产率；车床附件较多，能满足一般零件的装夹，生产准备时间短。因此，车削加工生产成本低，既适宜单件小批生产，也适宜大批大量生产。

第四节 钻、镗削加工

加工内孔表面的基本方法为钻削和镗削。一般尺寸较小的孔，采用钻削加工；尺寸较大的孔，采用镗削加工；大工件或位置精度要求较高的孔，在镗床上加工。

一、钻削加工

在钻床上进行的切削加工称为钻削。在钻床上可进行的工作为：钻孔、扩孔、铰孔、攻螺纹、锪孔、锪端面等，如图13-17所示。

（一）钻床

钻削加工时，刀具旋转作主运动，同时沿轴向移动作进给运动，如图13-18所示。生产中常用的有台式钻床、立式钻床和摇臂钻床三种。台式钻床适于加工小型工件上的各种小孔（直径在13mm以下），例如台式钻床Z512，其主参数为最大钻孔直径12mm。立式钻床比台式钻床刚性好、功率大，适于单件、小批生产中加工中、小型工件，典型的立式钻床如Z5135，其主参数为最大钻孔直径35mm。摇臂钻床的摇臂能绕立柱作360°回转和沿立柱上下移动，故在加工中不必移动工件即可在很大范围内钻孔，适于加工大、中型工件。典型的摇臂钻床如 Z3040，其主参数为最大钻孔直径 40mm。

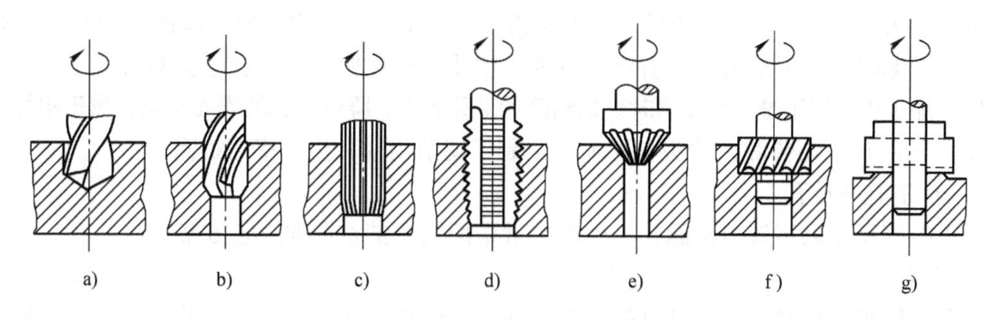

图 13-17　钻床所能完成的工作

a）钻孔　b）扩孔　c）铰孔　d）攻螺纹　e）锪锥孔　f）锪圆柱孔　g）锪端面

（二）钻孔

1. 麻花钻

麻花钻是最常用的钻孔刀具。麻花钻的结构如图 13-19 所示，它由柄部、颈部和工作部分组成。柄部为夹持部分，用来传递转矩和轴向力；颈部在柄部与工作部分之间，是为砂轮磨削柄部而设的越程槽；工作部分由切削部分和导向部分组成。

麻花钻的切削部分如图 13-20 所示，其主要几何角度有：螺旋角 β、前角 γ_o、后角 α_o、槽刃斜角 ψ 和顶角 2ϕ。

2. 钻头的安装

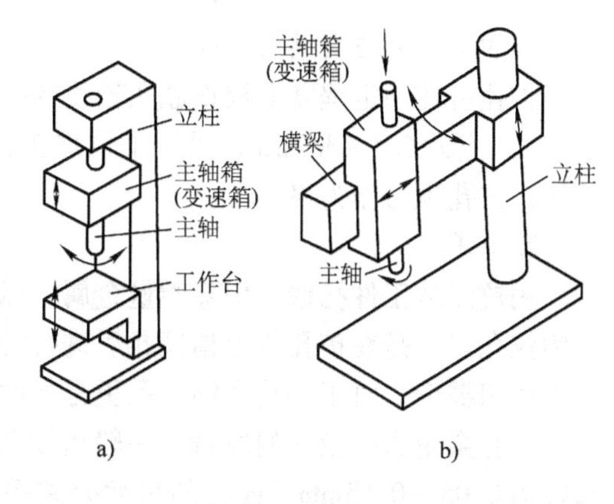

图 13-18　钻床的组成及其切削运动

a）立式钻床　b）摇臂钻床

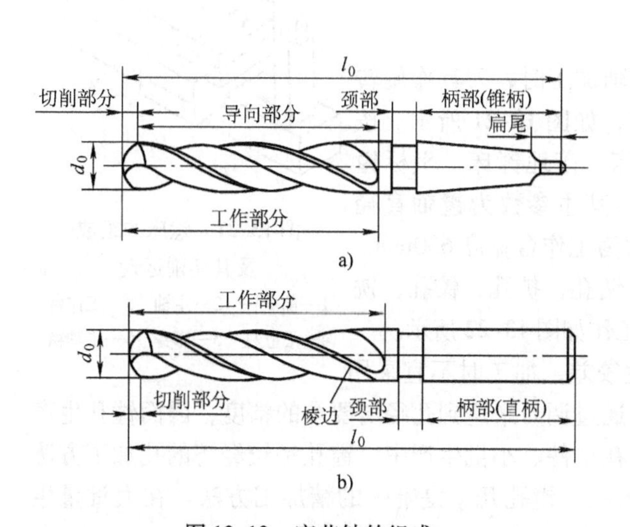

图 13-19　麻花钻的组成

a）锥柄麻花钻　b）直柄麻花钻

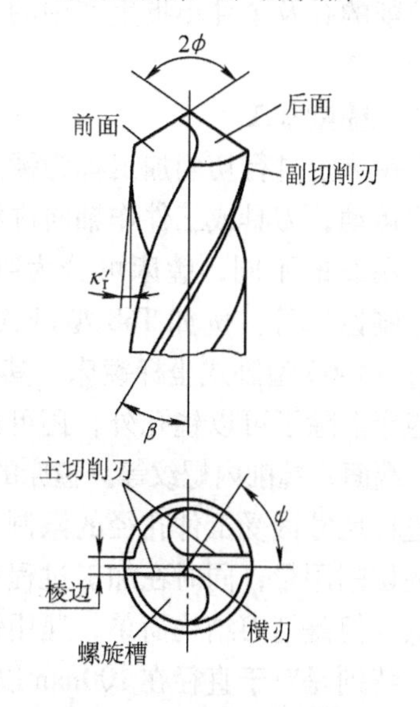

图 13-20　麻花钻的切削部分

当柄部为锥柄时可直接装入机床的主轴锥孔内；为直柄时需要用钻夹头安装。

3. 钻孔的工艺特点

(1) 钻孔时钻头容易“引偏”。引偏是指加工时由于钻头弯曲而引起的孔径扩大、孔不圆或孔轴线偏斜等。可采用钻套引导钻头进行钻孔及扩孔加工，以避免引偏。

(2) 加工中排屑困难，且排屑时易划伤已加工孔表面，降低了孔的表面质量，属于粗加工。

(3) 切削热不易传散，钻头易磨损，限制了切削用量和生产率的提高。

(三) 扩孔与铰孔

对于中等尺寸以下较精密的孔，生产中常采用钻-扩-铰的工艺方案。

1. 扩孔

扩孔是用扩孔钻对工件上已有的孔进行加工，以扩大孔径，提高孔的加工质量。扩孔钻的直径规格为10~80mm，扩孔余量（$D-d$）一般为0.5~4mm。为提高生产率，在钻直径较大的孔时（$D\geqslant 30$mm），可先用小钻头（直径为孔径的0.5~0.7倍）预钻孔，然后再用原尺寸的扩孔钻或大钻头扩孔。

扩孔可在一定程度上校正原孔轴线的偏斜，扩孔的尺寸公差等级为IT10~IT9，表面粗糙度Ra值为6.3~3.2μm，属于半精加工，常作为铰孔前的预加工，对于质量要求不太高的孔，扩孔也可作为终加工。

2. 铰孔

用铰刀从工件孔壁上切除微量金属，以提高孔的尺寸精度和减小粗糙度值的加工方法，称为铰孔。它是在扩孔或半精镗孔后进行的一种精加工。铰孔生产率高，容易保证孔的精度和表面粗糙度，对于小孔和细长孔更是如此。但铰孔不宜加工短孔、深孔和断续孔。

铰孔余量影响铰孔的质量，一般粗铰余量为0.15~0.35mm，精铰为0.05~0.15mm。铰孔的尺寸公差等级为IT8~IT6，表面粗糙度Ra值为1.6~0.2μm。它适于加工中批、大批大量生产中不宜拉削的孔及单件小批生产中的小孔（$D<15$mm），或细长孔（$L/D>5$）。

二、镗削加工

在镗床上进行切削加工称为镗削。镗削加工时，刀具作旋转切削主运动，刀具或工件作轴向进给运动，如图13-21所示。按结构和用途的不同，镗床可分为卧式镗床、落地镗床、坐标镗床、金刚镗床等。例如T68型卧式镗床，其主参数为镗轴直径80mm；T4663型卧式坐标镗床，其主参数为工作台宽度630mm。

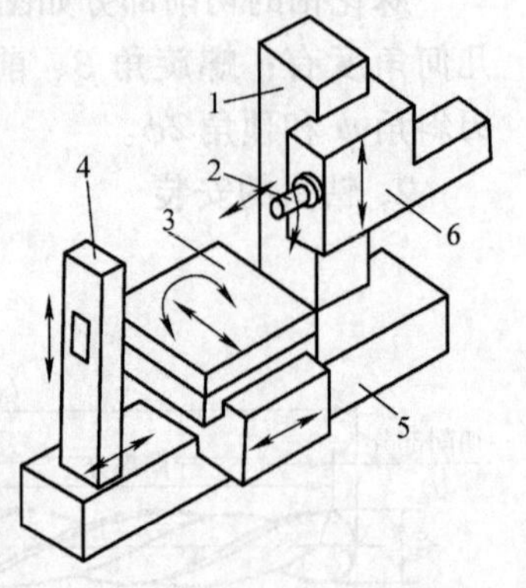

图13-21 镗床的组成及其切削运动

1—前立柱 2—主轴 3—工作台 4—后立柱 5—床身 6—主轴箱

镗床上除了可以镗孔外，还可以进行钻孔，扩孔，铰孔，铣平面、端面，镗削内螺纹等。镗床的主要工作如图13-22所示。

镗杆尺寸因受工件孔径的限制，刚性较差，加工时不宜采用太大的切削用量，同时在加工过程中必须通过调刀来达到孔径所要求的精度，因而镗孔生产率较低。但是镗刀结构简单，通用性强，在单件、小批生产中，镗孔是较经济的孔加工方法之一，特别是对于直径在100mm以上的大孔，镗孔几乎是唯一的精加工方法。在大批量生产时为减少调刀时间，可采用镗模板，以提高生产率。

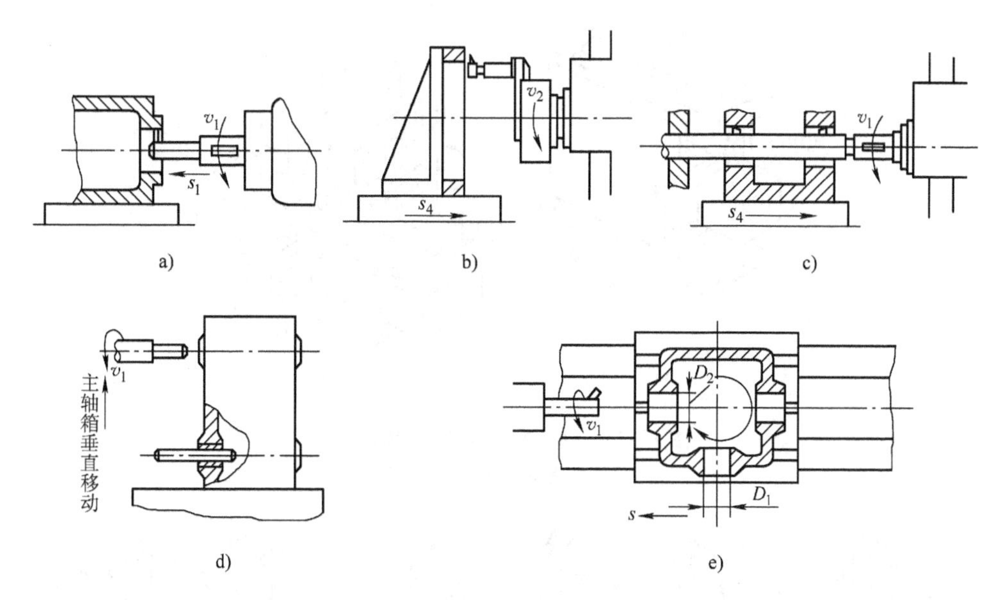

图 13-22　镗床的主要工作

a）镗孔　b）镗大孔　c）镗同轴孔　d）镗平行孔　e）镗垂直孔

镗孔加工可以修正原孔的轴线偏斜等误差，获得较高的孔位置精度，所以特别适于对精度要求高的箱体工件的孔系加工。

一般镗孔的尺寸公差等级为 IT8 ~ IT7，表面粗糙度 Ra 值为 1.6 ~ 0.8μm；精细镗时公差等级为 IT7 ~ IT6，表面粗糙度 Ra 值为 0.8 ~ 0.1μm。

第五节　刨、插、拉削和铣削加工

一、刨、插、拉削加工

刨削、插削及拉削主要用于对水平面、垂直平面、内外沟槽以及成形表面的加工。其特点是刀具和工件的相对运动轨迹为直线。

（一）刨削加工

1. 刨床

刨削中，刀具对工件的相对往复直线运动为主运动，工件相对刀具在垂直于主运动方向的间歇运动为进给运动，刨削是在牛头刨床或龙门刨床上进行的，如图 13-23 所示。前者适于加工中、小型工件，例如 B6050 型牛头刨床，其主参数为最大刨削长度 500mm；后者适于加工大型工件或同时加工多件中、小型工件，例如 B2012A 型龙门刨床，其主参数为最大刨削宽度 1250mm，其最大刨削长度为 4000mm。

2. 刨刀及其用途

刨刀的形状类似于车刀，构造和刃磨简单。根据加工内容不同可分为平面刨刀、偏刀、切刀、角度刀和样板刀等。

刨削主要用于加工平面、垂直面、斜面、直槽、V 形槽、燕尾槽、T 形槽、成形面。刨刀及其用途如图 13-24 所示。

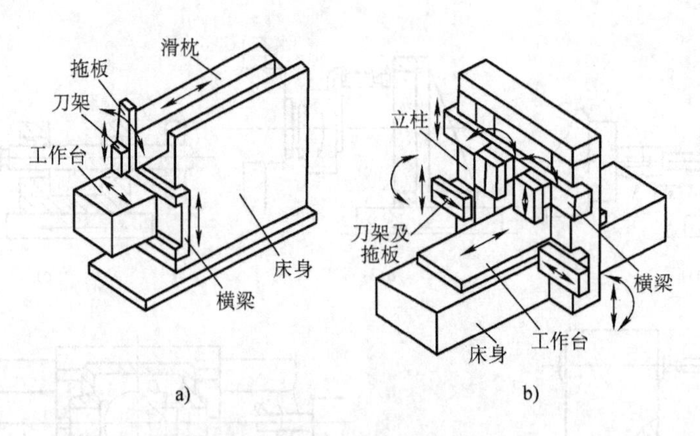

图 13-23 刨床的组成及其切削运动

a）牛头刨床 b）龙门刨床

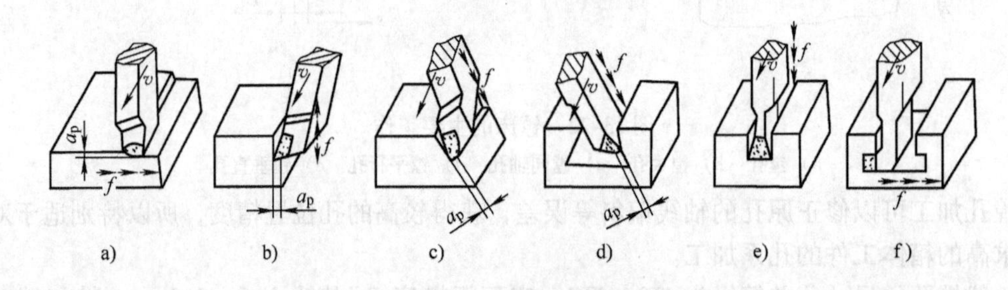

图 13-24 刨刀及其用途

a）刨水平面 b）刨垂直面 c）刨斜面 d）刨燕尾槽 e）刨直槽 f）刨T形槽

3. 刨削的特点

由于刨削加工时，主运动为往复运动，切削过程不连续，受惯性力的影响，切削速度不可能很高（牛头刨床 $v \leqslant 80\text{m/min}$，龙门刨床 $v \leqslant 100\text{m/min}$），并且有相当一部分时间花费在不切削的空回程上，故生产效率较低。但刨削加工有其独特的优点：其适应性好，工艺成本低，加工狭长平面和薄板平面方便，并可经济地达到IT8级公差等级、表面粗糙度 Ra 值为 $1.6\mu\text{m}$ 及平面度0.025mm/500mm（牛头刨床）或平面度0.02mm/1000mm（龙门刨床）。

（二）插削加工

插削加工是在插床上进行的，其基本原理与刨削加工相同，不同的是插刀对工件作垂直往复直线主运动，因此插床也称为立式刨床。

插削主要用于加工工件的成形内表面和外表面，如方形孔、多边形孔、花键槽、内齿轮及外齿轮等。

插削的生产效率低，加工精度也不高，只适于单件小批生产和修配加工。大批量生产的键槽孔或成形孔等，多采用拉削方式进行加工。

（三）拉削加工

拉削加工在拉床上进行，可用来加工各种截面形状的通孔、直线或曲线形状的外表面。

拉削加工的刀具为拉刀。拉刀是一种多刃刀具，图13-25所示为圆孔拉刀。拉削的本质是刨削，不过刨削为单刃切削，拉削属多刃复合切削。如图13-26所示，拉削只有一个主运动（拉刀的直线运动），进给运动由相邻前后刀齿之间的齿升量实现，一次行程能够完

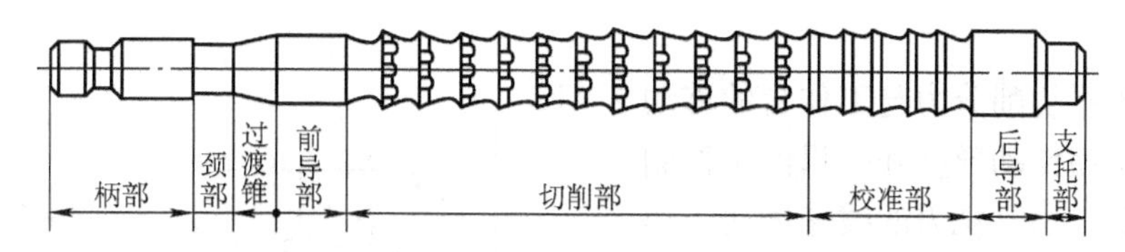

图 13-25　圆孔拉刀

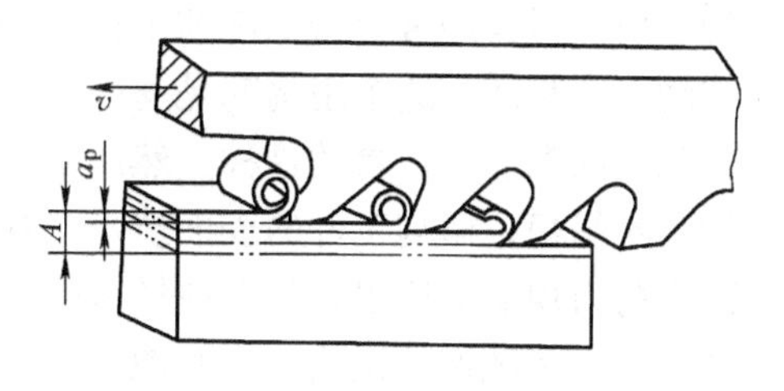

图 13-26　平面拉削示意图

成粗、半精及精加工，故拉削的生产效率很高，且拉床结构简单，操作方便。

拉削加工的优点是尺寸精度高、表面粗糙度值小，但因拉刀为结构复杂的专用成形刀具，制造成本高，故拉削只适于成批或大量生产时的加工。

二、铣削加工

平面、沟槽及台阶的加工除采用刨削外，更多地是采用铣削加工。

1. 铣床与铣刀

铣削加工时，铣刀旋转切削工件，为主运动；工件装夹在工作台上，可前后、上下、左右作直线运动或复合曲线运动，为进给运动，如图 13-27 所示。常用铣床有 X6132 型卧式万能升降台铣床（旧型号为 X62W），其主参数为工作台宽度 320mm。

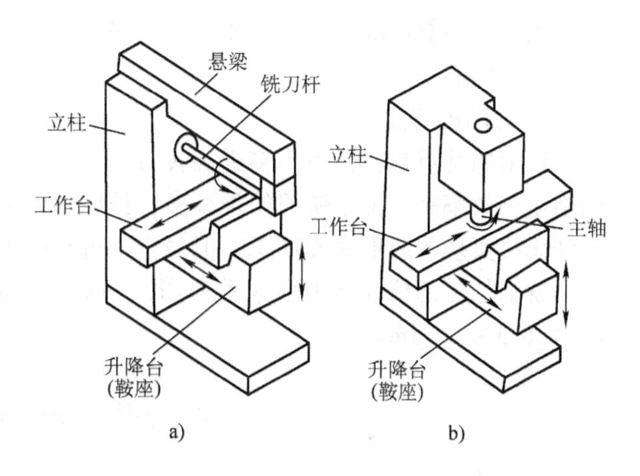

图 13-27　铣床的组成及其切削运动

a）卧式铣床　b）立式铣床

铣刀是多刃回转刀具，由刀齿和刀体组成。刀体为回转体形状，刀齿分布在刀体圆周表面的称为圆柱铣刀，刀齿分布在刀体端面的称为面铣刀。

2. 周铣和端铣

铣削方式按所用铣刀不同分为周铣和端铣，如图 13-28 所示。端铣时切削力变化小，铣削过程平稳，加工质量较周铣高，且面铣刀结构刚性好，生产率高。但周铣能用多种铣刀铣各种成形面，适应性广，而端铣则适应性差，主要用于平面铣削。

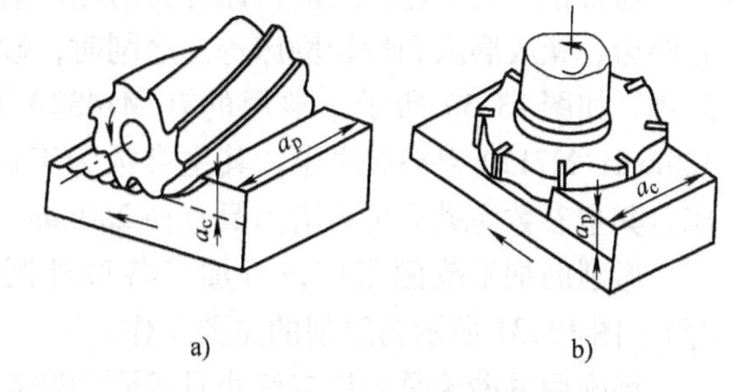

图 13-28　周铣与端铣

a）周铣　b）端铣

3. 逆铣与顺铣

周铣时，当铣刀上切削刀齿的运动方向与工件的进给方向相同时称为顺铣，反之称为逆铣，如图 13-29 所示。

逆铣时，每个刀齿的切削厚度均是从零逐渐增大，使得开始切削阶段刀齿在工件表面上打滑、挤压，恶化了表面质量且容易使刀齿磨损。而顺铣时，刀齿从最大切削厚度开始切削，避免了上述打滑现象，可获得较好的表面质量，当工件表面无硬皮时也提高了刀具的使用寿命。

顺铣时水平切削分力与工作台的移动方向一致，有使传动丝杠和螺母的工作侧面脱离的趋势。由于铣刀的线速度比工作台的移动速度大得多，切削力又是变化的，所以刀齿经常会将工件和工作台一起拉动一个距离。这个距离就是丝杠与螺母之间的间隙。工作台的这种突然窜动，使切削不平稳，影响工件的表面质量，甚至发生打刀现象。所以，只有在铣床的纵向丝杠装有间隙调整机构，将间隙调整到刻度盘一小格左右时，且切削力不大的场合才能使用顺铣。

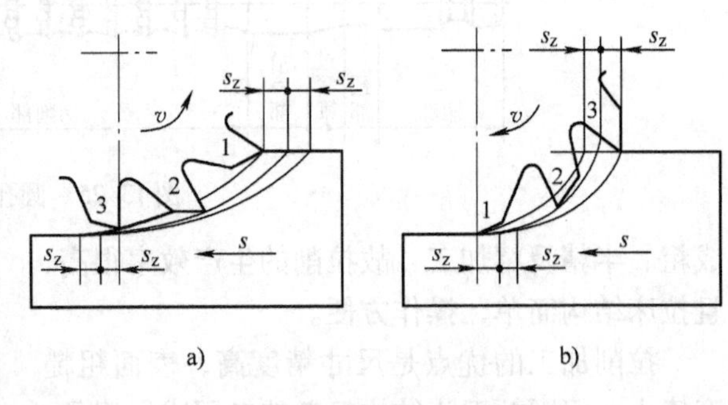

图 13-29 顺铣与逆铣
a) 逆铣 b) 顺铣

因此，一般情况下逆铣比顺铣用得多。精铣时，铣削力较小，为提高加工质量和刀具寿命，多采用顺铣。

4. 铣削的特点

铣削的优点是：铣刀为多刃旋转刀具，加工中无空行程，切削速度高，故加工平面时较刨削生产效率高；由于铣刀的类型多，铣床附件多，使铣削加工范围广，可完成许多车削和刨削无法实现的成形表面加工。但是铣削过程的平稳性差，影响工件表面的加工质量。

铣削加工的精度与刨削大致相当，一般尺寸的公差等级可达 IT9 ~ IT7，表面粗糙度值 *Ra* 为 6.3 ~ 1.6μm。

第六节 磨削加工

一、磨削概述

用砂轮或其他磨具加工工件表面的工艺过程，称为磨削加工。

通常把使用砂轮加工的机床称为磨床。磨床可分为外圆磨床、内圆磨床、平面磨床、无心磨床、螺纹磨床和齿轮磨床等。磨削时，砂轮的旋转为主运动，工件的移动和转动为进给运动，如图 13-30 所示。常用的有 M1432A 型万能外圆磨床，其主参数为最大磨削直径 320mm；M7120 型平面磨床，其主参数为工作台工作面宽度 200mm；M6025 型万能工具磨床，其主参数为最大可刃磨刀具直径 250mm。

磨削的加工范围很广，可加工各种外圆、内孔、平面和成形面（螺纹、齿轮、花键等）。图 13-31 所示为磨削的主要工作。

磨削用的砂轮是由许多细小且极硬的磨料微粒与粘合剂混合成形后烧结而成的，具有一定的孔隙。因砂轮表面布满磨粒，可以将其看作为具有很多刀齿的多刃刀具。磨削过程是形状各异的磨粒在高速旋转运动中，对工件表面进行切削、挤压、滑擦以及抛光的综合作用，如图 13-32 所示。

二、砂轮

（一）砂轮的特性要素

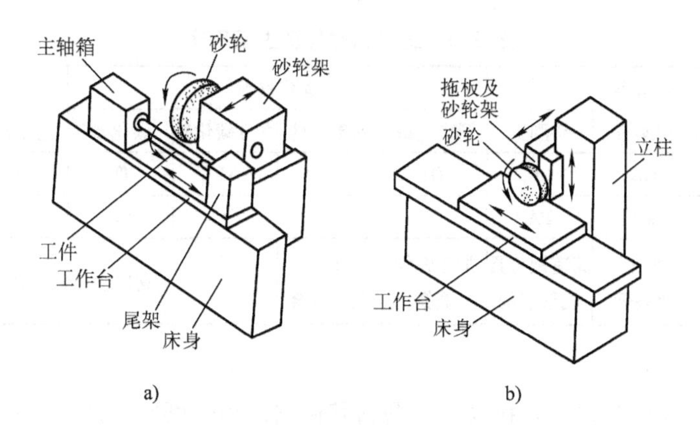

图 13-30　磨床的组成及其切削运动

a）外圆磨床　b）卧式平面磨床

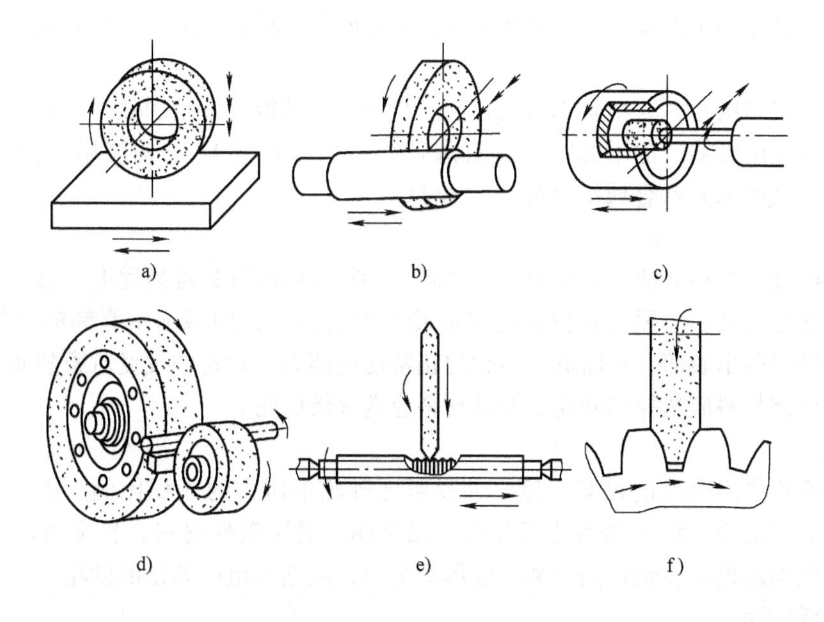

图 13-31　磨削的主要工作

a）平面磨削　b）外圆磨削　c）内圆磨削　d）无心磨削　e）螺纹磨削　f）齿轮磨削

砂轮的切削性能由磨粒材料（磨料）、粒度、硬度、结合剂、组织、形状和尺寸等六项因素决定。

1. 磨料

磨料即砂轮中的硬质颗粒，它担负主要切削工作。磨料必须有很高的硬度、耐磨性、耐热性和韧性，还要具有比较锋利的形状，才能切下切屑。常用的磨料分为刚玉类、碳化物类和高磨硬料类。各种磨料的代号及主要用途见表 13-3。

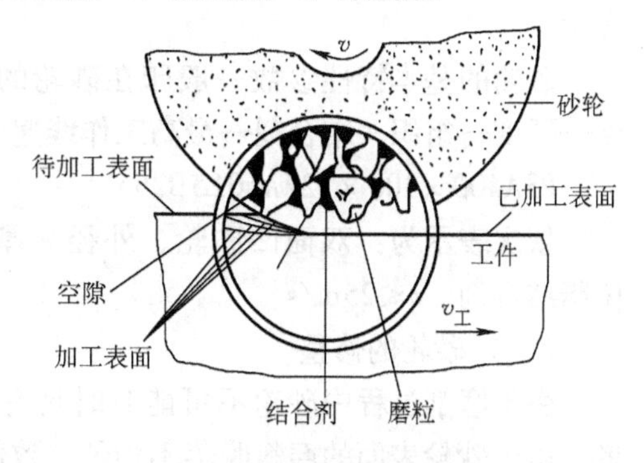

图 13-32　砂轮及磨削

表 13-3 磨料的代号及主要用途

名称	刚玉类			碳化物类				高磨硬料类	
	棕刚玉	白刚玉	铬刚玉	黑碳化硅	绿碳化硅	立方碳化硅	碳化硼	立方氮化硼	人造金刚石
原代号	GZ	GB	GG	TH	TL	TF	TP	JLD	JR
新代号	A	WA	PA	C	GC	SC	BC	DL	
主要用途	加工碳钢合金钢	加工淬硬钢	高速钢刀具成形磨削	加工铸铁黄铜	加工硬质合金	高硬度材料、高精度加工			

2. 粒度

粒度是指磨料颗粒的大小。粒度又分磨料和微粉两组。磨粒组用筛选法来区分颗粒的大小，以筛孔尺寸来表示其粒度分组代号，分组代号有05、07、10、15、21……共有9种。微粉则用磨料颗粒的显微尺寸来表示，其粒度号从W63～W0.5共有14种。粒度的选择主要影响表面粗糙度和生产率，一般粗磨应选较粗的磨粒，精磨可选较细的磨粒。

3. 结合剂

砂轮中用来粘结磨料的物质称为结合剂。结合剂的性能对砂轮的强度、抗冲击性、耐热性和耐蚀性有突出影响。常用的结合剂有陶瓷结合剂（代号V）、树脂结合剂（代号B）、橡胶结合剂（代号R）和金属结合剂（代号J）。

4. 硬度

砂轮的硬度是指在磨削力的作用下，磨料从砂轮表面脱落的难易程度。容易脱落的，称之为软，反之称为硬。当硬度选择合适时砂轮具有自锐性，即磨削中磨钝的磨料能及时脱落，而使新磨料露出表面，从而保持砂轮的正常切削能力。砂轮的硬度对磨削质量和生产率影响很大。磨硬材料应选择软砂轮，磨软材料应选择硬砂轮。

5. 组织

砂轮的组织是指砂轮的松紧程度，即磨料在砂轮中所占的体积比例。组织共分0～14号，号码越大越疏松。5～8号为中等组织，最常用。磨削塑性材料、软金属及大面积磨削时，应选择组织疏松的砂轮；而精磨、成形磨削时，应选择组织紧密的砂轮。

6. 形状和尺寸

为了适应不同类型的磨床和各种工件，砂轮有很多形状和尺寸规格，砂轮的形状用代号表示。

砂轮的基本特性参数一般印在砂轮的端面上。其代号次序是：形状—尺寸—磨料—粒度—硬度—组织—结合剂—最高工作线速度。例如：

PSA400×100×127A60L5B25

依次表示为：双面凹砂轮、外径×厚度×孔径、棕刚玉、$60^{\#}$、中软2号、5号组织、树脂结合剂、$v \leqslant 25\text{m/s}$。

（二）砂轮的修整

由于磨削过程中砂轮不可能时时具有自锐性，且磨屑和碎磨粒会堵塞砂轮的空隙；再者，由于砂轮表面的磨料脱落不均匀，致使砂轮丧失外形精度。因此，需要修整砂轮，去除表层磨料，以恢复砂轮的切削能力与外形精度。

修整砂轮常用金刚石笔，它由大颗粒金刚石镶焊在刀杆尖端制成。修整过程相当于用金刚石车刀切削砂轮外圆。修整时，应根据不同的磨削条件，选择不同的修整用量。

三、磨削的特点

1. 能加工硬度很高的材料

磨削能加工车、铣等其他方法所不能加工的各种硬材料，如淬硬钢、冷硬铸铁、硬质合金、宝石，玻璃和超硬材料氮化硅等。

2. 能加工出精度高、表面粗糙度值很小的表面

磨削通常尺寸的公差等级可达 IT7 ~ IT5，表面粗糙度值 Ra 为 0.8 ~ 0.2μm。

3. 磨削温度高

由于磨削过程中产生的切削热多，而砂轮本身的传热性差，使得磨削区温度高，所以在磨削过程中，为了避免工件烧伤和变形，应施以大量的切削液进行冷却。磨削钢件时，广泛采用的是乳化液和苏打水。

4. 磨削的径向分力大

磨削时径向分力 F_y 很大，约为切削力 F_z 的 1.6 ~ 3.2 倍。在 F_y 力的作用下，机床砂轮工件系数（工艺系统）将产生弹性变形，使得实际磨削深度比名义磨削深度小。因此，在磨去主要加工余量以后，随着磨削力的减小，工艺系统弹性变形恢复，应继续光磨一段时间，直至磨削火花消失。光磨对于提高磨削精度和表面质量具有重要意义。

小　　结

金属切削加工是目前应用最广泛的制造机械零件的方法，它是通过刀具和工件在金属切削机床上的相对切削运动来实现的。

切削运动分为主运动和进给运动；切削要素包括切削用量要素和切削层尺寸平面要素。

刀具材料：碳素工具钢、合金工具钢由于热硬性差，通常只用于制造低速、手工用刀具。高速工具钢和硬质合金是主要的刀具材料。高速工具钢被广泛用于制造较复杂的成形刀具；硬质合金具有很高的硬度和热硬性，但由于抗弯强度低、冲击韧度差，故通常把它焊接或夹持在刀体上使用。

刀具角度对切削加工的影响很大，应合理选择。

注意总结不同的加工方法所使用的刀具、机床和适宜的加工表面。

习　　题

13-1　什么是主运动和进给运动？试以外圆车削、铣削、钻削为例，说明什么是主运动，什么是进给运动。

13-2　说明切削用量三要素的意义。车削时，切削速度怎样计算？

13-3　外圆车刀的五个基本角度的主要作用是什么？应如何选择？

13-4　说明切屑的形成过程。切屑可分为哪几种？它们对切削过程有何影响？

13-5　什么是切削力？一般将它在哪三个方向分解？各方向的切削分力对加工工艺系统有何影响？

13-6　切削热是怎样产生的？它对工件和刀具有何影响？

13-7　切削液分哪几类？比较其性能和适用范围。

13-8　粗加工和精加工的切削用量为什么不能按同一原则选择？

13-9　机床中常用的传动副有哪几种？各有何特点？

13-10　简述车床的主要组成部分及其作用。

13-11 车床能完成哪些工作？

13-12 车削加工中工件有多少种装夹方式？各用于何种场合？

13-13 钻床能完成哪些工作？

13-14 比较车床钻孔和钻床钻孔。

13-15 指出麻花钻的主切削刃、副切削刃、前面、主后面。

13-16 为什么钻孔的加工精度低，表面粗糙度值大？

13-17 车床镗孔和镗床镗孔有何不同？

13-18 刨床能完成哪些工作？

13-19 牛头刨床、龙门刨床、插床运动有何不同？各适用于哪些场合？

13-20 拉削为什么加工质量好，生产率高？

13-21 比较铣削和刨削加工。

13-22 砂轮和铣刀有什么类同之处？

第十四章　机械零件材料的选用与加工工艺分析

教学目标：通过教学，学生应了解机械零件的失效形式和材料选择的基本原则；熟悉零件毛坯的生产方法和热处理的工序位置；了解典型零件所用的材料及加工工艺路线。

本章重点：机械零件材料选择的基本原则；机械零件毛坯的选择；热处理的工序位置。

本章难点：常用毛坯生产方法及有关内容比较。

第一节　机械零件的失效形式和选材原则

一、机械零件的失效形式

所谓失效，是指零件在使用过程中，由于尺寸、形状和材料的组织与性能发生变化而失去原设计的效能。零件失效的具体表现为：完全破坏而不能工作；严重损伤不能安全工作；虽能工作，但已不能完成规定的功能。零件的失效，特别是那些没有明显征兆的失效，往往会带来巨大的损失，甚至导致重大事故。

一般机器零件常见的失效形式有以下三种：

（1）断裂。断裂包括静载荷或冲击载荷下的断裂、疲劳断裂、腐蚀破裂等。断裂是材料最严重的失效形式，特别是在没有明显塑性变形的情况下突然发生的脆性断裂，往往会造成灾难性事故。

（2）表面损伤。表面损伤包括过量磨损、表面腐蚀、表面疲劳（点蚀或剥落）等。机器零件磨损过量后，工作就会恶化，甚至不能正常工作而报废。磨损不仅消耗材料，损坏机器，而且耗费大量能源。

（3）过量变形。过量变形包括过量的弹性变形、塑性变形和蠕变等。不论哪种过量变形，都会造成零件（或工具）尺寸和形状的改变，影响它们的正确使用位置，破坏零件或部件间相互配合的位置和关系，使机器不能正常工作，甚至造成事故。如高压容器的紧固螺栓若发生过量变形而伸长，就会使容器渗漏；又如变速箱中的齿轮若产生过量塑性变形，就会使轮齿啮合不良，甚至卡死、断齿，引起设备事故。

引起零件失效的原因很多，涉及到零件的结构设计、材料的选择与使用、加工制造、装配及维护保养等方面。而合理选用材料就是从材料应用上去防止或延缓失效的发生。

二、选材的基本原则

（一）材料的使用性能应满足零件的使用要求

使用性能是指零件在正常使用状态下，材料应具备的性能，包括力学性能、物理性能和化学性能。使用性能是保证零件工作安全可靠、经久耐用的必要条件。

不同机械零件要求材料的使用性能是不一样的，这主要是因为不同机械零件的工作条件和失效形式不同。因此，对某个零件进行选材时，首先要根据零件的工作条件和失效形式，正确地判断所要求的主要使用性能，然后根据主要的使用性能指标来选择较为合适的材料；有时还需要进行一定的模拟试验来最后确定零件的材料。对于一般的机械零件，则主要以其力学性能作为选材依据。对于用非金属材料制成的零件（或构件），还应注意工作环境对其性能的影响，因为非金属材料对温度、光、水、油等的敏感程度比金属材料大得多。

表14-1列出了几种零件（工具）的工作条件、失效形式及要求的主要力学性能。

表14-1 几种常用零件（工具）的工作条件、失效形式及要求的力学性能

零件（工具）	工作条件			常见失效形式	要求的主要力学性能
	应力种类	载荷性质	其他		
紧固螺栓	拉、切应力	静	—	过量变形、断裂	强度、塑性
传动轴	弯、扭应力	循环、冲击	轴颈处摩擦、振动	疲劳破坏、过量变形、轴颈处磨损	综合力学性能、轴颈处硬度
传动齿轮	压、弯应力	循环、冲击	摩擦、振动	齿折断、疲劳断裂、磨损、接触疲劳（点蚀）	表面高硬度及疲劳强度、心部较高强度、韧性
弹簧	扭、弯应力	交变、冲击	振动	弹性丧失、疲劳破坏	弹性极限、屈强比、疲劳极限
冷作模具	复杂应力	交变、冲击	强烈摩擦	磨损、脆断	硬度、足够的强度、韧性
压铸模	复杂应力	循环、冲击	高温、摩擦、金属液腐蚀	热疲劳、脆断、磨损	高温强度、抗热疲劳性、足够的韧性与热硬性
滚动轴承	压应力	交变、冲击	滚动摩擦	疲劳断裂、磨损、接触疲劳（点蚀）	接触疲劳强度、硬度、耐蚀性、足够的韧性

在对零件的工作条件、失效形式进行全面分析，并根据零件的几何形状和尺寸、工作中所受的载荷及使用寿命，通过力学计算确定出零件应具有的主要力学性能指标及其数值后，即可利用手册选材。但是还应注意以下几点：第一，材料的性能不但与化学成分有关，也与加工、处理后的状态有关，金属材料尤为明显，所以要弄清手册中的数据是在什么加工、处理条件下得到的。第二，材料的性能还与试样的尺寸有关，且随试样截面尺寸的增大，其力学性能一般是降低的，因此必须考虑零件尺寸与手册中试样尺寸的差别，并进行适当的修正。第三，材料的化学成分、加工、处理的工艺参数本身都有一定的波动范围，所以其力学性能数据也有一个波动范围。一般手册中的性能数据，大多是波动范围的下限值，即在尺寸和处理条件相同时，手册中的数据是偏安全的。

（二）材料的工艺性应满足加工要求

材料的工艺性是指材料适应某种加工的能力。在选材中，与使用性能比较，材料的工艺性能常处于次要地位。但在某些特殊情况下，工艺性能也会成为选材的主要依据。

高分子材料的成形工艺比较简单，可加工性比较好。但其导热性差，在切削过程中不易散热，易使工件温度急剧升高而使其变焦（热固性塑料）或变软（热塑性塑料）。

陶瓷材料成形后硬度极高，除了可以用碳化硅、金刚石砂轮磨削外，几乎不能进行其他加工。

金属材料如果用铸造成形，最好选择共晶成分或接近共晶成分的合金；如果用锻造成形，最好选用组织呈固溶体的合金；如果是焊接成形，最适宜的材料是低碳钢或低碳合金钢；为了便于切削加工，一般希望钢铁材料的硬度控制在170~230HBW之间（这可通过热处理来调整其组织和性能）。

不同金属材料的热处理性能是不同的。碳钢的淬透性差，强度不是很高，加热时易过热而使晶粒长大，淬火时也易变形和开裂。因此，制造高强度、大截面、形状比较复杂的零件，一般应选用合金钢。

（三）选材时还应充分考虑经济性

选材时应注意降低零件的总成本。零件的总成本包括材料本身的价格、加工费、管理费及其他附加费用（如零件的维修费等）。据资料统计，在一般的工业部门中，材料的价格要占产品价格的30%~70%。因此，在保证使用性能的前提下，应尽可能选用价廉、货源充足、加工方便、总成本低的材料，以取得最大的经济效益，提高产品在市场上的竞争力。表14-2为我国部分常用金属材料的相对价格。由此可以看出，在金属材料中，碳钢和铸铁的价格比较低廉，而且加工也方便，故在满足零件使用性能的前提下，选用碳钢和铸铁可降低产品的成本。

表14-2 我国部分常用金属材料的相对价格

材料	相对价格	材料	相对价格
碳素结构钢	1	碳素工具钢	1.4~1.5
低合金结构钢	1.2~1.7	低合金工具钢	2.4~3.7
优质碳素结构钢	1.4~1.5	高合金工具钢	5.4~7.2
易切削钢	2	高速工具钢	13.5~15
合金结构钢	1.7~2.9	铬不锈钢	8
铬镍合金结构钢	3	铬镍不锈钢	20
滚动轴承钢	2.1~2.9	普通黄铜	13
弹簧钢	1.6~1.9	球墨铸铁	2.4~2.9

注：相对价格摘自1990年上海冶金工业局钢材出厂价格汇编所规定价格，并以碳素结构钢价格为基数1，钢材为热轧圆钢（$\phi25\sim\phi160$mm）；有色金属为圆材。球墨铸铁按市场价确定。

低合金钢的强度比碳钢高，工艺性能接近碳钢，因此，选用低合金钢往往经济效益比较显著。

在选用材料时，还应立足于我国的资源，并考虑我国的生产和供应情况。例如，能用硅锰钢的，就尽量不要用铬镍钢。此外，对同一企业来说，所选用的材料种类、规格应尽量少而集中，以便于采购和管理，减少不必要的附加费用。

总之，作为一个工程技术人员，在选用材料时，必须了解我国的资源和生产情况，从实际情况出发，全面考虑材料的使用性能、工艺性能和经济性等方面的因素，以保证产品性能优良、成本低廉、经济效益最佳。

第二节 零件毛坯的选择

除了少数要求不高的零件外，机械上的大多数零件都要通过铸造、锻压或焊接等加工方法先制成毛坯，然后再经切削加工制成成品。因此，零件毛坯选择是否合理，不仅影响每个零件乃至整部机械的制造质量和使用性能，而且对零件的制造工艺过程、生产周期和成本也有很大的影响。表14-3列出了常用毛坯生产方法及有关内容的比较，可供选择毛坯时参考。

表14-3 常用毛坯的生产方法及其有关内容比较

比较内容＼生产方法	铸造	锻造	冲压	焊接	型材
成形特点	液态成形	固态下塑性变形		借助金属原子间的扩散和结合	固态下切削
对原材料工艺性能要求	流动性好，收缩率小	塑性好，变形抗力小		强度好，塑性好，液态下化学稳定性好	
适用材料	铸铁，铸钢，有色金属	中碳钢，合金结构钢	低碳钢和有色金属薄板	低碳钢和低合金结构钢，铸铁，有色金属	碳钢，合金钢，有色金属
适宜的形状	形状不受限，可相当复杂，尤其是内腔形状	自由锻件简单，模锻件可较复杂	可较复杂	形状不受限	简单，一般为圆形或平面
适宜的尺寸与重量	砂型铸造不受限	自由锻不受限，模锻件＜150kg	不受限	不受限	中、小型
毛坯的组织和性能	砂型铸造件晶粒粗大、疏松、缺陷多、杂质排列无方向性。铸铁件力学性能差，耐磨性和减振性好；铸钢件力学性能较好	晶粒细小、较均匀、致密，可利用流线改善性能，力学性能好	组织细密，可产生纤维组织。利用冷变形强化，可提高强度和硬度，结构刚性好	焊缝区为铸态组织，熔合区及过热区有粗大晶粒，内应力大；接头力学性能达到或接近母材	取决于型材的原始组织和性能
毛坯精度和表面质量	砂型铸造件精度低和表面粗糙（特种铸造表面粗糙度值较小）	自由锻件精度较低，表面较粗糙；模锻件精度中等，表面质量较好	精度高，表面质量好	精度较低，接头处表面粗糙	取决于切削方法
材料利用率	高	自由锻件低，模锻件中等	较高	较高	较高
生产成本	低	自由锻件较高，模锻件较低	低	中	较低
生产周期	砂型铸造较短	自由锻短，模锻长	长	短	短
生产率	砂型铸造低	自由锻低，模锻较高	高	中、低	中、低
适宜的生产批量	单件和成批（砂型铸造）	自由锻单件小批，模锻成批、大量	大批量	单件、成批	单件、成批
适用范围	铸铁件用于受力不大，或承压为主的零件，或要求减振、耐磨的零件；铸钢件用于承受重载而形状复杂的零件，如床身、立柱、箱体、支架和阀体等	用于承受重载、动载或复杂载荷的重要零件，如主轴、传动轴、杠杆和曲轴等	用于板料成形的零件	用于制造金属结构件，或组合件和零件的修补	一般中、小型简单件

毛坯的选择包括选择毛坯材料、类别和具体的制造方法。毛坯材料（即零件材料）和毛坯类型的选择是密切相关的，因为不同的材料具有完全不同的工艺性能。通常选择毛坯时必须考虑以下原则。

（一）保证零件的使用要求

毛坯的使用要求，是指将毛坯最终制成机械零件的使用要求。零件的使用要求包括对零件形状和尺寸的要求，以及工作条件对零件性能的要求。工作条件通常指零件的受力情况、工作温度和接触介质等。所以，对零件的使用要求也就是对其外部和内部质量的要求。例如，机床的主轴和手柄，虽同属轴类零件，但其承载及工作情况不同。主轴是机床的关键零件，尺寸、形状和加工精度要求很高，受力复杂，在长期使用过程中只允许发生极微小的变形，因此应选用45钢或40Cr等具有良好综合力学性能的材料，经锻造制坯及严格的切削加工和热处理制成；而机床手柄，尺寸、形状等要求不很高，受力也不大，故选用低碳钢棒料或普通灰铸铁为毛坯，经简单的切削加工即可制成，不需要热处理。再如，燃气轮机上的叶片和电风扇叶片，虽然同是具有空间几何曲面形状的叶片，但前者要求采用优质合金钢，经过精密锻造和严格的切削加工及热处理，并且需经过严格的检验，其制造尺寸的微小偏差，将会影响工作效率，其内部的某些缺陷则可能造成严重的后果；而一般电风扇叶片，采用低碳钢薄板冲压成形或采用工程塑料成形就能满足要求了。

由上述可知，即使同一类零件，由于使用要求不同，从选择材料到选择毛坯类别和加工方法，可以完全不同。因此，在确定毛坯类别时，必须首先考虑工作条件对其提出的使用性能要求。

（二）降低制造成本，满足经济性

一个零件的制造成本包括其本身的材料费以及所消耗的燃料费、动力费用、人工费、各项折旧费和其他辅助费用等分摊到该零件上的份额。在选择毛坯的类别和具体的制造方法时，通常是在保证零件使用要求的前提下，把几个可供选择的方案从经济上进行分析、比较，从中选择成本低廉的方案。

一般来说，在单件小批量生产的条件下，应选用常用材料、通用设备和工具、低精度低生产率的毛坯生产方法。这样，毛坯生产周期短，能节省生产准备时间和工艺装备的设计制造费用。虽然单件产品消耗的材料及工时多些，但总的成本还是较低的。在大批量生产的条件下，应选用专用材料、专用设备和工具以及高精度、高生产率的毛坯生产方法。这样，毛坯的生产率高、精度高。虽然专用材料、专用工艺装备增加了费用，但材料的总消耗量和切削加工工时会大幅度降低，总的成本也较低。通常的规律是：单件、小批生产时，对于铸件应优先选用灰铸铁和手工砂型铸造方法；对于锻件应优先选用碳素结构钢和自由锻方法；在生产急需时，应优先选用低碳钢和焊条电弧焊方法制造焊接结构毛坯。在大批量生产中，对于铸件应采用机器造型的铸造方法，锻件应优先选用模型锻造方法，焊接件应优先选用低合金高强度结构钢材料和埋弧焊、气体保护焊等方法制造毛坯。

（三）考虑实际生产条件

根据使用性要求和制造成本分析所选定的毛坯制造方法是否能实现，还必须考虑企业的实际生产条件。只有实际生产条件能够实现的生产方案才是合理的。因此，在考虑实际生产条件时，应首先分析本厂的设备条件和技术水平能否满足毛坯制造方案的要求。如不能满足要求，则应考虑某些零件的毛坯可否通过厂际协作或外购来解决。随着现代工业的发展，产品和零件的生产正在向专业化方向发展，在进行生产条件分析时，一定要打破自给自足的小生产观念，将生产协作的视野从本企业、本集团的狭小天地里解脱出来。这样就可能确定一个既能保证质量，又能按期完成任务，经济上也合理的方案。

上述三条原则是相互联系的，考虑时应在保证使用要求的前提下，力求做到质量好、成本低和制造周期短。

第三节 零件热处理的技术条件和工序位置

热处理是机械制造过程中的重要工序。**正确分析和理解热处理的技术条件，合理安排零件加工工艺路线中的热处理工序，对于改善金属材料的切削加工性能，保证零件的质量，满足使用性能要求，具有重要的意义。**

一、零件热处理的技术条件及标注

需要热处理的零件，设计者应根据零件的性能要求，在图样上标明零件所用材料的牌号，并应注明热处理的技术条件，以供热处理生产和检验时使用。

热处理技术条件的内容包括：零件最终的热处理方法、热处理后应达到的力学性能指标等。零件经热处理后应达到的力学性能指标，一般仅需标注出硬度值。但对于某些力学性能要求较高的重要零件，例如动力机械上的关键零件（如曲轴、连杆、齿轮等），还应标出强度、塑性、韧性指标，有的还应提出对金相显微组织的要求。对于渗碳件，则还应标注出渗碳淬火、回火后的硬度（表面和心部）、渗碳的部位（全部或局部）、渗碳层深度等。对于表面淬火零件，在图样上应标出淬硬层的硬度、深度与淬硬部位，有的还应提出对显微组织及限制变形的要求（如轴淬火后弯曲度、孔的变形量等）。

在图样上标注热处理技术条件时，可用文字对热处理条件加以简要说明，也可用国家标准（GB/T 12603—2005）规定的热处理工艺分类及代号来表示。热处理技术条件一般标注在零件图标题栏的上方（技术要求中）。在标注硬度值时应允许有一个波动范围；一般布氏硬度范围在30~40左右，洛氏硬度范围在5左右。例如，“正火210~240HBW”、“淬火回火40~45HRC。”

图14-1为热处理技术条件在零件图上的标注示例。

二、热处理的工序位置

零件的加工都是按一定的工艺路线进行的。**根据热处理的目的和工序位置的不同，热处理可分为预备热处理和最终热处理两大类。**其工序位置安排的一般规律如下：

（一）预备热处理的工序位置

预备热处理包括退火、正火、调质等。其工序位置一般均紧接毛坯生产之后，切削加工之前；或粗加工之后，精加工之前。

1. 退火、正火的工序位置

通常退火、正火都安排在毛坯生产之后、切削加工之前，以消除毛坯的内应力，均匀组织，改善切削加工性，并为最终热处理作组织准备。对于精密零件，为了消除切削加工的残余应力，在切削加工工序之间还应安排去应力退火。

2. 调质处理的工序位置

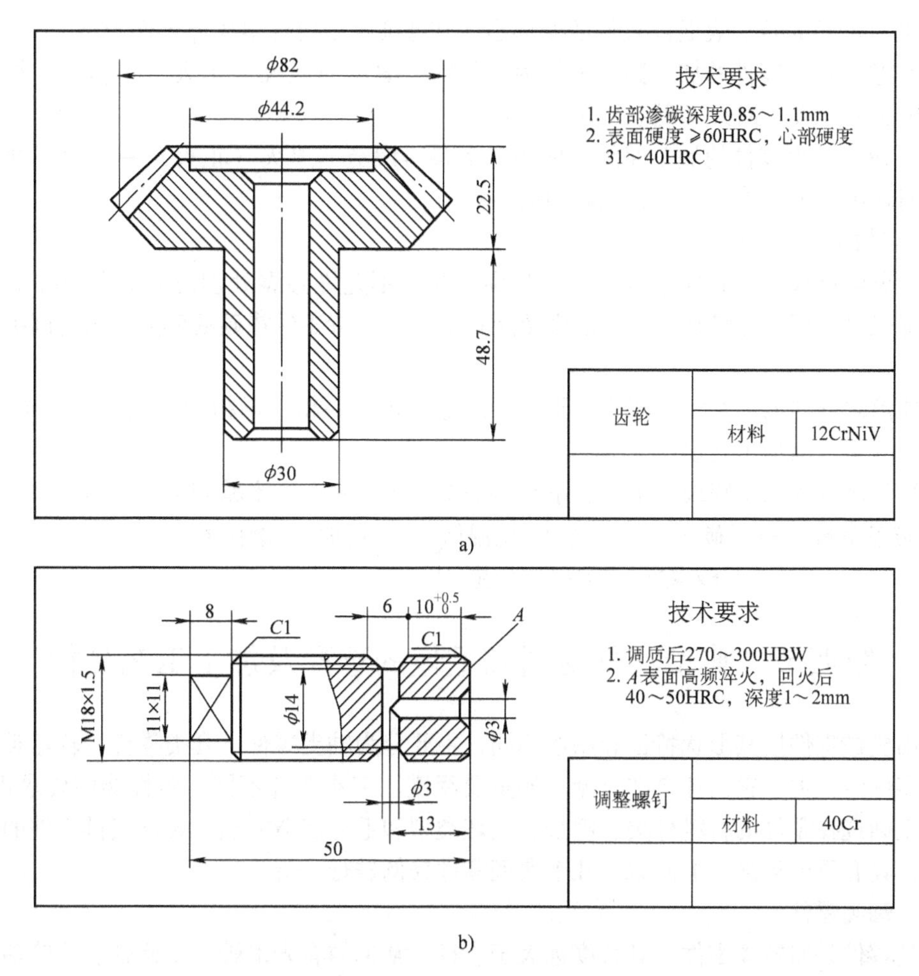

图 14-1　热处理技术条件的标注示例

a）整体热处理时的标注图例　b）局部热处理时的标注图例

调质工序一般安排在粗加工之后，精加工或半精加工之前。目的是为了获得良好的综合力学性能，或为以后的表面淬火或易变形的精密零件的整体淬火作好组织准备。调质一般不安排在粗加工之前，是为了避免调质层在粗加工时大部分被切削掉，失去调质的作用，这对淬透性差的碳钢零件尤为重要。调质零件的加工路线一般为：下料→锻造→正火（退火）→切削粗加工→调质→切削精加工。

在实际生产中，灰铸铁件、铸钢件和某些钢轧件、钢锻件经退火、正火或调质后，往往不再进行其他热处理，这时上述热处理也就是最终热处理。

（二）最终热处理的工序位置

最终热处理包括各种淬火、回火及表面热处理等。零件经这类热处理后，获得所需的使用性能，因零件的硬度较高，除磨削加工外，不宜进行其他形式的切削加工，故最终热处理工序均安排在半精加工之后。

1. 淬火、回火的工序位置

整体淬火、回火与表面淬火的工序位置安排基本相同。淬火件的变形及氧化、脱碳应在磨削中去除，故需留磨削余量（直径在 200mm、长度在 100mm 以下的淬火件，磨削余量一般为0.35~0.75mm)。表面淬火件的变形小，其磨削余量要比整体淬火件为小。

(1) 整体淬火零件的加工路线一般为：下料→锻造→退火（正火）→粗切削加工、半精切削加工→淬火、回火（低、中温）→磨削。

(2) 感应淬火零件的加工路线一般为：下料→锻造→退火（正火）→粗切削加工→调质→半精切削加工→感应淬火、低温回火→磨削。

2. 渗碳的工序位置

渗碳分整体渗碳和局部渗碳两种。当零件局部不允许渗碳处理时，应在图样上予以注明。该部位可镀铜以防渗碳，或采取多留余量的方法，待零件渗碳后淬火前再切削掉该处渗碳层。

整体渗碳件的加工路线一般为：下料→锻造→正火→粗、半精切削加工→渗碳、淬火、低温回火→精切削加工（磨削）。

局部渗碳件的加工路线一般为：下料→锻造→正火→粗、半精切削加工→非渗碳部位镀铜（留防渗余量）→渗碳——→淬火、低温回火→精加工(磨削)。

└→去除非渗碳部位余量—┘

第四节 典型零件材料和毛坯的选择及加工工艺分析

常用机械零件按其形状特征和用途不同，主要分为轴类零件、套类零件、轮盘类零件和箱座类零件四大类。它们各自在机械上的重要程度、工作条件不同，对性能的要求也不同。因此，正确选择零件的材料种类和牌号、毛坯类型和毛坯制造方法，合理安排零件的加工工艺路线，具有重要意义。下面就以几个典型零件为例进行分析。

一、轴类零件

轴类零件是回转体零件，其长度远大于直径，常见的有光滑轴、阶梯轴、凸轮轴和曲轴等。在机械设备中，轴类零件主要用来支承传动零件（如齿轮、带轮）和传递转矩，它是各种机械设备中重要的受力零件。

下面以图14-2所示的车床主轴为例进行分析。

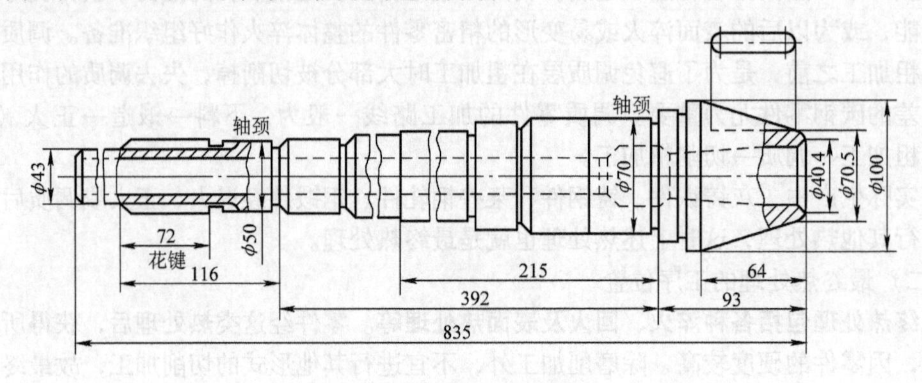

图14-2 车床主轴简图

1. 车床主轴的工作条件和性能要求

(1) 承受交变的弯曲应力与扭切应力，有时受到冲击载荷作用。

(2) 主轴大端内锥孔和锥度外圆，经常与卡盘、顶尖和刀具锥体有相对摩擦。

（3）花键部分与齿轮经常有磕碰或相对滑动。

由于该主轴是在滚动轴承中运动，承受中等载荷，转速中等，有装配精度要求，且受一定冲击力，因此确定其性能要求如下：①主轴应具有良好的综合力学性能；②内锥孔和外锥圆表面、花键部分应有较高的硬度和耐磨性。

2. 材料选择

轴类零件的材料一般选碳素钢、合金钢或铸铁。根据上述主轴的工作条件和性能要求，确定主轴材料选择45钢。

3. 毛坯选择

该轴为阶梯轴，最大直径（ϕ100mm）与最小直径（ϕ43mm）相差较大，选圆钢毛坯不经济，故应选锻造毛坯为宜，在单件小批生产时，可采用自由锻生产毛坯；在成批大量生产时，应采用模锻生产毛坯。

4. 加工工艺路线及分析

生产中，该主轴的加工工艺路线为：下料→锻造→正火→粗切削加工→调质→半精切削加工→锥孔及外锥体的局部淬火、回火→粗磨（外圆、外锥体、锥孔）→铣花键及键槽→花键高频淬火、回火→精磨（外圆、锥孔及外锥体）。

其中正火、调质为预备热处理，锥孔及外锥体的局部淬火、回火与花键的淬火、回火属于最终热处理。它们的作用分别是：

（1）正火。正火主要是为了消除毛坯的锻造应力，降低硬度以改善切削加工性，同时也均匀组织，细化晶粒，为调质处理作组织准备。

（2）调质。调质主要是使主轴具有良好的综合力学性能。调质处理后，其硬度达220～250HBW，强度可达σ_b=682MPa。

（3）淬火、回火。这主要是为了使锥孔、外锥体及花键部分获得所要求的硬度。锥孔和外锥体部分可用盐浴快速加热并水淬，经回火后，其硬度应达45～50HRC。花键部分用高频感应淬火，以减少变形，经回火后，表面硬度应达48～53HRC。

为了减少变形，锥部淬火应与花键淬火分开进行，并且锥部淬火、回火后，需用磨削纠正淬火变形，然后再进行花键的加工与淬火，最后用精磨消除总的变形，从而保证主轴的装配质量。

二、轮盘类零件

轮盘类零件的轴向尺寸一般小于径向尺寸，或两个方向尺寸相差不大，属于这一类的零件有齿轮、带轮、飞轮、锻造模具、法兰盘和联轴器等。由于这类零件在机械中的使用要求和工作条件有很大差异，因此所用材料和毛坯各不相同。下面以齿轮为例进行分析。

齿轮是各类机械中的重要传动零件，主要用来传递转矩，有时也用来换档或改变传动方向，有的齿轮仅起分度定位作用。齿轮的转速可以相差很大，齿轮的直径可以从几毫米到几米，工作环境也可有很大差别。因此，齿轮的工作条件是较复杂的，但大多数重要齿轮仍有共同特点。

（一）齿轮的工作条件和性能要求

1. 工作条件

（1）由于传递转矩，齿根承受较大的交变弯曲应力。

（2）齿的表面承受较大的接触应力，在工作中相互滚动和滑动，表面受到强烈的摩擦和磨损。

(3) 由于换档、起动或啮合不良，轮齿会受到冲击。

2. 性能要求

根据上述齿轮工作条件，要求齿轮材料应具备以下性能：

(1) 齿面有高的硬度和耐磨性。

(2) 齿面具有高的接触疲劳强度和齿根具有高的弯曲疲劳强度。

(3) 轮齿心部要有足够的强度和韧度。

(二) 齿轮材料和毛坯的选择

由以上分析可知，齿轮一般应选用具有良好力学性能的中碳结构钢和中碳合金结构钢；承受较大冲击载荷的齿轮，可选用合金渗碳钢；一些低速或中速低应力、低冲击载荷条件下工作的齿轮，可选用铸钢、灰铸铁或球墨铸铁；一些受力不大或在无润滑条件下工作的齿轮，可选用塑料（如尼龙、聚碳酸脂等）。表14-4列出了根据齿轮工作条件推荐选用的一般齿轮材料和热处理方法。

表14-4 根据工作条件推荐选用的一般齿轮材料和热处理方法

传动方式	工作条件		小齿轮			大齿轮		
	速度	载荷	材料	热处理	硬度	材料	热处理	硬度
开式传动	低速	轻载，无冲击，不重要的传动	Q275	正火	150~180HBW	HT200		170~230HBW
						HT250		170~240HBW
		轻载，冲击小	45	正火	170~200HBW	QT500-7	正火	170~207HBW
						QT600-3		197~269HBW
闭式传动齿轮	低速	中载	45	正火	170~200HBW	35	正火	150~180HBW
			ZG310-570	调质	200~250HBW	ZG270-500	调质	190~230HRC
		重载	45	整体淬火	38~48HRC	35、ZG270-500	整体淬火	35~40HRC
	中速	中载	45	调质	220~250HBW	35、ZG270-500	调质	190~230HBW
			45	整体淬火	38~48HRC	35	整体淬火	35~40HRC
			40Cr 40MnB 40MnVB	调质	230~280HBW	45、50	调质	220~250HBW
						ZG270-500	正火	180~230HBW
						35、40	调质	190~230HBW
		重载	45	整体淬火	38~48HRC	35	整体淬火	35~40HRC
				表面淬火	45~50HRC	45	调质	220~250HBW
			40Cr 40MnB 40MnVB	整体淬火	35~42HRC	35、40	整体淬火	35~40HRC
				表面淬火	52~56HRC	45、50	表面淬火	45~50HRC
		中载，无猛烈冲击	40Cr 40MnB 40MnVB	整体淬火	35~42HRC	35、40	整体淬火	35~40HRC
				表面淬火	52~56HRC	45、50	表面淬火	45~50HRC
	高速	中载，有冲击	20Cr 20Mn2B 20MnVB 20CrMnTi	渗碳淬火	56~62HRC	ZG310-570	正火	160~210HBW
						35	调质	190~230HBW
						20Cr 20MnVB	渗碳淬火	56~62HRC

中、小齿轮一般选用锻造毛坯（图14-3a）；大量生产时可采用热轧或精密模锻的方法制造毛坯；在单件或小批量生产的条件下，直径100mm以下的小齿轮也可用圆钢为毛坯（图14-3b）；直径500mm以上的大型齿轮，锻造比较困难，可用铸钢、灰铸铁或球墨铸铁铸造毛坯，铸造齿轮一般以辐条结构代替锻造齿轮的辐板结构（图14-3c）；在单件生产的条件下，常采用焊接方法制造大型齿轮的毛坯（图14-3d）。

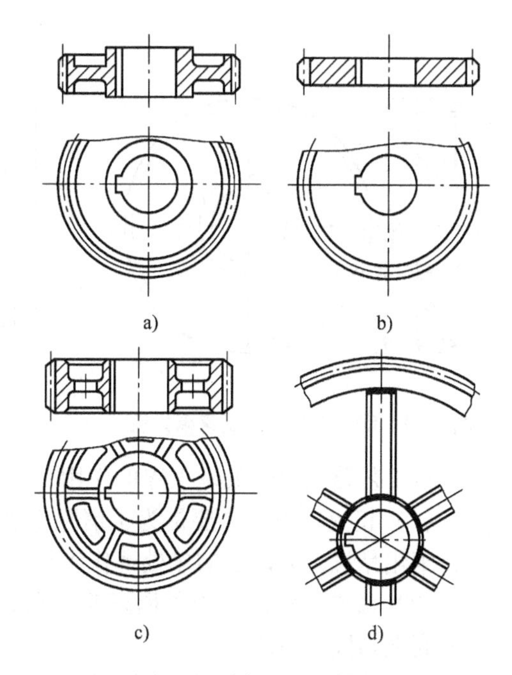

图14-3　不同毛坯类型的齿轮
a）锻造毛坯齿轮　b）圆钢毛坯齿轮
c）铸造毛坯齿轮　d）焊接毛坯齿轮

（三）典型齿轮材料和毛坯选择及加工工艺路线举例

1. 机床齿轮

图14-4所示是C6132车床的变速箱齿轮。该齿轮工作时受力不大，转速中等，工作较平稳且无强烈冲击，工作条件较好。

性能要求：对齿面和心部的强度、韧性要求均不太高；齿轮心部硬度220～250HBW，齿面硬度45～50HRC。

适用材料：根据齿轮的工作条件和性能要求，查表14-4可知，该齿轮材料选45钢或40Cr、40MnB为宜。

毛坯制造方法：该齿轮形状简单，厚度差别不大，可选圆钢作毛坯，但齿轮的性能稍差，故应选锻造毛坯为宜。在单件小批生产时，可采用自由锻生产；在成批大量生产时，宜采用胎模锻等方法生产。

工艺路线：齿轮毛坯采用锻件时，其加工工艺路线一般为：下料→锻造→正火→粗加工→调质→精加工→齿部表面淬火＋低温回火→精磨。

2. 汽车变速箱齿轮

图14-5是某载货汽车变速器一速齿轮，其工作条件比机床齿轮恶劣。工作过程中，承受着较高的载荷，齿面受到很大的交变或脉动接触应力及摩擦力，齿根受到很大的交变或脉动弯曲应力，尤其是在汽车起动、爬坡行驶时，还受到变动的大载荷和强烈的冲击。

性能要求：要求齿轮表面有较高的耐磨性和疲劳强度，心部保持较高的强度与韧度，要求根部$\sigma_b>1000\text{MPa}$，$a_K>60\text{J/cm}^2$，齿面硬度58～64HRC，心部硬度30～45HRC之间。

适用材料：根据齿轮的使用条件和性能要求，查表14-4，确定该齿轮材料为20CrMnTi或20MnVB。

毛坯生产方法：该齿轮形状比机床齿轮复杂，性能要求也高，故不宜采用圆钢毛坯，而应采用模锻制造毛坯，以使材料纤维合理分布，提高力学性能。单件小批生产时，也可用自由锻生产毛坯。

工艺路线及分析：根据所选材料，制订该齿轮的加工工艺路线为：下料→锻造→正火→粗、半精切削加工（内孔及端面留余量）→渗碳（内孔防渗）、淬火、低温回火→喷丸→推拉花键孔→磨端面→磨齿→最终检验。

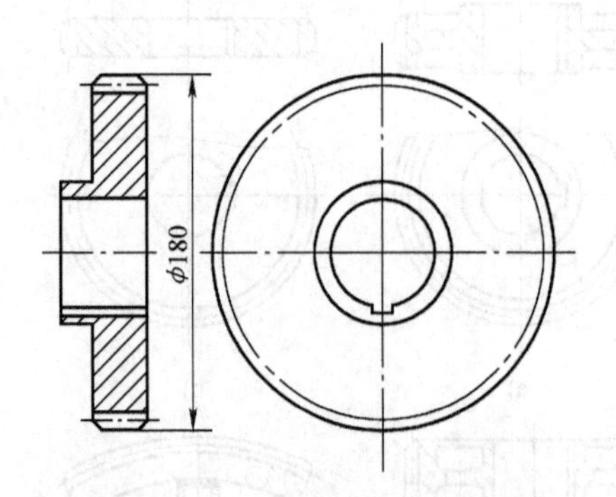

图 14-4 C6132 车床的变速箱齿轮

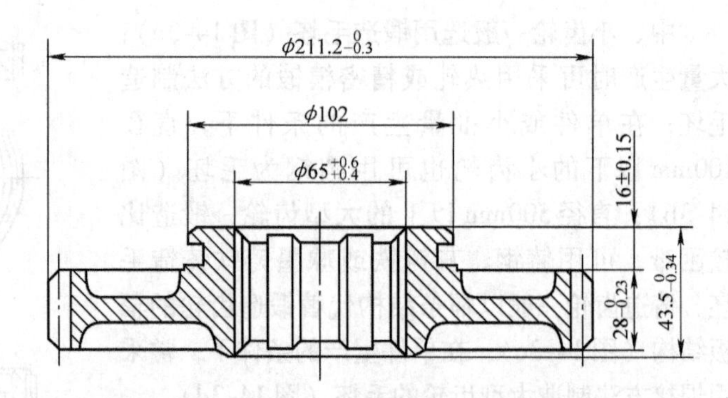

图 14-5 某载货汽车变速器一速齿轮简图

该工艺路线中热处理工序的作用是：

(1) 正火。正火主要是为了消除毛坯的锻造应力，获得良好的切削加工性能；均匀组织，细化晶粒，为以后的热处理作组织上的准备。

(2) 渗碳。渗碳是为了提高轮齿表面的碳含量，以保证淬火后得到高硬度和良好耐磨性的高碳马氏体组织。

(3) 淬火。其目的是为了使轮齿表面有高硬度，同时使心部获得足够的强度和韧性。由于 20CrMnTi 是细晶粒合金渗碳钢，故可在渗碳后经预冷直接淬火，也可采用等温淬火以减小齿轮的变形。

工艺路线中的喷丸处理，不仅可以清除齿轮表面的氧化皮，而且是一项可使齿面形成压应力，提高其疲劳强度的强化工序。

三、箱座类零件

这类零件一般结构复杂，有不规则的外形和内腔，且壁厚不均。这类零件包括各种机械设备的机身、底座、支架、横梁、工作台，以及齿轮箱、轴承座、阀体、泵体等。重量从几千克至数十吨，工作条件也相差很大。其中一般的基础零件如机身、底座等，以承压为主，并要求有较好的刚度和减振性；有些机械的机身、支架往往同时承受压、拉和弯曲应力的联合作用，或者还受冲击载荷；箱体零件一般受力不大，但要求有良好的刚度和密封性。

鉴于箱座类零件的结构特点和使用要求，通常都以铸件为毛坯，且以铸造性能良好、价格便宜，并有良好耐压、耐磨和减振性能的铸铁为主；受力复杂或受较大冲击载荷的零件，则采用铸钢件；受力不大，要求自重轻或要求导热良好，则采用铸造铝合金件；受力很小，要求自重轻等，可考虑选用工程塑料件。在单件生产或工期要求紧迫的情况下，或受力较大，形状简单，尺寸较大，也可采用焊接件。

如选用铸钢件，为了消除粗晶组织、偏析及铸造应力，对铸钢件应进行完全退火或正火；对铸铁件一般要进行去应力退火或时效处理；对铝合金铸件，应根据成分不同，进行退火或淬火时效处理。

图 14-6 所示为双级圆柱齿轮减速器箱体结构简图。由图可以看出，其上有三对精度较高的轴承孔，形状复杂。该箱体要求有较好的刚度、减振性和密封性，轴承孔承受载荷较大，故该箱体材料选用 HT250，采用砂型铸造，铸造后应进行去应力退火。单件生产也可用焊接件。

该箱体的工艺路线为：铸造毛坯→去应力退火→划线→切削加工。其中去应力退火是为了消除铸造内应力，稳定尺寸，减少箱体在加工和使用过程中的变形。

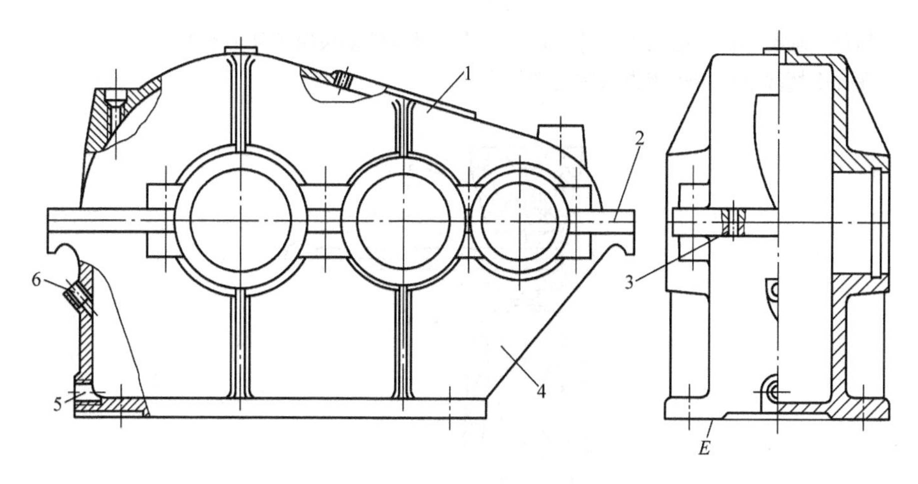

图 14-6　双级圆柱齿轮减速器箱体结构简图

1—盖　2—对合面　3—定位销孔　4—底座　5—出油孔　6—油面指示器孔

小　结

铸造、锻造、冲压、焊接是生产机械零件毛坯的常用方法，要注意比较各种毛坯生产方法的有关内容。毛坯的选择包括选择毛坯材料、类别和毛坯的制造方法，通常从零件的使用要求、经济性和实际生产条件三方面来考虑。

热处理可分为预先热处理和最终热处理，要准确理解各种热处理的作用并能正确安排热处理在工艺路线中的位置。

可通过轴类、轮盘类、箱座类等典型零件材料和毛坯的选择来理解机械零件材料选择的方法和步骤。

习　题

14-1　选择材料的一般原则有哪些？简述它们之间的关系。

14-2　什么是零件的失效？一般机械零件的失效方式有哪几种？

14-3　生产批量对毛坯加工方法的选择有何影响？

14-4　毛坯的选择原则是什么？它们之间的相互关系如何？

14-5　热处理的技术条件包括哪些内容？如何在零件图上标注？

14-6　下列各种要求的齿轮，各应选择何种材料和毛坯类型？

（1）承受载荷不大的低速大型齿轮，小批量生产。

（2）承受强烈摩擦和冲击、中等载荷、中速的中等尺寸齿轮，成批生产。

（3）承受载荷大、无冲击、尺寸小的齿轮，大量生产。

（4）低噪声、小载荷、尺寸中等的齿轮，成批生产。

14-7　某机械上的传动轴，要求具有良好的综合力学性能，轴颈处要求耐磨（硬度达 50 ~ 55HRC），用 45 钢制造，其加工工艺路线为：下料→锻造→热处理→粗切削加工→热处理→精切削加工→热处理→精磨。试说明工艺路线中各个热处理工序的名称、目的。

14-8　钢锉用 T12 钢制造，要求硬度为 60 ~ 64HRC，其加工工艺路线为：热轧钢板下料→正火→球化退火→切削加工→淬火、低温回火→校直。试说明工艺路线中各个热处理工序的目的及热处理后的组织。

14-9　图 14-7 所示为承载能力为 4t 的螺旋起重器。若在大批量生产条件下，其支座、螺杆、螺母、托杯和手柄的材料及毛坯应如何选取？为什么？

14-10 为什么轴类零件一般采用锻件毛坯，而箱座类零件多采用铸件毛坯？

14-11 在什么情况下采用焊接方法制造零件毛坯？

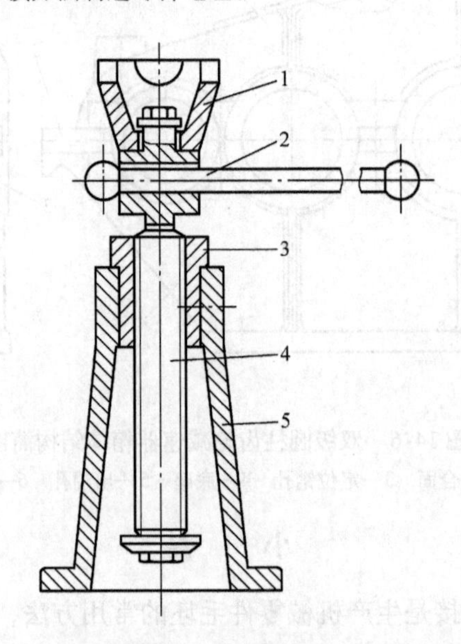

图 14-7 题 14-9 图

1—托杯 2—手柄 3—螺母

4—螺杆 5—支座

第十五章　特种加工及数控加工

教学目标：通过教学，学生应了解电火花加工、电火花线切割加工、激光加工、超声波加工和数控加工的原理、特点和应用范围。

第一节　概　　述

随着现代科学技术的发展，要求各个工业部门的产品向高精度、高速度、大功率、小型化方向发展，以及在高温、高压、重载荷或腐蚀条件下长期可靠地工作。为了适应这些要求，各种高强度、高硬度、高韧性和高脆性的材料不断出现，具有各种复杂结构与特殊工艺要求的零件也越来越多。对于这些新材料和具有复杂结构的零件，使用传统的机械加工方法很难甚至无法进行加工，这就需要采用特种加工技术或数控加工技术。

所谓特种加工，是指直接利用电能、化学能、声能、光能、热能等能源将坯料或工件上多余的材料除去，以获得零件图样所需要的几何形状、尺寸和表面质量的加工方法。它与传统切削加工方法相比较，其特点是：①工具的硬度不必大于被加工材料的硬度，而在电子束加工过程中，不需要使用任何工具；②在加工过程中，工具和工件之间不存在显著的机械切削力的作用，故特别适合于加工低刚度工件。特种加工有电火花加工、电火花线切割加工、电化学加工、激光加工、超声波加工、电子束加工和离子束加工等。本章仅对其中的电火花加工、电火花线切割加工、激光加工和超声波加工的原理、特点和应用进行介绍。

所谓数控加工，是指根据被加工零件的图样和工艺要求将所用的刀具、刀具运动轨迹与速度、主轴转速与旋转方向等操作以及加工步骤，编成程序代码输入到机床的数控系统中，再由其进行运算处理后，转换成伺服驱动机构的指令信号，从而控制机床各部件协调动作，实现刀具与工件的相对运动，使之自动地加工出零件来。当更换加工零件时，只需要重新编写程序代码，即可由数控装置自动控制加工的全过程，可以方便地加工形状复杂的零件，并可实现单件小批生产的自动化。

第二节　电火花加工

一、电火花加工原理

电火花加工是利用正负电极间脉冲放电时的电腐蚀现象来去除工件上多余的金属，以达到零件尺寸、形状和表面质量的要求。

图 15-1 所示为电火花加工原理示意图。脉冲电源的一极接工具电极，另一极接工件电极，两极均浸泡在工作液（如煤油）之中。工具电极在放电间隙自动进给调节装置的控制下，与工件电极保持一定的放电间隙，缓慢地向工件移动。由于电极的微观表面是凹凸不平的，当脉冲电压加到两极上时，两极间凸点处电场强度较大，其间的液体绝缘介质最先被击

穿而电离成负电子和正离子，形成放电通道。在电场力作用下，通道内负电子高速奔向阳极，正离子高速奔向阴极，并互相碰撞，在通道内产生大量的热，形成火花放电，瞬时产生的大量热量致使工件的局部金属熔化和汽化，并被抛出金属表面，从而在工件表面上形成一个小凹坑。随着工具电极不断进给，脉冲放电不断进行，周而复始，无数个脉冲放电所腐蚀的小凹坑重叠在工件上，即可把工具电极的轮廓形状复制在工件上，从而实现一定尺寸和形状的加工。

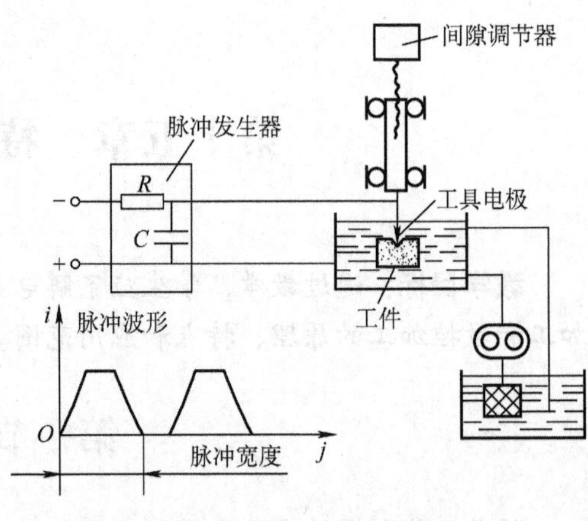

图 15-1 电火花加工原理

电火花加工必须具备以下三个条件：

（1）必须使用脉冲电源来保证瞬时的脉冲放电，以确保放电产生的热量集中在被加工材料的微小区域内，使微小区域内的材料产生熔化、汽化而达到电蚀除的目的。

（2）工具电极和工件之间始终保持确定的放电间隙。间隙过小，易出现短路，形成拉弧现象；间隙过大，极间电压不能击穿液体介质，因而不能产生火花放电。

（3）放电区域必须在煤油等具有高绝缘强度的液体介质中进行，以便击穿放电，形成放电通道，并利于排屑和冷却。

二、电火花加工的特点

（1）适用的材料范围广。由于电火花加工是利用极间火花放电时所产生的电腐蚀现象，靠高温熔化和汽化金属进行蚀除加工的，因此可以加工任何导电的硬、软、韧、脆和高熔点的材料，如硬质合金、耐热合金、淬火钢、不锈钢、金属陶瓷等用传统加工方法难于加工或无法加工的材料。

（2）由于电火花加工中工具电极和工件不直接接触，不会产生切削力，因此适于加工低刚度工件及微细加工，如薄壁、深小孔、不通孔、窄缝及弹性零件的加工。

（3）由于利用电能进行加工以及工具电极的自动进给，便于实现加工自动化。

（4）电火花加工可使零件达到较高的精度和较小的表面粗糙度值，但工具电极产生的损耗会影响加工精度。

三、电火花加工的分类及应用

按工具电极的形状、工具电极和工件相对运动方式和用途的不同，电火花加工大致可分为电火花成形、穿孔加工、电火花线切割加工、电火花磨削和镗削、电火花展成加工、电火花表面强化与刻字等七大类，其中尤以电火花成形、穿孔加工和电火花线切割加工的应用最为广泛。

1. 成形加工

成形加工用于型腔型面的加工。工具和工件之间有一个相对的伺服进给运动，工具为成形电极，与被加工表面有相同的截面或形状，常用来加工各种锻模、压铸模、挤压模、塑料模具及各种型腔零件。

2. 穿孔加工

各种特殊形状的成形孔，如方孔、异形孔、小直径长孔以及螺纹孔等，均可采用电火花加工的方法。各种冲模、挤压模、粉末冶金模也可用穿孔加工的方法加工。

第三节　电火花线切割加工

一、电火花线切割加工的原理

电火花线切割加工与电火花加工的基本原理一样，都是基于电极间脉冲放电时的电火花腐蚀原理，实现零部件的加工。两者之间的差别在于，电火花线切割加工不需要制造复杂的成形电极，而是利用移动的细金属丝（钼丝或铜丝）作为工具电极，工件按照所需的轨迹运动而切割出各种尺寸和形状。图 15-2 所示为电火花线切割加工原理图。工件接脉冲电源的正极，工具电极丝接负极，加上高频脉冲电源后，在工件与电极丝之间产生很强的脉冲电场，使其间的介质被电离击穿，产生脉冲放电。电极丝在储丝筒的作用下做正反向（或单向）运动，工作台在机床数控系统的控制下自动按预定的指令运动，从而切割出所需要的工件形状。

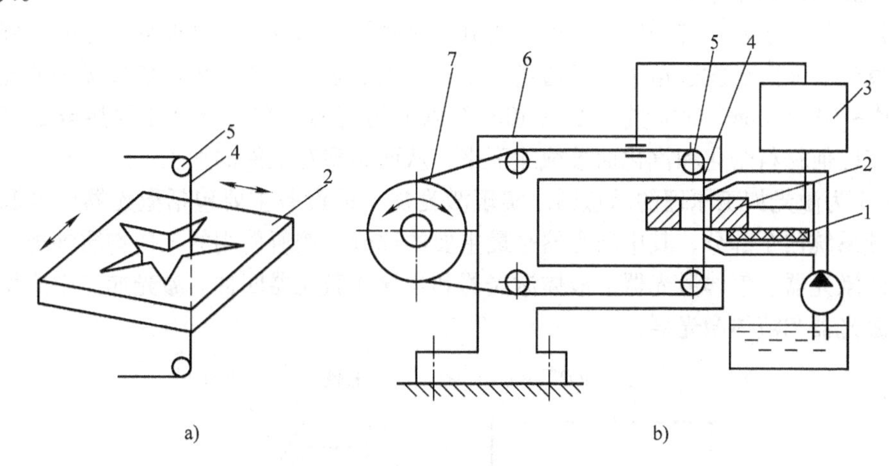

图 15-2　电火花线切割加工原理
a）工件及其运动方向　b）电火花线切割加工装置原理图
1—绝缘底板　2—工件　3—脉冲电源　4—电极丝
5—导向轮　6—支架　7—储丝筒

二、电火花线切割加工特点

与电火花加工相比，电火花线切割加工有以下特点：

（1）直接用线状的电极丝作电极，不需要制造复杂的成形电极，缩短了生产准备周期。

（2）可以加工用传统切削加工方法难以加工或无法加工的薄壁、窄槽、异形孔等复杂结构工件。

（3）可以加工高硬度、高脆性材料。在加工中作为刀具的电极丝无需刃磨，可节省辅助时间和刀具费用。

（4）由于采用移动的长电极丝进行加工，使单位长度电极丝的损耗较少，从而对加工精度的影响比较小。若是在低速走丝线切割加工时，电极丝一次性使用，电极丝的损耗对加工精度的影响更小。

（5）可以方便地对影响加工精度的加工参数（如脉冲宽度、间隔、电流）进行调整，有利于加工精度的提高。

（6）工作液多采用水基乳化液，不易引燃起火，容易实现安全无人操作运行。

三、电火花线切割加工的应用

（1）适合于加工各种形式的冲裁模、挤压模、粉末冶金模、电机转子模、塑压模等模具。

（2）加工电火花成形加工用的铜、铜钨、银钨合金等材料制作的电极。

（3）在试制新产品时，由于零件大多是单件生产，故不需单独为一个或几个零件制造模具，可用线切割在坯料上直接切割出零件，可大大缩短制造周期，降低成本。

（4）在零件加工方面，可用于加工品种多、每一品种数量少的零件；加工薄片零件可多片叠加在一起加工；还可加工特殊形状的零件，如凸轮、样板、成形刀具、异形槽、窄缝等。

第四节　激光加工

一、激光加工的基本原理

激光是由处于激发状态的原子、离子或分子受激辐射而发出的亮度高、方向性好、相干性好的单色光。又由于发散角小，可通过一系列的光学系统把激光束聚焦成极小的光斑，从而获得$10^8 \sim 10^{10}$ W/cm^2 的能量密度及1000℃以上的高温，在千分之几秒甚至更短的时间内，足以使任何材料熔化和汽化而被蚀除下来，从而实现对工件的加工。

图15-3为激光加工原理的示意图。实现激光加工的设备主要包括激光器、电源、光学系统和机械系统四个部分，其中激光器是最主要的部分。按所使用的工作物质种类，激光器可分为固体激光器、气体激光器、液体激光器和半导体激光器四种。激光加工中应用较广泛的是固体激光器和液体激光器。

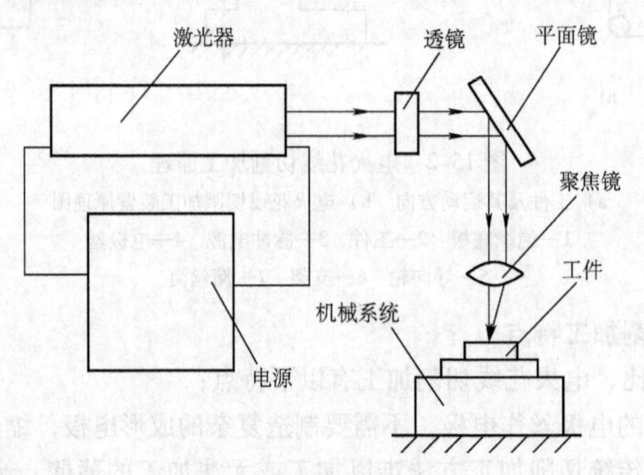

图15-3　激光加工原理

二、激光加工的特点

（1）可加工任何硬度的金属和非金属材料，如硬质合金、不锈钢、金刚石、宝石、陶瓷等，对透明材料也只需采取如色化、打毛等措施后即可加工。

（2）激光加工不需要工具，不存在工具损耗、更换和调整等问题，适于自动化连续操作。

（3）由于激光的强度高、方向性好，且不需加工工具，是非接触式加工，无机械加工变形，而且加工中的热变形、热影响区都很小，因此适用于精密微细加工。

（4）加工时间短、速度快、效率高。

（5）可用反射镜将激光束送往远处的隔离室进行加工。

（6）激光加工设备复杂，价格昂贵，一次性投资较大。

三、激光加工的应用

1. 激光打孔

它可用于化纤喷丝头打孔、钟表宝石轴承打孔、金刚石拉丝模打孔、发动机燃油喷油嘴孔加工等细微孔的加工中，加工的孔径可小到10μm左右，孔深与孔径之比可达5以上。

2. 激光切割

它可用于各种材料的切割，如可切割金属以及玻璃、陶瓷、皮革等非金属材料。激光切割具有速度快、热影响区小、割缝窄、精度高、工件变形极小等优点。

3. 激光焊接

它可用于电子器件及精密仪表的焊接以及深熔焊接等。激光焊接具有焊接迅速、热影响区小、焊件变形小、没有熔渣等特点。

4. 激光表面处理

利用激光束对金属表面扫描，在极短时间内加热到淬火温度，随着激光束离开工件表面，工件表面的热量迅速向内部传递而形成极快的冷却速度，使表面淬硬（激光淬火）。此外，激光表面合金化和激光涂敷都在生产中获得应用，可极大地降低生产成本，延长产品的使用寿命。

第五节 超声波加工

一、超声波加工原理

超声波加工是利用工具端面做超声频振动，通过磨料悬浮液加工脆性材料的一种成形加工方法。超声波加工原理如图15-4所示。超声波振动系统由超声波发生器、换能器、变幅杆和加工工具组成。超声波发生器将频率为50Hz的交流电转换为16～25kHz的超声频电振荡输送给换能器，换能器将超声频电振荡转换成超声频机械振动，并借助变幅杆将振幅放大到0.05～0.1mm，使变幅杆下端的工具产生强烈振动。加工时，工具端面以超声频振动撞击悬浮液中的磨粒，磨粒就以极大的速度和加速度撞击和抛磨工件表面，工件表面材料被粉碎成很细的微粒，从工件表面上脱落下来。当工具端口以很大的加速度离开工件表面时，加工间隙内形成负压和局部真空，在工作液体内形成很多微空腔，促使工作液钻入被加工材料表面的微裂纹处。当工具端面以很大的加速度接近工件表面时，空腔闭合，引起极强的液压冲击波，这种现象称为超声空化，也加速了工件表面被机械破坏的效果。工具连续进给，加工不断进行，工具的形状便“复印”在工件上，达到要求的尺寸。

二、超声波加工的特点

（1）适合加工各种硬或脆的材料，特别是电火花加工等无法加工的脆性非金属材料，如玻璃、陶瓷、人造宝石、半导体等。

（2）加工精度高，加工表面质量好。加工尺寸的公差可达0.01～0.02mm，表面粗糙度值为*Ra*0.63～0.08μm，加工表面金相组织不会改变，无残余应力及烧伤等现象。

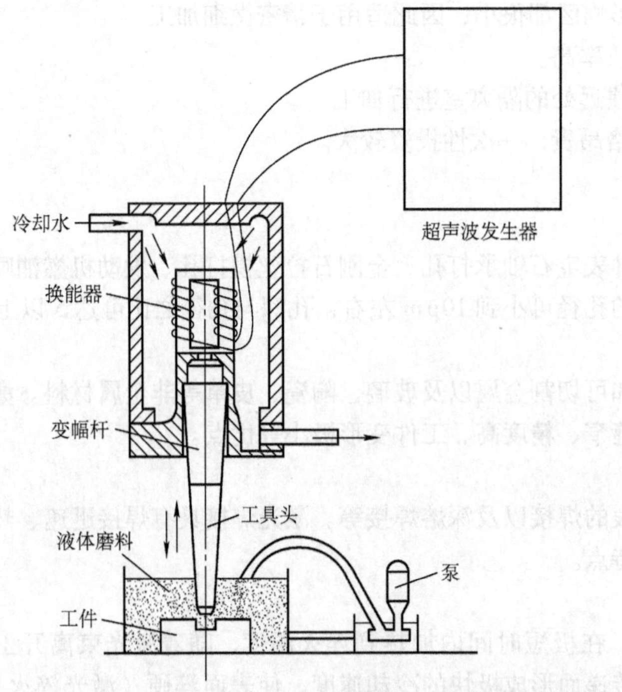

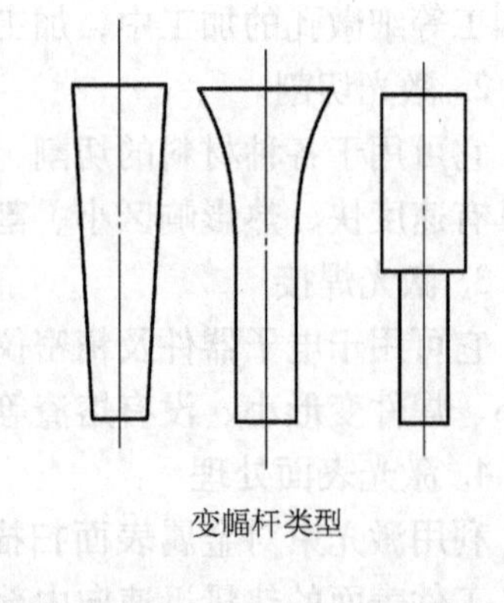

图 15-4 超声波加工原理

(3) 只要将工具做成不同的形状和尺寸，就可以加工出各种复杂形状的型孔、型腔、成形表面，不需要工具和工件做复杂的相对运动。因此，超声波加工机床结构简单，操作维修方便。

三、超声波加工的应用

(1) 加工冲模、型腔模、拉丝模时，先经过电火花、激光加工后，再用超声波研磨抛光，以减小表面粗糙度值，提高表面质量。如果拉深模、拉丝模用硬质合金制造，以超声波加工，则模具寿命可提高 80 ~100 倍。

(2) 超声波与电火花复合加工小孔、窄缝和精微异形孔时，可获得较好的加工效果；在车、钻、攻螺纹中引入超声波加工，可用于切削难加工材料，能有效降低切削力，降低表面粗糙度值，延长刀具寿命，提高生产率；还可用超声波焊接尼龙、塑料制品以及表面易产生氧化层的难焊接金属材料。图 15-5 为超声波加工应用实例。

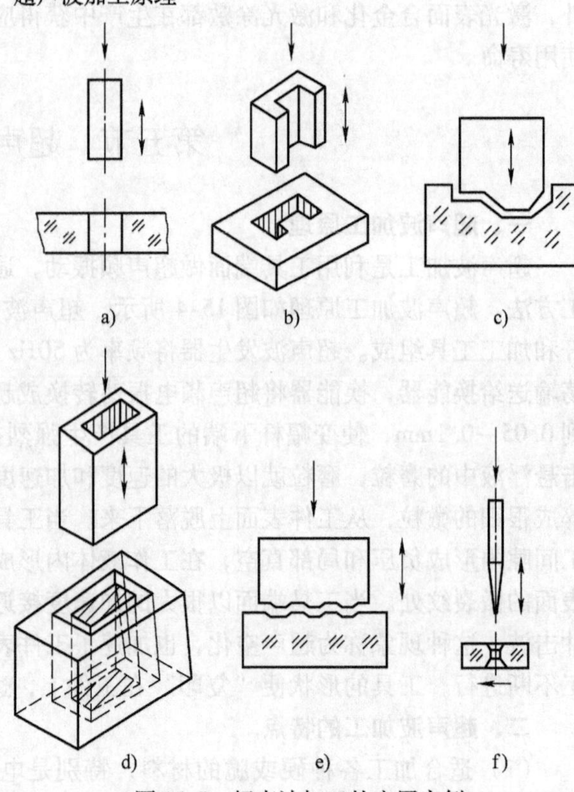

图 15-5 超声波加工的应用实例

a) 加工圆孔 b) 加工异形孔 c) 加工型腔
d) 套料 e) 雕刻 f) 研磨金刚石拉丝模

第六节　数 控 加 工

为了适应单件小批零件生产的自动化和加工结构复杂的零件以及提高生产率的需要，数控机床得到了迅速发展。数控加工是指数控机床加工。数控加工是具有高效率、高精度、高柔性特点的自动化加工方法。

一、数控机床的组成

数控机床由输入输出装置、数控装置、伺服系统、测量反馈装置和机床本体组成，其组成框图如图 15-6 所示。

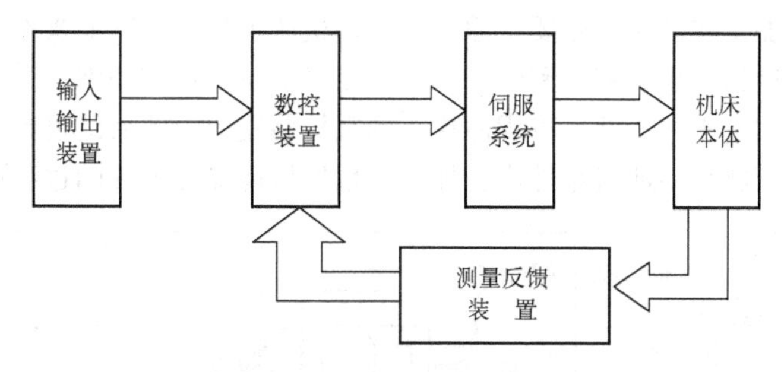

图 15-6　数控机床组成框图

1. 输入输出装置

在数控机床上加工零件时，首先根据零件图样的技术要求，确定加工方案、工艺路线，然后编制出加工程序，通过输入装置将加工程序输送给数控装置。数控装置中存有的加工程序可以通过输出装置输出。高档的数控机床还配置有自动编程机或 CAD/CAM 系统。

2. 数控装置和辅助控制装置

数控装置是数控机床的核心，它接受输入装置送来的脉冲信号，经过数控装置的系统或逻辑电路进行编译、插补运算和逻辑处理后，将各种指令信息输送给伺服系统，使机床的各个部分进行规定的、有序的动作。数控装置通常由一台通用或专用计算机构成。

辅助控制装置是连接数控装置和机床机械、液压部件的控制系统。它接收数控装置输出的主运动变速、换刀、辅助装置动作等指令信号，经过编译、逻辑判断、功率放大后驱动相应的电器、液压、气动和机械部件，以完成指令所规定的动作。

3. 伺服系统

伺服系统将数控系统送来的指令信息经功率放大后，通过机床进给传动元件驱动机床的运动部件，实现精确定位或按规定的轨迹和速度动作，以加工出符合图样要求的零件。伺服系统包括伺服控制线路、功率放大电路、伺服电动机、机械传动机构和执行机构。

4. 机床本体

数控机床本体主要包括支承部件（床身、立柱）、主运动部件（主轴箱）、进给运动部件（工作滑台及刀架）等。数控机床与普通机床相比，结构上发生了很大变化，普遍采用了滚珠丝杠、滚动导轨等高效传动部件来提高传动效率，并采用了高性能的主轴及伺服传动系统，使得机械传动结构得以简化，传动链大为缩短。

5. 测量反馈装置

该装置通常分为伺服电动机角位移反馈（半闭环中间检测）和机床末端执行机构位移反馈（闭环终端检测）两种。检测传感器将上述运动部分的角位移或直线位移转换成电信号，输入数控系统，与指令位置进行比较，并根据比较结果发出指令，纠正所产生的误差。

二、数控机床加工零件的过程

数控机床加工与普通机床加工在方法和内容上有许多相似之处，不同点主要表现在控制方式上。

在普通机床上加工零件时，某道工序中各个工步的安排、机床各运动部件运动的先后顺序、位移量、走刀路线和切削用量的选择等，都是由机床操作人员自行考虑和确定的，而且是由手工操作方式来进行控制的。

在数控机床上加工零件时，则要把原先在通用机床上加工时需要操作人员考虑和决定的操作内容和动作，例如工步的划分和顺序、走刀路线、位移量和切削用量等，按规定的代码和格式编制成数控加工程序，然后将程序输入到数控装置中，此后即可起动数控机床，运行数控加工程序，机床就自动地对零件进行加工。数控机床加工零件的过程如图15-7所示。

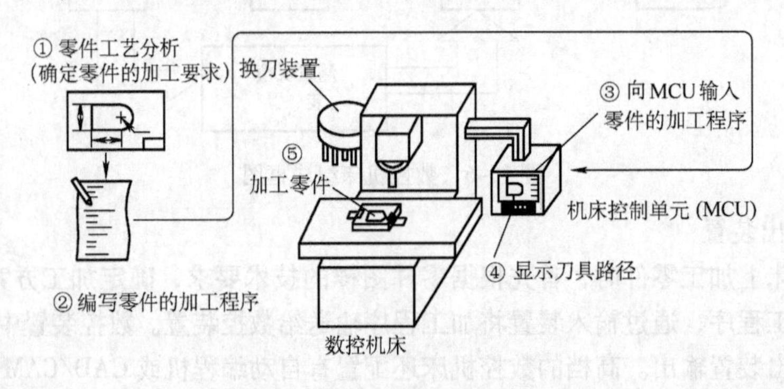

图15-7 数控机床加工零件的过程

（1）根据零件加工图样进行工艺分析，确定加工方案、工件的装夹方法，设定工艺参数和走刀路线，选择好刀具。

（2）用规定的代码和格式编写零件的加工程序，或用自动编程软件用计算机自动编制出数控加工程序。

（3）程序的输入和传输。用手工编写的加工程序，可通过数控机床的操作面板手动输入程序；用计算机编制的加工程序，可通过计算机的串行通信接口直接传输到数控机床的数控装置（数控单元）。

（4）起动数控机床，运行加工程序，进行刀具路径模拟，试切加工。

（5）修改加工程序，调整机床或刀具，运行程序，完成零件的加工。

三、数控加工的特点

1. 加工适应性强

在数控机床上加工零件，零件的形状主要取决于加工程序。当加工对象改变时，只需要重新编制程序就能实现对零件的加工，这就为单件、小批量生产以及试制新产品提供了便利。此外，数控加工运动的可控性使其能完成普通机床难以完成或无法进行的复杂型面加工。

2. 加工精度高，产品质量稳定

数控机床本身的精度比普通机床高，一般数控机床的定位精度为 ±0.01mm，重复定位精度为 ±0.005mm。在加工过程中，数控机床的自动加工方式可避免操作者的人为因素带来的误差，因此加工同一批零件的尺寸一致性好，精度高，加工质量十分稳定。

3. 加工生产率高

数控机床主轴转速和进给量的调节范围较普通机床要大得多，机床刚度较高，允许进行大切削量的强力切削，从而有效地节省了加工时间。数控机床移动部件空行程运动速度快，缩短了定位和非切削时间。数控机床按坐标运动，可以省去划线等辅助工序，减少辅助时间。被加工零件往往安装在简单的定位夹紧装置中，缩短了工艺装备的设计和制造周期，从而加快了生产准备过程。在带有刀库和自动换刀装置的数控机床上，零件只需一次装夹就能完成多道工序的连续加工，减少了半成品的周转时间，生产率的提高更为明显。

4. 自动化程度高，加工劳动强度低

数控机床加工零件是按事先编好的程序自动进行的，操作者的主要工作是加工程序编辑、程序输入、装卸零件、准备刀具、加工状态的观测及零件的检验等，不需要进行繁重的重复性手工操作，劳动强度大幅度降低，机床操作者的工作趋于智力型工作。另外，数控机床一般是封闭式加工，既清洁，又安全。

5. 有利于生产管理现代化

数控机床加工能准确计算零件加工工时，并有效地简化了检验和工夹具、半成品的管理工作。数控机床使用数字信息，适于计算机联网，成为计算机辅助设计、制造、管理等现代集成制造技术的基础。

四、数控加工的应用范围

（1）结构复杂、精度高或必须用数学方法确定的复杂曲线、曲面类零件。

（2）多品种小批量生产的零件。

（3）用普通机床加工时，要求设计制造复杂的专用工装或需很长调整时间的零件。

（4）价值高、不允许报废的零件。

（5）钻、镗、铰、攻螺纹及铣削加工等工序联合进行的零件，如箱体、壳体等。

（6）需要频繁改型的零件。

目前，在中批量生产甚至大批量生产中已有采用数控机床加工的情况。影响数控机床广泛推广使用的主要障碍是设备的初期投资大，维护费用较高。数控机床与自动物料传输装置相结合，已经发展成为由计算机控制的柔性制造系统（FMS），再进一步结合信息技术、自动化技术，形成对市场调研、生产决策、产品开发设计、生产计划管理、加工制造等由多级计算机全面综合管理的生产系统，即为计算机集成制造系统（CIMS）。

小　　结

切削加工是利用刀具从金属毛坯或工件上切去多余的金属材料，从而获得符合规定技术要求的机械零件的加工方法。特种加工是直接利用电能、化学能、声能、光能、热能等能源将坯料或工件上多余的材料去除，以获得零件图样所要求的几何形状、尺寸和表面质量的加工方法。要注意总结各种特种加工方法的加工原理、特点及应用范围。

数控机床是先进制造技术的重要装备之一，数控加工的出现改变了传统的金属切削加工的概念，成为计算机集成制造系统的重要组成部分。

习 题

15-1 试比较传统的金属切削加工与特种加工之间的区别。

15-2 试比较电火花加工与电火花线切割加工的异同点。

15-3 试述激光加工的特点及应用。

15-4 简述超声波加工原理。

15-5 比较传统的金属切削加工与数控加工的异同点。

15-6 简述数控加工的过程。

参考文献

[1] 朱莉，王运炎. 机械工程材料 [M]. 北京：机械工业出版社，2007.
[2] 王运炎，叶尚川. 机械工程材料 [M] .2 版. 北京：机械工业出版社，2000.
[3] 侯书林，朱海. 机械制造基础：上册 [M]. 北京：北京大学出版社，2006.
[4] 全国科学技术名词审定委员会. 机械工程名词 [M] . 北京：科学出版社，2003.
[5] 王启平. 机械制造工艺学 [M] .5 版. 哈尔滨：哈尔滨工业大学出版社，2002.
[6] 张建华. 精密与特种加工技术 [M] . 北京：机械工业出版社，2006.
[7] 张力真，徐允长. 金属工艺学实习教材 [M] .3 版. 北京：高等教育出版社，2001.
[8] 张思弟，贺曙新. 数控编程加工技术 [M] . 北京：化学工业出版社，2005.
[9] 邓文英. 金属工艺学 [M]. 北京：高等教育出版社，2004.
[10] 丁树模. 机械工程学 [M]. 北京：机械工业出版社，2004.
[11] 中国机械工程学会热处理学会. 热处理手册 [M]. 北京：机械工业出版社，2001.